北京理工大学"双一流"建设精品出版工程

# Dynamic Modeling and Motion Control of Mechanical Systems
# 机电系统建模与控制

黄 杰　刘 莹◎主编

北京理工大学出版社
BEIJING INSTITUTE OF TECHNOLOGY PRESS

## 内 容 简 介

本书主要介绍如何应用先进的建模与控制方法来实现机电系统的动力学建模、分析与控制。全书共分为 7 章，前 2 章介绍建模与控制的理论知识，后 5 章介绍工程案例应用。第 1 章对机电系统动力学的建模与分析方法进行介绍；第 2 章介绍先进的运动控制与振动控制方法；第 3 章介绍塔式起重机吊挂运载应用，控制目标是在塔式起重机高速运载下保持吊挂负载振荡最小；第 4 章介绍柔性连杆机械臂应用，控制目标是在机械臂高速驱动下实现柔性连杆振动最小；第 5 章介绍液体振荡应用，控制目标是在充液容器高速运动下保持液体晃动最小；第 6 章介绍飞行器吊挂运载应用，控制目标是在飞行器高速飞行下实现吊挂负载振荡最小；第 7 章介绍充液容器绳索吊挂运载应用，控制目标是使绳索摆动与液体晃动的耦合振荡保持最小。

**版权专有　侵权必究**

### 图书在版编目（CIP）数据

机电系统建模与控制／黄杰，刘莹主编．--北京：北京理工大学出版社，2024.5.
ISBN 978－7－5763－4119－5

Ⅰ.TH－39

中国国家版本馆 CIP 数据核字第 2024DE7937 号

---

**责任编辑**：封　雪　　**文案编辑**：封　雪
**责任校对**：周瑞红　　**责任印制**：李志强

---

出版发行 ／ 北京理工大学出版社有限责任公司
社　　址 ／ 北京市丰台区四合庄路 6 号
邮　　编 ／ 100070
电　　话 ／ （010）68944439（学术售后服务热线）
网　　址 ／ http://www.bitpress.com.cn

版 印 次 ／ 2024 年 5 月第 1 版第 1 次印刷
印　　刷 ／ 三河市华骏印务包装有限公司
开　　本 ／ 787 mm × 1092 mm　1/16
印　　张 ／ 15.75
彩　　插 ／ 1
字　　数 ／ 370 千字
定　　价 ／ 98.00 元

图书出现印装质量问题，请拨打售后服务热线，负责调换

# 前言

复杂机电系统的动力学建模、分析与控制在国民经济的很多领域有重要应用。使用先进的动力学建模、分析与控制方法可以提高多个领域中先进制造产品的技术性能。

本书是专为机械工程专业的高年级本科生和研究生编写的教材，通过多种实例来介绍如何解决复杂机电系统动力学建模、分析与控制问题。期望这些学生通过对本书的学习，能拓宽复杂机电系统动力学建模、分析与控制领域的知识面；了解并掌握多种机电系统动力学建模、分析与控制方法，从而为将来从事科学研究工作奠定理论基础。

全书共分为7章。第1章对机电系统动力学的建模与分析方法进行介绍；第2章介绍先进的运动控制与振动控制方法；第3章介绍塔式起重机吊挂运载应用，控制目标是在塔式起重机高速运载下保持吊挂负载振荡最小；第4章介绍柔性连杆机械臂应用，控制目标是在机械臂高速驱动下实现柔性连杆振动最小；第5章介绍液体振荡应用，控制目标是在充液容器高速运动下保持液体晃动最小；第6章介绍飞行器吊挂运载应用，控制目标是在飞行器高速飞行下实现吊挂负载振荡最小；第7章介绍充液容器绳索吊挂运载应用，控制目标是使绳索摆动与液体晃动的耦合振荡保持最小。

本书由黄杰和刘莹编写，其中第2章、第4章和第5章由刘莹编写，其他章节由黄杰编写。全书由吴平东教授审阅。本书出版得到了北京理工大学"十四五"规划教材出版基金的资助。

黄 杰
2023年7月1日于北京理工大学求是楼

# 目　录
## CONTENTS

**第 1 章　机电系统建模与动力学** ·················································· 001
 1.1　动力学建模 ······················································································· 001
 1.2　非线性振子 ······················································································· 002
 1.3　近似解 ······························································································ 003
 1.4　模态分析 ··························································································· 014

**第 2 章　机电系统控制** ························································· 015
 2.1　线性控制 ··························································································· 015
 2.2　非线性控制 ······················································································· 017
 2.3　智能控制 ··························································································· 019
 2.4　输入整形 ··························································································· 028
 2.5　指令光滑 ··························································································· 030

**第 3 章　塔式起重机吊挂运载** ················································· 042
 3.1　分布质量负载吊挂动力学建模与控制 ·················································· 042
 3.2　梁-摆耦合动力学与控制 ·································································· 064

**第 4 章　柔性连杆机械臂** ······················································ 091
 4.1　线性振子柔性连杆机械臂动力学建模与控制 ········································ 091
 4.2　达芬振子柔性连杆机械臂动力学建模与控制 ········································ 100
 4.3　耦合达芬振子柔性连杆机械臂动力学建模与控制 ································· 106

**第 5 章　液体晃荡** ····························································· 115
 5.1　平面线性晃荡 ··················································································· 115
 5.2　三维线性晃荡 ··················································································· 123

5.3　平面非线性晃荡 ………………………………………………………………… 131

5.4　三维非线性晃荡 ………………………………………………………………… 138

## 第 6 章　飞行器吊挂运载 …………………………………………………………… 143

6.1　直升机吊挂动力学建模与控制 ………………………………………………… 143

6.2　四旋翼无人机吊挂动力学建模与控制 ………………………………………… 149

## 第 7 章　充液容器绳索吊挂运载 …………………………………………………… 196

7.1　二维运动动力学建模与控制 …………………………………………………… 196

7.2　三维运动动力学建模与控制 …………………………………………………… 214

## 参考文献 …………………………………………………………………………………… 242

# 第1章
# 机电系统建模与动力学

现在机电系统表现出复杂的非线性动力学行为。复杂的非线性动力学行为会影响系统的运动精度、驱动速度、操控安全性,因此需要对机电系统的建模与控制进行研究,以此来提高运载安全性。

## 1.1 动力学建模

很多解析动力学方法可以实现动力学建模,包括:牛顿-欧拉方法、拉格朗日方法、哈密尔顿原理和凯恩方法。前三种方法比较常用,最后一种凯恩方法是最近40年才出现并成熟起来的。前三种方法有大量图书进行介绍。本书将对利用凯恩方法实现动力学建模进行介绍。本书将使用凯恩方法进行吊挂系统动力学建模;使用牛顿-欧拉方法进行柔性机械臂动力学建模;使用哈密尔顿原理进行液体晃荡动力学建模。

为具有 $n$ 个自由度的机械系统定义广义坐标系记为 $q_1$, $q_2$, $\cdots q_n$。广义坐标系将时间的导数定义为广义速度,记为 $u_1$, $u_2$, $\cdots u_n$。机械系统由点和体组成。点可以认为是没有体积的体或者是集中质量的体,技术特征是只有质量没有体积。牛顿惯性坐标系中,某一个点 $P_k$ 的速度被记为 $^N\boldsymbol{v}^{P_k}$。该速度可以用数学公式表示为

$$^N\boldsymbol{v}^{P_k} = \sum_{i=1}^{n} (^N\boldsymbol{v}_i^{P_k} u_i + ^N\boldsymbol{v}_t^{P_k}) \tag{1.1}$$

式中:$^N\boldsymbol{v}_i^{P_k}$ 表示点 $P_k$ 的第 $i$ 个偏速度;$^N\boldsymbol{v}_t^{P_k}$ 表示广义速度 $u_i$ 对应的系数。在牛顿惯性坐标系中,某一个体 $B_k$ 的质心记为 $B_k^*$。该质心的速度记为 $^N\boldsymbol{v}^{B_k^*}$,可以用数学公式表示为

$$^N\boldsymbol{v}^{B_k^*} = \sum_{i=1}^{n} (^N\boldsymbol{v}_i^{B_k^*} u_i + ^N\boldsymbol{v}_t^{B_k^*}) \tag{1.2}$$

式中:$^N\boldsymbol{v}_i^{B_k^*}$ 表示体 $B_k$ 质心的第 $i$ 个偏速度;$^N\boldsymbol{v}_t^{B_k^*}$ 表示广义速度 $u_i$ 对应的系数。同时,体 $B_k$ 的角速度 $^N\boldsymbol{\omega}^{B_k}$ 可用数学公式表示为

$$^N\boldsymbol{\omega}^{B_k} = \sum_{i=1}^{n} (^N\boldsymbol{\omega}_i^{B_k} u_i + ^N\boldsymbol{\omega}_t^{B_k}) \tag{1.3}$$

式中:$^N\boldsymbol{\omega}_i^{B_k}$ 表示体 $B_k$ 的第 $i$ 个偏角速度;$^N\boldsymbol{\omega}_t^{B_k}$ 表示广义速度 $u_i$ 对应的系数。点 $P_k$ 的加速度可以由方程(1.1)对时间求导得到:

$$^N\boldsymbol{a}^{P_k} = \frac{^N\mathrm{d}^N\boldsymbol{v}^{P_k}}{\mathrm{d}t} \tag{1.4}$$

方程(1.2)对时间求导可以得到体 $B_k$ 质心 $B_k^*$ 的加速度:

$$^N\boldsymbol{a}^{B_k^*} = \frac{^N\mathrm{d}^N\boldsymbol{v}^{B_k^*}}{\mathrm{d}t} \tag{1.5}$$

方程（1.3）对时间求导可以得到体 $B_k$ 的角加速度：

$$^N\boldsymbol{\alpha}^{B_k} = \frac{^N\mathrm{d}^N\boldsymbol{\omega}^{B_k}}{\mathrm{d}t} \tag{1.6}$$

方程（1.1）对广义速度 $u_i$ 求导可以得到点 $P_k$ 的第 $i$ 个偏速度：

$$^N\boldsymbol{v}_i^{P_k} = \frac{\partial ^N\boldsymbol{v}^{P_k}}{\partial u_i} \tag{1.7}$$

方程（1.2）对广义速度 $u_i$ 求导可以得到体 $B_k$ 质心 $B_k^*$ 的第 $i$ 个偏速度：

$$^N\boldsymbol{v}_i^{B_k^*} = \frac{\partial ^N\boldsymbol{v}^{B_k^*}}{\partial u_i} \tag{1.8}$$

方程（1.3）对广义速度 $u_i$ 求导可以得到体 $B_k$ 的第 $i$ 个偏角速度：

$$^N\boldsymbol{\omega}_i^{B_k} = \frac{\partial ^N\boldsymbol{\omega}^{B_k}}{\partial u_i} \tag{1.9}$$

对应的广义惯性力可以写为

$$F_i^* = -\sum_{k=1}^{N_R} \left[ m_k {}^N\boldsymbol{a}^{B_k^*} \cdot {}^N\boldsymbol{v}_i^{B_k^*} + (\boldsymbol{I}^{B_k/B_k^*} \cdot {}^N\boldsymbol{\alpha}^{B_k} + {}^N\boldsymbol{\omega}^{B_k} \times \boldsymbol{I}^{B_k/B_k^*} \cdot {}^N\boldsymbol{\omega}^{B_k}) \cdot {}^N\boldsymbol{\omega}_i^{B_k} \right] -$$
$$\sum_{k=1}^{N_P} \left[ m_k {}^N\boldsymbol{a}^{P_k} \cdot {}^N\boldsymbol{v}_i^{P_k} \right] \tag{1.10}$$

式中：·表示点乘；×表示叉乘；$N_R$ 是机械系统中体的数量；$N_P$ 是点的数量；$m_k$ 表示点或者体的质量；$\boldsymbol{I}^{B_k/B_k^*}$ 表示体 $B_k$ 对质心 $B_k^*$ 的惯性张量。对应的广义主动力可以写为

$$F_i = \sum_{k=1}^{N_R} (\boldsymbol{F}^{B_k^*} \cdot {}^N\boldsymbol{v}_i^{B_k^*} + \boldsymbol{T}^{B_k} \cdot {}^N\boldsymbol{\omega}_i^{B_k}) + \sum_{k=1}^{N_P} (\boldsymbol{F}^{P_k} \cdot {}^N\boldsymbol{v}_i^{P_k}) \tag{1.11}$$

式中：$\boldsymbol{F}^{P_k}$ 表示作用在点 $P_k$ 上的作用力；$\boldsymbol{F}^{B_k}$ 表示作用在体 $B_k$ 的质心 $B_k^*$ 上的作用力；$\boldsymbol{T}^{B_k}$ 表示作用在体 $B_k$ 上的弯矩。将广义惯性力方程（1.10）和广义主动力方程（1.11）累加和约束为 0 可以得到机械系统的动力学方程：

$$F_i + F_i^* = 0 \tag{1.12}$$

或

$$\sum_{k=1}^{N_R} (\boldsymbol{F}^{B_k^*} \cdot {}^N\boldsymbol{v}_i^{B_k^*} + \boldsymbol{T}^{B_k} \cdot {}^N\boldsymbol{\omega}_i^{B_k}) + \sum_{k=1}^{N_P} (\boldsymbol{F}^{P_k} \cdot {}^N\boldsymbol{v}_i^{P_k}) = \sum_{k=1}^{N_P} (m_k {}^N\boldsymbol{a}^{P_k} \cdot {}^N\boldsymbol{v}_i^{P_k}) + \sum_{k=1}^{N_R} (m_k {}^N\boldsymbol{a}^{B_k^*} \cdot {}^N\boldsymbol{v}_i^{B_k^*} +$$
$$(\boldsymbol{I}^{B_k/B_k^*} \cdot {}^N\boldsymbol{\alpha}^{B_k} + {}^N\boldsymbol{\omega}^{B_k} \times \boldsymbol{I}^{B_k/B_k^*} \cdot {}^N\boldsymbol{\omega}^{B_k}) \cdot {}^N\boldsymbol{\omega}_i^{B_k})$$

$$\tag{1.13}$$

## 1.2 非线性振子

### 1.2.1 非线性单摆

图 1.1 给出了一个单摆模型。一个无质量的绳索连接一个集中质量的负载。摆动角记为 $\theta$，绳索长度记为 $l$。使用牛顿第二定律，单摆的动力学方程可以得到

$$l\ddot{\theta} + g\sin\theta = 0 \tag{1.14}$$

一个列向量 $x$ 被定义为：$x = [\theta, \dot{\theta}]^T$。方程（1.14）可以被改写为

$$\dot{x} = \begin{bmatrix} \dot{\theta} \\ \ddot{\theta} \end{bmatrix} = \begin{bmatrix} \dot{\theta} \\ -\dfrac{g\sin\theta}{l} \end{bmatrix} \tag{1.15}$$

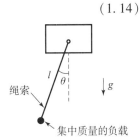

图 1.1 单摆模型

方程（1.15）右侧为 0 可以得到方程（1.14）的平衡点。平衡点是零摆动角位移和零摆动角速度的点。方程（1.14）的频率可以写为

$$\omega^2 = \frac{g\sin\theta}{l\theta} = \frac{g}{l}\left(1 - \frac{\theta^2}{6} + \frac{\theta^4}{120} - \cdots\right) \tag{1.16}$$

单摆的频率、绳长和振幅有关系。增加绳长将会减少单摆频率。同时，单摆频率将随着振幅的增加而减少。在平衡点处，摆动的振幅为 0，摆动的频率等于线性化频率 $\sqrt{g/l}$。这类随着振幅增加频率减少的系统是软弹簧类型。

### 1.2.2 非线性质量弹簧振子

图 1.2 给出了一个质量弹簧振子模型，质量记为 $m$，质量块位移记为 $y$，弹簧的线性刚度记为 $k_1$，弹簧的非线性刚度记为 $k_3$。使用牛顿第二定律，动力学方程为

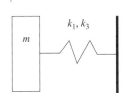

图 1.2 质量弹簧振子模型

$$m\ddot{y} + k_1 y + k_3 y^3 = 0 \tag{1.17}$$

一个列向量 $x$ 被定义为：$x = [y, \dot{y}]^T$。方程（1.17）可以被改写为

$$\dot{x} = \begin{bmatrix} \dot{y} \\ \ddot{y} \end{bmatrix} = \begin{bmatrix} \dot{y} \\ \dfrac{-k_1 y - k_3 y^3}{m} \end{bmatrix} \tag{1.18}$$

方程（1.18）右侧为 0 可以得到方程（1.17）的平衡点。平衡点是质量块零位移和零速度的点。方程（1.17）表示的质量弹簧振子的频率可以写为

$$\omega^2 = \frac{k_1}{m} + \frac{k_3 y^2}{m} \tag{1.19}$$

质量弹簧振子的频率依赖于质量、弹簧刚度和振幅。质量弹簧振子频率将随着振幅的增加而增大。在平衡点处，质量块的位移为 0，质量弹簧振子的频率等于线性化频率 $\sqrt{k_1/m}$。这类随着振幅增加频率增大的系统是硬弹簧类型。

## 1.3 近似解

非线性方程的精确解析解和封闭解很难得到。但是，数值解是可以得到的。本节介绍非线性方程的近似解法，包括谐波平衡法、平均值法、摄动法和多尺度法，后两种方法比较常用。

### 1.3.1 摄动法

一个自由度的自由振动的非线性系统可以表示为

$$\begin{cases} \ddot{x} + \omega_0^2 x = \varepsilon p(x,\dot{x}) \\ x(0) = A \\ \dot{x}(0) = 0 \end{cases} \quad (1.20)$$

式中：$\varepsilon$ 表示非线性小系数；$\varepsilon p(x,\dot{x})$ 表示非线性项；$A$ 表示初始位移。方程（1.20）的解和对应的非线性频率 $\omega$ 被假设为

$$\begin{cases} x = x_0 + \varepsilon x_1 + \varepsilon^2 x_2 + \cdots + \varepsilon^k x_k + \cdots \\ \omega^2 = \omega_0^2 + \varepsilon b_1 + \varepsilon^2 b_2 + \cdots + \varepsilon^k b_k + \cdots \end{cases} \quad (1.21)$$

将方程（1.21）代入方程（1.20）可得

$$\begin{cases} (\ddot{x}_0 + \varepsilon \ddot{x}_1 + \varepsilon^2 \ddot{x}_2 + \cdots) + \\ (\omega^2 - \varepsilon b_1 - \varepsilon^2 b_2 + \cdots)(x_0 + \varepsilon x_1 + \varepsilon^2 x_2 + \cdots) = \\ \varepsilon p(x_0 + \varepsilon x_1 + \varepsilon^2 x_2 + \cdots, \dot{x}_0 + \varepsilon \dot{x}_1 + \varepsilon^2 \dot{x}_2 + \cdots) \\ x_0(0) + \varepsilon x_1(0) + \varepsilon^2 x_2(0) + \cdots = A \\ \dot{x}_0(0) + \varepsilon \dot{x}_1(0) + \varepsilon^2 \dot{x}_2(0) + \cdots = 0 \end{cases} \quad (1.22)$$

可以在小系数全部项上达到平衡。$\varepsilon^0$，$\varepsilon^1$，$\varepsilon^2$ 项可被平衡为

$$\varepsilon^0 : \begin{cases} \ddot{x}_0 + \omega^2 x_0 = 0 \\ x_0(0) = A \\ \dot{x}_0(0) = 0 \end{cases} \quad (1.23)$$

$$\varepsilon^1 : \begin{cases} \ddot{x}_1 + \omega^2 x_1 = p(x_0,\dot{x}_0) + b_1 x_0 \\ x_1(0) = 0 \\ \dot{x}_1(0) = 0 \end{cases} \quad (1.24)$$

$$\varepsilon^2 : \begin{cases} \ddot{x}_2 + \omega^2 x_2 = p_1(x_0,\dot{x}_0) x_1 + p_2(x_0,\dot{x}_0) \dot{x}_1 + b_2 x_0 + b_1 x_1 \\ x_2(0) = 0 \\ \dot{x}_2(0) = 0 \end{cases} \quad (1.25)$$

高阶项也可以得到平衡。将方程（1.23）~方程（1.25）代入方程（1.21）可得非线性方程的近似解。这种方法被称为 Lindstedt – Poincaré 摄动法。

**例题 1.1** 求非线性单摆的近似解

非线性单摆（1.41）可以写成泰勒展开的形式：

$$\ddot{\theta} + \left( \frac{g}{l}\theta - \frac{g\theta^3}{6l} + \cdots \right) = 0 \quad (1.26)$$

泰勒展开只保留前两项，则可得

$$\ddot{\theta} + \frac{g}{l}\theta - \frac{g\theta^3}{6l} = 0 \quad (1.27)$$

简化的方程（1.27）可以写成

$$\begin{cases} \ddot{\theta} + \omega_0^2 \theta + \varepsilon \mu \theta^3 = 0 \\ \theta(0) = 0 \\ \dot{\theta}(0) = V \end{cases} \quad (1.28)$$

式中：

$$\omega_0 = \sqrt{\frac{g}{l}}; \quad \varepsilon = -\frac{1}{6}; \quad \mu = \frac{g}{l} \tag{1.29}$$

近似解和对应的非线性频率可以被假设为

$$\begin{cases} \theta = \theta_0 + \varepsilon\theta_1 \\ \omega^2 = \omega_0^2 + \varepsilon b_1 \end{cases} \tag{1.30}$$

将方程（1.30）代入方程（1.28）可得

$$\begin{cases} (\ddot{\theta}_0 + \varepsilon\ddot{\theta}_1) + (\omega^2 - \varepsilon b_1) \cdot (\theta_0 + \varepsilon\theta_1) + \varepsilon\mu \cdot (\theta_0 + \varepsilon\theta_1)^3 = 0 \\ \theta_0(0) + \varepsilon\theta_1(0) = 0 \\ \dot{\theta}_0(0) + \varepsilon\dot{\theta}_1(0) = V \end{cases} \tag{1.31}$$

方程（1.31）可对 $\varepsilon^0$ 项和 $\varepsilon^1$ 项求平衡：

$$\varepsilon^0 : \begin{cases} \ddot{\theta}_0 + \omega^2\theta_0 = 0 \\ \theta_0(0) = 0 \\ \dot{\theta}_0(0) = V \end{cases} \tag{1.32}$$

$$\varepsilon^1 : \begin{cases} \ddot{\theta}_1 + \omega^2\theta_1 = b_1\theta_0 - \mu\theta_0^3 \\ \theta_1(0) = 0 \\ \dot{\theta}_1(0) = 0 \end{cases} \tag{1.33}$$

方程（1.32）的解为

$$\theta_0 = \frac{V}{\omega}\sin(\omega t) \tag{1.34}$$

将方程（1.34）代入方程（1.33）可得

$$\begin{cases} \ddot{\theta}_1 + \omega^2\theta_1 = \left(\frac{V}{\omega}b_1 - \frac{3\mu V^3}{4\omega^3}\right)\sin(\omega t) + \frac{\mu V^3}{4\omega^3}\sin(3\omega t) \\ \theta_1(0) = 0 \\ \dot{\theta}_1(0) = 0 \end{cases} \tag{1.35}$$

方程（1.35）的第一个方程的右边第一项是永年项。物理原理表明，永年项必须是0：

$$\frac{V}{\omega}b_1 - \frac{3\mu V^3}{4\omega^3} = 0 \tag{1.36}$$

方程（1.36）的解为

$$b_1 = \frac{3\mu V^2}{4\omega^2} \tag{1.37}$$

将方程（1.36）和方程（1.37）代入方程（1.35）可得

$$\begin{cases} \ddot{\theta}_1 + \omega^2\theta_1 = \frac{\mu V^3}{4\omega^3}\sin(3\omega t) \\ \theta_1(0) = 0 \\ \dot{\theta}_1(0) = 0 \end{cases} \tag{1.38}$$

方程（1.38）的解为

$$\theta_1 = \frac{3\mu V^3}{8\omega^5}\sin(\omega t) - \frac{\mu V^3}{8\omega^5}\sin(3\omega t) \tag{1.39}$$

将方程（1.34）、方程（1.37）和方程（1.39）代入方程（1.30）可得非线性单摆的近似解：

$$\begin{cases} \theta = \dfrac{V}{\omega}\sin(\omega t) + \varepsilon\left(\dfrac{3\mu V^3}{8\omega^5}\sin(\omega t) - \dfrac{\mu V^3}{8\omega^5}\sin(3\omega t)\right) \\ \omega^2 = \omega_0^2 + \varepsilon\dfrac{3\mu V^2}{4\omega^2} \end{cases} \tag{1.40}$$

**例题 1.2** 求阻尼非线性方程的近似解

$$\begin{cases} \ddot{x} + 2\zeta\omega_0\dot{x} + \omega_0^2 x + \varepsilon\mu x^3 = 0 \\ x(0) = A;\ \dot{x}(0) = 0 \end{cases} \tag{1.41}$$

式中：$\varepsilon$ 表示非线性小系数；$\zeta$ 表示阻尼比；$\omega_0$ 表示线性频率；$\varepsilon\mu x^3$ 表示非线性项；$A$ 表示初始位移。方程（1.41）的解和对应的非线性频率 $\omega$ 被假设为

$$\begin{cases} x = x_0 + \varepsilon x_1 \\ \omega = \omega_0 + \varepsilon b_1 \\ \zeta = \varepsilon \zeta_1 \end{cases} \tag{1.42}$$

将方程（1.42）代入方程（1.41）可得

$$\begin{cases} (\ddot{x}_0 + \varepsilon\ddot{x}_1) + 2\varepsilon\zeta_1(\omega - \varepsilon b_1)(\dot{x}_0 + \varepsilon\dot{x}_1) + (\omega - \varepsilon b_1)^2(x_0 + \varepsilon x_1) + \varepsilon\mu(x_0 + \varepsilon x_1)^3 = 0 \\ x_0(0) + \varepsilon x_1(0) = A;\ \dot{x}_0(0) + \varepsilon\dot{x}_1(0) = 0 \end{cases} \tag{1.43}$$

可以在小系数全部项上达到平衡。方程（1.43）可以在 $\varepsilon^0$、$\varepsilon^1$ 项上被平衡为

$$\begin{cases} \ddot{x}_0 + \omega^2 x_0 = 0 \\ x_0(0) = A;\ \dot{x}_0(0) = 0 \end{cases} \tag{1.44}$$

$$\begin{cases} \ddot{x}_1 + 2\zeta_1\omega\dot{x}_0 + \omega^2 x_1 - 2b_1 x_0 + \mu x_0^3 = 0 \\ x_1(0) = 0;\ \dot{x}_1(0) = 0 \end{cases} \tag{1.45}$$

方程（1.44）的解为

$$x_0 = A \cdot \cos(\omega t) \tag{1.46}$$

方程（1.45）的解为

$$\begin{cases} \ddot{x}_1 + \omega^2 x_1 = -2\zeta_1\omega^2 A\sin(\omega t) + \left(2b_1 A - \dfrac{3\mu A^3}{4}\right)\cos(\omega t) - \dfrac{\mu A^3}{4}\cos(3\omega t) \\ x_1(0) = 0;\ \dot{x}_1(0) = 0 \end{cases} \tag{1.47}$$

方程（1.47）的第一个方程的右边第一项和第二项都是永年项。物理原理表明，永年项必须是 0。然后，方程（1.47）可被写为

$$\begin{cases} \ddot{x}_1 + \omega^2 x_1 = -\dfrac{\mu A^3}{4}\cos(3\omega t) \\ x_1(0) = 0;\ \dot{x}_1(0) = 0 \end{cases} \tag{1.48}$$

方程（1.48）的解为

$$x_1 = -\frac{\mu A^3}{32\omega^2}\cos(3\omega t) \tag{1.49}$$

将方程（1.46）和方程（1.49）代入方程（1.42）可得阻尼非线性方程的近似解。

### 1.3.2 多尺度法

一个时间尺度可以被定义为

$$T_k = \varepsilon^k t \tag{1.50}$$

式中：$\varepsilon$ 表示非线性小系数；$t$ 表示时间。对时间的导数可以写为时间尺度的函数：

$$\begin{cases} \dfrac{\mathrm{d}}{\mathrm{d}t} = \dfrac{\mathrm{d}T_0}{\mathrm{d}t}\dfrac{\partial}{\partial T_0} + \dfrac{\mathrm{d}T_1}{\mathrm{d}t}\dfrac{\partial}{\partial T_1} + \cdots = \dfrac{\partial}{\partial T_0} + \varepsilon\dfrac{\partial}{\partial T_1} + \cdots = D_0 + \varepsilon D_1 + \cdots \\ \dfrac{\mathrm{d}^2}{\mathrm{d}^2 t} = \dfrac{\mathrm{d}T_0}{\mathrm{d}t}\dfrac{\partial}{\partial T_0}\left(\dfrac{\mathrm{d}T_0}{\mathrm{d}t}\dfrac{\partial}{\partial T_1}\right) + \dfrac{\mathrm{d}T_1}{\mathrm{d}t}\dfrac{\partial}{\partial T_1}\left(\dfrac{\mathrm{d}T_0}{\mathrm{d}t}\dfrac{\partial}{\partial T_1}\right) + \cdots \\ \qquad = \dfrac{\partial^2}{\partial T_0^2} + 2\varepsilon\dfrac{\partial^2}{\partial T_0 \partial T_1} + \varepsilon^2\dfrac{\partial^2}{\partial T_1^2} + \cdots = D_0^2 + 2\varepsilon D_0 D_1 + \varepsilon^2 D_1^2 + \cdots \end{cases} \tag{1.51}$$

式中：

$$T_0 = t, \ T_1 = \varepsilon t \tag{1.52}$$

$$D_0 = \dfrac{\partial}{\partial T_0}, \ D_1 = \dfrac{\partial}{\partial T_1} \tag{1.53}$$

考虑一个非线性自由振动的振子：

$$\begin{cases} \ddot{x} + \omega_0^2 x = \varepsilon p(x, \dot{x}) \\ x(0) = A \\ \dot{x}(0) = 0 \end{cases} \tag{1.54}$$

对应的解被假设为

$$x = x_0(T_0, T_1, \cdots) + \varepsilon x_1(T_0, T_1, \cdots) + \varepsilon^2 x_2(T_0, T_1, \cdots) + \cdots \tag{1.55}$$

将方程（1.55）代入方程（1.54），然后对 $\varepsilon^0$ 项和 $\varepsilon^1$ 项求平衡：

$$\begin{cases} D_0^2 x_0 + \omega_0^2 x_0 = 0 \\ D_0^2 x_1 + \omega_0^2 x_1 = -2 D_0 D_1 x_0 + p(x_0, D_0 x_0) \\ D_0^2 x_2 + \omega_0^2 x_2 = -(D_1^2 + 2 D_0 D_2) x_0 - 2 D_0 D_1 x_1 + \\ \qquad\qquad p_1(x_0, D_0 x_0) x_1 + p_2(x_0, D_0 x_0)(D_1 x_0 + D_0 x_1) \\ \cdots \end{cases} \tag{1.56}$$

方程的解（1.56）就是非线性振子（1.54）的近似解。

**例题 1.3** 求非线性单摆的近似解

对非线性单摆动力学模型进行泰勒展开。对展开结果只保留前两项。简化后的方程可以写为

$$\begin{cases} \ddot{\theta} + \omega_0^2 \theta + \varepsilon \omega_0^2 \theta^3 = 0 \\ \theta(0) = M \\ \dot{\theta}(0) = 0 \end{cases} \tag{1.57}$$

式中：

$$\omega_0 = \sqrt{\dfrac{g}{l}}, \ \varepsilon = -\dfrac{1}{6} \tag{1.58}$$

方程（1.57）的假设解为

$$\theta = \theta_0(T_0, T_1) + \varepsilon\theta_1(T_0, T_1) \tag{1.59}$$

将方程 (1.59) 代入方程 (1.57) 可得

$$\begin{cases} \left(\dfrac{\partial^2 \theta_0}{\partial T_0^2} + 2\varepsilon\dfrac{\partial^2 \theta_0}{\partial T_0 \partial T_1} + \varepsilon^2 \dfrac{\partial^2 \theta_0}{\partial T_1^2}\right) + \varepsilon\left(\dfrac{\partial^2 \theta_1}{\partial T_0^2} + 2\varepsilon\dfrac{\partial^2 \theta_1}{\partial T_0 \partial T_1} + \varepsilon^2 \dfrac{\partial^2 \theta_1}{\partial T_1^2}\right) + \\ \qquad \omega_0^2(\theta_0 + \varepsilon\theta_1) + \varepsilon\omega_0^2(\theta_0 + \varepsilon\theta_1)^3 = 0 \\ \theta_0(0) + \varepsilon\theta_1(0) = M \\ \dot{\theta}_0(0) + \varepsilon\dot{\theta}_1(0) = 0 \end{cases} \tag{1.60}$$

方程 (1.60) 可以在 $\varepsilon^0$、$\varepsilon^1$ 项上被平衡为

$$\dfrac{\partial^2 \theta_0}{\partial T_0^2} + \omega_0^2 \theta_0 = 0 \tag{1.61}$$

$$\dfrac{\partial^2 \theta_1}{\partial T_0^2} + \omega_0^2 \theta_1 + 2\dfrac{\partial^2 \theta_0}{\partial T_0 \partial T_1} + \omega_0^2 \theta_0^3 = 0 \tag{1.62}$$

方程 (1.61) 的解为

$$\theta_0 = C(T_1)\mathrm{e}^{\mathrm{j}\omega_0 T_0} + \overline{C}(T_1)\mathrm{e}^{-\mathrm{j}\omega_0 T_0} \tag{1.63}$$

将方程 (1.63) 代入方程 (1.62) 可得

$$\begin{aligned}\dfrac{\partial^2 \theta_1}{\partial T_0^2} + \omega_0^2 \theta_1 =& \left(-2\mathrm{j}\omega_0 \dfrac{\partial C(T_1)}{\partial T_1} - 3\omega_0^2 C^2(T_1)\overline{C}(T_1)\right)\mathrm{e}^{\mathrm{j}\omega_0 T_0} + \\ & \left(2\mathrm{j}\omega_0 \dfrac{\partial \overline{C}(T_1)}{\partial T_1} - 3\omega_0^2 \overline{C}^2(T_1)C(T_1)\right)\mathrm{e}^{-\mathrm{j}\omega_0 T_0} - \\ & \omega_0^2 C^3(T_1)\mathrm{e}^{\mathrm{j}3\omega_0 T_0} - \omega_0^2 \overline{C}^3(T_1)\mathrm{e}^{-\mathrm{j}3\omega_0 T_0}\end{aligned} \tag{1.64}$$

方程 (1.64) 的右边第一项和第二项都是永年项。物理原理表明，永年项必须是 0：

$$\begin{cases} -2\mathrm{j}\omega_0 \dfrac{\partial C(T_1)}{\partial T_1} - 3\omega_0^2 C^2(T_1)\overline{C}(T_1) = 0 \\ 2\mathrm{j}\omega_0 \dfrac{\partial \overline{C}(T_1)}{\partial T_1} - 3\omega_0^2 \overline{C}^2(T_1)C(T_1) = 0 \end{cases} \tag{1.65}$$

方程 (1.65) 的假设解为

$$C(T_1) = M\mathrm{e}^{\mathrm{j}A} \tag{1.66}$$

将方程 (1.66) 代入方程 (1.51) 可得

$$\begin{cases} \dfrac{\mathrm{d}C}{\mathrm{d}t} = \dfrac{\partial C}{\partial T_0} + \varepsilon\dfrac{\partial C}{\partial T_1} = \varepsilon\dfrac{\partial C}{\partial T_1} = \varepsilon\dfrac{3\omega_0^2 C^2(T_1)\overline{C}(T_1)}{-2\mathrm{j}\omega_0} \\ \dfrac{\mathrm{d}\overline{C}}{\mathrm{d}t} = \dfrac{\partial \overline{C}}{\partial T_0} + \varepsilon\dfrac{\partial \overline{C}}{\partial T_1} = \varepsilon\dfrac{\partial \overline{C}}{\partial T_1} = \varepsilon\dfrac{3\omega_0^2 C^2(T_1)\overline{C}(T_1)}{2\mathrm{j}\omega_0} \end{cases} \tag{1.67}$$

将方程 (1.66) 代入方程 (1.65) 可得

$$\begin{cases} C = 0.5M\mathrm{e}^{\mathrm{j}\left[\left(\frac{3}{8}\varepsilon\omega_0 M^2\right)+B\right]} \\ \overline{C} = 0.5M\mathrm{e}^{-\mathrm{j}\left[\left(\frac{3}{8}\varepsilon\omega_0 M^2\right)+B\right]} \end{cases} \tag{1.68}$$

式中：$B$ 是系数，取决于初始条件。忽略永年项后，方程 (1.64) 可以写为

$$\dfrac{\partial^2 \theta_1}{\partial T_0^2} + \omega_0^2 \theta_1 = -\omega_0^2 C^3(T_1)\mathrm{e}^{\mathrm{j}3\omega_0 T_0} - \omega_0^2 \overline{C}^3(T_1)\mathrm{e}^{-\mathrm{j}3\omega_0 T_0} \tag{1.69}$$

方程（1.69）的解为

$$\theta_1 = \frac{\omega_0^2 C^3}{8}e^{j3\omega_0 T_0} + \frac{\omega_0^2 \bar{C}^3}{8}e^{-j3\omega_0 T_0} \tag{1.70}$$

将方程（1.63）和方程（1.70）代入方程（1.59）可得非线性单摆的近似解：

$$\theta = C(T_1)e^{j\omega_0 T_0} + \bar{C}(T_1)e^{-j\omega_0 T_0} + \varepsilon\left(\frac{\omega_0^2 C^3}{8}e^{j3\omega_0 T_0} + \frac{\omega_0^2 \bar{C}^3}{8}e^{-j3\omega_0 T_0}\right) \tag{1.71}$$

将方程（1.68）代入方程（1.71）可得

$$\theta = M\cos\left(\omega_0 t + \frac{3}{8}\varepsilon\omega_0 M^2 t + B\right) + \frac{\varepsilon\omega_0^2 M^3}{32}\cos\left(3\omega_0 t + \frac{9}{8}\varepsilon\omega_0 M^2 t + B\right) \tag{1.72}$$

根据方程（1.72），可以得到非线性频率：

$$\omega = \omega_0 + \frac{3}{8}\varepsilon\omega_0 M^2 \tag{1.73}$$

### 1.3.3 受迫振动

#### 1.3.3.1 近似解

一个受迫振子的动力学方程为

$$\ddot{x} + \omega_0^2 x + \varepsilon\omega_0^2 x^3 = F\sin(\omega t) \tag{1.74}$$

式中：$\varepsilon$ 表示非线性小系数；$\omega_0$ 表示线性频率；$F$ 表示输入幅值；$\omega$ 表示输入频率。输入的幅值和频率可以被假设为

$$\begin{cases} F = \varepsilon f \\ \omega = \omega_0 + \varepsilon\sigma \end{cases} \tag{1.75}$$

式中：$f$ 和 $\sigma$ 是系数。将方程（1.75）代入方程（1.74）可得

$$\ddot{x} + \omega_0^2 x = -\varepsilon\omega_0^2 x^3 + \varepsilon f\sin[(\omega_0 + \varepsilon\sigma)t] \tag{1.76}$$

方程（1.76）的假设解为

$$x = x_0(T_0, T_1) + \varepsilon x_1(T_0, T_1) \tag{1.77}$$

将方程（1.77）代入方程（1.76），然后在 $\varepsilon^0$、$\varepsilon^1$ 项上被平衡为

$$\begin{cases} D_0^2 x_0 + \omega_0^2 x_0 = 0 \\ D_0^2 x_1 + \omega_0^2 x_1 = -2D_0 D_1 x_0 - \omega_0^2 x_0^3 + f\cos(\omega_0 T_0 + \sigma T_1) \end{cases} \tag{1.78}$$

方程（1.78）的第一个解为

$$x_0 = C(T_1)e^{j\omega_0 T_0} + \bar{C}(T_1)e^{-j\omega_0 T_0} \tag{1.79}$$

将方程（1.79）代入方程（1.78）的第二个方程可得

$$D_0^2 x_1 + \omega_0^2 x_1 = \left(-2j\omega_0 D_1 C - 3\omega_0^2 C^2 \bar{C} + \frac{f}{2}e^{j\sigma T_1}\right)e^{j\omega_0 T_0} - \omega_0^2 C^3 e^{j3\omega_0 T_0} + cc \tag{1.80}$$

方程（1.80）的右边第一项是永年项。物理原理表明，永年项必须是零：

$$-2j\omega_0 \frac{\partial C}{\partial T_1} - 3\omega_0^2 C^2 \bar{C} + \frac{f}{2}e^{j\sigma T_1} = 0 \tag{1.81}$$

方程（1.81）的假设解为

$$C = \frac{a(T_1)}{2}e^{j\beta(T_1)} \tag{1.82}$$

将方程（1.82）代入方程（1.81）可得

$$\begin{cases} \dfrac{\partial a}{\partial T_1} = \dfrac{f}{2\omega_0}\sin(\sigma T_1 - \beta) \\ \dfrac{\partial \beta}{\partial T_1} = \dfrac{3}{8}\omega_0 a^2 - \dfrac{f}{2\omega_0 a}\cos(\sigma T_1 - \beta) \end{cases} \quad (1.83)$$

方程（1.82）的系数 $a(T_1)$ 和 $\beta(T_1)$ 可以从方程（1.83）中解出来。然后忽略永年项，方程（1.80）可以写为

$$D_0^2 x_1 + \omega_0^2 x_1 = -\omega_0^2 C^3 \mathrm{e}^{\mathrm{j}3\omega_0 T_0} + cc \quad (1.84)$$

方程（1.84）的解为

$$x_1 = \dfrac{\omega_0^2 C^3}{8}\mathrm{e}^{\mathrm{j}3\omega_0 T_0} + cc \quad (1.85)$$

将方程（1.79）和方程（1.85）代入方程（1.77）中可得近似解：

$$x = \dfrac{a(T_1)}{2}\cdot \mathrm{e}^{\mathrm{j}(\omega_0 T_0 + \beta(T_1))} + \dfrac{\varepsilon \omega_0^2 a^3(T_1)}{16}\mathrm{e}^{\mathrm{j}(3\omega_0 T_0 + 3\beta(T_1))} + cc \quad (1.86)$$

### 1.3.3.2 幅频响应

一个系数可以被定义为

$$\varphi = \sigma T_1 - \beta \quad (1.87)$$

将方程（1.87）代入方程（1.83）可得

$$\begin{cases} \dfrac{\partial a}{\partial T_1} = \dfrac{f}{2\omega_0}\sin\varphi \\ \dfrac{\partial \varphi}{\partial T_1} = \sigma - \dfrac{3}{8}\omega_0 a^2 + \dfrac{f}{2\omega_0 a}\cos\varphi \end{cases} \quad (1.88)$$

为了得到稳态响应的振幅，将方程（1.88）对时间尺度 $T_1$ 求导约束为 0：

$$\begin{cases} \dfrac{f}{2\omega_0}\sin\bar{\varphi} = 0 \\ \sigma - \dfrac{3}{8}\omega_0 \bar{a}^2 + \dfrac{f}{2\omega_0 \bar{a}}\cos\bar{\varphi} = 0 \end{cases} \quad (1.89)$$

式中：$\bar{a}$ 是稳态响应的振幅；$\bar{\varphi}$ 是稳态响应的相位。当稳态响应的相位 $\bar{\varphi} = 0$ 时，稳态响应的振幅 $\bar{a}$ 可以从方程（1.89）中求解出：

$$\left| \sigma \bar{a} - \dfrac{3}{8}\omega_0 \bar{a}^3 \right| = \left| \dfrac{f}{2\omega_0} \right| \quad (1.90)$$

非线性频率可以从下式中求解出：

$$\omega = \omega_0 + \dfrac{3}{8}\varepsilon \omega_0 \bar{a}^2 \pm \left| \dfrac{F}{2\omega_0 \bar{a}} \right| \quad (1.91)$$

由方程（1.91）可以求得幅频响应。图 1.3 给出幅频响应结果。从图中可以看出非线性系统的跳跃现象。

### 1.3.4 耦合振荡

两个自由度的耦合达芬振子可用下面方程来表示：

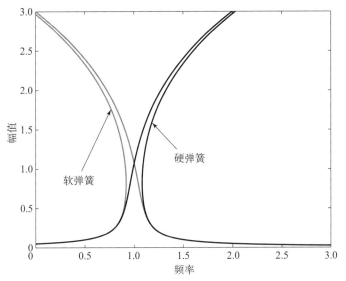

图 1.3 幅频响应结果

$$\begin{cases} \ddot{q}_1 + \omega_1^2 q_1 + \varepsilon(\eta_{11} q_1^3 + \eta_{12} q_1^2 q_2 + \eta_{13} q_1 q_2^2 + \eta_{14} q_2^3) = 0 \\ \ddot{q}_2 + \omega_2^2 q_2 + \varepsilon(\eta_{21} q_1^3 + \eta_{22} q_1^2 q_2 + \eta_{23} q_1 q_2^2 + \eta_{24} q_2^3) = 0 \end{cases} \quad (1.92)$$

式中：$q_i$ 表示第 $i$ 个模态的位移；$\omega_i$ 表示第 $i$ 个模态的线性频率；$\eta_{ij}$ 是系数。第二模态线性频率大于 5 倍第一模态线性频率。方程（1.92）的假设解为

$$\begin{cases} q_1 = q_{10}(T_0, T_1) + \varepsilon q_{11}(T_0, T_1) \\ q_2 = q_{20}(T_0, T_1) + \varepsilon q_{21}(T_0, T_1) \end{cases} \quad (1.93)$$

式中：$T_i$ 是时间尺度。将方程（1.93）代入方程（1.92）可得

$$\left( \frac{\partial^2 q_{10}}{\partial T_0^2} + 2\varepsilon \frac{\partial^2 q_{10}}{\partial T_0 T_1} + \varepsilon^2 \frac{\partial^2 q_{10}}{\partial T_1^2} \right) + \varepsilon \left( \frac{\partial^2 q_{11}}{\partial T_0^2} + 2\varepsilon \frac{\partial^2 q_{11}}{\partial T_0 T_1} + \varepsilon^2 \frac{\partial^2 q_{11}}{\partial T_1^2} \right) + \omega_1^2 (q_{10} + \varepsilon q_{11})$$

$$= \varepsilon [ -\eta_{11}(q_{10} + \varepsilon q_{11})^3 - \eta_{12}(q_{10} + \varepsilon q_{11})(q_{20} + \varepsilon q_{21})^2 - \eta_{13}(q_{10} + \varepsilon q_{11})^2 \cdot$$
$$(q_{20} + \varepsilon q_{21}) - \eta_{14}(q_{20} + \varepsilon q_{12})^3 ] \quad (1.94)$$

$$\left( \frac{\partial^2 q_{20}}{\partial T_0^2} + 2\varepsilon \frac{\partial^2 q_{20}}{\partial T_0 T_1} + \varepsilon^2 \frac{\partial^2 q_{20}}{\partial T_1^2} \right) + \varepsilon \left( \frac{\partial^2 q_{21}}{\partial T_0^2} + 2\varepsilon \frac{\partial^2 q_{21}}{\partial T_0 T_1} + \varepsilon^2 \frac{\partial^2 q_{21}}{\partial T_1^2} \right) + \omega_2^2 (q_{20} + \varepsilon q_{21})$$

$$= \varepsilon [ -\eta_{21}(q_{10} + \varepsilon q_{11})^3 - \eta_{22}(q_{10} + \varepsilon q_{11})(q_{20} + \varepsilon q_{21})^2 - \eta_{23}(q_{10} + \varepsilon q_{11})^2 \cdot$$
$$(q_{20} + \varepsilon q_{21}) - \eta_{24}(q_{20} + \varepsilon q_{21})^3 ] \quad (1.95)$$

方程（1.94）和方程（1.95）可以在 $\varepsilon^0$ 项上平衡为

$$\begin{cases} \dfrac{\partial^2 q_{10}}{\partial T_0^2} + \omega_1^2 q_{10} = 0 \\ \dfrac{\partial^2 q_{20}}{\partial T_0^2} + \omega_2^2 q_{20} = 0 \end{cases} \quad (1.96)$$

方程（1.96）的解为

$$\begin{cases} q_{10} = C_1(T_1) \cdot e^{j\omega_1 T_0} + \bar{C}_1(T_1) \cdot e^{-j\omega_1 T_0} \\ q_{20} = C_2(T_1) \cdot e^{j\omega_2 T_0} + \bar{C}_2(T_1) \cdot e^{-j\omega_2 T_0} \end{cases} \quad (1.97)$$

方程（1.97）的解为

$$\begin{cases} C_1(T_1) = A_1(t)e^{j\varphi_1(t)} \\ C_2(T_1) = A_2(t)e^{j\varphi_2(t)} \end{cases} \quad (1.98)$$

方程（1.94）和方程（1.95）可以在 $\varepsilon^1$ 项上平衡为

$$\begin{cases} \dfrac{\partial^2 q_{11}}{\partial T_0^2} + \omega_1^2 q_{11} = -2\dfrac{\partial^2 q_{10}}{\partial T_0 \partial T_1} - \eta_{11}q_{10}^3 - \eta_{12}q_{10}q_{20}^2 - \eta_{13}q_{10}^2 q_{20} - \eta_{14}q_{20}^3 \\ \dfrac{\partial^2 q_{21}}{\partial T_0^2} + \omega_2^2 q_{21} = -2\dfrac{\partial^2 q_{20}}{\partial T_0 \partial T_1} - \eta_{21}q_{10}^3 - \eta_{22}q_{10}q_{20}^2 - \eta_{23}q_{10}^2 q_{20} - \eta_{24}q_{20}^3 \end{cases} \quad (1.99)$$

将方程（1.97）代入方程（1.99）可得

$$\begin{aligned}
\frac{\partial^2 q_{11}}{\partial T_0^2} + \omega_1^2 q_{11} =& \left(-j2\omega_1 \frac{\partial C_1(T_1)}{\partial T_1} - 3\eta_{11}C_1^2(T_1)\bar{C}_1(T_1) - 2\eta_{12}C_2(T_1)\bar{C}_2(T_1)C_1(T_1)\right)e^{j\omega_1 T_0} + \\
& \left(j2\omega_1 \frac{\partial \bar{C}_1(T_1)}{\partial T_1} - 3\eta_{11}C_1(T_1)\bar{C}_1^2(T_1) - 2\eta_{12}C_2(T_1)\bar{C}_2(T_1)C_1(T_1)\right)e^{-j\omega_1 T_0} + \\
& \left(-2\eta_{13}C_1(T_1)\bar{C}_1(T_1)C_2(T_1) - 3\eta_{14}C_2^2(T_1)\bar{C}_2(T_1)\right)e^{-j\omega_1 T_0} + \\
& \left(-2\eta_{13}C_1(T_1)\bar{C}_1(T_1)\bar{C}_2(T_1) - 3\eta_{14}\bar{C}_2^2(T_1)\bar{C}_2(T_1)\right)e^{-j\omega_2 T_0} - \\
& \eta_{11}\left(C_1^3(T_1)e^{j3\omega_1 T_0} + \bar{C}_1^3(T_1)e^{-j3\omega_1 T_0}\right) - \eta_{12}\left(C_2^2(T_1)C_1(T_1)e^{j(2\omega_2 T_0 + \omega_1 T_0)} + \right. \\
& \bar{C}_2^2(T_1)\bar{C}_1(T_1)e^{-j(2\omega_2 T_0 + \omega_1 T_0)}\right) - \eta_{12}\left(C_2^2(T_1)\bar{C}_1(T_1)e^{j(2\omega_2 T_0 - \omega_1 T_0)} + \right. \\
& \bar{C}_2^2(T_1)C_1(T_1)e^{-j(2\omega_2 T_0 - \omega_1 T_0)}\right) - \eta_{13}\left(C_1^2(T_1)C_2(T_1)e^{j(2\omega_1 T_0 + \omega_2 T_0)} + \right. \\
& \bar{C}_1^2(T_1)\bar{C}_2(T_1)e^{-j(2\omega_1 T_0 + \omega_2 T_0)}\right) - \eta_{13}\left(C_1^2(T_1)\bar{C}_2(T_1)e^{j(2\omega_1 T_0 - \omega_2 T_0)} + \right. \\
& \bar{C}_1^2(T_1)C_2(T_1)e^{-j(2\omega_1 T_0 - \omega_2 T_0)}\right) - \eta_{14}\left(C_2^3(T_1)e^{j3\omega_2 T_0} + \bar{C}_2^3(T_1)e^{-j3\omega_2 T_0}\right) \quad (1.100)
\end{aligned}$$

$$\begin{aligned}
\frac{\partial^2 q_{21}}{\partial T_0^2} + \omega_2^2 q_{21} =& \left(-j2\omega_2 \frac{\partial C_2(T_1)}{\partial T_1} - 2\eta_{23}C_1(T_1)\bar{C}_1(T_1)C_2(T_1) - 3\eta_{24}C_2^2(T_1)\bar{C}_2(T_1)\right)e^{j\omega_2 T_0} + \\
& \left(j2\omega_2 \frac{\partial \bar{C}_2(T_1)}{\partial T_1} - 2\eta_{23}C_1(T_1)\bar{C}_1(T_1)\bar{C}_2(T_1) - 3\eta_{24}\bar{C}_2^2(T_1)\bar{C}_2(T_1)\right)e^{-j\omega_2 T_0} + \\
& \left(-3\eta_{21}C_1^2(T_1)\bar{C}_1(T_1) - 2\eta_{22}C_2(T_1)\bar{C}_2(T_1)C_1(T_1)\right)e^{j\omega_1 T_0} + \\
& \left(-3\eta_{21}C_1(T_1)\bar{C}_1^2(T_1) - 2\eta_{22}C_2(T_1)\bar{C}_2(T_1)\bar{C}_1(T_1)\right)e^{-j\omega_1 T_0} - \\
& \eta_{21}\left(C_1^3(T_1)e^{j3\omega_1 T_0} + \bar{C}_1^3(T_1)e^{-j3\omega_1 T_0}\right) - \eta_{22}\left[C_2^2(T_1)C_1(T_1)e^{j(2\omega_2 T_0 + \omega_1 T_0)} + \right. \\
& \bar{C}_2^2(T_1)\bar{C}_1(T_1)e^{-j(2\omega_2 T_0 + \omega_1 T_0)}\right] - \eta_{22}\left[C_2^2(T_1)\bar{C}_1(T_1)e^{j(2\omega_3 T_0 - \omega_1 T_0)} + \right. \\
& \bar{C}_2^2(T_1)C_1(T_1)e^{-j(2\omega_2 T_0 - \omega_1 T_0)}\right] - \eta_{23}\left[C_1^2(T_1)C_2(T_1)e^{j(2\omega_1 T_0 + \omega_2 T_0)} + \right. \\
& \bar{C}_1^2(T_1)\bar{C}_2(T_1)e^{-j(2\omega_1 T_0 + \omega_2 T_0)}\right] - \eta_{23}\left[C_1^2(T_1)\bar{C}_2(T_1)e^{j(2\omega_1 T_0 - \omega_2 T_0)} + \right. \\
& \bar{C}_1^2(T_1)C_2(T_1)e^{-j(2\omega_1 T_0 - \omega_2 T_0)}\right] - \eta_{24}\left(C_2^3(T_1)e^{j3\omega_2 T_0} + \bar{C}_2^3(T_1)e^{-j3\omega_2 T_0}\right) \quad (1.101)
\end{aligned}$$

方程（1.100）的右边第一项和第二项是永年项。方程（1.101）的右边第一项和第二项也是永年项。这些永年项必须被约束为0：

$$\begin{cases} -\mathrm{j}2\omega_1 \dfrac{\partial C_1(T_1)}{\partial T_1} - 3\eta_{11} C_1^2(T_1)\overline{C}_1(T_1) - 2\eta_{12} C_2(T_1)\overline{C}_2(T_1) C_1(T_1) = 0 \\ \mathrm{j}2\omega_1 \dfrac{\partial \overline{C}_1(T_1)}{\partial T_1} - 3\eta_{11} C_1(T_1)\overline{C}_1^2(T_1) - 2\eta_{12} C_2(T_1)\overline{C}_2(T_1)\overline{C}_1(T_1) = 0 \\ -\mathrm{j}2\omega_2 \dfrac{\partial C_2(T_1)}{\partial T_1} - 2\eta_{23} C_1(T_1)\overline{C}_1(T_1) C_2(T_1) - 3\eta_{24} C_2^2(T_1)\overline{C}_2(T_1) = 0 \\ \mathrm{j}2\omega_2 \dfrac{\partial \overline{C}_2(T_1)}{\partial T_1} - 2\eta_{23} C_1(T_1)\overline{C}_1(T_1)\overline{C}_2(T_1) - 3\eta_{24}\overline{C}_2^2(T_1) C_2(T_1) = 0 \end{cases} \quad (1.102)$$

将方程（1.98）代入方程（1.102）可得

$$\begin{cases} A_1 = \mathrm{const} \\ A_2 = \mathrm{const} \\ \varphi_1(t) = \dfrac{\varepsilon}{2\omega_1}(3\eta_{11} A_1^2(t) + 2\eta_{12} A_2^2(t)) t + \varphi_{10} \\ \varphi_2(t) = \dfrac{\varepsilon}{2\omega_2}(2\eta_{23} A_1^2(t) + 3\eta_{24} A_2^2(t)) t + \varphi_{20} \end{cases} \quad (1.103)$$

忽略永年项后，方程（1.100）和方程（1.101）可以写为

$$\begin{aligned} q_{11} = &\left( \dfrac{-2\eta_{13} C_1(T_1)\overline{C}_1(T_1) C_2(T_1) - 3\eta_{14} C_2^2(T_1)\overline{C}_2(T_1)}{\omega_1^2 - \omega_2^2} \right) \mathrm{e}^{\mathrm{j}\omega_2 T_0} + \\ &\left( \dfrac{-2\eta_{13} C_1(T_1)\overline{C}_1(T_1)\overline{C}_2(T_1) - 3\eta_{14}\overline{C}_2^2(T_1) C_2(T_1)}{\omega_1^2 - \omega_2^2} \right) \mathrm{e}^{-\mathrm{j}\omega_2 T_0} - \\ &\eta_{11}\left( \dfrac{C_1^3(T_1)\mathrm{e}^{\mathrm{j}3\omega_1 T_0}}{-8\omega_1^2} + \dfrac{\overline{C}_1^3(T_1)\mathrm{e}^{-\mathrm{j}3\omega_1 T_0}}{-8\omega_1^2} \right) - \eta_{12}\left( \dfrac{C_2^2(T_1) C_1(T_1)\mathrm{e}^{\mathrm{j}(2\omega_2 T_0 + \omega_1 T_0)}}{\omega_1^2 - (2\omega_2 + \omega_1)^2} + \dfrac{\overline{C}_2^2(T_1)\overline{C}_1(T_1)\mathrm{e}^{-\mathrm{j}(2\omega_2 T_0 + \omega_1 T_0)}}{\omega_1^2 - (2\omega_2 + \omega_1)^2} \right) - \\ &\eta_{12}\left( \dfrac{C_2^2(T_1)\overline{C}_2(T_1)\mathrm{e}^{\mathrm{j}(2\omega_1 T_0 + \omega_2 T_0)}}{\omega_1^2 - (2\omega_2 - \omega_1)^2} + \dfrac{\overline{C}_2^2(T_1) C_2(T_1)\mathrm{e}^{-\mathrm{j}(2\omega_1 T_0 + \omega_2 T_0)}}{\omega_1^2 - (2\omega_2 - \omega_1)^2} \right) - \\ &\eta_{13}\left[ \dfrac{C_1^2(T_1) C_2(T_1)\mathrm{e}^{\mathrm{j}(2\omega_1 T_0 + \omega_2 T_0)}}{\omega_1^2 - (2\omega_1 + \omega_2)^2} + \dfrac{\overline{C}_1^2(T_1)\overline{C}_2(T_1)\mathrm{e}^{-\mathrm{j}(2\omega_1 T_0 + \omega_2 T_0)}}{\omega_1^2 - (2\omega_1 + \omega_2)^2} \right] - \\ &\eta_{14}\left[ \dfrac{C_1^2(T_1)\overline{C}_2(T_1)\mathrm{e}^{\mathrm{j}(\omega_1 T_0 + \omega_2 T_0)}}{\omega_1^2 - (2\omega_1 - \omega_2)^2} + \dfrac{\overline{C}_1^2(T_1) C_2(T_1)\mathrm{e}^{-\mathrm{j}(2\omega_1 T_0 - \omega_2 T_0)}}{\omega_1^2 - (2\omega_1 - \omega_2)^2} \right] - \eta_{14}\left( \dfrac{C_2^3(T_1)\mathrm{e}^{\mathrm{j}3\omega_2 T_0}}{\omega_1^2 - 9\omega_2^2} + \dfrac{\overline{C}_2^3(T_1)\mathrm{e}^{-\mathrm{j}3\omega_2 T_0}}{\omega_1^2 - 9\omega_2^2} \right) \end{aligned}$$

$$(1.104)$$

$$\begin{aligned} q_{21} = &\left( \dfrac{-3\eta_{21} C_1^2(T_1)\overline{C}_1(T_1) - 2\eta_{22} C_2(T_1)\overline{C}_2(T_1) C_1(T_1)}{\omega_2^2 - \omega_1^2} \right) \mathrm{e}^{\mathrm{j}\omega_1 T_0} + \\ &\left( \dfrac{-3\eta_{21} C_1(T_1)\overline{C}_1^2(T_1) - 2\eta_{22}\overline{C}_2(T_1) C_2(T_1)\overline{C}_1(T_1)}{\omega_2^2 - \omega_1^2} \right) \mathrm{e}^{-\mathrm{j}\omega_1 T_0} - \\ &\eta_{21}\left( \dfrac{C_1^3(T_1)\mathrm{e}^{\mathrm{j}3\omega_1 T_0}}{\omega_2^2 - 9\omega_1^2} + \dfrac{\overline{C}_1^3(T_1)\mathrm{e}^{-\mathrm{j}3\omega_1 T_0}}{\omega_2^2 - 9\omega_1^2} \right) - \eta_{22}\left[ \dfrac{C_2^2(T_1) C_1(T_1)\mathrm{e}^{\mathrm{j}(2\omega_2 T_0 + \omega_1 T_0)}}{\omega_2^2 - (2\omega_2 + \omega_1)^2} + \dfrac{\overline{C}_2^2(T_1)\overline{C}_1(T_1)\mathrm{e}^{-\mathrm{j}(2\omega_2 T_0 + \omega_1 T_0)}}{\omega_2^2 - (2\omega_2 + \omega_1)^2} \right] - \\ &\eta_{22}\left[ \dfrac{C_2^2(T_1)\overline{C}_1(T_1)\mathrm{e}^{\mathrm{j}(2\omega_2 T_0 - \omega_1 T_0)}}{\omega_2^2 - (2\omega_2 - \omega_1)^2} + \dfrac{\overline{C}_2^2(T_1) C_1(T_1)\mathrm{e}^{-\mathrm{j}(2\omega_2 T_0 - \omega_1 T_0)}}{\omega_2^2 - (2\omega_2 - \omega_1)^2} \right] - \\ &\eta_{23}\left[ \dfrac{C_1^2(T_1) C_2(T_1)\mathrm{e}^{\mathrm{j}(2\omega_1 T_0 + \omega_2 T_0)}}{\omega_2^2 - (2\omega_1 + \omega_2)^2} + \dfrac{\overline{C}_1^2(T_1)\overline{C}_2(T_1)\mathrm{e}^{-\mathrm{j}(2\omega_1 T_0 + \omega_2 T_0)}}{\omega_2^2 - (2\omega_1 + \omega_2)^2} \right] - \end{aligned}$$

$$\eta_{23}\left[\frac{C_1^2(T_1)\bar{C}_2(T_1)\mathrm{e}^{\mathrm{j}(2\omega_1 T_0-\omega_2 T_0)}}{\omega_2^2-(2\omega_1-\omega_2)^2}+\frac{\bar{C}_1^2(T_1)C_2(T_1)\mathrm{e}^{-\mathrm{j}(2\omega_1 T_0-\omega_2 T_0)}}{\omega_2^2-(2\omega_1-\omega_2)^2}\right]-\eta_{24}\left(\frac{C_2^3(T_1)\mathrm{e}^{\mathrm{j}3\omega_2 T_0}}{-8\omega_2^2}+\frac{\bar{C}_2^3(T_1)\mathrm{e}^{-\mathrm{j}3\omega_2 T_0}}{-8\omega_2^2}\right) \tag{1.105}$$

将方程（1.97）、方程（1.104）和方程（1.105）代入方程（1.93）可得耦合达芬振子（1.92）的近似解。

## 1.4 模态分析

具有 $n$ 个自由度的线性系统可以表示为

$$M\ddot{x}+C\dot{x}+Kx=F \tag{1.106}$$

式中：$x$ 是广义位移；$F$ 是作用在系统上的外力的矢量；$M$ 是惯性矩阵；$C$ 是阻尼矩阵，$K$ 是刚度矩阵。忽略阻尼项后，方程（1.106）的自由振荡方程可以写为

$$M\ddot{x}+Kx=0 \tag{1.107}$$

方程（1.107）的假设解为

$$x=\varphi\cos(\omega t-\phi) \tag{1.108}$$

式中：$\omega$ 是方程（1.106）和方程（1.107）的线性频率；$\phi$ 是对应的相位；$\varphi$ 是对应的振型。将方程（1.108）代入方程（1.107）可得

$$(K-M\omega^2)\varphi\cos(\omega t-\phi)=0 \tag{1.109}$$

大多数情况下，方程（1.109）的余弦项非零。因此，方程（1.109）的解为

$$(K-M\omega^2)\varphi=0 \tag{1.110}$$

根据方程（1.110），系统特征方程可以写为

$$|K-M\omega^2|=a_0+a_1\omega^2+a_2\omega^4+\cdots+a_n\omega^{2n}=0 \tag{1.111}$$

具有 $n$ 个自由度的线性系统的自然频率可以从方程（1.111）求得。对应的振型函数 $\varphi$ 可以从方程（1.110）求得。通过方程（1.110）和方程（1.111）来求系统的自然频率和振型只适用于无阻尼线性系统。对于阻尼系统（1.106），自然频率和阻尼比可以用下面的方程求得：

$$|M\lambda^2+C\lambda+K|=a_0+a_1\lambda+a_2\lambda^2+\cdots+a_n\lambda^n=0 \tag{1.112}$$

式中：

$$\lambda=-\zeta\omega\pm\mathrm{j}\omega\sqrt{1-\zeta^2} \tag{1.113}$$

# 第 2 章
# 机电系统控制

机电控制方法可以分为两类：反馈控制和前置滤波技术。反馈控制是对机械运动状态进行检测或者估计来构成一个闭环系统实现控制目的。反馈控制方法包括线性控制、非线性控制、智能控制。前置滤波技术是通过修改输入指令来达到预期运动控制目的。前置滤波方法包括输入整形和指令光滑。输入整形是多个脉冲序列。本质上说，输入整形是陷波滤波器。指令光滑是连续函数。本质上说，指令光滑是陷波和低通滤波器复合体。

## 2.1 线性控制

### 2.1.1 状态反馈

考虑一个线性系统：

$$\dot{x} = Ax + Bu \tag{2.1}$$

式中，$x$ 是状态向量；$u$ 是控制向量；$A$ 是状态矩阵；$B$ 是输入矩阵。使用状态反馈控制器：

$$u = -Kx \tag{2.2}$$

式中：$K$ 是状态反馈增益矩阵。由于控制信号依赖于系统状态，因此方程（2.2）被称为状态反馈。为了产生控制信号，全部状态都被测量或估计在一个闭环系统中。将方程（2.2）代入方程（2.1）可得

$$\dot{x} = (A - BK)x \tag{2.3}$$

方程（2.3）的解可被表示为

$$x(t) = e^{(A-BK)}x(0) \tag{2.4}$$

式中：$x(0)$ 是初始状态。方程（2.4）是方程（2.3）的初始状态激励响应。系统的稳定性和瞬态响应取决于特征矩阵 $(A - BK)$。当矩阵 $A$ 和 $B$ 已知时，增益矩阵 $K$ 可以通过配置特征矩阵 $(A - BK)$ 的方法进行设计。这种设计方法被称作极点配置法。当理想极点是 $\mu_1, \mu_2, \cdots, \mu_n$ 时，对应的特征多项式是：

$$(s - \mu_1)(s - \mu_2)\cdots(s - \mu_n) = |sI - (A - BK)| \tag{2.5}$$

方程（2.5）左右两边都是 $s$ 的多项式。多项式中 $s$ 的幂次数相同、系数相等，可以求得矩阵 $K$ 的值。通过方程（2.5）求增益矩阵的方法适合低阶系统。

对于高阶系统，使用下面的方法更加有效。增益矩阵 $K$ 可以使用下面的方程求得：

$$K = [0 \ 0 \ \cdots \ 1][B \ AB \ \cdots \ A^{n-1}B]^{-1}\phi \tag{2.6}$$

其中

$$\phi = A^n + \alpha_1 A^{n-1} + \cdots + \alpha_{n-1}A + \alpha_n I \tag{2.7}$$

$$(s-\mu_1)(s-\mu_2)\cdots(s-\mu_n) = s^n + \alpha_1 s^{n-1} + \cdots + \alpha_{n-1}s + \alpha_n \tag{2.8}$$

**例题 2.1** 为桥式起重机设计一个线性控制器

一个平面运动的桥式起重机可以被建模为一个小车上吊挂一个单摆。系统的输出是小车的位移 $z$ 和单摆的摆动角 $\delta$，系统的输入是作用在小车上的驱动力 $F$。单摆的绳长是 $l$。作用在集中质量负载上的风扰动力是 $w_f$。由于传动阻抗较大，假设小车的运动不受绳索吊挂负载摆动的影响。运动过程中假设绳长不会改变。由于控制器会将摆动抑制在很小范围内，因此平面运动的桥式起重机的简化模型可以写为

$$l\ddot{\delta} + g\delta = \frac{w_f}{m} + \ddot{z} \tag{2.9}$$

负载在水平方向上的偏移量是（$l\sin\delta$）。使用比例微分控制器，小车的速度控制信号 $c_{fb}$ 可以被设计为

$$c_{fb} = -b_p(l\sin\delta) - b_d\frac{\mathrm{d}(l\sin\delta)}{\mathrm{d}t} \tag{2.10}$$

式中：$b_p$ 是比例增益；$b_d$ 是微分增益。假设摆动角非常小，使用小角度假设可以得到方程（2.10）的简化结果：

$$c_{fb} = -b_p l\delta - b_d l\dot{\delta} \tag{2.11}$$

控制器（2.11）可以被写为

$$c_{fb} = -\begin{bmatrix} b_p l & b_d l \end{bmatrix} \begin{bmatrix} \delta \\ \dot{\delta} \end{bmatrix} = -\boldsymbol{K}\boldsymbol{x} \tag{2.12}$$

因此，方程（2.11）可以被认为是一个状态反馈控制器。由方程（2.11）对时间求导可以得到小车的加速度控制信号：

$$\dot{c}_{fb} = \ddot{z} = -b_p l\dot{\delta} - b_d l\ddot{\delta} \tag{2.13}$$

根据方程（2.9）和方程（2.13）可以得到

$$(l + b_d l)\ddot{\delta} + b_p l\dot{\delta} + g\delta = \frac{w_f}{m} \tag{2.14}$$

极点配置法设计比例增益和微分增益。反馈控制器必须具有低权特点来保证反馈控制器不要干扰操作者。因此，系统需要具有小阻尼和较小的过渡过程时间。所以阻尼比选择为 0.1，过渡过程时间选择为小于 10 s。理想闭环极点选择为 $0.3 \pm 3i$ 附近。考虑到绳长变化范围是 $0.5 \sim 1.6$ m，平均绳长为 1.05 m。通过计算可以得到，比例增益为 0.616 7 和微分增益为 0.027 82。

### 2.1.2 模型参考控制

被控对象动力学模型仍然使用方程（2.1）。模型参考控制器通过跟踪理想模型的状态来调节系统的状态。模型参考控制器包括理想模型和渐进跟踪控制器。理想模型可以用下面的方程来表示：

$$\dot{\boldsymbol{x}}_m = \boldsymbol{A}_m \boldsymbol{x}_m + \boldsymbol{B}_m r \tag{2.15}$$

式中：$r$ 是理想模型的输入，$\boldsymbol{x}_m$ 是理想模型的状态，$\boldsymbol{A}_m$ 是理想模型的状态矩阵，$\boldsymbol{B}_m$ 是理想模型的输入矩阵。

渐进跟踪控制器强迫系统状态 $\boldsymbol{x}$ 渐进跟踪理想模型的状态 $\boldsymbol{x}_m$。系统状态 $\boldsymbol{x}$ 和理想模型

的状态 $x_m$ 的差被称为 $e$。控制器被设计为

$$u = \frac{e^T P(A_m - A)x + e^T P B_m r + (e_1 P_{1,2} + e_2 P_{2,2})^2}{e^T P B} \quad (2.16)$$

式中：$P_{1,2}$ 和 $P_{2,2}$ 是矩阵 $P$ 的元素，$e_1$ 和 $e_2$ 是矩阵 $e$ 的元素。矩阵 $P$ 需要设计来满足约束 $A_m^T P + P A_m = -Q$。$Q$ 是正定的对称矩阵。

## 2.2 非线性控制

### 2.2.1 李雅普诺夫稳定性

如果从平衡点附近开始，还能保持在附近，则系统是稳定的。随着时间推移，如果最后能趋向于平衡点，则系统是渐进稳定的。如果 $x=0$ 是平衡点，存在一个包含平衡点的域 $D$。定义 $V$ 是连续可微的函数满足：

$$V(0)=0 \text{ 和 } V(x) > 0 \text{ 和 } \dot{V} \leq 0$$

则平衡点 $x=0$ 就是稳定的。并且，如果

$$V(0)=0 \text{ 和 } V(x) > 0 \text{ 和 } \dot{V} < 0$$

则平衡点 $x=0$ 就是渐进稳定的。

**例题 2.2** 带阻尼的单摆的稳定性

考虑一个带阻尼的单摆：

$$\begin{cases} \dot{x}_1 = x_2 \\ \dot{x}_2 = -\omega^2 \sin x_1 - b x_2 \end{cases} \quad (2.17)$$

式中：$x_1$ 是摆动角位移；$x_2$ 是摆动角速度；$\omega$ 是线性频率；$b$ 是阻尼系数。方程（2.17）的平衡点是零摆动角位移和零摆动角速度。能量函数被选择为李雅普诺夫函数：

$$V = \omega^2 (1 - \cos x_1) + 0.5 x_2^2 \quad (2.18)$$

李雅普诺夫函数（2.18）在零时刻是 0。李雅普诺夫函数（2.18）是正数。李雅普诺夫函数（2.18）对时间求导可得

$$\dot{V} = \omega^2 x_1 \sin x_1 + x_2 \dot{x}_2 = -b x_2^2 < 0 \quad (2.19)$$

因此，平衡点是渐进稳定的。

### 2.2.2 滑模控制

考虑一个二阶系统：

$$\begin{cases} \dot{x}_1 = x_2 \\ \dot{x}_2 = h + g u \end{cases} \quad (2.20)$$

式中：$u$ 是控制信号，$h$ 和 $g$ 是非线性函数，而且满足 $g>0$。设计一个切换函数：

$$s = a x_1 + x_2 = 0 \quad (2.21)$$

非线性函数 $h$ 和 $g$ 满足不等式约束：

$$\left| \frac{a x_2 + h}{g} \right| \leq \sigma \quad (2.22)$$

滑模控制器被设计为

$$u = -\beta \operatorname{sgn}(s), \beta > \sigma \quad (2.23)$$

式中：

$$\mathrm{sgn}(s) = \begin{cases} 1, & s > 0 \\ 0, & s = 0 \\ -1, & s < 0 \end{cases} \quad (2.24)$$

一个李雅普诺夫函数被设计为

$$V = 0.5s^2 = 0.5(ax_1 + x_2)^2 \quad (2.25)$$

方程（2.25）对时间求导可得

$$\dot{V} = s\dot{s} \leqslant -g|s|(\beta - \sigma) \quad (2.26)$$

方程（2.26）右侧项是负数，因此，平衡点是渐进稳定的。全部被控运动过程包括抵达切换平面阶段和在切换平面上滑动阶段。切换平面由方程（2.21）描述。在抵达切换平面阶段，运动轨迹从切换平面外运动到平面上。在切换平面上滑动阶段，运动轨迹沿着切换平面运动到平衡点。

**例题 2.3　滑模控制器设计**

机器的状态方程：

$$\begin{cases} \dot{x}_1 = x_2 \\ \dot{x}_2 = -\dfrac{g \cdot \sin(x_1 + 0.5\pi)}{l} - \dfrac{k \cdot x_2}{m} + \dfrac{u}{ml^2} \end{cases}$$

输入为 $u$，重力加速度为 $g$，系统结构参数为 $m$、$l$、$k$。设计一个滑模控制器使被控系统稳定在 $x_1 = 0$；$x_2 = 0$。

设计滑模控制器：

$$u = -\beta \cdot \mathrm{sgn}(x_1 + x_2)$$

系统结构参数 $m = 0.1$，$l = 1$，$k = 0.02$。摆动角位移范围为 $(-0.5\pi, 0.5\pi)$，摆动角速度范围为 $(-2\pi, 2\pi)$。计算不等式约束：

$$\left| \frac{a_1 x_2 + h(x)}{g(x)} \right| = |(m-k)l^2 x_2 - mlg\cos(x_1)| \leqslant 2\pi(m-k)l^2 + mlg = 3.68$$

则控制器系数 $\beta = 4$。初始状态为 $x_1 = -0.25\pi$；$x_2 = 0$。仿真结果如图 2.1 所示。在滑模控制器作用下 0.05 s 运动到了滑模平面 $s$ 上，然后在该平面附近高速切换，沿着该平面收敛到目标点。

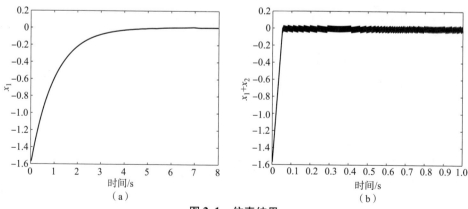

图 2.1　仿真结果

(a) $x_1$；(b) $s = x_1 + x_2$

## 2.3 智能控制

当被控对象很难获得数学模型时,智能控制可能是最好的选择。智能控制方法通常包括人工神经网络和模糊控制。智能控制器可以用来实现反馈控制和前馈控制。在反馈控制中,智能控制器作为控制单元使用;在前馈控制中,智能控制器作为预测和预估单元使用。

### 2.3.1 人工神经网络

神经网络是具有高度非线性的连续时间动力系统,有很强的自学习功能和逼近非线性函数的能力,即对非线性系统有强大的映射能力,因此可应用于复杂对象的控制。神经网络具有的大规模并行性、冗余性、容错性,以及自组织、自学习、自适应能力,可用于实现控制的智能化。

神经网络用于控制的优越性主要表现为:神经网络可以处理那些难以用模型或规则描述的对象;神经网络采用并行分布式信息处理方式,具有很强的容错性;神经网络在本质上是非线性系统,可以实现任意非线性映射;神经网络具有很强的信息综合能力,它能够同时处理大量不同类型的输入,能很好地解决输入信息之间的互补性和冗余性问题;神经网络的硬件实现日趋方便。大规模集成电路技术的发展为神经网络的硬件实现提供了技术手段,为神经网络在控制中的应用开辟了广阔的前景。神经网络用于控制主要有两种方式:一种是利用神经网络实现系统建模,有效地辨识系统;另一种就是将神经网络直接作为控制器使用。

#### 2.3.1.1 单神经元

图 2.2 是人工单神经元模型。其中 $\theta_i$ 称为阈值,$w_{ij}$ 为表示神经元 $j$ 到神经元 $i$ 的连接权系数,$f$ 称为输出变换函数。变换函数实际上是神经元模型的输出函数,用以模拟神经细胞的兴奋、抑制及阈值等非线性特性,经过加权加法器和线性动态系统进行时空整合的信号 $u$,经函数 $f(s)$ 变换后即为神经元的输出 $y$。

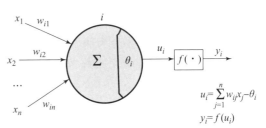

图 2.2 人工单神经元模型

一个人工神经元动力学方程可以写为

$$u_i = \sum_{j=1}^{n}(w_{ij}x_j - \theta_i), \quad y_i = f(u_i) \tag{2.27}$$

方程(2.27)模拟了人脑的神经元动态行为。下面给出了一些常用的变换函数:

$$y_i = f(u_i) = \begin{cases} 1, & u_i \geq 0 \\ -1, & u_i < 0 \end{cases} \tag{2.28}$$

$$y_i = f(u_i) = \frac{1}{1 + e^{-u_i}} \tag{2.29}$$

$$y_i = f(u_i) = \begin{cases} 1 & u_i \geq 0 \\ 0 & u_i < 0 \end{cases} \tag{2.30}$$

$$y_i = f(u_i) = \begin{cases} 1, & u_i \geq \dfrac{1}{k} \\ ku_i, & -\dfrac{1}{k} \leq u_i < \dfrac{1}{k} \\ -1, & u_i < -\dfrac{1}{k} \end{cases} \tag{2.31}$$

$$y_i = f(u_i) = e^{-(u_i^2/\sigma^2)} \tag{2.32}$$

### 2.3.1.2 神经网络

人工神经网络反映了人脑思维活动。它们是一系列的机器学习算法。人工神经网络通常由节点层组成，包括输入层、输出层和很多隐含层。每个节点都可称为人工神经元。神经元之间相互连接在一起。

神经网络的连接分为两种形式：前馈网络和反馈网络。在前馈网络中，神经元分层排列，组成输入层、隐含层和输出层。每一层的神经元只接收前一层神经元的输入。在各神经元之间不存在反馈。例如：BP（Back Propagation，反向传播）网络就是前馈网络形式。在反馈网络中，网络结构在输出层到输入层存在反馈，输入信号决定反馈系统的初始状态，如Hopfield 网络就是反馈网络形式。

此外，还有混合型和网状神经网络结构。在前馈网络结构的同一层间神经元有互连的结构形式，称为混合型网络。这种在内层神经元的互连，是为了限制同层内同时兴奋或抑制的神经元数目。网状结构是互相结合型的结构，各个神经元都可能相互连接，所有神经元既是输入也是输出。该结构若某一时刻从神经元外施加一个输入，各个神经元一边相互作用，一边进行信息处理，直到所有神经元的阈值和系数都收敛。

神经网络的工作主要分为两个阶段：第一阶段是学习期，此时各计算单元状态不变，各连接权上的权值可通过学习来修改；第二阶段是工作期，此时各连接权固定，计算单元变化，以达到某种稳定状态。神经网络学习方法主要包括：有教师学习、无教师学习、再励学习。

在有教师学习方式中，网络的输出和期望的输出（即教师信号）进行比较，根据两者之间的差异调整网络的权值，最终使差异变小。Delta 规则就是有教师学习算法。

在无教师学习方式中，输入模式进入网络后，网络按照一预先设定的规则（如竞争规则）自动调整权值，使网络最终具有模式分类等功能。Kohonen 算法就是无教师学习算法。

再励学习对系统输出结果只给出评价（奖或罚）而不是给出正确答案，学习系统通过强化那些受奖励的动作来改善自身性能。外部提供的信息少，需靠自身经历学习、获取知识。

图 2.3 给出一个包含多个人工神经元的人工神经网络。Delta 规则被用来训练人工神经网络。机器学习的目的是实现神经网络输出渐进跟踪理想输出。权值误差通常写为

$$\Delta w_{ij}(k+1) = \eta e_i x_j f' \tag{2.33}$$

式中：$\eta$ 是学习率；$e_i$ 是第 $i$ 个节点的实际输出和理想输出的差；$f'$ 是第 $i$ 个节点的激活函数对时间的导数。多层神经网络中包含了多个隐含层。隐含层中的节点之间可以传播激活效果。多层神经网络可以实现对很多复杂系统的近似，但是会存在计算量很大的问题。多层神

经网络表现出深度学习的技术特征。

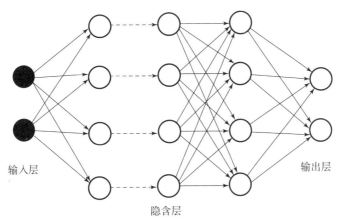

图 2.3　人工神经网络

#### 2.3.1.3　基于神经网络的系统辨识

基于神经网络的系统辨识：可在已知常规模型结构的情况下，估计模型的参数；或利用神经网络的线性、非线性特性，建立线性、非线性系统的静态、动态、逆动态及预测模型。辨识就是根据输入和输出的数据，从一组给定的模型中，确定一个与所测系统等价的模型。根据以上关于辨识的定义可知，辨识有三大要素：

（1）数据：能观测到的被辨识系统的输入/输出数据。为了能够辨识实际系统，对输入信号的最低要求是在辨识时间内系统的动态过程必须被输入信号持续激励，即要求输入信号的频率必须足以覆盖系统的频谱，同时要求输入信号应能使给定问题的辨识模型精度足够高。

（2）模型类：待寻找模型的范围。模型只是在某种意义下对实际系统的一种近似描述，要同时兼顾其精确性和复杂性，可以由一个或多个神经网络组成，也可以加入线性系统，一般选择能逼近原系统的最简模型。

（3）等价准则：辨识的优化目标，用来衡量模型与实际系统的接近情况。设一个离散非时变系统，其输入和输出分别为 $u(k)$ 和 $y(k)$，辨识问题可描述为寻求一个数学模型，使模型的输出与被辨识系统的输出之差满足规定的要求。

神经网络辨识包括系统正模型辨识和逆模型辨识。正模型辨识又包括并联结构和串－并联结构两种，如图 2.4（a）和图 2.4（b）所示。被辨识系统输出与模型输出的偏差不用于辨识修正过程。并联结构和串－并联结构差异在于，串－并联结构中神经网络辨识需要使用被辨识系统输出 $y(k)$。

逆模型辨识包括前向结构和反馈结构，如图 2.4（c）和图 2.4（d）所示。被辨识系统输出与模型输出的偏差用于辨识修正过程，逐步修正模型减小模型误差。图 2.4（c）前向结构中，神经网络位于前向通道中。图 2.4（d）反馈结构中，神经网络位于反馈通道中。

基于神经网络的系统辨识，就是选择适当的神经网络作为被控对象或生产过程（线性或非线性）的模型或逆模型。在辨识过程中，系统模型的参数对应于神经网络中的权值、

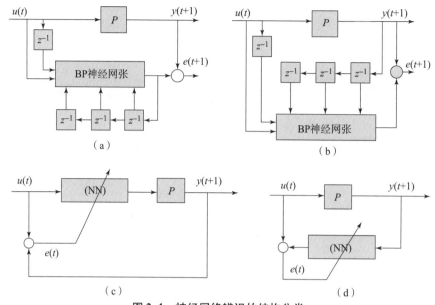

图 2.4 神经网络辨识的结构分类

（a）并联结构；（b）串-并联结构；（c）前向结构；（d）反馈结构

阈值，通过调节这些权值、阈值即可使网络输出逼近系统输出。神经网络的系统辨识可以分为在线辨识和离线辨识两种，在线辨识过程要求具有实时性。一般先进行离线训练，将得到的权值作为在线学习的初始权值，然后再进行在线学习，以便加快后者的学习过程。

**例题 2.4　BP 神经网络实现系统辨识**

神经网络辨识中的神经网络用三层 BP 网络实现，输入层至隐含层的权值矩阵为 $v$，隐层至输出层的权值矩阵为 $w$，网络的设计如图 2.5 所示。

① 输入设计。

输入层应设 $n+m$ 个神经元，分别接收被控对象的 $n$ 个输出序列和 $m$ 个输入序列。因此输入向量：

$$x = [y(k),y(k-1),\cdots,y(k-n+1),u(k), u(k-1),\cdots,u(k-m+1)] \tag{2.34}$$

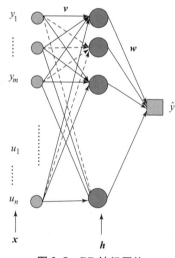

图 2.5　BP 神经网络

② 网络隐含层设计。

一般设为单隐含层，神经元个数 $p$ 需由试验确定。隐含层第 $i$ 个神经元的输入为

$$h_i = \sum_{j=0}^{n+m} v_{ij}x_j \quad i = 1,2,\cdots,p \tag{2.35}$$

③ 网络输出设计。

输出层只设一个神经元，其输出 $o(t+1)$ 即为辨识模型的输出 $\hat{y}$。输出层神经元采用线性激活函数，因此有

$$\hat{y} = \sum_{j=0}^{p} w_j h_j \qquad (2.36)$$

④权值调整算法。

被辨识系统输出与模型输出的误差用来调整神经网络的权值。以网络的误差函数为系统的性能指标函数：

$$e_1(k) = |y(k) - \hat{y}(k)| \qquad (2.37)$$

采用具有动量项的调整算法，可得各层权值调整式为

$$\Delta w_i(k+1) = -\eta_1 e_1(k+1) h_i(k) + \alpha_1 \Delta w_i(k), \quad j = 1,2,\cdots,p \qquad (2.38)$$

$$\Delta v_{ij}(k+1) = -\eta_1 e_1(k+1) f'(net_i(k))(w_i(k)) x_j(k) + \alpha_1 \Delta v_{ij}(k),$$
$$i = 1,2,\cdots,p \quad j = 1,2,\cdots,n+m \qquad (2.39)$$

#### 2.3.1.4 神经网络控制器

神经网络作为控制器，可实现对不确定系统或未知系统的有效控制，使控制系统达到所要求的动态、静态特性。根据在控制器中的作用不同，神经网络控制器可分为两类：独立神经网络控制和混合神经网络控制。独立神经网络控制是以神经网络为基础而形成的独立智能控制系统。混合神经网络控制是利用神经网络学习和优化能力来改善传统控制的智能控制方法，如自适应神经网络控制等。

图 2.6 给出神经网络直接逆控制框图。用评价函数 $E(t)$ 作为性能指标，调整神经网络控制器的权值，神经网络 NN 通过评价函数进行学习，当性能指标为 0 时，神经网络控制器即为对象的逆模型。神经网络控制器与被控对象 $F$ 串联，实现被控对象的逆模型 $F^{-1}$，且能在线调整，因此要求对象动态可逆。若 $F^{-1} \cdot F = 1$，在理论上可做到 $y(t) = y_d(t)$。输出跟踪输入的精度，取决于逆模型的精确程度。

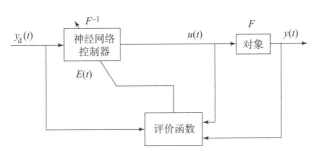

图 2.6 神经网络直接逆控制框图

图 2.7 给出神经网络监督控制框图。神经网络监督控制的特点：第一，神经网络控制器是前馈控制器，建立被控对象的逆模型；第二，神经网络控制器基于传统控制器的输出，在线学习调整网络的权值，使反馈控制输入趋近于 0，从而使神经网络控制器逐渐在控制作用中占据主导地位，最终取消反馈控制器的作用；第三，一旦系统出现干扰，反馈控制器重新起作用；第四，可确保控制系统的稳定性和鲁棒性，有效提高系统的精度和自适应能力。

传统控制的输出 $u_P$ 是传统控制器输入 $e$ 的函数，$e$ 是输入与输出偏差，系统输出 $y$ 是系统输入 $u$ 的函数，因此 $u_P$ 最终是网络权值的函数。故可通过使 $u_P$ 逐渐趋于 0 调整网络权值。当 $u_P = 0$ 时，从前馈通路看，有：$y = F(u) = F(u_n) = F(F^{-1}(y_d)) = y_d$。此时再从反馈回路看，有：$e = y_d - y = 0$。

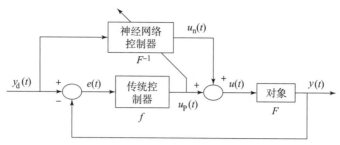

图 2.7 神经网络监督控制框图

单神经元自适应控制器是通过对加权系数的调整来实现自适应、自组织功能。控制框图如图 2.8 所示。选线性激活函数，控制算法为

$$u(k) = u(k-1) + K_P \cdot \sum_{i=1}^{3} \left[ \frac{w_i(k)}{\sum_{i=1}^{3} |w_i(k)|} \cdot x_i(k) \right] \quad (2.40)$$

式中：$K_P$ 为神经元的比例系数。

$$\begin{cases} x_1(k) = e(k) \\ x_2(k) = e(k) - e(k-1) \\ x_3(k) = e(k) - 2e(k-1) + e(k-2) \end{cases} \quad (2.41)$$

$$\begin{cases} w_1(k+1) = w_1(k) + \eta_P e(k) u(k) x_1(k) \\ w_2(k+1) = w_2(k) + \eta_I e(k) u(k) x_2(k) \\ w_3(k+1) = w_3(k) + \eta_D e(k) u(k) x_3(k) \end{cases} \quad (2.42)$$

式中：$\eta_P$、$\eta_I$、$\eta_D$ 分别为比例、积分、微分的学习速率。权系数的调整按有监督的 Hebb 学习规则实现，即在学习算法中加入监督项 $e(k)$。

图 2.8 神经网络自适应控制框图

### 2.3.2 模糊控制

#### 2.3.2.1 模糊集合与模糊变换

模糊集合与传统集合有很大不同。传统集合包括具有精确性的元素。模糊性指一个不具有精确性的集合。一个模糊集可用下面公式定义：

$$A = \{(y, \mu_A(y)) \mid y \in U\} \quad (2.43)$$

式中：$A$ 是模糊集合，$U$ 是信息域，$\mu_A$ 是 $y$ 的隶属度，满足 $\mu_A(y) \in [0,1]$。

如果 $A$ 和 $B$ 是论域 $U$ 中的两个模糊集，对应的隶属函数分别为 $\mu_A$ 和 $\mu_B$，则存在以下基本运算：

$A$ 和 $B$ 的并集，记为 $A \cup B$，则隶属函数定义为

$$\mu_{A \cup B} = \mu_A \vee \mu_B = \max\{\mu_A, \mu_B\} \tag{2.44}$$

$A$ 和 $B$ 的交集，记为 $A \cap B$，则隶属函数定义为

$$\mu_{A \cap B} = \mu_A \wedge \mu_B = \min\{\mu_A, \mu_B\} \tag{2.45}$$

$A$ 的补集，记为 $\bar{A}$，则隶属函数定义为

$$\mu_{\bar{A}} = 1 - \mu_A \tag{2.46}$$

**例题 2.5 模糊隶属度计算**

论域 $U = \{u_1, u_2, u_3, u_4\}$，已知 $A = 0.2/u_1 + 0.7/u_2 + 0.6/u_3 + 0.4/u_4$，$u_1$ 隶属度为 0.2，$u_2$ 隶属度为 0.7，$u_3$ 隶属度为 0.6，$u_4$ 隶属度为 0.4。

如果 $U$、$V$ 为两个模糊集合，则其直积 $U \times V$ 中的一个模糊子集 $R$ 称为从 $U$ 到 $V$ 的模糊关系或模糊变换。

$$U \times V = \{(u, v), \mu_R(u, v)\} \tag{2.47}$$

模糊语言是具有模糊性的语言。模糊语言变量是用模糊语言表示的模糊集合。

#### 2.3.2.2 模糊推理与模糊判决

模糊推理是从一种当前状态物理值到规范论域的标度变换。主要包括以下几种。

Zadeh 推理：

$$\mu_{A \to B} = [\mu_A \wedge \mu_B] \vee [1 - \mu_A] \tag{2.48}$$

Mamdani 推理：

$$\mu_{A \to B} = [\mu_A \wedge \mu_B] \tag{2.49}$$

通过模糊推理得到的结果是一个模糊集合或者隶属函数，但在模糊控制系统中，需要一个确定的数值去驱动执行器。在推理得到的模糊集合中取一个最能代表这个模糊集合的单值的过程称为清晰化或者模糊判决。

清晰化方法包括：取模糊隶属函数曲线与横坐标围成面积的重心作为代表点的方法是重心法。在推理结论的模糊集合中取隶属度最大的那个元素作为输出量的方法是最大隶属度法。用所确定的隶属度值对隶属度函数曲线进行切割，再对切割后等于该隶属度的所有元素进行平均，用这个平均值作为输出执行量是隶属度限幅元素平均法。

#### 2.3.2.3 模糊控制系统

图 2.9 给出模糊控制系统的组成。模糊控制器包括模糊化、模糊推理、解模糊、知识库。给定值和系统输出的反馈送至模糊控制器后，结算处控制信号，驱动被控对象运动。模糊控制过程包括：尺度变换、模糊处理、建立知识库、模糊推理、清晰化。

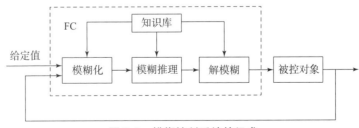

图 2.9 模糊控制系统的组成

知识库存储有关模糊化、模糊推理、解模糊的一切知识，如模糊化中论域变换方法、输入变量隶属函数的定义、模糊推理算法、解模糊算法、输出变量各模糊集的隶属函数定义

等，包括数据库和规则库。数据库主要包括各语言变量的隶属函数、尺度变换因子及模糊空间的分级数等。规则库包括了用模糊语言变量表示的一系列控制规则。它们反映了控制专家的经验和知识。

将输入变量由基本论域变换到各自的论域范围。变量作为精确量时，其实际变化范围称为基本论域；变量作为模糊语言变量时，其范围称为模糊集论域。

若实际的输入量为 $x^*$，其变化范围（基本论域）为 $[x_{\min}^*, x_{\max}^*]$，要求的论域范围为 $[x_{\min}, x_{\max}]$，采用线性变换，则

$$x = \frac{x_{\min} + x_{\max}}{2} + k\left(x^* - \frac{x_{\min}^* + x_{\max}^*}{2}\right), \quad k = \frac{x_{\max} - x_{\min}}{x_{\max}^* - x_{\min}^*} \tag{2.50}$$

若论域是离散的，则需要将连续的论域离散化，如表 2.1 所示。

**表 2.1　连续输入量离散化例子**

| 量化等级 | -6 | -5 | -4 | -3 | -2 | -1 | 0 | 1 | 2 | 3 | 4 | 5 | 6 |
|---|---|---|---|---|---|---|---|---|---|---|---|---|---|
| 变化范围 | ≤-5.5 | (-5.5, -4.5] | (-4.5, -3.5] | (-3.5, -2.5] | (-2.5, -1.5] | (-1.5, -0.5] | (-0.5, 0.5] | (0.5, 1.5] | (1.5, 2.5] | (2.5, 3.5] | (3.5, 4.5] | (4.5, 5.5] | >5.5 |

然后，将变换后的输入量进行模糊化，将精确的输入量转换为模糊量，并用相应的模糊集表示。模糊控制器的输入必须模糊化，因此需要模糊控制器的输入接口。把物理量的清晰值转换成模糊语言变量的过程叫作清晰量的模糊化。其模糊子集通常可以做如下方式划分：

(1) ={负大，负小，零，正小，正大}={NB, NS, ZO, PS, PB}；

(2) ={负大，负中，负小，零，正小，正中，正大}={NB, NM, NS, ZO, PS, PM, PB}；

(3) ={负大，负中，负小，零负，零正，正小，正中，正大}={NB, NM, NS, NZ, PZ, PS, PM, PB}。

模糊分割的个数决定了模糊控制精细化的程度。模糊分割的个数也决定了最大可能的模糊规则的个数。如对两个输入单输出的模糊关系，若两输入 $x$ 和 $y$ 的模糊分割数分别为 3 和 7，则最大可能的规则数为 21。模糊分割数的确定主要靠经验和试凑。模糊分割数越多，控制规则数越多，控制越复杂；模糊分割数太少，将导致控制太粗，难以对控制性能进行精细的调整。

确定同一模糊变量模糊子集隶属函数的几个原则：论域中每个点应至少属于一个隶属函数的区域，并应属于不超过两个隶属函数的区域。对于同一个输入没有两个隶属函数会同时有最大隶属度。当两个隶属函数重叠时，重合部分的任何点的隶属函数的和应该小于等于1。

隶属函数应该具有以下特征：正负两边的图像对称；每个三角形的中心点在论域上均匀分布；每个三角形的底边端点恰好是相邻两个三角形的中心点。一个隶属度函数实例见图 2.10。

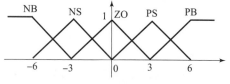

图 2.10　隶属度函数实例

常用的隶属度函数：

(1) 正态分布：

$$\mu = e^{-\frac{(x-a)^2}{b_2}} \tag{2.51}$$

(2) 三角形:

$$\mu = \begin{cases} (x-a)/(b-a), & a \leq x \leq b \\ (x-c)/(c-b), & b \leq x \leq c \end{cases} \tag{2.52}$$

(3) 梯形:

$$\mu = \begin{cases} (x-a)/(b-a), & a \leq x \leq b \\ 1, & b \leq x \leq c \\ (x-d)/(d-c), & c \leq x \leq d \end{cases} \tag{2.53}$$

模糊推理是模糊控制器的核心,它具有模拟人的基于模糊概念的推理能力。模糊控制规则库由一系列的"IF-THEN"型模糊条件语句构成。模糊控制规则通常有以下几种建立方式:基于专家经验和控制工程知识、基于操作人员的实际控制过程、基于过程的模糊模型、基于学习。

模糊控制规则的性能要求:对于任意的输入,应确保它至少有一个可使用的规则。对于任意的输入,模糊控制器均应给出合适的控制输出,这个性质称为完备性。在满足完备性的条件下,尽量取较少的规则数,以简化模糊控制器的设计和实现。对于一组模糊控制规则,不允许出现下面的情况:给定一个输入,结果产生两组不同的甚至是矛盾的输出。

建立模糊控制规则的基本思路:若被控对象为正作用过程,则被控量随控制量的增大而增大;若被控对象为反作用过程,则被控量随控制量的增大而减小。根据误差为正或负,控制量要随之变化。取控制量变化的原则是:当误差较大或大时,选择控制量以尽快消除误差为主;而当误差较小时,选择控制量要注意防止超调,以保证系统的稳定性。

模糊推理机是模糊控制器的核心。由输入和规则库中的输入输出关系,通过模糊推理方法得到模糊控制器的输出模糊值。模糊推理算法和很多因素有关,如模糊蕴涵规则、推理合成规则、模糊推理条件语句的连接词和语句之间连接词的定义等。下面以常用推荐推理语句为例,给出以下几种常用的推理算法。

(1) Mamdani 模糊推理算法:

$$\mu_{c_i'} = \alpha_i \wedge \mu_{c_i} \tag{2.54}$$

$$\mu_{c'} = \mu_{c_1'} \vee \mu_{c_2'} = [\alpha_1 \wedge \mu_{c_1}] \vee [\alpha_2 \wedge \mu_{c_2}] \tag{2.55}$$

(2) Larsen 模糊推理算法:

$$\mu_{c_i'} = \alpha_i \cdot \mu_{c_i} \tag{2.56}$$

$$\mu_{c'} = \mu_{c_1'} \vee \mu_{c_2'} = [\alpha_1 \cdot \mu_{c_1}] \vee [\alpha_2 \cdot \mu_{c_2}] \tag{2.57}$$

(3) Takagi-Sugeno 模糊推理算法:

$$z_0 = \frac{\alpha_1 f_1 + \alpha_2 f_2}{\alpha_1 + \alpha_2} \tag{2.58}$$

(4) Tsukamoto 模糊推理算法:

$$z_0 = \frac{\alpha_1 z_1 + \alpha_2 z_2}{\alpha_1 + \alpha_2} \tag{2.59}$$

将模糊推理得到的模糊控制量变换为实际用于控制的清晰量,包括:将模糊量经清晰化变换转换为论域范围的清晰量。将清晰量经尺度变换转换为实际的控制量。模糊推理结果为输出论域上的一个模糊集,通过某种解模糊算法,可得到论域上的精确值。主要使用以下方法：平均最大隶属度法、最大隶属度取最小值法、最大隶属度取最大值法、面积平分法、重心法。

## 2.4 输入整形

### 2.4.1 零振动输入整形器

一个具有 $n$ 个脉冲的序列激励一个欠阻尼二阶系统的响应是：

$$f(t) = \sum_k \frac{A_k \cdot \omega \cdot e^{-\zeta\omega(t-\tau_k)}}{\sqrt{1-\zeta^2}} \sin(\omega\sqrt{1-\zeta^2}(t-\tau_k)) \qquad (2.60)$$

式中：$A_k$ 是第 $k$ 个脉冲幅值；$\tau_k$ 是第 $k$ 个脉冲时刻；$\omega$ 是欠阻尼二阶系统的频率；$\zeta$ 是对应的阻尼比。方程（2.60）的振幅是：

$$A(t) = \frac{\omega}{\sqrt{1-\zeta^2}} e^{-\zeta\omega t} \sqrt{S^2(\omega,\zeta) + C^2(\omega,\zeta)} \qquad (2.61)$$

式中：

$$S(\omega,\zeta) = \sum_k A_k \cdot e^{\zeta\omega\tau_k} \sin(\omega\sqrt{1-\zeta^2}\tau_k) \qquad (2.62)$$

$$C(\omega,\zeta) = \sum_k A_k \cdot e^{\zeta\omega\tau_k} \cos(\omega\sqrt{1-\zeta^2}\tau_k) \qquad (2.63)$$

单位增益约束可以写为

$$\sum_k A_k = 1 \qquad (2.64)$$

如果将方程（2.62）和方程（2.63）约束为 0，然后再考虑单位增益约束（2.64），可得零振动输入整形器：

$$ZV = \begin{bmatrix} A_k \\ \tau_k \end{bmatrix} = \begin{bmatrix} \dfrac{1}{1+K} & \dfrac{K}{1+K} \\ 0 & 0.5T_1 \end{bmatrix} \qquad (2.65)$$

式中：$T_1$ 是阻尼振荡周期，系数 $K$ 满足：

$$K = e^{-\pi\zeta/\sqrt{1-\zeta^2}} \qquad (2.66)$$

### 2.4.2 零振动和零斜率输入整形器

为了获得更好的频率敏感性，方程（2.62）和方程（2.63）对频率的导数应该被约束为 0：

$$\sum_k \tau_k A_k \cdot e^{\zeta\omega\tau_k} \sin(\omega\sqrt{1-\zeta^2}\tau_k) = 0 \qquad (2.67)$$

$$\sum_k \tau_k A_k \cdot e^{\zeta\omega\tau_k} \cos(\omega\sqrt{1-\zeta^2}\tau_k) = 0 \qquad (2.68)$$

如果将方程（2.62）和方程（2.63）约束为 0，然后再考虑单位增益约束（2.64）和频率敏感约束（2.67）和约束（2.68），可得零振动和零斜率输入整形器：

$$ZVD = \begin{bmatrix} A_k \\ \tau_k \end{bmatrix} = \begin{bmatrix} \dfrac{1}{(1+K)^2} & \dfrac{2K}{(1+K)^2} & \dfrac{K^2}{(1+K)^2} \\ 0 & 0.5T_1 & T_1 \end{bmatrix} \qquad (2.69)$$

### 2.4.3 极端不敏感输入整形器

在实际应用中,很难实现零振动。因此,在设计频率处可以将振动约束到一个最大允许振幅:

$$e^{-\zeta\omega\tau_n} \cdot \sqrt{S^2(\omega,\zeta) + C^2(\omega,\zeta)} \leq V_{tol} \tag{2.70}$$

式中:$V_{tol}$ 是最大允许振幅;$\tau_n$ 是输入整形器的上升时间。为了增加频率不敏感性,振幅对频率的导数可以被约束为 0:

$$S(\omega,\zeta) \cdot \frac{\partial S(\omega,\zeta)}{\partial \omega} + C(\omega,\zeta) \cdot \frac{\partial C(\omega,\zeta)}{\partial \omega} - \zeta\tau_n \cdot (S^2(\omega,\zeta) + C^2(\omega,\zeta)) = 0 \tag{2.71}$$

额外的约束(2.70)和约束(2.71)将极大增加频率不敏感性,产生极端不敏感输入整形器:

$$EI = \begin{bmatrix} A_k \\ \tau_k \end{bmatrix} = \begin{bmatrix} A_1 & (1 - A_1 - A_3) & A_3 \\ 0 & t_2 & T_1 \end{bmatrix} \tag{2.72}$$

式中:

$$A_1 = 0.2497 + 0.2496 V_{tol} + 0.8001\zeta + 1.233 V_{tol}\zeta + 0.4960\zeta^2 + 3.173 V_{tol}\zeta^2 \tag{2.73}$$

$$A_3 = 0.2515 + 0.2147 V_{tol} - 0.8325\zeta + 1.4158 V_{tol}\zeta + 0.8518\zeta^2 + 4.901 V_{tol}\zeta^2 \tag{2.74}$$

$$t_2 = (0.5 + 0.4616 V_{tol}\zeta + 4.262 V_{tol}\zeta^2 + 1.756 V_{tol}\zeta^3 + 8.578 V_{tol}^2\zeta - 108.6 V_{tol}^2\zeta^2 + 337 V_{tol}^2\zeta^3) \cdot T_1 \tag{2.75}$$

对于零阻尼系统,极端不敏感输入整形器可用下面公式来表示:

$$EI = \begin{bmatrix} A_k \\ \tau_k \end{bmatrix} = \begin{bmatrix} \dfrac{1+V_{tol}}{4} & \dfrac{1-V_{tol}}{2} & \dfrac{1+V_{tol}}{4} \\ 0 & 0.5T_1 & T_1 \end{bmatrix} \tag{2.76}$$

### 2.4.4 修正极端不敏感输入整形器

为了增加鲁棒性,在两个修正频率点 $p \cdot \omega$ 和 $q \cdot \omega$ 处振动应该被约束为 0。在修正频率点处的零振动约束可写为

$$\sum_k A_k e^{\zeta p \cdot \omega \tau_k} \sin(p \cdot \omega \sqrt{1-\zeta^2}\tau_k) = 0, p \leq 1 \tag{2.77}$$

$$\sum_k A_k e^{\zeta p \cdot \omega \tau_k} \cos(p \cdot \omega \sqrt{1-\zeta^2}\tau_k) = 0, p \leq 1 \tag{2.78}$$

$$\sum_k A_k e^{\zeta q \cdot \omega \tau_k} \sin(q \cdot \omega \sqrt{1-\zeta^2}\tau_k) = 0, q \geq 1 \tag{2.79}$$

$$\sum_k A_k e^{\zeta q \cdot \omega \tau_k} \cos(q \cdot \omega \sqrt{1-\zeta^2}\tau_k) = 0, q \geq 1 \tag{2.80}$$

由约束方程(2.77)~方程(2.80)和单位增益约束(2.64)可得修正极端不敏感输入整形器:

$$MEI = \begin{bmatrix} A_k \\ \tau_k \end{bmatrix} = \begin{bmatrix} \dfrac{1}{(1+K)^2} & \dfrac{K}{(1+K)^2} & \dfrac{K}{(1+K)^2} & \dfrac{K^2}{(1+K)^2} \\ 0 & \dfrac{T_m}{2q} & \dfrac{T_m}{2p} & \left(\dfrac{T_m}{2q} + \dfrac{T_m}{2p}\right) \end{bmatrix} \tag{2.81}$$

## 2.5 指令光滑

### 2.5.1 一段光滑器

光滑器是一个分段函数 $s_1$。光滑器激励欠阻尼二阶系统的响应为

$$f(t) = \int_{\tau=0}^{+\infty} s_1(\tau) \frac{\omega}{\sqrt{1-\zeta^2}} e^{-\zeta\omega(t-\tau)} \sin(\omega(t-\tau)\sqrt{1-\zeta^2}) d\tau \tag{2.82}$$

式中：$\omega$ 是二阶系统的频率；$\zeta$ 是对应的阻尼比。方程（2.82）的振幅为

$$A(t) = \frac{\omega}{\sqrt{1-\zeta^2}} e^{-\zeta\omega t} \sqrt{S^2(\omega,\zeta) + C^2(\omega,\zeta)} \tag{2.83}$$

式中：

$$S(\omega,\zeta) = \int_{\tau=0}^{+\infty} u(\tau) e^{\zeta\omega\tau} \sin(\omega\tau\sqrt{1-\zeta^2}) d\tau \tag{2.84}$$

$$C(\omega,\zeta) = \int_{\tau=0}^{+\infty} u(\tau) e^{\zeta\omega\tau} \cos(\omega\tau\sqrt{1-\zeta^2}) d\tau \tag{2.85}$$

将方程（2.84）和方程（2.85）约束为 0，将产生具有零振动特征的一段光滑器：

$$s_1(\tau) = \begin{cases} u_1 e^{-\zeta\omega\tau}, & 0 < T_1 \\ 0, & T_1 \geq 0 \end{cases} \tag{2.86}$$

式中：$T_1$ 是阻尼振荡周期；$u_1$ 是零时刻的一段光滑器幅值。方程（2.86）是具有一分段的连续函数，因此，被称为一段光滑器。一分段光滑器（2.86）廓线如图 2.11 所示，它是自然频率和阻尼比的函数。

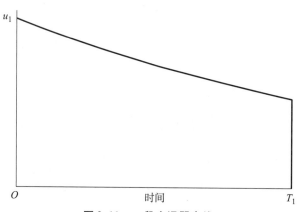

图 2.11 一段光滑器廓线

为了保证被光滑处理后的指令和未处理指令具有相同的位移，光滑器需要具有单位增益约束。一段光滑器对时间的积分将被约束为 1：

$$\int_{\tau=0}^{+\infty} u(\tau) d\tau = 1 \tag{2.87}$$

根据方程（2.84）、方程（2.85）和方程（2.87），可以求出系数 $u_1$ 的值：

$$u_1 = \frac{\zeta\omega}{1 - M_1} \tag{2.88}$$

式中：

$$M_1 = e^{-2\pi\zeta/\sqrt{1-\zeta^2}} \tag{2.89}$$

从方程（2.86）和方程（2.88）可以得到一段光滑器的传递函数：

$$s_1(s) = \frac{\zeta\omega(1 - M_1 e^{-2\pi s/(\omega\sqrt{1-\zeta^2})})}{(1 - M_1)(s + \zeta\omega)} \tag{2.90}$$

一段光滑器（2.90）可以使振幅方程（2.83）被约束为 0，具有零振动特征。图 2.12 给出光滑过程。原始指令驱动机器将产生振荡。为了削减振荡，原始指令将被光滑器光滑处理，然后再驱动机器运动。振荡将被抑制到最小的程度。

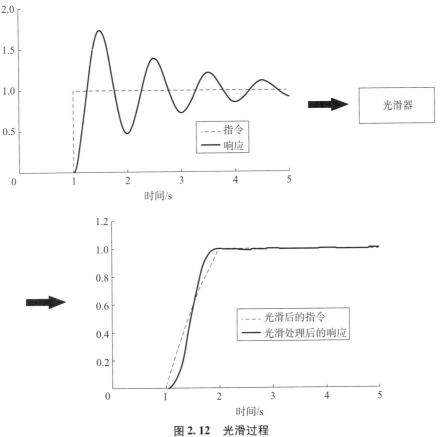

图 2.12 光滑过程

在使用应用中，机器的频率和阻尼比很难准确得到。分析频率和阻尼比的建模误差对百分比残余振幅影响可以用来评估系统鲁棒性。零时刻振幅可以用以下公式表示：

$$A_0 = \frac{\omega}{\sqrt{1 - \zeta^2}} \tag{2.91}$$

将方程（2.83）除以方程（2.91）可以得到百分比残余振幅：

$$\mathrm{PRV} = \mathrm{e}^{-\zeta\omega t}\sqrt{S^2(\omega,\zeta) + C^2(\omega,\zeta)} \tag{2.92}$$

图 2.13 给出一段光滑器的频率不敏感曲线。频率不敏感性可以用低于 5% 振幅的宽度来表示。5% 不敏感范围为 0.953~1.052。归一化频率由实际频率除以设计频率所得。

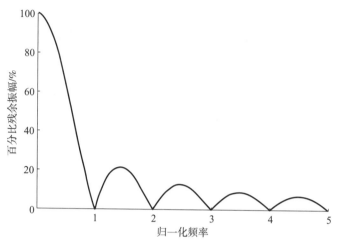

**图 2.13　一段光滑器的频率不敏感曲线**

### 2.5.2　两段光滑器

为了增加光滑器的鲁棒性，方程 (2.84) 和方程 (2.85) 对频率和阻尼比的导数也应该被约束为 0。频率和阻尼比的变化将引起残余振幅的微小变化。

$$\int_{\tau=0}^{+\infty} \tau s_2(\tau) \mathrm{e}^{\zeta\omega\tau} \sin(\omega\tau\sqrt{1-\zeta^2}) \mathrm{d}\tau = 0 \tag{2.93}$$

$$\int_{\tau=0}^{+\infty} \tau s_2(\tau) \mathrm{e}^{\zeta\omega\tau} \cos(\omega\tau\sqrt{1-\zeta^2}) \mathrm{d}\tau = 0 \tag{2.94}$$

式中：$s_2$ 是两段光滑器。将方程 (2.84) 和方程 (2.85) 约束为 0，然后再考虑约束 (2.93) 和约束 (2.94) 可得两段光滑器：

$$s_2(\tau) = \begin{cases} \tau u_2 \mathrm{e}^{-\zeta\omega\tau}, & 0 \leqslant \tau \leqslant T_1 \\ (2T_1 - \tau) u_2 \mathrm{e}^{-\zeta\omega\tau}, & T_1 < \tau \leqslant 2T_1 \\ 0, & \tau > 2T_1 \end{cases} \tag{2.95}$$

式中：$u_2$ 是两段光滑器的系数。方程 (2.95) 是一个连续分段函数，具有两个分段，因此，被称为两段光滑器。根据单位增益约束 (2.87) 和两段光滑器 (2.95)，可以求得系数 $u_2$：

$$u_2 = \frac{\zeta^2 \omega^2}{(1 - M_1)^2} \tag{2.96}$$

两段光滑器也是频率和阻尼比的函数，对应的曲线如图 2.14 所示。从方程 (2.95) 可以得到两段光滑器的传递函数：

$$s_2(s) = \frac{\zeta^2 \omega^2}{(1 - M_1)^2} \cdot \frac{(1 - M_1 \mathrm{e}^{-T_1 s})^2}{(s + \zeta\omega)^2} \tag{2.97}$$

两段光滑器是多个陷波滤波器和低通滤波器的复合体。陷波滤波效果削减前几个模态的

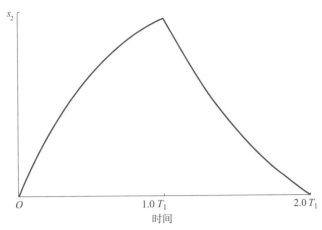

图 2.14 两段光滑器的曲线

振动，低通滤波效果可以削减高模态的振动。两段光滑器的上升时间 $R_{s2}$ 可用下面公式来表示：

$$R_{s2} = 2T_1 \tag{2.98}$$

方程（2.84）和方程（2.85）对频率和阻尼比的高阶导数可以得到更好的鲁棒性。方程（2.84）和方程（2.85）对频率和阻尼比的 $n$ 阶导数被约束为 0：

$$\int_{\tau=0}^{+\infty} \tau^n s_{nD}(\tau) e^{\zeta\omega\tau} \sin(\omega\tau \sqrt{1-\zeta^2}) d\tau = 0 \tag{2.99}$$

$$\int_{\tau=0}^{+\infty} \tau^n s_{nD}(\tau) e^{\zeta\omega\tau} \cos(\omega\tau \sqrt{1-\zeta^2}) d\tau = 0 \tag{2.100}$$

式中：$s_{nD}$ 是高阶导数光滑器。将方程（2.84）和方程（2.85）约束为 0，再考虑单位增益约束和高阶导数约束（2.99）及约束（2.100），可得对应的传递函数：

$$s_{nD}(s) = \frac{\zeta^{(n+1)} \omega^{(n+1)}}{(1-M_1)^{(n+1)}} \cdot \frac{(1-M_1 e^{-T_1 s})^{(n+1)}}{(s+\zeta\omega)^{(n+1)}} \tag{2.101}$$

方程（2.101）的上升时间 $R_{snD}$ 是 $n+1$ 倍的阻尼振荡周期。

$$R_{snD} = (n+1)T_1 \tag{2.102}$$

图 2.15 给出两段光滑器的频率敏感曲线。当设计频率准确时，百分比残余振幅被约束为 0。由于约束（2.99）和约束（2.100），在设计频率处还具有零斜率特征。5% 频率不敏感范围是从 0.81 到无穷大，因此，两段光滑器在高频处具有更好的频率不敏感性。随着归一化频率的增加，百分比残余振幅的波峰幅值逐步减小。因此，两段光滑器可以削减高频振动。这个特性有助于多模态系统的振动控制。当第一模态的频率和阻尼比被用来设计两段光滑器时，高模态振动也可以被削减。同时，高模态振动信息不需要被检测和估计。

第二阶导数光滑器和第三阶导数光滑器的频率敏感曲线也被显示在图 2.15 中。第二阶导数光滑器的 5% 频率不敏感范围是从 0.7 到无穷大。第三阶导数光滑器的 5% 频率不敏感范围是从 0.63 到无穷大。因此，高阶导数有助于频率不敏感性的增加。

图 2.16 给出两段光滑器的阻尼敏感曲线。阻尼比设计频率点是 0.1。阻尼比的敏感性和频率敏感性类似。唯一差异是没有使用归一化阻尼比，这是因为阻尼比微小的差异将导致

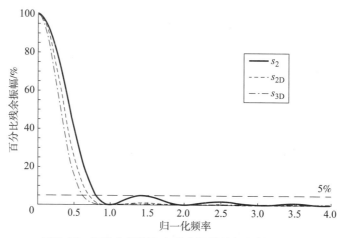

图 2.15　两段光滑器和高阶光滑器的频率敏感曲线

归一化阻尼比巨大的变化。当设计阻尼比正确时，百分比残余振幅也是 0。零约束还将导致在阻尼比设计点处零斜率出现。图 2.16 中全部阻尼比上的残余振幅都被大幅削减了。两段光滑器可以对非常大的阻尼比设计误差具有很好的鲁棒性。阻尼比建模误差对残余振幅的影响不大。这一点和频率建模误差不同。这个结论对工程实现非常有利，因为阻尼比往往很难被准确检测和估计。

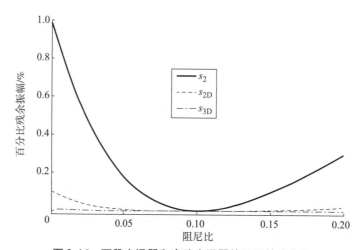

图 2.16　两段光滑器和高阶光滑器的阻尼敏感曲线

第二阶导数光滑器和第三阶导数光滑器的阻尼比敏感曲线也被显示在图 2.16 中。阻尼比设计频率点是 0.10。高阶导数有助于阻尼比不敏感性的增加。但是，高阶导数将导致上升时间的增大。

### 2.5.3　三段光滑器

如果方程（2.84）和方程（2.85）被约束为 0，则光滑器将引起零振动。但是，系统不确定性可能引起系统非线性和时变性。因此，在实际应用中光滑器很难引起零振动。因此，在设计点处可以将振动抑制到一个允许范围内：

$$\left[ e^{-\zeta\omega R_{s3}} \sqrt{S^2(\omega,\zeta)+C^2(\omega,\zeta)} \right]_{\substack{\omega=\omega_m \\ \zeta=\zeta_m}} = V_{\text{tol}} \tag{2.103}$$

式中：$\omega_m$ 是设计频率；$\zeta_m$ 是设计阻尼比；$R_{s3}$ 是三段光滑器的上升时间；$V_{\text{tol}}$ 是允许振幅。

另外，在设计频率附近两个修正频率 $p\omega_m$ 和 $r\omega_m$ 处，将振动约束为 0 可以获得鲁棒性更好的设计结果。$p$ 和 $r$ 是修改系数。在两个修正频率点处的零振动约束可以写为

$$\left[ \int_{\tau=0}^{+\infty} s_3(\tau) e^{\zeta\omega\tau} \sin(\omega\sqrt{1-\zeta^2}\tau) d\tau \right]_{\substack{\omega=p\omega_m \\ \zeta=\zeta_m}} = 0 \tag{2.104}$$

$$\left[ \int_{\tau=0}^{+\infty} s_3(\tau) e^{\zeta\omega\tau} \cos(\omega\sqrt{1-\zeta^2}\tau) d\tau \right]_{\substack{\omega=p\omega_m \\ \zeta=\zeta_m}} = 0 \tag{2.105}$$

$$\left[ \int_{\tau=0}^{+\infty} s_3(\tau) e^{\zeta\omega\tau} \sin(\omega\sqrt{1-\zeta^2}\tau) d\tau \right]_{\substack{\omega=r\omega_m \\ \zeta=\zeta_m}} = 0 \tag{2.106}$$

$$\left[ \int_{\tau=0}^{+\infty} s_3(\tau) e^{\zeta\omega\tau} \cos(\omega\sqrt{1-\zeta^2}\tau) d\tau \right]_{\substack{\omega=r\omega_m \\ \zeta=\zeta_m}} = 0 \tag{2.107}$$

式中：$s_3$ 是三段光滑器。为了增加鲁棒性，需要在频率设计点处使用零斜率约束。方程（2.103）对频率的导数被约束为 0：

$$\left[ \frac{d\left[ (e^{-\zeta\omega R_{s3}} S(\omega,\zeta))^2 + (e^{-\zeta\omega R_{s3}} C(\omega,\zeta))^2 \right]}{d\omega} \right]_{\substack{\omega=\omega_m \\ \zeta=\zeta_m}} = 0 \tag{2.108}$$

单位增益约束也需要添加在三段光滑器中。如果假设系数 $p$ 大于系数 $r$，再使用约束（2.104）~约束（2.107），时间最优解就是三段光滑器：

$$s_3(\tau) = \begin{cases} \mu_3(e^{-r\zeta_m\omega_m\tau} - e^{-p\zeta_m\omega_m\tau}), & 0 \leq \tau \leq T_1/p \\ \mu_3 e^{-r\zeta_m\omega_m\tau}(1-\delta_3), & T_1/p < \tau < T_1/r \\ \mu_3(\sigma_3 e^{-p\zeta_m\omega_m\tau} - \delta_3 e^{-r\zeta_m\omega_m\tau}), & T_1/r \leq \tau \leq T_1/p + T_1/r \\ 0, & \tau > T_1/p + T_1/r \end{cases} \tag{2.109}$$

式中：

$$\delta_3 = e^{2\pi(r/p-1)\zeta_m/\sqrt{1-\zeta_m^2}} \tag{2.110}$$

$$\sigma_3 = e^{2\pi(p/r-1)\zeta_m/\sqrt{1-\zeta_m^2}} \tag{2.111}$$

$$\mu_3 = \frac{pr\zeta_m\omega_m}{(p-r)(1-e^{-2\pi\zeta_m/\sqrt{1-\zeta_m^2}})^2} \tag{2.112}$$

根据方程可以求得三段光滑器的廓线。图 2.17 给出对应的廓线结果，是三分段的连续函数。原始指令与三段光滑器进行卷积运算，将得到一个光滑后的指令。用这个指令来驱动机器运动，可以将振动抑制到允许范围内。不是将振动在设计点处抑制为 0，而是将振动抑制到一个允许范围内。通过在两个修正频率点处将振动抑制为 0，极大地提高频率建模误差的鲁棒性。

频率设计点处的零斜率约束可以将在两个修正频率之间的振动抑制到允许范围内。三段光滑器的上升时间是：

$$R_{s3} = (1/p + 1/r) \cdot T_1 \tag{2.113}$$

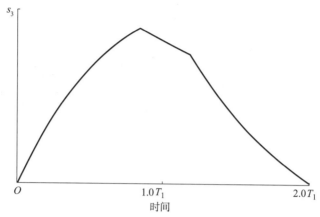

图 2.17 三段光滑器的廓线

振动允许范围如果设置为 5%，则无阻尼系统的两个修正系数分别为 $r = 0.7545$ 和 $p = 1.2277$。振动允许范围如果设置为 0%，则无阻尼系统的两个修正系数分别为 $r = 1$ 和 $p = 1$。因此，零振动允许范围将在设计点处产生零振幅和零斜率。

图 2.18 给出三段光滑器的频率敏感曲线。5% 频率不敏感范围是从 0.747 到无穷大。三段光滑器在高频处具有更好的鲁棒性，在低频处具有较差的鲁棒性。随着归一化频率的增加，百分比残余振幅的波峰幅值逐步减小。低通滤波特性将有助于多模态系统的振动控制。当第一模态的频率和阻尼比被用来设计三段光滑器时，高模态振动也可以被抑制。

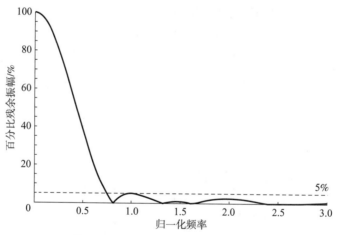

图 2.18 三段光滑器的频率敏感曲线

### 2.5.4 四段光滑器

高模振动对系统动力学也有重要影响。因此，高模振动也需要被控制。为了产生低通滤波效果，归一化频率为偶数处的振动需要被抑制为 0：

$$\int_{\tau=0}^{+\infty} s_4(\tau) e^{2\omega_m \zeta_m \tau} \sin(2\omega_m \sqrt{1-\zeta_m^2}\tau) d\tau = 0 \tag{2.114}$$

$$\int_{\tau=0}^{+\infty} s_4(\tau) e^{2\omega_m \zeta_m \tau} \cos(2\omega_m \sqrt{1-\zeta_m^2}\tau) d\tau = 0 \tag{2.115}$$

式中：$\zeta_m$ 是设计阻尼比；$\omega_m$ 是设计频率；$s_4$ 是四段光滑器。当设计频率和阻尼比正确时，方程可以将归一化频率为 2 处的振动抑制到 0。但是，实际机器肯定会在高模振动处存在某些不确定性。为了增加高模振动的鲁棒性，在归一化频率为 2 处，振幅对频率的导数也应被抑制为 0：

$$\int_{\tau=0}^{+\infty} \tau s_4(\tau) e^{2\omega_m \zeta_m \tau} \sin(2\omega_m \sqrt{1-\zeta_m^2}\tau) d\tau = 0 \tag{2.116}$$

$$\int_{\tau=0}^{+\infty} \tau s_4(\tau) e^{2\omega_m \zeta_m \tau} \cos(2\omega_m \sqrt{1-\zeta_m^2}\tau) d\tau = 0 \tag{2.117}$$

在光滑器设计中也需要增加单位增益约束。方程（2.114）~方程（2.117）和单位增益约束将产生一个时间最优解。这个解就是四段光滑器：

$$s_4(\tau) = \begin{cases} M_4 \tau e^{-2\zeta_m \omega_m \tau}, & 0 \leq \tau \leq 0.5T \\ M_4 [T_1 - K_4^{-1} T_1 - \tau + 2K_4^{-1} \tau] e^{-2\zeta_m \omega_m \tau}, & 0.5T_1 < \tau \leq T \\ M_4 [3K_4^{-1} T - K_4^{-2} T - 2K_4^{-1} \tau + K_4^{-2} \tau] e^{-2\zeta_m \omega_m \tau}, & T < \tau \leq 1.5T \\ M_4 [2K_4^{-2} T - K_4^{-2} \tau] e^{-2\zeta_m \omega_m \tau}, & 1.5T < \tau \leq 2T \end{cases} \tag{2.118}$$

式中：

$$K_4 = e^{(-\pi \zeta_m / \sqrt{1-\zeta_m^2})} \tag{2.119}$$

$$M_4 = 4\zeta_m^2 \omega_m^2 / (1 + K_4 - K_4^2 - K_4^3)^2 \tag{2.120}$$

图 2.19 给出四段光滑器廓线。它是分段连续函数，具有四个分段。每个分段边界处连续。瞬态振动和残余振动同样重要。瞬态振动的最大幅值也应被抑制到允许范围内：

$$\max\left(e^{\omega_m \zeta_m \tau_n} \sqrt{\left(\int_{\tau=1}^{w} s_4 e^{\omega_m \zeta_m \tau} \sin(\omega_m \sqrt{1-\zeta_m^2}\tau) d\tau\right)^2 + \left(\int_{\tau=0}^{w} s_4 e^{\omega_m \zeta_m \tau} \cos(\omega_m \sqrt{1-\zeta_m^2}\tau) d\tau\right)^2}\right) \leq V_{tol} \tag{2.121}$$

式中：$w$ 是瞬态阶段的任意时刻；$\tau_n$ 是四段光滑器的上升时间；$V_{tol}$ 是瞬态振幅的最大允许范围。对于四分段光滑器（2.118），瞬态振幅的最大允许范围是 16%，这是一个很小的瞬态振动数值。

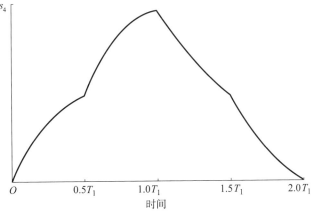

**图 2.19 四段光滑器廓线**

四段光滑器也是频率和阻尼比的函数。在实际系统中，频率变化对振动控制效果影响很大。评估频率建模误差对残余振幅的影响很重要。图 2.20 给出四分段光滑器的频率敏感曲线。整数倍设计频率处，振动可以被抑制为零。5% 频率不敏感范围是从 0.81 到无穷大。阻尼比建模误差对四分段光滑器的控制效果影响不大。这个结论有助于实际应用，因为阻尼比很难被准确估计。

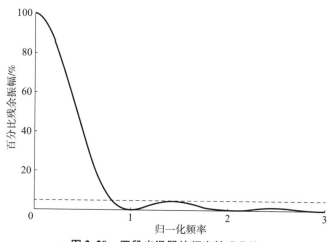

图 2.20　四段光滑器的频率敏感曲线

### 2.5.5　达芬振子光滑器

使用一个脉冲序列 $s_{SD}$ 来激励一个阻尼达芬振子的一阶近似解。响应可用下面的方程表示：

$$q_k(t) = \int_{\tau=0}^{+\infty} s_{SD}(\tau) \cdot \psi_1 \cdot e^{-\zeta\bar{\omega}(t-\tau)} \sin(\bar{\omega}\sqrt{1-\zeta^2}(t-\tau) + \varphi_1) d\tau +$$

$$\int_{\tau=0}^{+\infty} v(\tau) \cdot \psi_2 \cdot e^{-\zeta\bar{\omega}(t-\tau)} \sin(\bar{\omega}\sqrt{1-\zeta^2}(t-\tau) + \varphi_2) d\tau +$$

$$\int_{\tau=0}^{+\infty} v(\tau) \cdot \psi_3 \cdot e^{-3\zeta\bar{\omega}(t-\tau)} \sin(3\bar{\omega}\sqrt{1-\zeta^2}(t-\tau) + \varphi_3) d\tau \qquad (2.122)$$

式中：$\psi_1$、$\psi_2$ 和 $\psi_3$ 是振动相关的函数；$\varphi_1$、$\varphi_2$ 和 $\varphi_3$ 是相位函数；$\bar{\omega}$ 是非线性频率。$v$ 系数可以用下面公式表示：

$$v(\tau) = \int h(t) \cdot s_{SD}(\tau - t) dt; \quad h(t) = \int s_{SD}(y) \cdot s_{SD}(t-y) dy \qquad (2.123)$$

非线性频率 $\bar{\omega}$ 可以写为

$$\bar{\omega} = \omega \cdot \sqrt{1 + 0.75e \cdot [q^2 + (\zeta q + \dot{q}/\omega)^2]} \qquad (2.124)$$

式中：$\omega$ 是线性频率；$e$ 是非线性刚度系数；$q$ 是达芬振子的幅值。非线性频率取决于非线性刚度系数 $e$、线性频率 $\omega$、达芬振子的幅值 $q$ 及其导数 $\dot{q}$。随着非线性刚度系数 $e$ 和线性频率 $\omega$ 的增加，非线性频率也增加。对硬弹簧类型，非线性频率随着振幅增加而增大；对软弹簧类型，非线性频率随着振幅增加而减小。近似解（2.122）的振幅可以表

示为

$$A(t) = \psi_1 \cdot e^{-\zeta \bar{\omega} t} \sqrt{S_1^2(\zeta,\bar{\omega}) + C_1^2(\zeta,\bar{\omega})} + $$
$$\psi_2 \cdot e^{-\zeta \bar{\omega} t} \sqrt{S_2^2(\zeta,\bar{\omega}) + C_2^2(\zeta,\bar{\omega})} + $$
$$\psi_3 \cdot e^{-2\zeta \bar{\omega} t} \sqrt{S_3^2(\zeta,\bar{\omega}) + C_3^2(\zeta,\bar{\omega})} \quad (2.125)$$

式中:

$$S_1(\zeta,\bar{\omega}) = \int_{\tau=0}^{+\infty} s_{\text{SD}}(\tau) \cdot e^{\zeta \bar{\omega} \tau} \sin(\bar{\omega}\sqrt{1-\zeta^2} \cdot \tau) \mathrm{d}\tau \quad (2.126)$$

$$C_1(\zeta,\bar{\omega}) = \int_{\tau=0}^{+\infty} s_{\text{SD}}(\tau) \cdot e^{\zeta \bar{\omega} \tau} \cos(\bar{\omega}\sqrt{1-\zeta^2} \cdot \tau) \mathrm{d}\tau \quad (2.127)$$

$$S_2(\zeta,\bar{\omega}) = \int_{\tau=0}^{+\infty} v(\tau) \cdot e^{\zeta \bar{\omega} \tau} \sin(\bar{\omega}\sqrt{1-\zeta^2} \cdot \tau) \mathrm{d}\tau \quad (2.128)$$

$$C_2(\zeta,\bar{\omega}) = \int_{\tau=0}^{+\infty} v(\tau) \cdot e^{\zeta \bar{\omega} \tau} \cos(\bar{\omega}\sqrt{1-\zeta^2} \cdot \tau) \mathrm{d}\tau \quad (2.129)$$

$$S_3(\zeta,\bar{\omega}) = \int_{\tau=0}^{+\infty} v(\tau) \cdot e^{3\zeta \bar{\omega} \tau} \sin(3\bar{\omega}\sqrt{1-\zeta^2} \cdot \tau) \mathrm{d}\tau \quad (2.130)$$

$$C_3(\zeta,\bar{\omega}) = \int_{\tau=0}^{+\infty} v(\tau) \cdot e^{3\zeta \bar{\omega} \tau} \cos(3\bar{\omega}\sqrt{1-\zeta^2} \cdot \tau) \mathrm{d}\tau \quad (2.131)$$

将方程(2.126)~方程(2.131)约束为0,将会对达芬振子的近似解产生零振动。在光滑器设计中单位增益约束也需要增加:

$$\int s_{\text{SD}}(\tau) = 1 \quad (2.132)$$

方程(2.126)~方程(2.131)约束为0,再加上单位增益约束(2.132),将得到单模态达芬振子光滑器:

$$s_{\text{SD}}(\tau) = \begin{bmatrix} \dfrac{1}{(1+K_5+K_5^3+K_5^4)} & \dfrac{K_5+K_5^3}{(1+K_5+K_5^3+K_5^4)} & \dfrac{K_5^4}{(1+K_5+K_5^3+K_5^4)} \\ 0 & 0.5T_5 & T_5 \end{bmatrix} \quad (2.133)$$

式中:

$$K_5 = e^{(-\pi\zeta/\sqrt{1-\zeta^2})} \quad (2.134)$$

$$T_5 = \frac{2\pi}{\bar{\omega}\sqrt{1-\zeta^2}} \quad (2.135)$$

三个脉冲的单模态达芬振子光滑器是非线性频率 $\bar{\omega}$ 和阻尼比 $\zeta$ 的函数。当非线性频率和阻尼比都正确时,达芬振子的近似解的振动将被抑制为0。但是,非线性频率 $\bar{\omega}$ 和对应的振荡周期 $T_5$ 都依赖于振幅。单模态达芬振子光滑器的上升时间是一个阻尼振荡周期 $T_5$。

多模态达芬振子的振动也可以被三个脉冲的单模态达芬振子光滑器抑制。对每个模态都使用单模态达芬振子光滑器,然后卷积在一起形成一个复合的光滑器。多模态达芬振子的振动也就能被控制了。但是,对高模态振动信息进行估计难度很大,也很难在工程上实现。因此，为多模态达芬振子设计一个新的光滑器是有必要的。

低通滤波效果有助于高模态振动的控制。在两倍非线性频率处的振动被抑制为0：

$$\int_{\tau=0}^{+\infty} s_{MD}(\tau) \cdot e^{2\zeta\bar{\omega}\tau} \sin(2\bar{\omega}\sqrt{1-\zeta^2} \cdot \tau) d\tau = 0 \tag{2.136}$$

$$\int_{\tau=0}^{+\infty} s_{MD}(\tau) \cdot e^{2\zeta\bar{\omega}\tau} \cos(2\bar{\omega}\sqrt{1-\zeta^2} \cdot \tau) d\tau = 0 \tag{2.137}$$

将方程（2.126）~方程（2.131）约束为0，然后再加上约束（2.136）和约束（2.137），可得多模态达芬振子光滑器：

$$s_{MD}(\tau) = \begin{cases} M_5 \cdot \tau e^{-2\zeta\bar{\omega}\tau}, & 0 \leq \tau \leq 0.5T_5 \\ (-0.5K_5^{-1} + 1 - 0.5K_5)M_5 \cdot T_5 e^{-2\zeta\bar{\omega}\tau} + (K_5^{-1} - 1 + K_5)M_5 \cdot \tau e^{-2\zeta\bar{\omega}\tau}, \\ \quad 0.5T_5 \leq \tau \leq T_5 \\ (1.5K_5^{-1} - 1 + 1.5K_5)M_5 \cdot T_5 e^{-2\zeta\bar{\omega}\tau} + (-K_5^{-1} + 1 - K_5)M_5 \cdot \tau e^{-2\zeta\bar{\omega}\tau}, \\ \quad T_5 \leq \tau \leq 1.5T_5 \\ 2M_5 \cdot T_5 e^{-2\zeta\bar{\omega}\tau} - 2M_5 \cdot \tau e^{-2\zeta\bar{\omega}\tau}, & 1.5T_5 \leq \tau \leq 2T_5 \end{cases} \tag{2.138}$$

式中：

$$M_5 = \frac{4\zeta^2 \bar{\omega}^2}{(1 + K_5 + K_5^3 + K_5^4)(1 - 2K_5^2 + K_5^4)} \tag{2.139}$$

多模态达芬振子光滑器（2.139）的廓线在图2.21给出。多模态达芬振子光滑器是一个分段连续函数，取决于非线性频率$\bar{\omega}$和阻尼比$\zeta$。多模态达芬振子光滑器是多个陷波滤波器和低通滤波器的复合体。单模态达芬振子光滑器是一个陷波滤波器。单模态达芬振子光滑器削减第一模态达芬振子的振动，但是不能控制高模态达芬振子的振动。高模态达芬振子在某些应用场合可能对系统动力学有重要影响。多模态达芬振子可以同时控制第一模态达芬振子，也可以控制高模态达芬振子。而且，多模态达芬振子不需要对高模态信息进行估计。这个特性有助于工程实现。

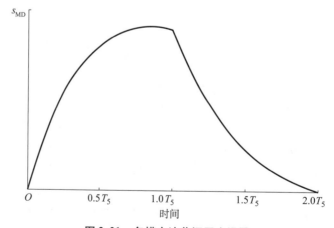

图2.21 多模态达芬振子光滑器

多模态达芬振子的上升时间是两倍阻尼振荡周期。较长的上升时间将使机器运动速度变慢。但是，多模态达芬振子光滑器可以削减振动。这样机器就能运动在更高的速度下，而不会诱导较大振动。另外，结构参数较小的变化可能会引起高模态频率较大变化。高模态频率的鲁棒性要以上升时间增大为代价。

# 第 3 章
# 塔式起重机吊挂运载

塔式起重机作为一种重型机械在建筑工业中运用极为广泛。塔式起重机在吊运过程中,由于负载外形与体积的影响,所以它在运输过程中会产生不必要的摆动与扭转,严重时还会危害塔式起重机整体结构的安全。先前的研究者们在建立塔式起重机模型时,往往将系统简化为质点负载的单摆模型或将吊钩与负载均简化为质点的双摆模型。但在塔机实际工作现场中,负载都具有特定的尺寸与体积,因此无论是单质点的单摆模型还是双质点的双摆模型都无法准确描述塔吊的运输负载的运动过程。在细长梁、桁架的运输与吊装过程中,除常见的负载摆动问题外,负载的扭转问题更需要引起注意,此类问题更容易引发塔机的安全事故。由于这种多模态柔性系统具有非常复杂的非线性特性,各运动模态之间存在耦合,因此需要考虑更加贴近实际的模型构建,以此设计振动控制方案保障系统的安全运行。

## 3.1 分布质量负载吊挂动力学建模与控制

### 3.1.1 动力学建模

图 3.1(a)展示了运输细长梁的塔式起重机的模型图。塔式起重机结构主要由基座、塔身、吊臂及小车构成,其中吊臂 $J$ 绕塔身的 $N_3$ 方向进行回转运动,旋转到任意角度 $\theta$ 处,质量为 $m_A$ 的小车 A 在吊臂 $J_1$、$J_2$、$J_3$ 方向上沿吊臂进行滑动,移动到吊臂上任意位置 $r$ 处。并且通过旋转驱动角 $\theta$,可以将惯性坐标 $N_1$、$N_2$、$N_3$ 转换为吊臂回转运动的直角坐标 $J_1$、$J_2$、$J_3$。在进行吊装运输任务时,该模型通过两条长度为 $l_r$ 的无质量缆绳悬挂在小车下方,并悬挂质量为 $m_p$ 和长度为 $l_p$ 的均匀分布的细长梁 $P$。定义小车质心 $A_0$ 到负载质心 $P_0$ 的距离为等效绳长 $l_y$,其长度可表述为

$$l_y = \sqrt{l_r^2 - \frac{1}{4}l_p^2} \tag{3.1}$$

缆绳围绕 $J_1$ 和 $J_2$ 方向的摆动角定义为 $\beta_1$ 和 $\beta_2$。吊臂和梁的长轴之间的角度定义为负载扭转角 $\gamma$,如图 3.1(b)所示。通过分别旋转摆动角 $\beta_2$、$\beta_1$ 和扭转角 $\gamma$,从而将吊臂坐标 $J_1$、$J_2$、$J_3$ 转换为负载的移动坐标 $P_1$、$P_2$、$P_3$。

由于实际情况中塔机模型过于复杂,需要设置一些假设条件对实际系统进行简化建模,以此为基础进行分析,得到接近实际模型的运动表述方程。假设塔式起重机的运动不受梁的运动影响,在运动期间缆绳长度不变,阻尼比约为 0,且各个部件之间的运动不存在摩擦。在该系统中吊臂的角加速度和小车的加速度为系统的输入,输出量为摆角 $\beta_1$、$\beta_2$ 和扭转角 $\gamma$。

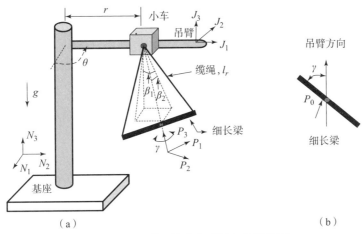

**图 3.1　单摆塔吊的分布质量负载梁模型**
(a) 塔式起重机模型侧视图；(b) 扭转角度

凯恩方法由凯恩教授在其对于多体动力学研究的论文中提出，该方法可以不通过需求系统的动力学函数而推导得到动力学方程，简化了复杂系统的运算及中间过程，特别适用于多体动力学的建模。使用该方法首先需要选取系统中的广义坐标与广义速度。其次求解系统中质点与刚体的速度与加速度，并计算加速度与角加速度；接着计算各广义速度的偏速度；最后求解广义主动力与广义惯性力并代入凯恩方程得到系统的动力学方程。在该模型中，广义坐标 $q_k$ 选择为系统的三个输出 $\beta_2$、$\beta_1$ 和 $\gamma$，同时将广义速度 $u_k$ 选择为 $\dot{\beta}_2$、$\dot{\beta}_1$ 和 $\dot{\gamma}$。在整个系统中共有两个刚体，吊臂 $J$ 和负载 $P$，它们之间与惯性坐标系 $N$ 的基本变换矩阵为

$$\begin{bmatrix} \boldsymbol{N}_1 \\ \boldsymbol{N}_2 \\ \boldsymbol{N}_3 \end{bmatrix} = \begin{bmatrix} \cos\theta & \sin\theta & 0 \\ -\sin\theta & \cos\theta & 0 \\ 0 & 0 & 1 \end{bmatrix} \begin{bmatrix} \boldsymbol{J}_1 \\ \boldsymbol{J}_2 \\ \boldsymbol{J}_3 \end{bmatrix} \tag{3.2}$$

$$\begin{bmatrix} \boldsymbol{J}_1 \\ \boldsymbol{J}_2 \\ \boldsymbol{J}_3 \end{bmatrix} = \begin{bmatrix} \cos\beta_2 & 0 & -\sin\beta_2 \\ 0 & 1 & 0 \\ \sin\beta_2 & 0 & \cos\beta_2 \end{bmatrix} \begin{bmatrix} 1 & 0 & 0 \\ 0 & \cos\beta_1 & \sin\beta_1 \\ 0 & -\sin\beta_1 & \cos\beta_1 \end{bmatrix} \begin{bmatrix} \cos\gamma & \sin\gamma & 0 \\ -\sin\gamma & \cos\gamma & 0 \\ 0 & 0 & 1 \end{bmatrix} \begin{bmatrix} \boldsymbol{P}_1 \\ \boldsymbol{P}_2 \\ \boldsymbol{P}_3 \end{bmatrix} \tag{3.3}$$

依据凯恩方法的建模步骤，需要对各质点与体的物理状态参量进行求解。因此下文将针对该系统中的刚体速度及加速度各个状态量进行计算，并根据矩阵转换关系进行简化表述。其中，吊臂相对于 $N$ 系的角速度为

$$^N\boldsymbol{\omega}^J = \dot{\theta}\boldsymbol{J}_3 \tag{3.4}$$

吊臂质心相对于 $N$ 系的速度为

$$^N\boldsymbol{v}^{J_0} = 0.5L\dot{\theta}\boldsymbol{J}_2 \tag{3.5}$$

小车质心相对于 $N$ 系的角速度为

$$^N\boldsymbol{\omega}^A = {}^N\boldsymbol{\omega}^J = \dot{\theta}\boldsymbol{J}_3 \tag{3.6}$$

小车相对于 $N$ 系的速度为

$$^N\boldsymbol{v}^{A_0} = \dot{r}\boldsymbol{J}_1 + r\dot{\theta}\boldsymbol{J}_2 \tag{3.7}$$

负载相对于 $N$ 系的角速度为

$$^N\boldsymbol{\omega}^P = {^N\boldsymbol{\omega}^J} + (\sin\gamma\cos\beta_1 u_1 + \cos\gamma u_2)\boldsymbol{P}_1 +$$
$$(\cos\beta_1\cos\gamma u_1 - \sin\gamma u_2)\boldsymbol{P}_2 + (u_3 - \sin\beta_1 u_1)\boldsymbol{P}_3 \quad (3.8)$$

负载质心相对于 $N$ 系的速度为

$$^N\boldsymbol{v}^{P_0} = {^N\boldsymbol{v}^{A_0}} - l_y(\cos\beta_1\cos\gamma u_1 + \sin\gamma u_2 - \sin\beta_2\sin\gamma\dot\theta +$$
$$\sin\beta_1\cos\beta_2\cos\gamma\dot\theta)\boldsymbol{P}_1 - l_y(\cos\beta_1\sin\gamma u_1 -$$
$$\cos\gamma u_2 + \sin\beta_2\cos\gamma\dot\theta + \sin\beta_1\cos\beta_2\sin\gamma\dot\theta)\boldsymbol{P}_2 \quad (3.9)$$

接着通过计算得到的速度与角速度进行求导得到系统各刚体及质点的加速度与角加速度。其中，吊臂质心相对于 $N$ 系的加速度为

$$^N\boldsymbol{a}^{J_0} = 0.5L\ddot\theta\boldsymbol{J}_2 \quad (3.10)$$

吊臂相对于 $N$ 系的角加速度为

$$^N\boldsymbol{\alpha}^J = \ddot\theta\boldsymbol{J}_3 \quad (3.11)$$

小车质心相对于 $N$ 系的加速度为

$$^N\boldsymbol{a}^{A_0} = (\ddot r + \dot r\dot\theta)\boldsymbol{J}_1 + (\dot r\dot\theta + r\ddot\theta - r\dot\theta^2)\boldsymbol{J}_2 \quad (3.12)$$

小车相对于 $N$ 系的角加速度为

$$^N\boldsymbol{\alpha}^A = \ddot\theta\boldsymbol{J}_3 \quad (3.13)$$

负载质心相对于 $N$ 系的加速度为

$$^N\boldsymbol{a}^{P_0} = {^N\boldsymbol{a}^{A_0}} + {^N\boldsymbol{\omega}^P} \times ({^N\boldsymbol{v}^{P_0}} - {^N\boldsymbol{v}^{A_0}}) - l_y(\cos\beta_1\cos\gamma\dot u_1 + \sin\gamma\dot u_2 -$$
$$\sin\beta_2\sin\gamma\ddot\theta + \sin\beta_1\cos\beta_2\cos\gamma\ddot\theta)\boldsymbol{P}_1 + l_y(\cos\gamma\dot u_2 -$$
$$\cos\beta_1\sin\gamma\dot u_1 - \sin\beta_2\cos\gamma\ddot\theta - \sin\beta_1\cos\beta_2\sin\gamma\ddot\theta)\boldsymbol{P}_2 \quad (3.14)$$

负载相对于 $N$ 系的角加速度为

$$^N\boldsymbol{\alpha}^P = {^N\boldsymbol{\alpha}^A} + (\sin\gamma\cos\beta_1\dot u_1 + \cos\gamma\dot u_2)\boldsymbol{P}_1 +$$
$$(\cos\beta_1\cos\gamma\dot u_1 - \sin\gamma\dot u_2)\boldsymbol{P}_2 + (\dot u_3 - \sin\beta_1\dot u_1)\boldsymbol{P}_3 \quad (3.15)$$

接下去需要对各刚体与质点求解偏速度，定义小车质心相对于 $N$ 系的速度对各个广义速度的偏速度为

$$\begin{cases} ^N\boldsymbol{v}_1^{A_0} = \boldsymbol{0} \\ ^N\boldsymbol{v}_2^{A_0} = \boldsymbol{0} \\ ^N\boldsymbol{v}_3^{A_0} = \boldsymbol{0} \end{cases}$$

小车相对于 $N$ 系的角速度对各个广义速度的偏速度为

$$\begin{cases} ^N\boldsymbol{\omega}_1^A = \boldsymbol{0} \\ ^N\boldsymbol{\omega}_2^A = \boldsymbol{0} \\ ^N\boldsymbol{\omega}_3^A = \boldsymbol{0} \end{cases}$$

负载质心相对于 $N$ 系的速度对各个广义速度的偏速度为

$$\begin{cases} ^N\boldsymbol{v}_1^{P_0} = -l_y\cos\beta_1\cos\gamma\boldsymbol{P}_1 - l_y\cos\beta_1\sin\gamma\boldsymbol{P}_2 \\ ^N\boldsymbol{v}_2^{P_0} = -l_y\sin\gamma\boldsymbol{P}_1 + l_y\cos\gamma\boldsymbol{P}_2 \\ ^N\boldsymbol{v}_3^{P_0} = \boldsymbol{0} \end{cases}$$

负载相对于 $N$ 系的角速度对各个广义速度的偏速度为

$$\begin{cases} {}^N\boldsymbol{\omega}_1^P = \sin\gamma\cos\beta_1\boldsymbol{P}_1 - \sin\beta_1\boldsymbol{P}_3 + \cos\beta_1\cos\gamma\boldsymbol{P}_2 \\ {}^N\boldsymbol{\omega}_2^P = \cos\gamma\boldsymbol{P}_1 - \sin\gamma\boldsymbol{P}_2 \\ {}^N\boldsymbol{\omega}_3^P = \boldsymbol{P}_3 \end{cases}$$

根据凯恩方法，广义惯性力可表述为以下形式：

$$\begin{aligned}
-F_i^* = & m_A \cdot {}^N\boldsymbol{a}^{A_0} \cdot {}^N\boldsymbol{v}_i^{A_0} + (\boldsymbol{I}^{A/A_0} \cdot {}^N\boldsymbol{\alpha}^A + {}^N\boldsymbol{\omega}^A \times \boldsymbol{I}^{A/A_0} \cdot {}^N\boldsymbol{\omega}^A) \cdot {}^N\boldsymbol{\omega}_i^A + \\
& m_P \cdot {}^N\boldsymbol{a}^{P_0} \cdot {}^N\boldsymbol{v}_i^{P_0} + (\boldsymbol{I}^{P/P_0} \cdot {}^N\boldsymbol{\alpha}^P + {}^N\boldsymbol{\omega}^P \times \boldsymbol{I}^{P/P_0} \cdot {}^N\boldsymbol{\omega}^P) \cdot {}^N\boldsymbol{\omega}_i^P \quad (i=1,2,3)
\end{aligned}$$

(3.16)

式中，$\boldsymbol{I}^{A/A_0}$、$\boldsymbol{I}^{P/P_0}$ 分别为小车与负载的惯性并矢，根据惯性并矢计算公式，得

$$\boldsymbol{I}^{A/A_0} = I_{11}\boldsymbol{J}_1\boldsymbol{J}_1 + I_{22}\boldsymbol{J}_2\boldsymbol{J}_2 + I_{33}\boldsymbol{J}_3\boldsymbol{J}_3 \tag{3.17}$$

$$\boldsymbol{I}^{P/P_0} = 0\boldsymbol{P}_1\boldsymbol{P}_1 + \frac{1}{12}m_p l_p^2 \boldsymbol{P}_2\boldsymbol{P}_2 + \frac{1}{12}m_p l_p^2 \boldsymbol{P}_3\boldsymbol{P}_3 \tag{3.18}$$

将式（3.6）、式（3.8）、式（3.12）~式（3.15）代入式（3.16）并化简，可得关于三个广义速度的广义惯性力：

$$\begin{aligned}
-F_1^* = & \left(6l_y^2\sin(2\beta_1)\cos\beta_2 + \frac{1}{2}l_p^2\cos\beta_1\sin\beta_2\sin(2\gamma) + \right. \\
& \left. \frac{1}{2}l_p^2\sin(2\beta_1)\cos\beta_2\cos^2\gamma - \frac{1}{2}l_p^2\sin(2\beta_1)\cos\beta_2\right) \cdot \ddot{\theta} - \\
& 12l_y\cos\beta_1\cos\beta_2 \cdot \ddot{r} + \left[12l_y^2\cos^2\beta_1 + l_p^2(\sin^2\beta_1 + \right. \\
& \left. \cos^2\beta_1\cos^2\gamma)\right] \cdot \dot{u}_1 - l_p^2\sin\gamma\cos\beta_1\cos\gamma \cdot \dot{u}_2 - l_p^2\sin\beta_1 \cdot \dot{u}_3 + \\
& \frac{1}{2}l_p^2\sin\beta_1\sin(2\gamma) \cdot u_2^2 + (l_p^2\sin^2\gamma - 12l_y^2)\sin(2\beta_1) \cdot u_1 u_2 - \\
& l_p^2\cos\beta_1\sin(2\gamma)\cos\beta_2 \cdot u_1 u_3 - 2l_p^2\cos\beta_1\cos^2\gamma \cdot u_2 u_3 + \\
& \left(6l_y^2\sin(2\beta_2)\cos^2\beta_1 + 12l_y\cos\beta_1\cos\beta_2 r + \frac{1}{2}l_p^2\sin(2\beta_2)\cos^2\gamma - \right. \\
& \left. \frac{1}{2}l_p^2\sin\beta_1\sin(2\gamma)\cos(2\beta_2) - \frac{1}{2}l_p^2\sin(2\beta_2)\sin^2\beta_1\sin^2\gamma\right) \cdot \dot{\theta}^2 - \\
& l_p^2\sin\beta_1\sin\beta_2\sin(2\gamma) \cdot \dot{\theta}u_2 + l_p^2\left(2\sin\beta_2\cos\beta_1\cos^2\gamma - \right. \\
& \left. \frac{1}{2}\sin(2\beta_1)\sin(2\gamma)\cos\beta_2\right) \cdot \dot{\theta}u_3
\end{aligned}$$

(3.19)

$$\begin{aligned}
-F_2^* = & \left(l_p^2\sin\beta_2\sin^2\gamma + \frac{1}{2}l_p^2\sin\beta_1\sin(2\gamma)\cos\beta_2 + 12l_y^2\sin\beta_2 - \right. \\
& \left. 12l_y\cos\beta_1 r\right) \cdot \ddot{\theta} - 12l_y\sin\beta_1\sin\beta_2 \cdot \ddot{r} + \\
& \frac{1}{2}l_p^2\sin(2\gamma)\cos\beta_1 \cdot \dot{u}_1 - (12l_y^2 + l_p^2\sin^2\gamma) \cdot \dot{u}_2 + \\
& \left(\frac{1}{2}l_p^2\sin(2\beta_1)\sin^2\gamma - 12l_y^2\sin\beta_1\cos\beta_2\right) \cdot u_1^2 - \\
& 2l_p^2\sin^2\gamma\cos\beta_1 \cdot u_1 u_3 - l_p^2\sin(2\gamma) \cdot u_2 u_3 + \\
& \left(\frac{1}{4}l_p^2\sin(2\beta_2)\sin(2\gamma)\cos\beta_1 + 12l_y\sin\beta_1\sin\beta_2 r - \right.
\end{aligned}$$

$$\frac{1}{2}l_p^2\sin(2\beta_1)\sin^2\gamma\cos^2\beta_2 + 6l_y^2\sin(2\beta_1)\cos^2\beta_2\Big)\cdot\dot{\theta}^2 -$$
$$24l_y\cos\beta_1\cdot u_1 u_2 + (2l_p^2\sin^2\beta_1\sin^2\gamma\cos\beta_2 - l_p^2\sin\beta_1\sin\beta_2\cdot$$
$$\sin(2\gamma) + 24l_y^2\cos\beta_2\cos^2\beta_1)\cdot\dot{\theta}u_1 - (2l_p^2\sin\beta_1\cos\beta_2\sin^2\gamma -$$
$$l_p^2\sin\beta_2\sin(2\gamma))\cdot\dot{\theta}u_3 - 12gl_y\sin\beta_1\cos\beta_2 = 0 \tag{3.20}$$

$$-F_3^* = -\cos\beta_1\cos\beta_2\cdot\ddot{\theta} + \sin\beta_1\cdot\dot{u}_1 - \dot{u}_3 - \frac{1}{2}\sin(2\gamma)\cos^2\beta_1\cdot u_1^2 +$$
$$\frac{1}{2}\sin(2\gamma)\cdot u_2^2 + 2\sin^2\gamma\cos\beta_1\cdot u_1 u_2 + (2\sin\beta_1\cos\beta_2\cdot$$
$$\sin^2\gamma - \sin\beta_2\sin(2\gamma))\cdot\dot{\theta}u_2 + (\sin\beta_2\sin\gamma + \sin\beta_1\cos\beta_2\cos\gamma)\cdot$$
$$(\sin\beta_2\cos\gamma - \sin\beta_1\sin\gamma\cos\beta_2)\cdot\dot{\theta}^2 + \big(\sin\beta_2\cos\beta_1\cos(2\gamma) -$$
$$\frac{1}{2}\sin(2\gamma)\sin(2\beta_1)\cos\beta_2 - \sin\beta_2\cos\beta_1\big)\cdot\dot{\theta}u_1 \tag{3.21}$$

通过力学分析可知作用到小车上的外力与外力矩均为0，作用到负载上的外力为
$$\boldsymbol{F}^{P_0} = m_P g\boldsymbol{N}_3 \tag{3.22}$$
作用到负载上的外力矩为
$$\boldsymbol{T}^P = 0 \tag{3.23}$$
对广义速度 $u_i$ 的广义主动力可表示为
$$F_i = \boldsymbol{F}^{A_0}\cdot{}^N\boldsymbol{v}_i^{A_0} + \boldsymbol{T}^A\cdot{}^N\boldsymbol{\omega}_i^A + \boldsymbol{F}^{P_0}\cdot{}^N\boldsymbol{v}_i^{P_0} + \boldsymbol{T}^P\cdot{}^N\boldsymbol{\omega}_i^P \tag{3.24}$$
将方程（3.22）和方程（3.23）代入方程（3.24）可得关于三个广义速度的广义主动力：
$$F_1 = -m_P g l_y(\cos\beta_1\cos\gamma + \cos\beta_1\sin\gamma) \tag{3.25}$$
$$F_2 = -m_P g l_y(\sin\gamma - \cos\gamma) \tag{3.26}$$
$$F_3 = 0 \tag{3.27}$$
由凯恩方法知，对某个广义速度，它的广义惯性力与其广义主动力的和为0。
$$\begin{cases}-F_1^* = F_1\\ -F_2^* = F_2\\ -F_3^* = F_3\end{cases} \tag{3.28}$$
将方程（3.19）~方程（3.21）、方程（3.25）~方程（3.27）代入方程（3.28），可得系统动力学方程：
$$[12l_y^2\cos^2\beta_1 + l_p^2(\sin^2\beta_1 + \cos^2\beta_1\cos^2\gamma)]\ddot{\beta}_2 -$$
$$l_p^2\sin\gamma\cos\beta_1\cos\gamma\ddot{\beta}_1 - l_p^2\sin\beta_1\ddot{\gamma} + 12gl_y\sin\beta_2\cos\beta_1 +$$
$$\frac{1}{2}l_p^2\sin\beta_1\sin(2\gamma)\dot{\beta}_1^2 + (l_p^2\sin^2\gamma - 12l_y^2)\sin(2\beta_1)\dot{\beta}_1\dot{\beta}_2 -$$
$$l_p^2\cos\beta_1\sin(2\gamma)\cos\beta_2\dot{\beta}_2\dot{\gamma} - 2l_p^2\sin\beta_1\cos^2\gamma\dot{\beta}_1\dot{\gamma} - 12l_y\cos\beta_1\cos\beta_2\ddot{r} +$$
$$\big(6l_y^2\sin(2\beta_1)\cos\beta_2 + \frac{1}{2}l_p^2\cos\beta_1\sin\beta_2\sin2\gamma + \frac{1}{2}l_p^2\sin(2\beta_1)\cos\beta_2\cos^2\gamma -$$
$$\frac{1}{2}l_p^2\sin(2\beta_1)\cos\beta_2\big)\ddot{\theta} + \big(6l_y^2\sin(2\beta_2)\cos^2\beta_1 + 12l_y\cos\beta_1\cos\beta_2 r + \frac{1}{2}l_p^2\sin(2\beta_2)\cos^2\gamma -$$
$$\frac{1}{2}l_p^2\sin\beta_1\sin(2\gamma)\cos(2\beta_2) - \frac{1}{2}l_p^2\sin(2\beta_2)\sin^2\beta_1\sin^2\gamma\big)\dot{\theta}^2 -$$

$$l_p^2\sin\beta_2\sin\beta_1\sin(2\gamma)\dot{\beta}_1\dot{\theta} + l_p^2(2\sin\beta_2\cos\beta_1\cos^2\gamma - \frac{1}{2}\sin(2\beta_1)\sin(2\gamma)\cos\beta_2)\dot{\gamma}\dot{\theta} = 0$$
(3.29)

$$\frac{1}{2}l_p^2\sin(2\gamma)\cos\beta_1\ddot{\beta}_2 - (12l_y^2 + l_p^2\sin^2\gamma)\ddot{\beta}_1 + (\frac{1}{2}l_p^2\sin(2\beta_1)\sin^2\gamma - 12l_p^2\sin\beta_1\cos\beta_1)\dot{\beta}_2^2 -$$
$$12gl_y\sin\beta_1\cos\beta_2 - 2l_p^2\sin^2\gamma\cos\beta_1\dot{\beta}_2\dot{\gamma} - l_p^2\sin(2\gamma)\dot{\beta}_1\dot{\gamma} - 12l_y\sin\beta_1\sin\beta_2\ddot{r} +$$
$$(l_p^2\sin\beta_2\sin^2\gamma + 12l_y^2\sin\beta_2 + \frac{1}{2}l_p^2\sin\beta_1\sin(2\gamma)\cos\beta_2 - 12l_y\cos\beta_1 r)\ddot{\theta} +$$
$$(\frac{1}{4}l_p^2\sin(2\beta_2)\sin(2\gamma)\cos\beta_1 + 12l_y\sin\beta_1\sin\beta_2 r - \frac{1}{2}l_p^2\sin(2\beta_1)\sin^2\gamma\cos^2\beta_2 +$$
$$6l_y^2\sin(2\beta_1)\cos^2\beta_2)\dot{\theta}^2 - 24l_y\cos\beta_1\dot{r}\dot{\theta} + (2l_p^2\sin^2\beta_1\sin^2\gamma\cos\beta_2 - l_p^2\sin\beta_1\sin\beta_2\sin(2\gamma) +$$
$$24l_y^2\cos\beta_2\cos^2\beta_1)\dot{\beta}_2\dot{\theta} - (2l_p^2\sin\beta_1\sin^2\gamma\cos\beta_2 - l_p^2\sin\beta_2\sin(2\gamma))\dot{\gamma}\dot{\theta} = 0$$
(3.30)

$$\sin\beta_2\ddot{\beta}_2 - \ddot{\gamma} - \cos\beta_1\cos\beta_2\ddot{\theta} - \frac{1}{2}\sin(2\gamma)\cos^2\beta_1\dot{\beta}_2^2 + \frac{1}{2}\sin(2\gamma)\dot{\beta}_1^2 +$$
$$2\sin^2\gamma\cos\beta_1\dot{\beta}_1\dot{\beta}_2 + (2\sin\beta_1\cos\beta_2\sin^2\gamma - \sin\beta_2\sin(2\gamma))\dot{\beta}_1\dot{\theta} +$$
$$(\sin\beta_2\sin\gamma + \sin\beta_1\cos\beta_2\cos\gamma)(\sin\beta_2\cos\gamma - \sin\beta_1\sin\gamma\cos\beta_2)\dot{\theta}^2 +$$
$$(\sin\beta_2\cos\beta_1\cos(2\gamma) - \frac{1}{2}\sin(2\gamma)\sin(2\beta_1)\cos\beta_2 - \sin\beta_2\cos\beta_1)\dot{\beta}_2\dot{\theta} = 0$$
(3.31)

## 3.1.2 动力学分析

平衡点是系统状态方程中，各状态变量导数均为 0 的点。对于满秩线性系统来说，很显然原点可以满足这一要求，而且仅有原点可以满足这一要求。对于非线性系统，在任何一个系统状态点上都可以被近似成一个独立的新的线性系统，也就表示在任何一个状态点上都有可能满足平衡点要求。平衡点的求解是将系统的动力学方程由非线性转化为线性方程的重要一步，在接下来的内容中进行具体分析与计算。

由于分布质量负载的单摆塔吊系统是非线性系统，在求解平衡点时，首先需要将非线性动力学方程线性化。设负载的平衡位置为 $\beta_{10}$、$\beta_{20}$、$\gamma_0$，将系统的输入加速度 $\ddot{r}$、$\ddot{\theta}$ 与系统输出加速度 $\ddot{\beta}_1$、$\ddot{\beta}_2$、$\ddot{\gamma}$ 置零，同时将系统的输入速度 $\dot{r}$、$\dot{\theta}$ 与输出速度 $\dot{\beta}_1$、$\dot{\beta}_2$、$\dot{\gamma}$ 均视为 0，即

$$\begin{cases} \ddot{\theta} = 0, \ \ddot{r} = 0, \ \ddot{\beta}_1 = 0, \ \ddot{\beta}_2 = 0, \ \ddot{\gamma} = 0 \\ \dot{\theta} = 0, \ \dot{r} = 0, \ \dot{\beta}_1 = 0, \ \dot{\beta}_2 = 0, \ \dot{\gamma} = 0 \end{cases}$$
(3.32)

将方程（3.32）代入方程（3.29）~方程（3.31）可得

$$\begin{cases} 12gl_y\sin\beta_1\cos\beta_2 = 0 \\ 12gl_y\sin\beta_2\cos\beta_1 = 0 \\ 0 = 0 \end{cases}$$
(3.33)

易知，当且仅当两个摆动角 $\beta_1$、$\beta_2$ 为 0，$\gamma$ 为任意值时为系统的平衡点。此时系统处于稳定的平衡状态，即系统的平衡位置为

$$\begin{cases} \beta_{10} = 0 \\ \beta_{20} = 0 \\ \gamma_0 \text{ 为任意值} \end{cases}$$
(3.34)

任何机械系统都会在平衡位置附近进行往复振荡，因此在系统中，任意时刻的负载的摆动角与扭转角都可以分解为平衡角度与变化角度的叠加，即

$$\begin{cases} \beta_1 = \beta_{10} + \beta_{1t} = \beta_{1t} \\ \beta_2 = \beta_{20} + \beta_{2t} = \beta_{2t} \\ \gamma = \gamma_0 + \gamma_t = \gamma_t \end{cases} \quad (3.35)$$

由以下假设以及系统特性对系统进行线性化：系统固有频率为系统的固有特性，与系统输入无关；系统在平衡点附近进行小幅振荡运动，即

$$\begin{cases} \sin\beta_1 \approx \beta_1, \quad \sin\beta_2 \approx \beta_2, \quad \cos\beta_1 \approx 1, \quad \cos\beta_2 \approx 1 \\ \dot{\beta}_1^2 = 0, \quad \dot{\beta}_2^2 = 0, \quad \dot{\beta}_1\dot{\beta}_2 = 0, \quad \dot{\beta}_1\dot{\gamma} = 0, \quad \dot{\beta}_2\dot{\gamma} = 0 \end{cases} \quad (3.36)$$

该假设中 $\beta_1$、$\beta_2$、$\gamma$ 满足任意时刻状态下的系统，将以上假设条件代入非线性动力学方程（3.29）~方程（3.31），可得系统的线性化方程为

$$[12l_y^2 + l_p^2(\beta_1^2 + \cos^2\gamma)]\ddot{\beta}_2 - \frac{1}{2}l_p^2\sin 2\gamma \ddot{\beta}_1 - l_p^2\ddot{\beta}_1\ddot{\gamma} + 12gl_y\beta_2 = 0 \quad (3.37)$$

$$\frac{1}{2}l_p^2\sin 2\gamma \ddot{\beta}_2 - (12l_y^2 + l_p^2\sin^2\gamma)\ddot{\beta}_1 - 12gl_y\beta_1 = 0 \quad (3.38)$$

$$\beta_1\ddot{\beta}_2 - \ddot{\gamma} = 0 \quad (3.39)$$

由方程（3.39），可知 $\ddot{\gamma} = \beta_1\ddot{\beta}_2$，将其作为约束条件代入方程（3.37）得

$$(12l_y^2 + l_p^2\cos^2\gamma)\ddot{\beta}_2 - \frac{1}{2}l_p^2\sin(2\gamma)\ddot{\beta}_1 + 12gl_y\beta_2 = 0 \quad (3.40)$$

$$\frac{1}{2}l_p^2\sin(2\gamma)\ddot{\beta}_2 - (12l_y^2 + l_p^2\sin^2\gamma)\ddot{\beta}_1 - 12gl_y\beta_1 = 0 \quad (3.41)$$

将方程（3.40）和方程（3.41）整理为如下形式：

$$\boldsymbol{M}\ddot{\boldsymbol{x}} + \boldsymbol{K}\boldsymbol{x} = 0 \quad (3.42)$$

由此可知，系统是一个无阻尼的二自由度系统，该系统的质量矩阵与刚度矩阵分别为

$$\boldsymbol{M} = \begin{bmatrix} 12l_y^2 + l_p^2\cos^2\gamma & -\frac{1}{2}l_p^2\sin(2\gamma) \\ \frac{1}{2}l_p^2\sin(2\gamma) & -(12l_y^2 + l_p^2\sin^2\gamma) \end{bmatrix}, \quad \boldsymbol{K} = \begin{bmatrix} 12gl_y & 0 \\ 0 & -12gl_y \end{bmatrix} \quad (3.43)$$

系统的状态向量为

$$\ddot{\boldsymbol{x}} = \begin{bmatrix} \ddot{\beta}_2 \\ \ddot{\beta}_1 \end{bmatrix}, \boldsymbol{x} = \begin{bmatrix} \beta_2 \\ \beta_1 \end{bmatrix} \quad (3.44)$$

系统固有振动的解又可以写成如下形式：

$$\boldsymbol{x} = \boldsymbol{u}\cos\omega t \quad (3.45)$$

其中，$\boldsymbol{u}$ 与 $\omega$ 均为待求的未知量，并且 $\boldsymbol{u}$ 不为零向量，$\cos\omega t$ 不恒为零。将上式代入方程（3.42），整理可得

$$(\boldsymbol{K} - \omega^2\boldsymbol{M})\boldsymbol{u} = 0 \quad (3.46)$$

根据线性代数中的方程组理论可知，方程（3.46）有非零解的充分必要条件为 $|\boldsymbol{K} - \omega^2\boldsymbol{M}| = 0$，即

$$\begin{vmatrix} 12gl_y - (12l_y^2 + l_p^2\cos^2\gamma)\omega^2 & \dfrac{1}{2}l_p^2\sin(2\gamma)\omega^2 \\ -\dfrac{1}{2}l_p^2\sin(2\gamma)\omega^2 & -12gl_y + (12l_y^2 + l_p^2\sin^2\gamma)\omega^2 \end{vmatrix} = 0 \qquad (3.47)$$

通过行列式计算，可得系统线性化固有频率的解析解为

$$\omega_1 = \sqrt{\dfrac{12gl_y}{12l_y^2 + l_p^2}}, \quad \omega_2 = \sqrt{\dfrac{g}{l_y}} \qquad (3.48)$$

由解析频率方程可知，该系统的固有频率只与固定绳长度 $l_r$ 以及负载长度 $l_p$ 有关。对于以往的单摆质点模型来说，固有频率只与绳长 $l_r$ 有关，而对于分布质量模型来说，固有频率不仅与绳长有关，还引入了负载长度参数。由于该系统简化后的线性方程中是二自由度的无阻尼系统，理论推导结果表明 $\omega_1$、$\omega_2$ 在一定条件下对应负载沿着吊臂方向进行的径向与切向的摆动固有频率，其具体对应关系将在动力学分析中进行分析与验证。

将 $\omega_1^2$ 与 $\omega_2^2$ 代入系统特征方程即方程（3.46），可得系统振型为

$$\begin{cases} u^{(1)} = \dfrac{A_{21}}{A_{11}} = -\dfrac{3l_y^2 \tan\gamma}{12l_y^2 + l_p^2} \\ u^{(2)} = \dfrac{A_{22}}{A_{12}} = \dfrac{12l_y^2}{(12l_y^2 + l_p^2)\tan\gamma} \end{cases} \qquad (3.49)$$

由线性化频率方程（3.48）及振型函数（3.49），两个摆动方向的振动可以写成如下形式：

$$\begin{cases} \beta_2 = A_{11}\cos(\omega_1 t + \varphi_1) + A_{12}\cos(\omega_2 t + \varphi_2) \\ \beta_1 = u^{(1)}A_{11}\cos(\omega_1 t + \varphi_1) + u^{(2)}A_{12}\cos(\omega_2 t + \varphi_2) \end{cases} \qquad (3.50)$$

其中 $A_{11}$、$A_{12}$、$\varphi_1$、$\varphi_2$ 由初始条件决定。将方程（3.50）代入方程（3.39），可得关于扭转的振动方程：

$$\ddot{\gamma} = K_1\sin[(\omega_2 - \omega_1)t + \varphi_1] + K_2\sin[(\omega_2 + \omega_1)t + \varphi_2] + \\ K_3\sin(2\omega_1 t + \varphi_3) + K_4\sin(2\omega_2 t + \varphi_4) + K_5 \qquad (3.51)$$

式中：$K_1$、$K_2$、$K_3$、$K_4$、$K_5$ 为振幅贡献系数，具体形式为

$$\begin{cases} K_1 = -\dfrac{A_{11}A_{12}(u^{(1)}\omega_2^2 + u^{(2)}\omega_1^2)}{2(\omega_2 - \omega_1)} \\ K_2 = -\dfrac{A_{11}A_{12}(u^{(1)}\omega_2^2 + u^{(2)}\omega_1^2)}{2(\omega_2 + \omega_1)} \\ K_3 = -\dfrac{1}{4}u^{(2)}A_{12}^2\omega_2 \\ K_4 = -\dfrac{1}{4}u^{(1)}A_{11}^2\omega_1 \\ K_5 = -\dfrac{1}{2}(u^{(2)}A_{12}^2\omega_2^2 + u^{(1)}A_{11}^2\omega_1^2) \end{cases} \qquad (3.52)$$

由此可知，负载的扭转是由五个响应叠加而成，其中前四个响应的频率与负载的摆动频率相关，分别为 $\omega_2 - \omega_1$、$\omega_2 + \omega_1$、$2\omega_1$、$2\omega_2$，第五个响应为一次阶跃响应，有着很强的非线性特性。将方程（3.49）代入方程（3.50），并令 $\varphi_1 = \varphi_2 = 0$，当系统为初始状态，即

$t=0$ 时，得系统初始状态与振型之间的关系为

$$\begin{cases} \beta_{20} = A_{11} + A_{12} \\ \beta_{10} = u^{(1)}A_{11} + u^{(2)}A_{12} \end{cases}, \quad \begin{cases} A_{11} = \dfrac{u^{(1)}\beta_{20} - \beta_{10}}{u^{(1)} - u^{(2)}} \\ A_{12} = \dfrac{\beta_{10} - u^{(2)}\beta_{20}}{u^{(1)} - u^{(2)}} \end{cases} \tag{3.53}$$

将方程（3.48）、方程（3.50）和方程（3.53）代入方程（3.52），可得

$$\begin{aligned} K_5 = -\frac{1}{2}\{ & gl_y^4\beta_{20}^2[48(12l_y^2 + l_p^2) - 9l_y^2\tan^6\gamma] + \\ & 4g\beta_{10}^2\tan^2\gamma(12l_y^2 + l_p^2)^2(12l_y^2 + l_p^2 - 3l_y^2\tan^2\gamma) - \\ & 24gl_y^2\beta_{10}\beta_{20}\tan\gamma(12l_y^2 + l_p^2)[4(12l_y^2 + l_p^2) + 3l_y^2\tan^4\gamma]\}/ \\ & [3l_y^3\tan\gamma(12l_y^2 + l_p^2)^2(\tan^2\gamma + 4)^2] \end{aligned} \tag{3.54}$$

由小幅振荡假设式（3.36）可知，$\beta_{x0}^2 \approx 0$、$\beta_{y0}^2 \approx 0$、$\beta_{x0}\beta_{y0} \approx 0$，因此 $K_5 \approx 0$，由此可得系统处于稳定的平衡状态时扭转速度为 0。并且通过对各振幅贡献系数的分析比较可知：

$$K_1 > K_2 > K_3 > K_4 > K_5 \approx 0 \tag{3.55}$$

因此可知，对于塔机系统，在小幅振荡下负载的扭转运动主要为四个谐波响应的叠加，在平衡位置附近进行周期振荡，即

$$\begin{aligned} \ddot{\gamma} = & K_1\sin[(\omega_2 - \omega_1)t + \varphi_1] + K_2\sin[(\omega_2 + \omega_1)t + \varphi_2] + \\ & K_3\sin(2\omega_1 t + \varphi_3) + K_4\sin(2\omega_2 t + \varphi_4) \end{aligned} \tag{3.56}$$

扭转的主振动为第一响应，其主要振动频率为 $(\omega_2 - \omega_1)$，余下三个高频响应振幅贡献较小，下文也将从仿真模型响应对此理论进行分析验证。

由理论频率方程（3.48）及方程（3.56）可知关于负载摆动与扭转的固有频率及振动形式，以此作为理论依据，针对不同结构参数对系统动力学特性进行分析。由式（3.48）形式可知，影响负载摆动的主要因素为缆绳长度与负载长度，因此在分析中选择等效绳长 $l_y$ 作为关键参数进行研究。对于负载扭转来说，由于其具有更强的非线性，除了受到初始结构参数的影响外，还对初始状态敏感，因此需要对不同初始状态下的动力学行为进行分析。

图 3.2 显示了当缆绳长度为 100 cm 时，各种负载长度对应的两个摆动频率 $\omega_1$、$\omega_2$ 和四个扭转频率 $\omega_2 - \omega_1$、$\omega_2 + \omega_1$、$2\omega_1$、$2\omega_2$ 的变化情况。由图可知，当负载长度越小，摆动的第一频率 $\omega_1$ 与第二频率 $\omega_2$ 越接近，随着负载长度的增加，等效绳长减小，第二摆动频率 $\omega_2$ 增加，并减小了负载摆动的第一频率 $\omega_1$。同时，随着负载长度的增加，负载扭转的线性化频率 $\omega_2 + \omega_1$、$\omega_2 - \omega_1$、$2\omega_2$ 增加，而频率 $2\omega_1$ 降低。在负载长度为 150 cm 之前，第一个扭转频率 $\omega_2 - \omega_1$ 远低于最后三个扭转频率 $\omega_2 + \omega_1$、$2\omega_1$ 和 $2\omega_2$，而最后三个扭转频率大约 2 倍于两个摆动频率 $\omega_1$、$\omega_2$。这是因为两个摆动频率 $\omega_1$、$\omega_2$ 在负载长度 150 cm 之前略有不同。在 190 cm 的负载长度附近，摆动频率 $\omega_1$ 接近扭转频率 $\omega_2 - \omega_1$，摆动频率 $\omega_2$ 接近扭转频率 $2\omega_1$，因此，此时可能会在负载的摆动和扭转之间产生内部共振。当负载长度为 196 cm 时，一个扭转频率 $2\omega_1$ 将接近另一个扭转频率 $\omega_2 - \omega_1$，在此可能会引起另一个内共振。

由于负载的扭转运动具有非线性特性，因此需针对其非线性特性进行分析，通过不同初始条件下的数值仿真模拟，使用傅里叶快速变换（FFT）计算负载扭转的第一频率，以此探究负载扭转的非线性特性。图 3.3 显示了不同初始摆角下负载扭转的频率与振幅，探究其非线性特性。在数值仿真中，缆绳长度、负载长度和初始扭转角分别设置为 100 cm、100 cm

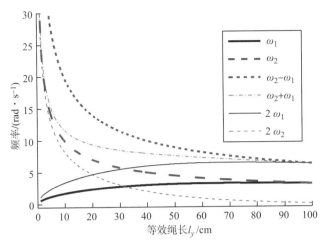

图 3.2 线性化频率随等效绳长的变化

和 45°，并设置初始摆动角 $\beta_{10}$ 为 0，初始摆动角 $\beta_{20}$ 在 0°~10°进行变化，探究初始摆角对负载扭转运动产生的影响。从图中可以看出，随着初始摆动角的增加，扭转角速度的频率和最大振幅增加。此现象的产生是由于负载的摆动与扭转之间存在耦合，当初始摆动角度越大，激励更大的初始振幅，而更大的摆动也会激励出更激烈的扭转振荡，使负载扭转的最大幅值增加。并且随着负载摆角的增大，由于受到非线性特性的影响，扭转频率也略微增大。因此，动力学分析表明，减小摆角会降低有效载荷扭转角速度的非线性频率和最大振幅。

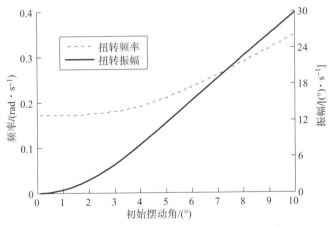

图 3.3 初始摆动角对负载扭转的非线性影响

不同初始扭转角下负载扭转频率和振幅如图 3.4 所示。数值模拟仿真中缆绳长度、梁长度和初始摆动角 $\beta_{10}$、$\beta_{20}$ 分别设置为 100 cm、100 cm、5°和 0°。随着初始扭转角的变化，扭转角速度 $\dot{\gamma}$ 的频率和最大幅度的周期性现象显示出来。在初始扭转角为 0°和 ±90°的情况下，扭转角速度的频率和最大幅度均被限制为 0，这是因为负载的尺寸很小，单一方向的摆动不会引起扭转振荡。随着初始扭转角从 -90°增加到 0°，或从 90°减小到 0°，扭转角速度的频率增加，最大振幅先增加后减小，并在 ±64°的初始扭转角处出现振幅局部最大值。由于初始扭转角度的增大，使负载的初始姿态与起始摆动方向产生夹角增大，夹角增加使扭转与摆动之间的耦合作用影响增强，导致系统激发出 $\beta_2$ 方向的摆动振荡更剧烈，而此方向的摆动激励又会反作用负载的扭转,因此使扭转振荡振幅与频率增大。因此,动力学分析表明,初始扭转角对系统动力学行为具有很大影响。

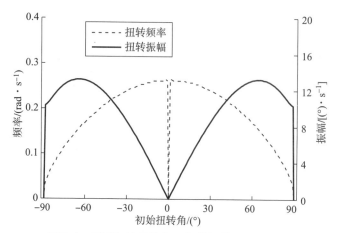

图 3.4　不同初始扭转角下负载扭转频率和振幅

图 3.5 显示了动力学模型[方程(3.29)~方程(3.31)]的非零初始状态仿真响应。仿真涉及的模型参数中,缆绳长度、梁长度、初始摆角 $\beta_{10}$、初始摆角 $\beta_{20}$ 和初始扭转角 $\gamma$ 分别设置为 100 cm、100 cm、1°、0° 和 45°。图 3.5(a)中的摆动角 $\beta_1$、$\beta_2$ 的振荡频率由式(3.48)近似预测为 3.222 1 rad/s 和 3.851 1 rad/s,在这种情况下,摆动的两个频率略有不同。因此,这会导致摆动角 $\beta_1$、$\beta_2$ 的两个振荡之间出现拍频现象,并且负载的摆动之间存在着能量的交互。扭转的四个线性化频率 $\omega_2-\omega_1$、$\omega_2+\omega_1$、$2\omega_1$、$2\omega_2$ 分别预测为 0.629 0 rad/s、7.073 2 rad/s、6.444 2 rad/s、7.702 2 rad/s,由图 3.5(b)可以看出,在此结构下,第一扭转频率为 $\omega_2-\omega_1$,因此扭转频率与摆动的拍频一致,以此也验证了理论分析结果的准确性。在负载的扭转响应中,同时还伴随着高频的小幅振荡,这是由于该结构初始条件下负载扭转的高频振幅贡献较小,因此高频振幅较低。值得关注的是,由于使用小角度假设,四个扭转频率 $\omega_2-\omega_1$、$\omega_2+\omega_1$、$2\omega_1$、$2\omega_2$ 是线性化频率,只取决于系统的结构参数,但实际系统中具有强烈的非线性动力学行为,因此负载扭转频率还受到系统初始状态的影响。

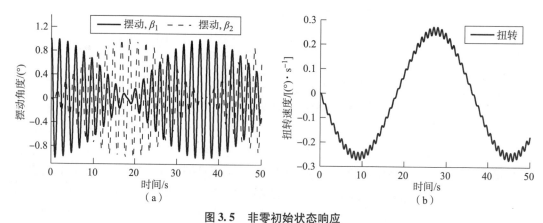

图 3.5　非零初始状态响应
(a)负载摆动响应;(b)负载扭转速度响应

### 3.1.3 振荡控制

从动力学分析结果可知,塔机吊运分布质量负载系统中,负载的摆动与扭转振动都需要进行抑制,并且负载的扭转与摆动之间存在着耦合关系,因此可通过消除摆动来达到抑制扭转的目的。

在无阻尼情况下,对二阶线性系统,两段非连续函数 $c$ 响应为

$$f(t) = \int_0^{+\infty} c(\tau)\omega\sin[\omega(t-\tau)]\mathrm{d}\tau \tag{3.57}$$

其对应的振幅为

$$B(t) = \omega\sqrt{S^2(\omega,\zeta) + C^2(\omega,\zeta)} \tag{3.58}$$

式中:

$$S(\omega,\zeta) = \int_{\tau=0}^{+\infty}[c(\tau)\mathrm{e}^{\zeta\omega\tau}\sin(\omega\sqrt{1-\zeta^2}\tau)\mathrm{d}\tau] \tag{3.59}$$

$$C(\omega,\zeta) = \int_{\tau=0}^{+\infty}[c(\tau)\mathrm{e}^{\zeta\omega\tau}\cos(\omega\sqrt{1-\zeta^2}\tau)\mathrm{d}\tau] \tag{3.60}$$

将方程(3.59)和方程(3.60)约束为 0,则可以产生零残余振动。同时控制器设计中,还需要满足单位增益约束,即实现控制前后输入输出信号实现的控制对象驱动距离相同:

$$\int_{\tau=0}^{+\infty}[c(\tau)\mathrm{d}\tau] = 1 \tag{3.61}$$

将方程(3.58)除以单位振幅脉冲的振幅可得出残余振动百分比:

$$\mathrm{PRV}(\omega,\zeta) = \mathrm{e}^{-\zeta\omega t}\sqrt{S^2(\omega,\zeta) + C^2(\omega,\zeta)} \tag{3.62}$$

为了增加对频率中的建模误差的鲁棒性,应减少残余振动百分比相对于归一化频率的导数,即

$$\frac{\partial \mathrm{PRV}}{\partial \lambda} = \frac{\mathrm{e}^{-\zeta\omega t}[S\frac{\partial S}{\partial \lambda} + C\frac{\partial C}{\partial \lambda}]}{\sqrt{S^2+C^2}} - \zeta\omega t\mathrm{e}^{-\zeta\omega t}\sqrt{S^2(\omega,\zeta) + C^2(\omega,\zeta)} \tag{3.63}$$

其中归一化频率 $\lambda$ 表示实际频率与设计频率之比。为了实现控制器的鲁棒性,需要对方程(3.63)施加约束使导数 $\partial\mathrm{PRV}/\partial\lambda$ 必须小于 1.666 7。该值从物理上可以解释为,在频率不敏感度为 5% 的情况下,振动频率可能会偏离设计频率超过 ±3% 的上限值。

对于光滑器指令来说,其对电机信号处理后的响应数值应为正数,因为负数会对起重机操作员的操作过程产生干扰,导致操作的不便。由零残余振幅约束方程(3.60)和方程(3.61)、单位增益约束(3.62)和频率不敏感约束(3.63),可推导得到具有两个部分的不连续分段(DP)光滑器:

$$c(\tau) = \begin{cases} \dfrac{\zeta\omega e^{-\zeta\omega\tau}}{1 - e^{-0.5hT\zeta\omega} + e^{-0.5T\zeta\omega} - e^{-0.5(1+h)T\zeta\omega}}, & 0 \leqslant \tau \leqslant 0.5hT \\ 0, & 0.5hT < \tau < 0.5T \\ \dfrac{\zeta\omega e^{-\zeta\omega\tau}}{1 - e^{-0.5hT\zeta\omega} + e^{-0.5T\zeta\omega} - e^{-0.5(1+h)T\zeta\omega}}, & 0.5T \leqslant \tau \leqslant 0.5(1+h)T \\ 0, & \text{其他} \end{cases} \quad (3.64)$$

其中：

$$T = \frac{2\pi}{\omega\sqrt{1-\zeta^2}} \quad (3.65)$$

$\omega_m$ 为设计频率，$\zeta_m$ 为设计阻尼比，$c$ 为分段非连续光滑器的时间调节因子，满足 $0 \leqslant h \leqslant 1$。随着修正因子 $h$ 的增加，导数 $\partial \text{PRV}/\partial\lambda$ 减小。当修正因子 $h$ 为 0 时，导数 $\partial \text{PRV}/\partial\lambda$ 为 1.570 8。当修正因子 $h$ 为 0.5 时，导数 $\partial \text{PRV}/\partial\lambda$ 为 1.414 2。当修正因子 $h$ 为 1 时，导数 $\partial \text{PRV}/\partial\lambda$ 为 1。此外，DP 光滑器（3.65）的持续时间为 $0.5(1+h)T$。

由方程（3.64）进一步推导可知当时间系数 $h$ 趋向于 0 时，对应的两段非连续函数 $c$ 是零振动输入整形器，其响应为

$$c(\tau) = \begin{cases} \dfrac{1}{2}, & \tau = 0 \\ \dfrac{1}{2}, & \tau = \dfrac{\pi}{\omega_m} \end{cases} \quad (3.66)$$

当时间系数 $h$ 趋向于 1 时，对应的两段非连续函数 $c$ 是一段光滑器，其响应为

$$c(\tau) = \frac{\omega_m}{2\pi}, \quad 0 \leqslant \tau \leqslant \frac{2\pi}{\omega_m} \quad (3.67)$$

如图 3.6 所示，当 $0 < h < 1$ 时，DP 控制器即为两段非连续的光滑器。时间系数越大，控制器的时域响应作用时间越长，越小则相反。因此时间系数对控制系统的作用效果反映在控制器的上升时间上，其大小选取决定了控制器的各项性能指标。

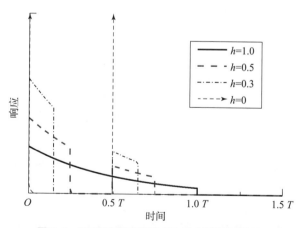

图 3.6 不同时间系数的 DP 控制器时域响应

由方程（3.56）可知负载扭转频率与摆动频率之间的解析关系，因此可以通过减小摆动幅度来减小有效载荷扭转的幅度。此外，平衡点附近的摆动动力学可以近似为具有线性频

率 $\omega_2$、$\omega_1$ 的两个谐振子。因此，原始命令与具有摆动的第一个线性化频率 $\omega_1$ 的 DP 光滑器进行卷积，然后与具有第二个线性化频率 $\omega_2$ 的另一个 DP 光滑器进行卷积，以产生吊臂和小车的加速度。光滑的命令将以最小的摆动和扭转将塔式起重机驱动到所需的位置。

图 3.7 显示了塔式起重机 DP 光滑控制器的控制框图。在塔式起重机吊运分布质量系统中，需要对负载的摆动与扭转进行振荡控制，因此塔式起重机在运行过程中，先由操作员给定原始驱动命令，该命令一般为速度驱动指令，而后经过 DP 光滑器整形再输出给塔式起重机。在 DP 光滑器设计中，由于该系统具有多模态振动频率，因此设计两个 DP 光滑器串联的形式实现对整体系统的振荡控制。根据式（3.48）可知模型中与固有频率相关的结构参数为缆绳长度和有效载荷长度，因此将其作为模型预测参数，用于估计两个 DP 光滑器的线性化摆动频率 $\omega_2$、$\omega_1$。由于两个 DP 光滑器在两个摆频上的陷波滤波作用，有效载荷摆幅可以被抑制到最小或被完全抑制。此外，由先前动力学分析可知，摆动与扭转运动之间存在耦合作用，因此抑制负载摆动的振荡也会导致扭转幅度的衰减。当缆绳长度和杆长度固定在 64.5 cm 和 78.5 cm 时，摆动的线性化频率通过式（3.48）计算可知分别为 4.003 2 rad/s 和 4.378 0 rad/s，因此实际模型与仿真模型中所用控制器的设计频率将以此为基础进行 DP 光滑器设计。

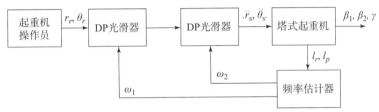

图 3.7 塔式起重机 DP 光滑控制器的控制框图

如图 3.8 所示，在不同时间系数 $h$ 下，DP 光滑器的频率敏感性产生变化。当 $h$ 为 0 时，两个 DP 光滑器的 5% 频率不敏感性在 3.561~4.821 rad/s 变化。当修正因子 $h$ 为 0.5 时，两个 DP 光滑器的 5% 频率不敏感性为 3.516~4.914 rad/s。当修正因子 $h$ 为 1 时，两个 DP 光滑器的 5% 频率不敏感性范围从 3.366 rad/s 到无穷大。由此可以看出，增大调节因子 $h$ 会增

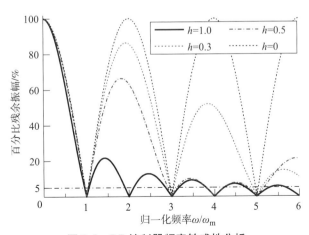

图 3.8 DP 控制器频率敏感性分析

加上升时间和频率不敏感性,并且时间因子 $h$ 能够影响控制器的低通滤波特性,$h$ 越大,DP 控制器的低通滤波效果越强;当 $h$ 减小时,低通滤波特性减弱。此外,两个 DP 光滑器的组合在频率上能够使控制器产生更宽的不敏感范围,更宽的不敏感度可以抑制由设计频率中的建模误差引起的振荡,此误差主要来自摆动的线性化频率和非线性频率之间的差异。

### 3.1.4 计算动力学分析

仿真中将验证有效载荷扭转的动力学行为以及两个 DP 光滑器的有效性。本节将使用非线性动态模型即式(3.29)~式(3.31)模拟各种工作条件和系统参数。模拟仿真中,涉及塔式起重机的运动包括臂架绕塔架的回转运动和小车沿臂架的滑动运动。其中吊臂的回转运动定义为吊臂绕塔架基座的旋转。当小车沿吊臂移动时,小车就会发生滑动运动。电机的初始命令是梯形速度曲线,吊臂的标称回转角速度和角加速度分别为 20°/s 和 67°/s²,而小车的标称滑动速度和加速度为 20 cm/s 和 2 m/s²。模拟中的初始扭转角固定为 45°。摆动偏移量定义为有效载荷的质心相对于小车质心的位移挠度。在吊臂或小车电机驱动过程中,负载振幅的最大值称为瞬态振幅。在吊臂或小车停止驱动后,剩余振幅的最大值称为残余振幅。

#### 3.1.4.1 回转驱动仿真

本节主要对系统在回转驱动下的响应进行分析,并验证控制器的有效性与鲁棒性。图 3.9 显示了由各种回转位移引起的回转偏转和扭转角速度的模拟残余振幅。其中缆绳长度、负载长度和小车位置分别设置为 64.5 cm、78.5 cm 和 64 cm。图 3.9(a)展示了在缺乏控制的情况下,由于回转运动的加速和减速所引起的振荡之间的干扰,负载的摆动瞬态振幅与残余振幅出现波峰与波谷的变化,并且峰谷之间的距离大约对应于线性化的摆幅频率。当使用两个 DP 光滑器时,负载摆动的瞬态振幅与和残余振幅与回转距离无关,所以所有仿真回转距离处,都能够将瞬态摆动振幅抑制在小于 8 mm,而残余振幅能够抑制在小于 2 mm。因此,对于仿真中的任意回转距离,控制器都能实现对负载摆动瞬态振幅与残余振幅的控制。

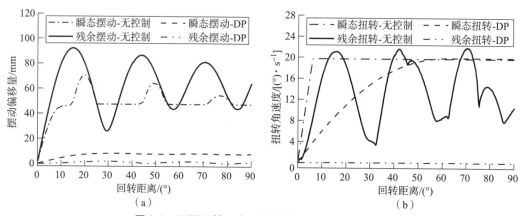

图 3.9 不同回转距离下的负载摆动与扭转角振幅
(a)摆动偏移量;(b)扭转角速度

图 3.9(b)显示不受控制的负载残余扭转中,在摆动出现波峰和波谷的回转距离处,由于电机的加减速也同样出现波峰和波谷,这种现象可以从物理上解释为摆动和扭转之间的耦合效应。但由于负载的扭转运动具有更多的高频频率,因此在不受控制的残余扭转中,在

45.4°和75.4°的回转位移处包含狭窄的间隙，体现了负载扭转具有更强的非线性。无控制的负载瞬态扭转振幅先随着回转距离增大而增加，在6°回转距离处到达最大值20°/s，此后保持不变。这是由于在6°回转距离处的驱动时间恰好对应吊臂回转速度达到标称速度，因此瞬态扭转速度幅值实际与吊臂回转最大速度相同。对于DP光滑器控制后的扭转运动，瞬态扭转振幅变化的特性与无控制相同，同样先随着回转驱动距离增加而增大。但由于DP光滑器对原始命令作用后，电机的加减速时间较无控制下的原始命令更长，当回转距离到达64°时，驱动时间才能使电机速度达到标称速度，因此对于64°之后的回转距离瞬态扭转速度均保持与电机标称速度20°/s相同。对于DP控制下，残余扭转则同样与回转距离无关，并且对于所有仿真距离都能使残余扭转速度小于0.03°/s。因此，仿真结果表明回转驱动会导致系统产生不同的动力学行为，但对于所有测试回转距离，控制器都能极大地抑制负载扭转的残余振荡。

图3.10显示了不同缆绳长度下的摆动偏转和扭转速度的模拟振幅。其中负载长度、吊臂回转驱动位移和小车位置均保持恒定，分别设置为78.5 cm、80°和64 cm。图3.10（a）展示了由于回转运动的加速和减速引起的振动之间的干扰，无控制下的摆动瞬态振幅与残余振幅中产生了波峰和波谷。随着缆绳长度的增加，在摆动过程中，峰和谷之间的距离会越来越远，这是由于缆绳长度增加使负载摆动频率发生变化，当绳长处于较短状态时，频率变化较快，因此与回转加减速的干扰频率也更高；而绳长增加较大时，频率变化减慢，因此波峰波谷距离变长。在设计缆绳长度为64.5cm的两个DP光滑器作用后，负载摆动瞬态振幅能够抑制为小于6mm，而残余振幅能够抑制为接近0。随着设计长度误差的增加，摆动的扭转振幅与残余振幅也增加，但都能抑制在较低水平，因此控制器在不同绳长时都能有效抑制负载摆动。

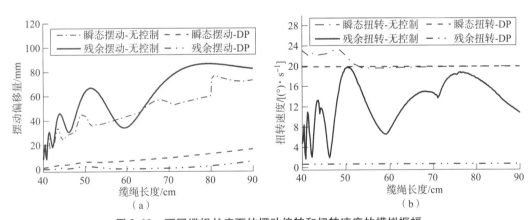

图3.10 不同缆绳长度下的摆动偏转和扭转速度的模拟振幅
（a）摆动偏移量；（b）扭转速度

图3.10（b）展示了由于耦合的影响，扭转残余振幅的波峰和波谷发生在与摆动动力学相同的缆绳长度上，而瞬态振幅则是在短绳长时出现了变化。并且由于扭转具有更加复杂的动力学特性与高频频率，扭转具有更多变的狭窄间隙出现在75.6 cm的长度上，而当绳长逐渐增加时，峰谷距离变远，这是因为摆动频率随着电缆长度的增加而降低，扭转与摆动之间又存在耦合关系，因此出现与摆动相似的动力学特性。当缆绳长度为40~90 cm时，两个

DP 光滑器的设计缆绳长度固定为 64.5 cm，在控制作用后，扭转瞬态振幅维持与电机标称速度相同，残余振幅都能够降低至小于 0.7°/s。对于图 3.10 中所有缆绳长度，两个 DP 光滑器将负载的摆动与扭转的残余振幅分别平均降低了 95.6% 和 94.6%。因此，两个 DP 光滑器对于缆绳长度的变化具有鲁棒性。

图 3.11 显示了不同负载长度下的摆动偏转和扭转速度的模拟振幅。其中缆绳长度、吊臂回转驱动位移和小车位置均保持恒定，分别设置为 64.5 cm、80°和 64 cm。图 3.11（a）显示了无控制状态下当负载长度发生变化，由于电机加减速与摆动频率的变化造成摆动瞬态振幅与残余振幅出现峰谷变化，并且随着负载长度的增加，等效绳长增大，使摆动幅值呈现降低趋势。DP 光滑器控制状态下，负载的摆动瞬态振幅均能抑制为小于 11 mm，残余振幅均能够抑制在小于 2 mm。图 3.11（b）所展示的负载扭转动力学特性与摆动相似，并且对于扭转瞬态振幅来说，有无控制情况都与电机标定回转速度相同。在 DP 光滑器作用后负载扭转速度残余振幅与负载长度无关，对于所有模拟长度都能将残余振幅控制在小于 0.05°/s。因此，DP 光滑器对负载长度的变化具有鲁棒性。

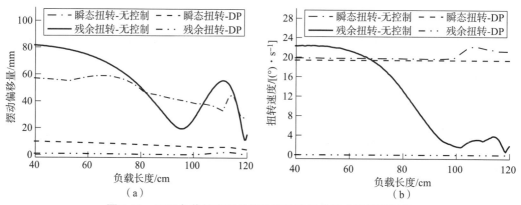

图 3.11　不同负载长度下的摆动偏转和扭转速度的模拟振幅
（a）摆动偏移量；（b）扭转速度

#### 3.1.4.2　滑动驱动仿真

本节主要对系统在小车滑动驱动下的负载响应进行研究分析，对其动力学特性及控制效果进行研究。图 3.12 显示了随小车滑动位移变化而产生的摆动偏转和扭转速度的模拟振幅。电缆长度和杆长度分别固定为 64.5 cm 和 78.5 cm。图 3.12（a）显示负载摆动在不受控制时会产生波峰波谷的变化，此动力学类似于在吊臂回转运动中观察到的复杂行为。当使用两个 DP 光滑器时，小车的滑动运动对系统动力学影响很小。对于所有测试的小车滑动位移，摆动瞬态振幅能够抑制在 8.0 mm 以内，残余振幅均能抑制为小于 0.1 mm。因此，在小车滑动运动的情况下，两个 DP 光滑器可有效控制负载的摆动。图 3.12（b）展示负载扭转在不受控制时的动力学同样与回转运动中的动力学特性相似，但值得注意的是，当小车滑动距离增加，扭转的瞬态振幅呈现略微增大趋势。这是由于小车的滑动加速度较小，加速到标称速度的时间较长，因此在所模拟的小车滑动距离内，小车的速度还未加速到标称速度，随着滑动距离增加，滑动速度不断增大，使扭转瞬态振幅也不断增大。在两个 DP 光滑器作用下，控制后的扭转残余振幅则均可控制在小于 0.03°/s。由此可知 DP 光滑器对于所有测试小车滑动距离都能有效抑制负载的摆动与扭转，因此 DP 光滑器对小车滑动距离具有鲁棒性。

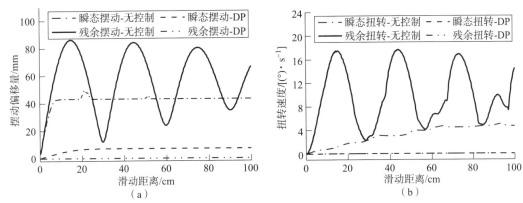

图 3.12　不同滑动距离下的摆动偏转与扭转速度的模拟振幅
(a) 负载质心摆动偏移量；(b) 扭转速度

图 3.13 展示了当负载长度和小车滑动距离分别保持恒定在 78.5 cm 和 45 cm 时，各种不同缆绳长度下的摆动偏转和扭转速度的模拟振幅。可以看出，负载的摆动与扭转呈现出的动力学特性与图 3.10 相似，对于小车滑动驱动时，在无控制状态下同样会使负载的摆动与扭转产生峰谷的变化，表明系统在不同的驱动方式下负载的振荡具有相似的动力学行为。当设计缆绳长度固定为 64.5 cm，实际缆绳长度在 40~120 cm 范围内变化时，对于受 DP 控制器光滑后的振幅，在模拟的各缆绳长度中都能将其抑制在较低水平。因此可知，对于两种不同的驱动方式，DP 光滑器对缆绳长度都具有鲁棒性。

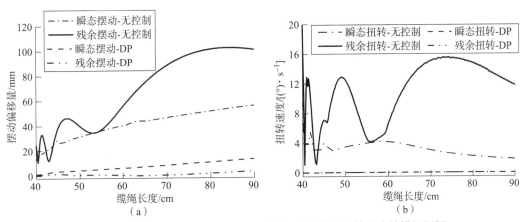

图 3.13　滑动驱动不同缆绳长度下的载摆动偏转和扭转速度的模拟振幅
(a) 负载质心摆动偏移量；(b) 扭转速度

当缆绳长度和小车滑动距离分别保持恒定在 64.5 cm 和 45 cm 时，各种负载长度的摆动偏转和扭转速度的模拟振幅如图 3.14 所示。图 3.14（a）与 3.14（b）分别展示了负载摆动与扭转速度在无控制与 DP 光滑器作用后的瞬态振幅与残余振幅。可以看出，对于小车滑动驱动时负载长度的动力学行为与缆绳长度变化时类似，在没有控制器的情况下，由于滑动运动的加速和减速所引起的振动之间的干扰，在长度为 115 cm 的负载长度上会出现摆动振幅低谷。摆动和扭转之间的相互作用也导致了扭转的波谷。当控制器设计负载长度固定为 78.5 cm 时，实际仿真负载长度为 40～120 cm 时，随着负载长度的增加，无控制下的摆动和扭转瞬态振幅与残余振幅都呈现下降趋势，这是由于负载长度增加使等效绳长减小，系统固有摆动频率增大，导致幅值降低。从图中可以看出两个 DP 光滑器将摆幅的残余振幅降低到小于 1.6 mm，并且扭转的残余振幅降低到小于 0.03°/s。因此，可以表明该控制方法对于小车滑动驱动下的负载长度的变化表现出良好的鲁棒性。

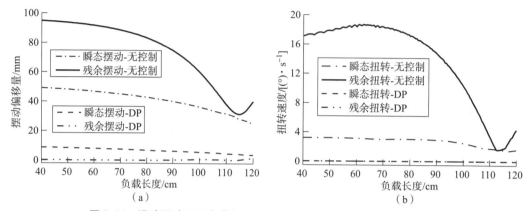

图 3.14 滑动驱动不同负载长度下的摆动偏转和扭转速度的模拟振幅

（a）负载质心摆动偏移量；（b）扭转速度

### 3.1.5 试验验证

实验使用携带细长负载的小型塔式起重机进行，如图 3.15 所示。塔式起重机的底部为 50 cm×50 cm 的基座，试验中通过 MATLAB 来实现控制方法并处理试验数据。功率放大器将主计算机连接到伺服电机，从而驱动带有编码器的电机使吊臂绕塔架最大旋转 ±155°，并沿吊臂最大移动 80 cm 来驱动小车。试验中同样使用细长的铝棒充当有效载荷，有效载荷的质量和长度分别为 250 g 和 78.5 cm。沿吊臂的小车位置保持恒定在 64 cm，并在吊臂安装了

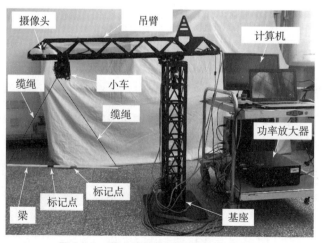

图 3.15 塔式起重机运输细长梁试验图

一个摄像机,用于记录杆上两个标记点的偏移量,并通过计算机采集相关位置信息。由于两个标记之间的中间点是负载的质心,因此可以通过计算两个标记位移的平均值代表负载质心位置,以此估计负载的摆动偏移量。此外,这两个标记点还可通过使用反正切函数计算得到负载扭转角度,并将数学推导应用于估计扭转速度的变化。试验主要针对两个方面进行,首先需要对系统的模型进行验证,并通过仿真与试验响应对比得出系统动力学特性的正确性;其次需要通过试验结果来验证控制器的有效性与鲁棒性。

该试验主要用以验证关键的理论结果:①塔式起重机运载细长梁的动力学方程[式(3.29)~式(3.31)]及建模;②频率估算方法可以准确预测摆动和扭转的频率。图3.16(a)显示出了负载摆动对非零初始条件的仿真和试验响应。试验中,缆绳长度固定为64.5 cm,负载质心在径向和切线方向上的初始偏移量分别为16.7 mm和38.6 mm。同时,初始扭转角和初始扭转速度分别为$10°/s$和$0°/s$,以上述条件为系统的初始状态进行试验与仿真,得到负载在俯视角度下的摆动轨迹,如图3.16(a)所示。在相同的响应时间下,可以看出,负载摆动的仿真曲线与试验轨迹曲线具有相似的趋势,试验总体的轨迹曲线在切向与径向的偏移量大小相对于仿真结果都略小,这是由于仿真模型中忽略了各部件间的摩擦与系统的阻尼。由于仿真与试验轨迹的响应时间相同,可以看出负载摆动在试验与模拟仿真中的起始点与结束点基本相近,因此实际系统的负载摆动周期与建模仿真的结果一致。

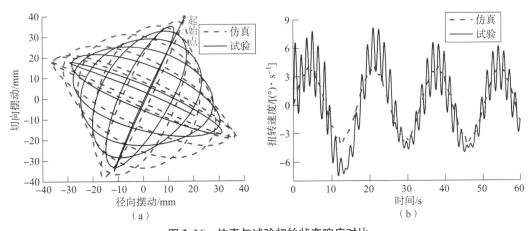

图3.16 仿真与试验初始状态响应对比
(a)摆动轨迹俯视图;(b)扭转速度图

在相同初始条件下得到的负载非零状态扭转速度试验与仿真响应如图3.16(b)所示。由图可以得出,扭转试验响应中展现的低频约为0.38 rad/s,而高频约为4.2 rad/s,在仿真结果中也体现了这两个频率,但仿真结果的幅值相对试验结果要小,并且高频振幅非常小。理论估计和试验结果之间的误差主要是由仿真中缆绳的无质量和无弹性假设所致,还有一个原因是负载的偏心。同时,由式(3.49)可估计四个扭转频率$\omega_2-\omega_1$、$\omega_2+\omega_1$、$2\omega_1$、$2\omega_2$分别为0.38 rad/s、8.4 rad/s、8.0 rad/s和8.8 rad/s。由此可知,扭转的低频能够被很好地预测,而扭转的高频估计具有较大的误差。这主要是由系统的强非线性特性导致的,由先前动力学分析可知,系统实际扭转频率受初始状态影响很大,因此扭转的高频存在较大的误差。总之,试验结果表明,在摆动和扭转方面都遵循与模拟仿真曲线相似的趋势。因此,该动力学模型对于描述带有分布质量负载的塔式起重机的动力学是有效的,并且频率的估计方法对于预测负载的摆动动力学与扭转动力学也是有效的。

下面进行另一组试验用以验证控制方法在抑制摆动和扭转方面的有效性,并与先前的控制方法进行对比。缆绳长度固定为 64.5 cm,原始梯形速度命令将吊臂旋转 80° 进行驱动,图 3.17 显示了系统在原始速度命令和两种类型的光滑器对原始梯形速度指令进行光滑命令后的摆动和扭转的试验响应。其中图 3.17(a)展示负载在不同命令下的摆动俯视轨迹,图 3.17(b)为在各种不同命令下的负载扭转速度响应,图 3.17(c)展示了各不同命令对应的电机响应曲线。

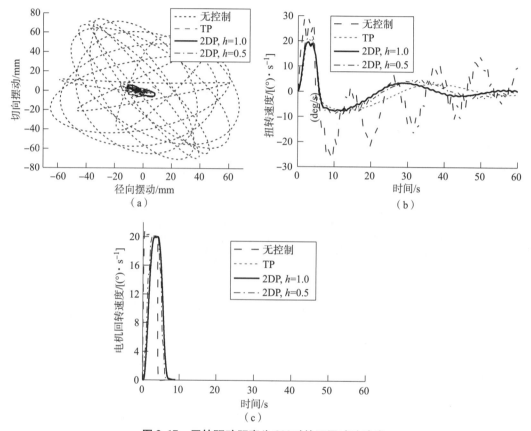

**图 3.17 回转驱动距离为 80° 时的不同试验响应**
(a)摆动轨迹俯视图;(b)扭转速度图;(c)电机响应曲线

由图 3.17(a)与图 3.17(b)可知,在原始梯形速度命令即无控制状态下,摆动偏移量的残余振幅为 82.9 mm,扭转速度的残余振幅为 27.0 °/s。以往文献中提出使用两段(TP)光滑器,可以有效抑制摆动和扭转的振荡,本书采用 TP 光滑器与两个 DP 光滑器的控制效果进行对比分析。基线命令通过光滑器处理以创建光滑命令,光滑命令使吊臂旋转 80° 的角位移。由式(3.48)可知,在此试验的结构参数下,摆动的线性化频率 $\omega_1$、$\omega_2$ 计算为 4.003 2 rad/s 和 4.378 0 rad/s。TP 光滑器的设计中,通过使用 4.003 2 rad/s 的第一摆动频率来控制摆动和扭转。在经过 TP 光滑器对初始命令进行整形后,负载摆动偏移量的残余振幅为 7.0 mm,扭转速度的残余振幅为 7.7°/s。两个 DP 光滑器的设计中应用两个摆动频率 $\omega_1$、$\omega_2$ 对控制器进行设计。对于两种光滑器来说,在无阻尼系统(工业起重机)的情况下,

TP光滑器的上升时间为$4\pi/\omega_1$，两个DP光滑器的上升时间为$(1+h)\pi/\omega_1+(1+h)\pi/\omega_2$。因此，TP光滑器的上升时间比两个DP光滑器更长。结合图3.17（c）可以看出在不同光滑器作用下电机的实际响应，其中TP光滑器作用下电机的响应时间最长。在时间系数因子$h$为1.0的两个DP光滑器控制下，负载偏移量和扭转速度的残余振幅分别为6.2 mm和7.8°/s；在时间系数因子$h$为0.5的情况下，负载偏移量和扭转速度的残余振幅分别为13.5 mm和9.5°/s。由此可知，具有较高时间系数因子$h$的两个DP光滑器抑制了更多的振荡，因为较高的时间系数因子会导致更宽的频率不敏感度和更长的上升时间。从控制效果角度出发，将其与TP光滑器的抑制进行对比可知，TP光滑器和两个DP光滑器都可以将摆动和扭转抑制到较低水平，但是两个DP光滑器能够较大程度改善控制器的上升时间，让系统更加快速地运行，并且对于多模态系统来说，两个DP光滑器的设计也采用多频率设计方法，更加符合系统的动力学特性。

综上所述，时间系数因子$h$为0.5的两个DP光滑器对应的电机响应时间最短，控制效果较时间系数因子$h$为1.0的两个DP光滑器差，但都能将负载摆动与扭转抑制在较低水平。因此在实际运用中，需要根据需求综合考虑上升时间成本与控制效果进而对时间系数因子进行选取，达到控制效果的最优。

进行最后一组试验用以证明两个DP光滑器对系统参数变化的鲁棒性。试验中每个试验点均由回转电机进行驱动响应，并设置吊臂旋转角度固定为80°，缆绳长度从50 cm到80 cm不等，而DP光滑器的设计长度固定为64.5 cm。图3.18（a）显示了在不同缆绳长度下由不同时间系数的DP光滑器控制后负载摆动偏移量的残余振幅。

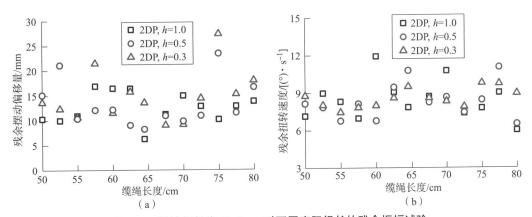

**图3.18 设计绳长为64.5 cm时不同实际绳长的残余振幅试验**

(a)残余摆动；(b)残余扭转速度

图3.18（b）展示了不同缆绳长度下不同时间系数的DP光滑器作用后负载扭转速度的残余振幅。需要注意的是，由先前试验结果可知，摆动偏移量和扭转速度的不受控制的残余振幅分别为82.9 mm和27.0°/s。在时间系数因子$h$为1.0的情况下，对于所有缆绳长度，两个DP光滑器将摆动和扭转的试验残余振幅平均衰减84.9%和68.7%；在时间系数因子$h$为0.5的DP光滑器作用下，摆动和扭转的试验残余振幅平均降低了82.2%和68.3%；而在时间系数因子$h$为0.3的DP光滑器作用下，摆动和扭转的试验残余振幅平均降低了81.2%和66.3%。

对比可知,三个不同时间系数因子的 DP 光滑器平均抑制效果大致相近,时间系数因子为 1.0 的两个 DP 光滑器比时间系数因子为 0.5 与 0.3 的光滑器稍微减轻了一些摆动和扭转。三个不同时间系数的 DP 光滑器都能够在不同绳长时将摆动和扭转减小到较低的水平。当实际绳长比设计绳长大时,系统实际频率大于设计频率,但由于控制器具有低通滤波特性,能抑制系统的高频振荡,因此仍然能进行有效控制。由此可以看出两个 DP 光滑器对缆绳长度的变化能表现出良好的鲁棒性。

## 3.2 梁 – 摆耦合动力学与控制

上一节的工作主要对塔式起重机系统负载的动力学特性进行了分析,了解塔吊系统在进行吊挂运载时的运动特性。但在实际的塔机工作中,由于吊臂的桁架结构在系统运行中可能会导致其发生弯曲变形。吊臂的振荡与负载的运动产生耦合,会加剧系统的复杂性。为保证塔吊的安全性,需要对塔式起重机中的梁 – 摆耦合方面问题进行深入的研究。在前人对塔式起重机系统的振动控制研究中,往往忽略实际系统中吊臂的柔性,直接将吊臂结构视为刚性结构,并大多把负载简化为集中质量模型。因此前人对于该系统中涉及的梁摆耦合动力学分析不够深入,对于控制器的设计也存在一定的不足,通常只针对系统中涉及的负载摆动进行控制。在实际塔机吊挂运载中,往往吊挂对象具有一定的体积,无法视为集中质量,采用均布质量模型能够更加准确描述塔机梁 – 摆系统的动力学模型,从而在一定程度上弥补由于模型误差及外界干扰所造成控制器的稳定性损失,使系统更加平稳安全地进行工作。

图 3.19 所示展示了在实际生产工作中,由于塔机驱动力以及负载自重的影响,吊臂结构产生的弯曲变形。因此对吊臂的振荡与负载的运动之间的相互耦合关系进行分析具有重要意义,能有效提高控制系统对塔机吊挂运载控制时的安全性与稳定性。

图 3.19 实际生产工作中由于回转驱动产生的吊臂变形

### 3.2.1 动力学建模

图 3.20(a)展示了柔性结构塔式起重机运输细长梁的示意图。塔机能够驱动长度为 $L$ 的轻量化吊臂 $J$ 绕 $N_3$ 方向进行回转运动,当旋转角度为 $\theta$ 时,吊臂的柔性结构使其引起多余的振荡,此振荡引起吊臂在任意位置 $x$ 处的沿 $J_2$ 方向的偏移量为 $w(x, t)$。质量为 $m_A$ 的小车 $A$ 能够在吊臂 $J_1$ 方向上沿吊臂移动,小车位置与塔身距离为 $r$。图 3.20(b)为吊臂变形的微元受力图,展示了吊臂微元在任意位置 $x$ 处受到的弯矩与剪力。通过旋转驱动角 $\theta$,可以将惯性坐标 $N_1$、$N_2$、$N_3$ 转换为运动的直角坐标 $J_1$、$J_2$、$J_3$,其中 $N$ 系到 $J$ 系的转换矩阵关系为

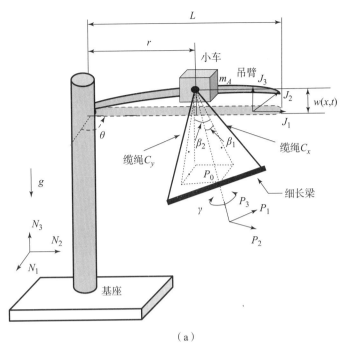

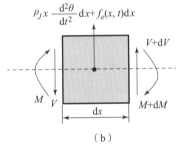

**图 3.20  携带轻量化吊臂的塔式起重机物理模型图**
(a) 塔式起重机物理模型；(b) 吊臂微元图

$$\begin{bmatrix} \boldsymbol{N}_1 \\ \boldsymbol{N}_2 \\ \boldsymbol{N}_3 \end{bmatrix} = \begin{bmatrix} \cos\theta & -\sin\theta & 0 \\ \sin\theta & \cos\theta & 0 \\ 0 & 0 & 1 \end{bmatrix} \begin{bmatrix} \boldsymbol{J}_1 \\ \boldsymbol{J}_2 \\ \boldsymbol{J}_3 \end{bmatrix} \tag{3.68}$$

模型负载为质量为 $m_p$ 和长度为 $l_p$ 均质分布的细长梁 $P$，通过两根长度为 $l_r$ 的无质量缆绳进行悬挂连接。定义小车到负载质心的长度为等效绳长 $l_y$，其可表示为

$$l_y = \sqrt{l_r^2 - l_p^2/4} \tag{3.69}$$

缆绳 $C_x$、$C_y$ 围绕 $J_1$ 和 $J_2$ 方向的摆动角定义为 $\beta_1$ 和 $\beta_2$。吊臂和负载的长轴之间的角度定义为负载扭转角 $\gamma$。通过分别旋转摆动角 $\beta_2$ 和 $\beta_1$ 可将吊臂坐标系转换为缆绳坐标系，转换矩阵为

$$\begin{bmatrix} J_1 \\ J_2 \\ J_3 \end{bmatrix} = \begin{bmatrix} \cos\beta_2 & 0 & \sin\beta_2 \\ 0 & 1 & 0 \\ -\sin\beta_2 & 0 & \cos\beta_2 \end{bmatrix} \begin{bmatrix} C_{x1} \\ C_{x2} \\ C_{x3} \end{bmatrix} \qquad (3.70)$$

$$\begin{bmatrix} C_{x1} \\ C_{x2} \\ C_{x3} \end{bmatrix} = \begin{bmatrix} 1 & 0 & 0 \\ 0 & \cos\beta_1 & -\sin\beta_1 \\ 0 & \sin\beta_1 & \cos\beta_1 \end{bmatrix} \begin{bmatrix} C_{y1} \\ C_{y2} \\ C_{y3} \end{bmatrix} \qquad (3.71)$$

再围绕 $C_{y3}$ 旋转角度 $\gamma$，从而将缆绳坐标系 $C_{y1}$、$C_{y2}$、$C_{y3}$ 转换为负载的移动坐标系 $P_1$、$P_2$、$P_3$，转换矩阵为

$$\begin{bmatrix} C_{y1} \\ C_{y2} \\ C_{y3} \end{bmatrix} = \begin{bmatrix} \cos\gamma & -\sin\gamma & 0 \\ \sin\gamma & \cos\gamma & 0 \\ 0 & 0 & 1 \end{bmatrix} \begin{bmatrix} P_1 \\ P_2 \\ P_3 \end{bmatrix} \qquad (3.72)$$

假设塔式起重机的运动中各部件之间不存在摩擦，且不受空气阻力的影响。负载在运动期间悬挂缆绳长度不变，负载不发生变形，并且阻尼比约为零。吊臂的角加速度和小车的加速度作为系统的输入量，输出量为轻量化吊臂的弯曲偏移量 $w(x,t)$ 与负载摆角 $\beta_1$、$\beta_2$ 和扭转角 $\gamma$。由于轻量化吊臂引起的额外振荡，其与负载运动产生耦合，因此建模过程将分为两部分给出，分别对轻量化吊臂动力学与负载动力学进行建模。

#### 3.2.1.1 柔性吊臂动力学建模

吊臂与负载间产生的耦合影响主要由负载对小车的拉力引起吊臂的弯曲变形所导致，相当于在 $r$ 处产生一个集中力 $F(t)$，利用 $\sigma(t)$ 函数写成分布力 $f(x,t)$ 的形式，作用于梁任意位置 $x$ 处微元的力可表示为以下形式：

$$f(x,t) = F(t)\sigma(x-r) \qquad (3.73)$$

由牛顿 – 欧拉方法，可得到梁上微元 $\mathrm{d}x$ 的力与力矩平衡方程：

$$\rho \mathrm{d}x \frac{\partial^2 w_2(x,t)}{\partial t^2} + \mathrm{d}V(x,t) = \rho \mathrm{d}x \cdot x\ddot{\theta}(t) + f(x,t) \cdot \mathrm{d}x \qquad (3.74)$$

$$\mathrm{d}M(x,t) - (V(x,t) + \mathrm{d}V(x,t)) \cdot \mathrm{d}x + (\rho \mathrm{d}x \cdot x\ddot{\theta}(t) + f(x,t)\mathrm{d}x) \cdot \frac{1}{2}\mathrm{d}x = 0 \qquad (3.75)$$

式中：$\rho$ 是梁的线质量密度，$\rho = 7.9 \times 10^3 \cdot bh$；$V(x,t)$ 是梁上 $x$ 位置处的剪切力；$\ddot{\theta}(t)$ 是回转电机的加速度；$M(x,t)$ 为梁上位置 $x$ 处的弯矩。弯矩和挠度与剪力之间的关系为

$$M(x,t) = EI_J \frac{\dfrac{\partial^2 w(x,t)}{\partial x^2}}{\left[1 + \left(\dfrac{\partial w(x,t)}{\partial x}\right)^2\right]^{\frac{3}{2}}} \qquad (3.76)$$

$$V(x,t) = \frac{\partial M(x,t)}{\partial x}, \quad \mathrm{d}V(x,t) = \frac{\partial V(x,t)}{\partial x}\mathrm{d}x \qquad (3.77)$$

将方程（3.76）的右项展开为泰勒级数，忽略所得方程中的高阶项，得到

$$M(x,t) = EI_J \frac{\partial^2 w(x,t)}{\partial x^2}\left[1 - 1.5\left(\frac{\partial w(x,t)}{\partial x}\right)^2\right] \qquad (3.78)$$

式中：$E$ 是杨氏模量；$I_J$ 是吊臂沿横截面的惯性矩；将式（3.78）代入力和力矩平衡方程中，忽略涉及 dr 的高阶项，得

$$EI_J \frac{\partial^4 w(x,t)}{\partial x^4} - 1.5EI_J \frac{\partial^2 \left(\frac{\partial^2 w(x,t)}{\partial x^2}\left(\frac{\partial w(x,t)}{\partial x}\right)^2\right)}{\partial x^2} + \rho \frac{\partial^2 w(x,t)}{\partial t^2} = \rho \cdot x\ddot{\theta}(t) + f(x,t) \tag{3.79}$$

边界条件如下：

$$w(x,t)\big|_{x=0} = 0 \tag{3.80}$$

$$\frac{\partial w(x,t)}{\partial x}\bigg|_{x=0} = 0 \tag{3.81}$$

$$\frac{\partial}{\partial x}\left[EI_J \frac{\partial^2 w(x,t)}{\partial x^2}\right]\bigg|_{x=L} = 0 \tag{3.82}$$

$$EI_J \frac{\partial^2 w(x,t)}{\partial x^2}\bigg|_{x=L} = 0 \tag{3.83}$$

方程（3.80）和方程（3.81）代表 $x=0$ 时挠度为 0 及转角为 0，方程（3.82）和方程（3.83）表示在 $L$ 位置时剪力与弯矩为 0。对于自由振动，驱动加速度为 0，并假设负载与小车产生的附加力 $f(x,t)=0$，方程可变成以下形式：

$$\rho \frac{\partial^2 w(x,t)}{\partial t^2} + EI_J \frac{\partial^4 w(x,t)}{\partial x^4} - 1.5EI_J \frac{\partial^2 \left(\frac{\partial^2 w(x,t)}{\partial x^2}\left(\frac{\partial w(x,t)}{\partial x}\right)^2\right)}{\partial x^2} = 0 \tag{3.84}$$

采用分离变量法，令 $w(x,t) = \sum_{k=1}^{+\infty}\varphi_k(x) \cdot q_k(t)$，其中 $q_k(t)$ 为第 $k$ 阶振动的时间相关函数，$\varphi_k(x)$ 为 $k$ 阶固有振型，代入式（3.84）中，得

$$\sum_{k=1}^{+\infty}\frac{d^2 q_k(t)}{dt^2}\cdot\varphi_k(x) + e^2\sum_{k=1}^{+\infty}\frac{d^4\varphi_k(x)}{dx^4}\cdot q_k(t) - 1.5e^2\sum_{k=1}^{+\infty}\left[\frac{d^2\left(\frac{d^2\varphi_k(x)}{dx^2}\left[\frac{d\varphi_k(x)}{dx}\right]^2\right)}{dx^2}q_k^3(t)\right] = 0 \tag{3.85}$$

式中：$e = \sqrt{\frac{EI_J}{\rho}}$。将方程（3.85）线性化，去除非线性项得

$$-\frac{1}{q_k(t)} \cdot \frac{\partial^2 q_k(t)}{\partial t^2} = \frac{e^2}{\varphi_k(x)} \cdot \frac{\partial^4 \varphi_k(x)}{\partial y^4} \tag{3.86}$$

令

$$a = \omega_k^2 = -\frac{1}{q_k(t)} \cdot \frac{d^2 q_k(t)}{dt^2} = \frac{e^2}{\varphi_k(x)} \cdot \frac{d^4\varphi_k(x)}{dx^4} \tag{3.87}$$

$$\xi_k^4 = \frac{\omega_k^2}{e^2} = \frac{\rho \cdot \omega_k^2}{EI_J} \tag{3.88}$$

得

$$\frac{d^2 q_k(t)}{dt^2} + \omega_k^2 q_k(t) = 0 \tag{3.89}$$

$$\frac{d^4\varphi_k(x)}{dx^4} - \xi_k^4\varphi_k(x) = 0 \tag{3.90}$$

方程（3.89）的解为
$$q_k(t) = a_i \sin(\omega_k t + \psi_k) \tag{3.91}$$

设四阶微分方程的解为 $\varphi_k(x) = Ce^{sx}$，$C$ 和 $s$ 是连续的，代入式（3.90），得
$$Ce^{sr}[s^4 - \xi_k^4] = 0 \tag{3.92}$$

易知 $\varphi_k(x) = Ce^{sx}$ 是式（3.90）的解，方程（3.92）的特征方程为
$$s^4 - \xi_k^4 = 0$$
$$s_{1,2} = \pm \xi_k, \quad s_{3,4} = \pm i\xi_k \tag{3.93}$$

则方程（3.91）的通解可写为
$$\varphi_k(x) = C'_1 e^{\xi_k x} + C'_2 e^{-\xi_k x} + C'_3 e^{i\xi_k x} + C'_4 e^{-i\xi_k x} \tag{3.94}$$

$$e^{\pm \xi_k x} = \cosh \xi_k x \pm \sinh \xi_k x$$
$$e^{\pm i\xi_k x} = \cos \xi_k x \pm i\sin \xi_k x \tag{3.95}$$

将式（3.94）改写成常用的形式为
$$\varphi_k(x) = C_1(\cos\xi_k x + \cosh\xi_k x) + C_2(\cos\xi_k x - \cosh\xi_k x) + $$
$$C_3(\sin\xi_k x + \sinh\xi_k x) + C_4(\sin\xi_k x - \sinh\xi_k x) \tag{3.96}$$

因此系统的主振动方程为
$$w^{(k)}(x,t) = \varphi_k(x) \cdot a_i \sin(\omega_k t + \psi_k) \tag{3.97}$$

吊臂系统的自由振动由无穷多个振动模态的线性叠加而成，因此吊臂弯曲变形量可表示为各个模态的振型与时间函数的求和形式：
$$w(x,t) = \sum_{k=1}^{+\infty} \varphi_k(x) \cdot q_k(t) \tag{3.98}$$

代入以下边界条件
$$\varphi_k(x) \big|_{x=0} = 0 \tag{3.99}$$

$$\frac{\partial \varphi_k(x)}{\partial x} \bigg|_{x=0} = 0 \tag{3.100}$$

$$EI_J \frac{\partial^2 \varphi_k(x)}{\partial x^2} \bigg|_{x=L} = 0 \tag{3.101}$$

$$EI_J \frac{\partial^3 \varphi_k(x)}{\partial x^3} \bigg|_{x=L} = 0 \tag{3.102}$$

可得
$$C_1 = C_3 = 0 \tag{3.103}$$
$$-C_2(\cos\xi_k L + \cosh\xi_k L) - C_4(\sin\xi_k L + \sinh\xi_k L) = 0 \tag{3.104}$$
$$C_2(\sin\xi_k L - \sinh\xi_k L) - C_4(\cos\xi_k L + \cosh\xi_k L) = 0 \tag{3.105}$$

联立方程（3.103）~方程（3.105），解得梁的频率与振型：
$$\omega_k = \xi_k^2 \sqrt{\frac{EI_J}{\rho}} \tag{3.106}$$

$$\cos\xi_k L \cosh\xi_k L + 1 = 0 \tag{3.107}$$

$$\lambda_k = -\frac{C_2}{C_4} = \frac{[\sin\xi_k L + \sinh\xi_k L]}{[\cos\xi_k L + \cosh\xi_k L]} \tag{3.108}$$

将上式回代入式（3.96）得，梁的振型函数为

$$\varphi_k(x) = -C_4\lambda_k(\cos\xi_k x - \cosh\xi_k x) + C_4(\sin\xi_k x - \sinh\xi_k x) \tag{3.109}$$

令 $\varphi_k(x) = C\phi_k(x)$，其中 $C = C_4$，可得

$$\phi_k(x) = (\sin\xi_k x - \sinh\xi_k x) - \lambda_k(\cos\xi_k x - \cosh\xi_k x) \tag{3.110}$$

将式（3.110）代入式（3.79），得

$$EI\sum_{k=1}^{+\infty}\frac{d^4\varphi_k(y)}{dy^4}\cdot q_k(t) + \rho\sum_{k=1}^{+\infty}\varphi_k(x)\cdot\ddot{q}_k(t) - 1.5EI\sum_{k=1}^{+\infty}\left\{\frac{d^2\left[\frac{d^2\varphi_k(x)}{dx^2}\left(\frac{d\varphi_k(x)}{dx}\right)^2\right]}{dx^2}q_k^3(t)\right\} = \rho\cdot x\ddot{\theta}(t) + f(x,t) \tag{3.111}$$

将式（3.100）代入式（3.111），得

$$\sum_{k=1}^{+\infty}\omega_k^2\cdot\varphi_k(x)\cdot q_k(t) + \sum_{k=1}^{+\infty}\varphi_k(x)\cdot\ddot{q}_k(t) - 1.5\sum_{k=1}^{+\infty}\left\{\frac{d^2\left[\frac{d^2\varphi_k(x)}{dx^2}\left(\frac{d\varphi_k(x)}{dx}\right)^2\right]}{dx^2}\right\}\cdot\frac{\omega_k^2\varphi_k(x)}{\frac{\partial^4\varphi_k(x)}{\partial x^4}}\cdot q_k^3(t) = x\ddot{\theta}(t) + \frac{f(x,t)}{\rho} \tag{3.112}$$

利用模态间的正交性，两边乘以吊臂的振型函数 $\varphi_k(x)$，消除模态间的耦合，而后对连杆长度求积分，解得吊臂的振动方程为

$$\ddot{q}_k(t) + \omega_k^2\cdot q_k(t) + z_k\omega_k^2 q_k^3(t) = \frac{\alpha_k}{C}\cdot\ddot{\theta}(t) + \frac{\kappa}{C}F(t) \tag{3.113}$$

式中：

$$\alpha_k = \frac{\int_0^L y\phi_k(y)dy}{\int_0^L \phi_k(y)\phi_k(y)dy} \tag{3.114}$$

$$\kappa = \frac{\phi_k(r)}{\int_0^L \rho\phi_k(y)\phi_k(y)dy} \tag{3.115}$$

$$z_k = \frac{-1.5\int_0^L\frac{d^2\left[\frac{d^2\varphi_k(y)}{dy^2}\left(\frac{d\varphi_k(y)}{dy}\right)^2\right]}{dy^2}dy}{\int_0^L\frac{\partial^4\varphi_k(y)}{\partial y^4}dy} \tag{3.116}$$

#### 3.2.1.2 吊挂负载摆动动力学建模

对于负载的动力学，同样采用凯恩方法进行动力学方程构建。由于系统中加入了耦合项，此系统中共有 2 个输入、4 个输出，但吊臂弯曲对负载的耦合影响可看作系统的输入，即在小车位置 $r$ 处产生加速度 $\ddot{w}(r,t)$，在下文中以 $\ddot{w}$ 进行表述。因此建模过程中选择广义速度 $u_i$（$i = 1 \sim 3$）分别为负载的摆动角速度 $\dot{\beta}_1$、$\dot{\beta}_2$ 和扭转角 $\dot{\gamma}$。

由于凯恩建模中需要求解各个质点与刚体的状态量,再求解出广义惯性力与广义主动力,最后得到系统的动力学方程,因此下文中首先分别对各个质点与刚体的速度与角速度进行分析。其中吊臂 $J$ 相对于牛顿坐标系 $N$ 的角速度为

$$^N\boldsymbol{\omega}^J = \dot{\theta}\boldsymbol{J}_3 \tag{3.117}$$

吊臂质心 $J_0$ 相对于牛顿坐标系 $N$ 的速度为

$$^N\boldsymbol{v}^{J_0} = 0.5L\dot{\theta}\boldsymbol{J}_2 \tag{3.118}$$

小车相对于牛顿坐标系 $N$ 的角速度为

$$^N\boldsymbol{\omega}^A = {}^N\boldsymbol{\omega}^J = \dot{\theta}\boldsymbol{J}_3 \tag{3.119}$$

小车质心 $A_0$ 相对于牛顿坐标系 $N$ 的速度为

$$^N\boldsymbol{v}^{A_0} = (\dot{r} - w\dot{\theta})\boldsymbol{J}_1 + (\dot{w} + r\dot{\theta})\boldsymbol{J}_2 \tag{3.120}$$

负载质心 $P_0$ 与牛顿坐标系 $N_0$ 之间的位置矢量 $\overrightarrow{N_0P_0}$ 可表示为 $\overrightarrow{N_0A_0}$、$A_0$ 到负载右端点、负载右端点到 $P_0$ 构成的矢量和,即

$$\overrightarrow{N_0P_0} = r\boldsymbol{J}_1 + w\boldsymbol{J}_2 + l_r\boldsymbol{C}_{y3} + 0.5l_p\boldsymbol{P}_1 \tag{3.121}$$

负载相对于 $N$ 系的角速度为

$$^N\boldsymbol{\omega}^P = {}^N\boldsymbol{\omega}^J + u_2\boldsymbol{C}_{x2} + u_1\boldsymbol{C}_{y1} + u_3\boldsymbol{P}_3 \tag{3.122}$$

负载质心 $P_0$ 相对于 $N$ 系的速度为

$$^N\boldsymbol{v}^{P_0} = \frac{^N\mathrm{d}(\overrightarrow{N_0P_0})}{\mathrm{d}t} = {}^N\boldsymbol{v}^{A_0} + {}^N\boldsymbol{\omega}^{C_y} \times l_r\boldsymbol{C}_{y3} + {}^N\boldsymbol{\omega}^P \times 0.5l_p\boldsymbol{P}_1 \tag{3.123}$$

其中 $^N\boldsymbol{\omega}^{C_y}$ 为缆绳 $C_y$ 相对于牛顿坐标系 $N$ 的角速度:

$$^N\boldsymbol{\omega}^{C_y} = {}^N\boldsymbol{\omega}^J + u_2\boldsymbol{C}_{x2} + u_1\boldsymbol{C}_{y1} \tag{3.124}$$

将式(3.121)~式(3.123)通过转换矩阵统一表述到负载坐标系中,并代入角速度,得

$$\begin{aligned}^N\boldsymbol{\omega}^P = {}&^N\boldsymbol{\omega}^J + (\sin\gamma\cos\beta_1 u_1 + \cos\gamma u_2)\boldsymbol{P}_1 + \\ &(\cos\beta_1\cos\gamma u_1 - \sin\gamma u_2)\boldsymbol{P}_2 + (u_3 - \sin\beta_1 u_1)\boldsymbol{P}_3\end{aligned} \tag{3.125}$$

$$\begin{aligned}^N\boldsymbol{v}^{P_0} = {}&^N\boldsymbol{v}^{A_0} - l_y(\cos\beta_1\cos\gamma u_1 + \sin\gamma u_2 - \sin\beta_2\sin\gamma\dot{\theta} + \\ &\sin\beta_1\cos\beta_2\cos\gamma\dot{\theta})\boldsymbol{P}_1 - l_y(\cos\beta_1\sin\gamma u_1 - \\ &\cos\gamma u_2 + \sin\beta_2\cos\gamma\dot{\theta} + \sin\beta_1\cos\beta_2\sin\gamma\dot{\theta})\boldsymbol{P}_2\end{aligned} \tag{3.126}$$

接下来计算各质点与刚体的角加速度与加速度相关量。吊臂相对于 $N$ 系的角加速度为

$$^N\boldsymbol{\alpha}^J = \ddot{\theta}\boldsymbol{J}_3 \tag{3.127}$$

吊臂质心 $J_0$ 相对于 $N$ 系的加速度为

$$^N\boldsymbol{a}^{J_0} = 0.5L\ddot{\theta}\boldsymbol{J}_2 \tag{3.128}$$

小车相对于 $N$ 系的角加速度为

$$^N\boldsymbol{\alpha}^A = \ddot{\theta}\boldsymbol{J}_3 \tag{3.129}$$

小车质心 $A_0$ 相对于 $N$ 系的加速度为

$$^N\boldsymbol{a}^{A_0} = (\ddot{r} - w_2\ddot{\theta} - 2\dot{w}_2\dot{\theta} - r\dot{\theta}^2)\boldsymbol{J}_1 + (2\dot{r}\dot{\theta} - w_2\dot{\theta}^2 + \ddot{w}_2 + r\ddot{\theta})\boldsymbol{J}_2 \tag{3.130}$$

负载相对于 $N$ 系的角加速度为

$$\begin{aligned}^N\boldsymbol{\alpha}^P = {}&^N\boldsymbol{\alpha}^A + {}^N\boldsymbol{\omega}^P \times {}^N\boldsymbol{\omega}^P + (\sin\gamma\cos\beta_1\dot{u}_1 + \cos\gamma\dot{u}_2)\boldsymbol{P}_1 + \\ &(\cos\beta_1\cos\gamma\dot{u}_1 - \sin\gamma\dot{u}_2)\boldsymbol{P}_2 + (\dot{u}_3 - \sin\beta_1\dot{u}_1)\boldsymbol{P}_3\end{aligned} \tag{3.131}$$

负载质心相对于 $N$ 系的加速度为

$$
\begin{aligned}
{}^N\boldsymbol{a}^{P_0} = {}^N\boldsymbol{a}^{A_0} &- l_y(\cos\beta_1\cos\gamma\dot{u}_1 + \sin\gamma\dot{u}_2 - \sin\beta_2\sin\gamma\ddot{\theta} + \\
&\sin\beta_1\cos\beta_2\cos\gamma\ddot{\theta})\boldsymbol{P}_1 - \\
&l_y(\cos\beta_1\sin\gamma\dot{u}_1 - \cos\gamma\dot{u}_2 + \sin\beta_2\cos\gamma\ddot{\theta} + \\
&\sin\beta_1\cos\beta_2\sin\gamma\ddot{\theta})\boldsymbol{P}_2 + \\
&{}^N\boldsymbol{\omega}^P \times ({}^N\boldsymbol{v}^{P_0} - {}^N\boldsymbol{v}^{A_0})
\end{aligned} \tag{3.132}
$$

得到各质点与刚体状态量后,还需对刚体所受外力与外力矩进行分析。其中吊臂受到负载的外力为

$$\boldsymbol{F}(t) = (m_A {}^N\boldsymbol{a}^{A_0} + 2m_A {}^N\boldsymbol{\omega}^A \times {}^N\boldsymbol{v}^{A_0} + \boldsymbol{T}) \cdot \boldsymbol{J}_2 \tag{3.133}$$

式中: $m_A {}^N\boldsymbol{a}^{A_0}$ 为小车惯性力; $2m_A {}^N\boldsymbol{\omega}^A \times {}^N\boldsymbol{v}^{A_0}$ 为科氏力; $\boldsymbol{T}$ 为绳的拉力,对负载进行受力分析,可知绳的拉力主要由负载的惯性力、科氏力与负载重力构成,可表示为

$$\boldsymbol{T} = [(m_p {}^N\boldsymbol{a}^{P_0} + 2m_p {}^N\boldsymbol{\omega}^P \times {}^N\boldsymbol{v}^{P_0} - m_p g\boldsymbol{N}_3) \cdot \boldsymbol{P}_3]\boldsymbol{P}_3 \tag{3.134}$$

接着需要求各质点与刚体的速度与角速度对广义速度的偏速度:

$$\begin{cases} {}^N\boldsymbol{v}_1^{A_0} = \boldsymbol{0} \\ {}^N\boldsymbol{v}_2^{A_0} = \boldsymbol{0} \\ {}^N\boldsymbol{v}_3^{A_0} = \boldsymbol{0} \end{cases} \tag{3.135}$$

$$\begin{cases} {}^N\boldsymbol{\omega}_1^A = \boldsymbol{0} \\ {}^N\boldsymbol{\omega}_2^A = \boldsymbol{0} \\ {}^N\boldsymbol{\omega}_3^A = \boldsymbol{0} \end{cases} \tag{3.136}$$

$$\begin{cases} {}^N\boldsymbol{v}_1^{P_0} = -l_y\cos\beta_1\cos\gamma\boldsymbol{P}_1 - l_y\cos\beta_1\sin\gamma\boldsymbol{P}_2 \\ {}^N\boldsymbol{v}_2^{P_0} = -l_y\sin\gamma\boldsymbol{P}_1 + l_y\cos\gamma\boldsymbol{P}_2 \\ {}^N\boldsymbol{v}_3^{P_0} = \boldsymbol{0} \end{cases} \tag{3.137}$$

$$\begin{cases} {}^N\boldsymbol{\omega}_1^P = \sin\gamma\cos\beta_1\boldsymbol{P}_1 - \sin\beta_1\boldsymbol{P}_3 + \cos\beta_1\cos\gamma\boldsymbol{P}_2 \\ {}^N\boldsymbol{\omega}_2^P = \cos\gamma\boldsymbol{P}_1 - \sin\gamma\boldsymbol{P}_2 \\ {}^N\boldsymbol{\omega}_3^P = \boldsymbol{P}_3 \end{cases} \tag{3.138}$$

求解出以上相关物理量后,进而对各个广义速度的广义惯性力进行求解,根据凯恩方法,得

$$\begin{aligned}
-F_i^* = &\, m_A \cdot {}^N\boldsymbol{a}^{A_0} \cdot {}^N\boldsymbol{v}_i^{A_0} + (\boldsymbol{I}^{A/A_0} \cdot {}^N\boldsymbol{\alpha}^A + {}^N\boldsymbol{\omega}^A \times \boldsymbol{I}^{A/A_0} \cdot {}^N\boldsymbol{\omega}^A) \cdot {}^N\boldsymbol{\omega}_i^A + \\
&\, m_P \cdot {}^N\boldsymbol{a}^{P_0} \cdot {}^N\boldsymbol{v}_i^{P_0} + (\boldsymbol{I}^{P/P_0} \cdot {}^N\boldsymbol{\alpha}^P + {}^N\boldsymbol{\omega}^P \times \boldsymbol{I}^{P/P_0} \cdot {}^N\boldsymbol{\omega}^P) \cdot {}^N\boldsymbol{\omega}_i^P
\end{aligned} \tag{3.139}$$

广义主动力,由凯恩方法得

$$F_i = \boldsymbol{F}^{A_0} \cdot {}^N\boldsymbol{v}_i^{A_0} + \boldsymbol{T}^A \cdot {}^N\boldsymbol{\omega}_i^A + \boldsymbol{F}^{P_0} \cdot {}^N\boldsymbol{v}_i^{P_0} + \boldsymbol{T}^P \cdot {}^N\boldsymbol{\omega}_i^P \tag{3.140}$$

式中: $\boldsymbol{F}^{A_0}$ 是作用在小车上的外力; $\boldsymbol{T}^A$ 是作用到小车的外力矩; $\boldsymbol{F}^{P_0}$ 是作用在负载上的外力; $\boldsymbol{T}^P$ 是作用到负载的外力矩。其结果分别为

$$\boldsymbol{F}^{A_0} = m_A g\boldsymbol{N}_3 \tag{3.141}$$

$$\boldsymbol{T}^A = \boldsymbol{0} \tag{3.142}$$

$$\boldsymbol{F}^{P_0} = m_P g\boldsymbol{N}_3 \tag{3.143}$$

$$T^P = 0 \tag{3.144}$$

将式（3.141）~式（3.144）代入式（3.140），得

$$F_1 = -m_P g l_y (\cos\beta_1 \cos\gamma + \cos\beta_1 \sin\gamma) \tag{3.145}$$

$$F_2 = -m_P g l_y (\sin\gamma - \cos\gamma) \tag{3.146}$$

$$F_3 = 0 \tag{3.147}$$

由凯恩方法可知，系统的广义惯性力 $F_i^* (i = 1,2,3)$ 与广义主动力 $F_i (i = 1 \sim 3)$ 之和等于0，即

$$F_i^* + F_i = 0 (i = 1,2,3) \tag{3.148}$$

将广义惯性力求解各项结果与式（3.141）~式（3.144）代入式（3.148），并将式（3.143）代入梁的振动方程，联立负载方程与吊臂振动方程进行化简，得到关于系统独立变量 $\ddot{w}$、$\ddot{\beta}_1$、$\ddot{\beta}_2$、$\ddot{\gamma}$ 的4个动力学方程：

$$\begin{aligned}
&(1 - \kappa m_A - \kappa m_p \sin^2\beta_1)\ddot{w} + \omega_k^2 w/\varphi_k(r) + z_k \omega_k^2 w^3/\varphi_k(r) - \\
&\alpha_k \ddot{\theta}(t) + \kappa \Big( -m_A (3w\dot{\theta}^2 - r\ddot{\theta} - 4\dot{r}\dot{\theta}) + \\
&m_p \sin\beta_1 g \cos\beta_1 \cos\beta_2 + 2\cos\beta_1 \cos\beta_2 \dot{\beta}_2 (\dot{r} - w\dot{\theta}) - \\
&2\cos\beta_1 \dot{\beta}_1 (\dot{w} + r\dot{\theta}) - 3 l_y \cos\beta_1 \dot{\beta}_2 (\cos\beta_1 \dot{\beta}_2 + \\
&2\sin\beta_1 \cos\beta_2 \dot{\theta}) - l_y (2\sin^2\beta_2 \dot{\theta}^2 + (\dot{\beta}_1 - \sin\beta_2 \dot{\theta})^2 + \\
&2\dot{\beta}_1 (\dot{\beta}_1 - 2\sin\beta_2 \dot{\theta}) + 3\sin^2\beta_1 \cos^2\beta_2 \dot{\theta}^2) - \\
&\sin\beta_2 \cos\beta_1 (\ddot{r} - 4\dot{w}\dot{\theta} - 3r\dot{\theta}^2 - w\ddot{\theta}) - \sin\beta_1 \cdot \\
&(w\dot{\theta}^2 + 2(\dot{r} - w_2\dot{\theta}))(\cos\beta_2 \cos\beta_1 (\sin\beta_1 \dot{\beta}_2 - \\
&\cos\beta_2 \cos\beta_1 \dot{\theta}) + (\sin\beta_2 \sin\gamma + \sin\beta_1 \cos\beta_2 \cos\gamma) \cdot \\
&(\sin\gamma \dot{\beta}_1 - \cos\beta_1 \cos\gamma \dot{\beta}_2 - (\sin\beta_2 \sin\gamma + \sin\beta_1 \cos\beta_2 \cos\gamma)\dot{\theta}) + \\
&(\sin\beta_2 \cos\gamma - \sin\beta_1 \sin\gamma \cos\beta_2)(\cos\gamma \dot{\beta}_1 + \sin\gamma \cos\beta_1 \dot{\beta}_2 - \\
&(\sin\beta_2 \cos\gamma - \sin\beta_1 \sin\gamma \cos\beta_2)\dot{\theta})) - 2\dot{r}\dot{\theta} - r\ddot{\theta} \Big) = 0
\end{aligned} \tag{3.149}$$

$$\begin{aligned}
&(12 l_y^2 \cos^2\beta_1 + l_p^2 (\sin^2\beta_1 + \cos^2\beta_1 \cos^2\gamma))\ddot{\beta}_2 - \\
&l_p^2 \sin\gamma \cos\beta_1 \cos\gamma \ddot{\beta}_1 - l_p^2 \sin\beta_1 \ddot{\gamma} + 12 g l_y \sin\beta_2 \cos\beta_1 + \\
&\frac{1}{2} l_p^2 \sin\beta_1 \sin(2\gamma) \dot{\beta}_1^2 + (l_p^2 \sin^2\gamma - 12 l_y^2) \sin(2\beta_1) \dot{\beta}_1 \dot{\beta}_2 - \\
&l_p^2 \cos\beta_1 \sin(2\gamma) \cos\beta_2 \cdot \dot{\beta}_2 \dot{\gamma} - 2 l_p^2 \cos\beta_1 \cos^2\gamma \dot{\beta}_1 \dot{\gamma} - \\
&12 l_y \cos\beta_1 \cos\beta_2 \ddot{r} + \Big( 6 l_y^2 \sin(2\beta_1) \cos\beta_2 + \frac{1}{2} l_p^2 \cos\beta_1 \cdot \\
&\sin\beta_2 \sin(2\gamma) + \frac{1}{2} l_p^2 \sin(2\beta_1) \cos\beta_2 \cos^2\gamma - \frac{1}{2} l_p^2 \sin(2\beta_1) \cos\beta_2 - \\
&12 l_y \cos\beta_1 \cos\beta_2 w_2 \Big) \ddot{\theta} - 24 l_y \cos\beta_1 \cos\beta_2 \dot{w}_2 \dot{\theta} + \\
&\Big( 6 l_y^2 \sin(2\beta_2) \cos^2\beta_1 + 12 l_y \cos\beta_1 \cos\beta_2 r + \frac{1}{2} l_p^2 \sin(2\beta_2) \cos^2\gamma - \\
&\frac{1}{2} l_p^2 \sin\beta_1 \sin(2\gamma) \cos(2\beta_2) - \frac{1}{2} l_p^2 \sin(2\beta_2) \sin^2\beta_1 \sin^2\gamma \Big) \dot{\theta}^2 -
\end{aligned}$$

$$l_p^2\sin\beta_1\sin\beta_2\sin(2\gamma)\dot{\beta}_1\dot{\theta} + l_p^2\Big(2\sin\beta_2\cos\beta_1\cos^2\gamma -$$

$$\frac{1}{2}\sin(2\beta_1)\sin(2\gamma)\cos\beta_2\Big)\dot{\gamma}\dot{\theta} = 0 \tag{3.150}$$

$$\frac{1}{2}l_p^2\sin(2\gamma)\cos\beta_1\ddot{\beta}_2 - (12l_y^2 + l_p^2\sin^2\gamma)\ddot{\beta}_1 - 12gl_y\sin\beta_1\cos\beta_2 +$$

$$\Big(\frac{1}{2}l_p^2\sin(2\beta_1)\sin^2\gamma - 12l_y^2\sin\beta_1\cos\beta_2\Big)\dot{\beta}_2^2 -$$

$$2l_p^2\sin^2\gamma\cos\beta_1\dot{\beta}_2\dot{\gamma} - l_p^2\sin(2\gamma)\dot{\beta}_1\dot{\gamma} + 24l_y\sin\beta_1\sin\beta_2\dot{\theta}\dot{w}_2 -$$

$$12l_y\sin\beta_1\sin\beta_2\ddot{r} + \Big(l_p^2\sin\beta_2\sin^2\gamma + \frac{1}{2}l_p^2\sin\beta_1 \cdot$$

$$\sin(2\gamma)\cos\beta_2 + 12l_y^2\sin\beta_2 - 12l_y\cos\beta_1 r + 12l_y\sin\beta_2$$

$$\sin\beta_1 w_2\Big)\ddot{\theta} + \Big(12l_y\cos\beta_1 w_2 + 12l_y\sin\beta_1\sin\beta_2 r +$$

$$\frac{1}{4}l_p^2\sin(2\beta_2)\sin(2\gamma)\cos\beta_1 - \frac{1}{2}l_p^2\sin(2\beta_1)\sin^2\gamma\cos^2\beta_2 +$$

$$6l_y^2\sin(2\beta_1)\cos^2\beta_2\Big)\dot{\theta}^2 - 24l_y\cos\beta_1\dot{r}\dot{\theta} + (24l_y^2\cos\beta_2\cos^2\beta_1 -$$

$$l_p^2\sin\beta_1\sin\beta_2\sin(2\gamma) + 2l_p^2\sin^2\beta_1\sin^2\gamma\cos\beta_2)\dot{\beta}_2\dot{\theta} -$$

$$(2l_p^2\sin\beta_1\sin^2\gamma\cos\beta_2 - l_p^2\sin\beta_2\sin(2\gamma))\dot{\gamma}\dot{\theta} = 0 \tag{3.151}$$

$$\sin\beta_1\ddot{\beta}_2 - \ddot{\gamma} - \cos\beta_1\cos\beta_2\ddot{\theta} - \frac{1}{2}\sin(2\gamma)\cos^2\beta_1\dot{\beta}_2^2 + \frac{1}{2}\sin(2\gamma)\dot{\beta}_1^2 +$$

$$2\sin^2\gamma\cos\beta_1\dot{\beta}_1\dot{\beta}_2 + (2\sin\beta_1\cos\beta_2\sin^2\gamma - \sin\beta_2\sin(2\gamma))\dot{\beta}_1\dot{\theta} +$$

$$(\sin\beta_2\sin\gamma + \sin\beta_1\cos\beta_2\cos\gamma)(\sin\beta_2\cos\gamma - \sin\beta_1\sin\gamma\cos\beta_2)\dot{\theta}^2 +$$

$$\Big(\sin\beta_2\cos\beta_1\cos(2\gamma) - \frac{1}{2}\sin(2\gamma)\sin(2\beta_1)\cos\beta_2 - \sin\beta_2\cos\beta_1\Big)\dot{\beta}_2\dot{\theta} = 0 \tag{3.152}$$

## 3.2.2 动力学分析

对于一个复杂的非线性系统来说,想直接分析其动力学特性往往很难实现。因此需要对方程进行简化,得到其线性化固有频率,再进一步分析影响系统频率的相关因素。对于梁摆耦合系统来说,由于耦合现象其非线性增强,首先需要对系统的平衡位置进行分析,在平衡位置处对系统的方程进行线性化。由平衡状态的定义可知,系统在稳定平衡状态时,其速度与加速度均为0。因此令输出的速度与加速度为0,输入加速度为0,即

$$\begin{cases} \ddot{\beta}_1 = 0 \\ \ddot{\beta}_2 = 0 \\ \ddot{\gamma} = 0 \\ \ddot{w}_2 = 0 \\ \ddot{\theta} = 0 \\ \ddot{r} = 0 \end{cases}, \begin{cases} \dot{\beta}_1 = 0 \\ \dot{\beta}_2 = 0 \\ \dot{\gamma} = 0 \\ \dot{w}_2 = 0 \\ \dot{r} = 0 \\ \dot{\theta} = 0 \end{cases} \tag{3.153}$$

将式（3.153）分别代入式（3.149）~式（3.152）可求得平衡方程。令 $w_0$ 为吊臂的变形偏移量 $w$ 的平衡位置，$\beta_{10}$、$\beta_{20}$ 和 $\gamma_0$ 分别为负载摆动角 $\beta_1$、$\beta_2$ 和扭转角 $\gamma$ 的平衡位置，可得

$$\begin{cases} w_0 = 0 \\ \beta_{10} = 0 \\ \beta_{20} = 0 \\ \gamma_0 = \text{任意角} \end{cases} \quad (3.154)$$

由式（3.149）~式（3.152）可知，系统的非线性动力学方程非常复杂，直接对其求解分析得到频率难以实现，因此需要对整体方程进行简化分析，求解出系统的线性化频率，以此对系统整体的动力学特性进行进一步分析。由于系统将在平衡位置附近进行振荡，因此可以将吊臂与负载的振荡表述为平衡状态与瞬时时间状态量的叠加，即

$$\begin{cases} w = w_0 + w_t = w_t \\ \beta_1 = \beta_{10} + \beta_{1t} = \beta_{1t} \\ \beta_2 = \beta_{20} + \beta_{2t} = \beta_{2t} \\ \gamma = \gamma_0 + \gamma_t \end{cases} \quad (3.155)$$

由小角度及小速度假设：

$$\begin{cases} \beta_1\beta_2 \approx 0 \\ \beta_1^2 \approx 0 \end{cases}, \quad \begin{cases} \sin\beta_1 \approx \beta_1 \\ \sin\beta_2 \approx \beta_2 \\ \cos\beta_1 \approx 1 \\ \cos\beta_2 \approx 1 \end{cases}, \quad \begin{cases} \dot{\beta}_1^2 \approx 0 \\ \dot{\beta}_2^2 \approx 0 \\ \dot{\theta}^2 \approx 0 \end{cases}, \quad \begin{cases} \dot{\beta}_1\dot{\beta}_2 \approx 0 \\ \dot{\beta}_1\dot{\gamma} \approx 0 \\ \dot{\beta}_2\dot{\gamma} \approx 0 \\ \dot{\beta}_1\dot{\theta} \approx 0 \\ \dot{\beta}_2\dot{\theta} \approx 0 \\ \dot{\gamma}\dot{\theta} \approx 0 \\ \dot{w}_2\dot{\theta} \approx 0 \end{cases} \quad (3.156)$$

将式（3.156）代入式（3.149）~式（3.152）得到线性化后的方程为

$$(1 - \kappa m_A)\ddot{w} + \omega_k^2 w/\varphi_k(r) + z_k\omega_k^2 w^3/\varphi_k(r) + \kappa m_p g\beta_1 - \alpha_k\ddot{\theta} = 0 \quad (3.157)$$

$$[12l_y^2 + l_p^2(\beta_1^2 + \cos^2\gamma)]\ddot{\beta}_2 - l_p^2\sin\gamma\cos\gamma\ddot{\beta}_1 - l_p^2\beta_1\ddot{\gamma} + 12gl_y\beta_2 - $$
$$12l_y\ddot{r} + (12l_y^2\beta_1 + \frac{1}{2}l_p^2\beta_2\sin 2\gamma - l_p^2\beta_1\sin^2\gamma - 12l_y w_2)\ddot{\theta} = 0 \quad (3.158)$$

$$\frac{1}{2}l_p^2\sin 2\gamma\ddot{\beta}_2 - (12l_y^2 + l_p^2\sin^2\gamma)\ddot{\beta}_1 - 12l_y\ddot{w}_2 - 12gl_y\beta_1 - 12l_y\beta_1\beta_2\ddot{r} + $$
$$(l_p^2\beta_2\sin^2\gamma + \frac{1}{2}l_p^2\beta_1\sin 2\gamma + 12l_y^2\beta_2 - 12l_y r + 12l_y\beta_1\beta_2 w_2)\ddot{\theta} = 0 \quad (3.159)$$

$$\beta_1\ddot{\beta}_2 - \ddot{\gamma} - \ddot{\theta} = 0 \quad (3.160)$$

令输入为 0，即 $\ddot{\theta} = \ddot{r} = 0$，联立式（3.157）~式（3.160），并忽略非线性项，化简得

$$(12l_y^2 + l_p^2\cos^2\gamma)\ddot{\beta}_2 - \frac{1}{2}l_p^2\sin 2\gamma\ddot{\beta}_1 + 12gl_y\beta_2 = 0 \quad (3.161)$$

$$\frac{1}{2}l_p^2\sin 2\gamma \cdot \ddot{\beta}_2 - (12l_y^2 + l_p^2\sin^2\gamma) \cdot \ddot{\beta}_1 - 12l_y\sum_{k=1}^{+\infty}\varphi_k(r) \cdot \ddot{q}_k(t) - 12gl_y\beta_1 = 0 \quad (3.162)$$

$$\sum_{k=1}^{+\infty}(1 - \kappa m_A\varphi_k(r))\ddot{q}_k(t) + \sum_{k=1}^{+\infty}\omega_k^2 q_k(t) + \kappa m_p g\beta_1 = 0 \quad (3.163)$$

只考虑吊臂弯曲振荡的第一阶模态 $k = 1$，则式（3.161）~式（3.163）可化简为

$$(12l_y^2 + l_p^2\cos^2\gamma)\ddot{\beta}_2 - \frac{1}{2}l_p^2\sin 2\gamma\ddot{\beta}_1 + 12gl_y\beta_2 = 0 \tag{3.164}$$

$$\frac{1}{2}l_p^2\sin 2\gamma\ddot{\beta}_2 - (12l_y^2 + l_p^2\sin^2\gamma)\ddot{\beta}_1 - 12l_y\varphi_k(r)\cdot\ddot{q}_k(t) - 12gl_y\beta_1 = 0 \tag{3.165}$$

$$(1 - \kappa m_A\varphi_1(r))\ddot{q}_1(t) + \omega_1^2 q_1(t) - \kappa m_p g\beta_1 = 0 \tag{3.166}$$

将式（3.164）~式（3.166）整理为如下形式：

$$\boldsymbol{M}\ddot{\boldsymbol{x}} + \boldsymbol{K}\boldsymbol{x} = 0 \tag{3.167}$$

由此可知，系统是一个无阻尼的二自由度系统，该系统的质量矩阵与刚度矩阵分别为

$$\boldsymbol{M} = \begin{bmatrix} (12l_y^2 + l_p^2\cos^2\gamma) & -\frac{1}{2}l_p^2\sin 2\gamma & 0 \\ \frac{1}{2}l_p^2\sin 2\gamma & -(12l_y^2 + l_p^2\sin^2\gamma) & -12l_y\varphi_1(r) \\ 0 & 0 & 1 - \kappa m_A\varphi_1(r) \end{bmatrix} \tag{3.168}$$

$$\boldsymbol{K} = \begin{bmatrix} 12gl_y & 0 & 0 \\ 0 & -12gl_y & 0 \\ 0 & \kappa m_p g & \omega_1^2 \end{bmatrix} \tag{3.169}$$

$$\ddot{\boldsymbol{x}} = \begin{bmatrix} \ddot{\beta}_2 \\ \ddot{\beta}_1 \\ \ddot{q}_1(t) \end{bmatrix}, \quad \boldsymbol{x} = \begin{bmatrix} \beta_2 \\ \beta_1 \\ q_1(t) \end{bmatrix} \tag{3.170}$$

根据线性代数中的方程组理论可知，方程（3.167）有非零解的充分必要条件为 $|\boldsymbol{K} - \Omega^2\boldsymbol{M}| = 0$，即

$$\begin{vmatrix} 12gl_y - (12l_y^2 + l_p^2\cos^2\gamma)\Omega^2 & \frac{1}{2}l_p^2\sin 2\gamma\Omega^2 & 0 \\ -\frac{1}{2}l_p^2\sin 2\gamma\Omega^2 & -12gl_y + (12l_y^2 + l_p^2\sin^2\gamma)\Omega^2 & 12l_y\varphi_1(r)\Omega^2 \\ 0 & \kappa m_p g & \omega_1^2 + (\kappa m_A\varphi_1(r) - 1)\Omega^2 \end{vmatrix} = 0 \tag{3.171}$$

将式（3.171）展开并化简，可得关于系统频率的线性方程：

$$\begin{aligned} & (\kappa m_A\varphi_1(r) - 1)(12^2 l_y^4 + 12l_y^2 l_p^2)\Omega^6 + [12gl_y(\kappa m_A\varphi_1(r) - 1)(24l_y^2 + l_p^2) - \\ & 12l_y^2(12l_y^2 + l_p^2)\omega_1^2 + 12\kappa m_p gl_y\varphi_1(r)(12l_y^2 + l_p^2\cos^2\gamma)]\Omega^4 + \\ & 12gl_y[12gl_y(1 - \kappa m_A\varphi_1(r) - \kappa m_p\varphi_1(r)) + \omega_1^2(24l_y^2 + l_p^2)]\Omega^2 - \\ & 12^2 g^2 l_y^2\omega_1^2 = 0 \end{aligned} \tag{3.172}$$

由式（3.172）可知，该系统的线性频率解析结果是一个三次方程的解，根据卡尔丹定理，三次方程的根受到其系数的制约，因此该方程的解析解具体形式与系统初始结构参数选取以及系统初始状态都具有很强的相关性。由式（3.172）产生的三个耦合系统频率取决于悬臂材料、吊臂惯性矩、小车位置、小车质量、负载质量、缆绳长度、负载长度和扭转角。

而后将用式（3.172）对系统的动力学特性及行为进行具体研究，分析上述参数对频率及系统动力学的影响。

图 3.21 显示了不同臂长的梁 - 摆动力学的三个耦合系统频率。悬臂材料的杨氏模量 $E$、均匀悬臂截面的惯性矩 $I_J$、悬臂的线性质量密度 $\rho_J$、小车质量 $m_A$、小车位移 $r$、缆绳长度 $l_r$、数值模拟中使用的载荷长度 $l_p$、载荷质量 $m_p$ 和初始扭转角 $\gamma$ 分别为 206 GPa、4.436 7 mm$^4$、0.347 6 kg/m、10 g、80 cm、80 cm、78.5 cm、265 g 和 60°。随着悬臂长度的增加，第一耦合系统频率 $\Omega_1$ 缓慢下降，第二耦合系统频率 $\Omega_2$ 保持恒定，第三耦合系统频率 $\Omega_3$ 急剧下降。在这种情况下，第三个频率与吊臂运动更相关，而其他低频与负载的摆动运动更相关。在缆绳长度为 2 m 之后，第三个耦合系统频率接近第二个频率，从而在吊臂振动和负载摆动之间产生内部共振。

请注意，图 3.21 中显示的三个耦合系统频率是由小振动幅度的假设产生的。吊臂振动和负载摆动运动都表现出软化弹簧类型，这由负非线性刚度所致。因此，在大振荡的情况下，三个耦合系统频率较低。式（3.106）定义的吊臂的第一频率 $\omega_1$ 和不考虑吊臂振动的两个负载摆动频率也如图 3.21 所示，分别表示了系统在无耦合作用下的吊臂频率与摆动频率。可以看出，当吊臂长度增大时，虽然吊臂频率急剧变小，但两个摆动频率不受吊臂长度的变化影响。在吊臂长度为 1.25 m 处，吊臂频率达到摆频，但在这种情况下，由于梁 - 摆间不存在耦合影响，内部共振不会发生。此外，理论结果表明，梁 - 摆动力学的耦合系统频率与非耦合吊臂频率和非耦合摆频显著不同。

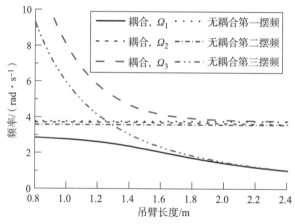

图 3.21　不同吊臂长度下的耦合系统频率

图 3.22 显示了梁 - 摆耦合系统的频率在不同等效绳长下的变化。数值模拟中系统各结构参数与图 3.21 一致，并保持吊臂长度与负载长度不变，分别为 86.5 cm、76.5 cm，通过改变缆绳长使等效绳长产生变化。由图可知，随着等效绳长的增加，第一耦合系统频率 $\Omega_1$ 与第二耦合系统频率 $\Omega_2$ 在等效绳长为 0.24 m 前小幅增加，而后缓慢降低至趋于一致，第三耦合系统频率 $\Omega_3$ 则一直降低。结合无耦合摆动频率曲线可以看出，在此结构参数下，耦合系统的第一频率与第二频率对应摆动的低频频率，当等效绳长较小时，两者具有较大差异，随着等效绳长逐渐增大，两个摆动频率逐渐趋于一致。第三耦合系统频率 $\Omega_3$ 是吊臂振动的高频频率，由于受摆动的耦合作用，当等效绳长增加时，该频率逐渐降低，而无耦合吊臂频

率 $\omega_1$ 则不受等效绳长变化的影响。在模拟的等效绳长结构参数下,第三耦合系统频率 $\Omega_3$ 均远大于第一频率与第二频率,因此系统不会发生内共振的现象,并且代表吊臂的第三耦合系统频率的降低同样表明,在耦合系统中,梁摆之间具有很强的相互作用。

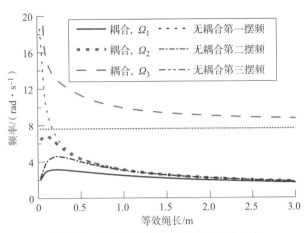

图 3.22 不同等效绳长下的耦合系统频率

### 3.2.3 振荡控制

#### 3.2.3.1 混合分段光滑器设计

由于此前提出的分段非连续 DP 光滑器的 5% 频率不敏感范围很窄。因此,控制梁-摆动力学具有很大的困难。为了增加频率不敏感性,使两个 DP 光滑器卷积得到混合分段光滑器,并在 DP 光滑器设计基础上使振动幅度对频率的导数限制为 0,即进行鲁棒性约束:

$$\int_{\tau=0}^{+\infty} (\tau c e^{\zeta \omega \tau} \sin(\omega \sqrt{1-\zeta^2} \tau)) d\tau = 0 \tag{3.173}$$

$$\int_{\tau=0}^{+\infty} (\tau c e^{\zeta \omega \tau} \cos(\omega \sqrt{1-\zeta^2} \tau)) d\tau = 0 \tag{3.174}$$

当残余振动约束为 0 时,振动幅度可以减小到 0。然后实施单位增益约束和鲁棒性约束式 (3.173) 和式 (3.174),由此产生混合分段 (Hybrid Piecewise, HP) 光滑器。当修正因子满足 $0 \leq h < 0.5$ 时,HP 光滑器的控制率可表示为

$$c(\tau) = \begin{cases} \mu^2(\tau) e^{-\zeta \omega \tau}, & 0 \leq \tau \leq 0.5hT \\ \mu^2(-\tau + hT) e^{-\zeta \omega \tau}, & 0.5hT < \tau \leq hT \\ 0, & hT < \tau \leq 0.5T \\ \mu^2(2\tau - T) e^{-\zeta \omega \tau}, & 0.5T < \tau \leq 0.5T + 0.5hT \\ \mu^2(-2\tau + T + 2hT) e^{-\zeta \omega \tau}, & 0.5T + 0.5hT < \tau \leq 0.5T + hT \\ 0, & 0.5T + hT < \tau \leq T \\ \mu^2(\tau - T) e^{-\zeta \omega \tau}, & T < \tau \leq T + 0.5hT \\ \mu^2(-\tau + T + hT) e^{-\zeta \omega \tau}, & T + 0.5hT < \tau \leq T + hT \\ 0, & \tau > T + hT \end{cases} \tag{3.175}$$

当修正因子满足 $0.5 \leq h < 1$ 时，HP 光滑器的控制率为

$$c(\tau) = \begin{cases} \mu^2(\tau) e^{-\zeta_m \omega_m \tau}, & 0 \leq \tau \leq 0.5hT \\ \mu^2(-\tau + hT) e^{-\zeta_m \omega_m \tau}, & 0.5hT < \tau \leq 0.5T \\ \mu^2(\tau + hT - T) e^{-\zeta_m \omega_m \tau}, & 0.5T < \tau \leq hT \\ \mu^2(2\tau - T) e^{-\zeta_m \omega_m \tau}, & hT < \tau \leq 0.5T + 0.5hT \\ \mu^2(-2\tau + T + 2hT) e^{-\zeta_m \omega_m \tau}, & 0.5T + 0.5hT < \tau \leq T \\ \mu^2(-\tau + 2hT) e^{-\zeta_m \omega_m \tau}, & T < \tau \leq 0.5T + hT \\ \mu^2(\tau - T) e^{-\zeta_m \omega_m \tau}, & 0.5T + hT < \tau \leq T + 0.5hT \\ \mu^2(-\tau + T + hT) e^{-\zeta_m \omega_m \tau}, & T + 0.5hT < \tau \leq T + hT \\ 0, & \tau > T + hT \end{cases} \quad (3.176)$$

HP 光滑器的上升时间是 $(1+h)T$。DP 光滑器与 HP 光滑器脉冲响应曲线如图 3.23 所示。所有曲线都是具有相同的设计频率 $\Omega_m$、设计阻尼比 $\zeta_m$ 和时间因子系数 $h$ 的函数。由图可知，DP 光滑器是一个有两个片段的不连续分段函数。HP 光滑器根据不同的时间因子的选择，具有不同的分段，并且它是一个连续非光滑、具有八个片段的分段函数。HP 光滑器式（3.175）和式（3.176）的传递函数可以描述为

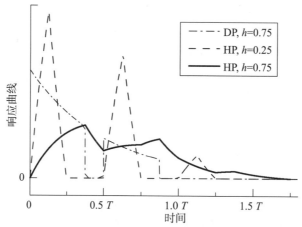

图 3.23 DP 光滑器与 HP 光滑器脉冲响应曲线

$$HP(s) = \mu^2[1 - 2e^{-h\pi\zeta_m/\sqrt{1-\zeta_m^2}} e^{-(0.5hT)s} + 2e^{-\pi\zeta_m/\sqrt{1-\zeta_m^2}} e^{-(0.5T)s} + e^{-2h\pi\zeta_m/\sqrt{1-\zeta_m^2}} e^{-(hT)s} - 4e^{-(1+h)\pi\zeta_m/\sqrt{1-\zeta_m^2}} e^{-(0.5T+0.5hT)s} + e^{-2\pi\zeta_m/\sqrt{1-\zeta_m^2}} e^{-(T)s} + 2e^{-(1+2h)\pi\zeta_m/\sqrt{1-\zeta_m^2}} e^{-(0.5T+hT)s} - 2e^{-(2+h)\pi\zeta_m/\sqrt{1-\zeta_m^2}} e^{-(T+0.5hT)s} + e^{-(2+2h)\pi\zeta_m/\sqrt{1-\zeta_m^2}} e^{-(1+h)Ts}]/(s + \zeta_m \omega_m)^2 \quad (3.177)$$

HP 光滑器中固有的低通滤波效应能够衰减高模振荡，抑制系统的高频振幅。对于较大的归一化频率（$\omega > \omega_m$），控制器的百分比振动幅值应限制为小于振动的容许水平 $V_{tol}$，即

$$\left(\sqrt{\left\{\int_{\tau=0}^{+\infty}\left[ce^{\zeta\Omega\tau}\sin(\Omega\sqrt{1-\zeta^2}\tau)\mathrm{d}\tau\right]\right\}^2+\left\{\int_{\tau=0}^{+\infty}\left[ce^{\zeta\Omega\tau}\cos(\Omega\sqrt{1-\zeta^2}\tau)\mathrm{d}\tau\right]\right\}^2}\right)_{\substack{\Omega>\Omega_m\\ \zeta=\zeta_m}}\leqslant V_{\mathrm{tol}}$$
(3.178)

对于可容忍的振动水平，HP 光滑器的修正系数 $h$ 可以从式（3.178）中计算出来。当可容忍水平 $V_{\mathrm{tol}}$ 设置为 5%、10% 和 15% 时，HP 光滑器的修正因子 $h$ 分别为 0.989 63、0.858 15 和 0.773 80。

图 3.24 显示了 DP 光滑器和 HP 光滑器的频率敏感曲线。DP 光滑器和 HP 光滑器都表现出陷波和低通滤波效果。在设计频率附近即对应于归一化频率 1 附近时，由于鲁棒性约束式（3.173）和式（3.174），DP 光滑器的 5% 频率不敏感性范围比 HP 光滑器的范围更窄。HP 光滑器在修正因子 $h$ 为 0.989 63 的情况下，5% 残余振幅百分比的峰值出现在 1.44 的归一化频率处。在修正因子 $h$ 为 0.858 15 的情况下，HP 光滑器的频率敏感曲线在归一化频率 1.54 处出现另一个值为 10% 的峰值。在修正因子 $h$ 为 0.773 80 的情况下，对应的另一个 15% 的峰值出现在 1.61 的归一化频率处。DP 光滑器和 HP 光滑器中固有的陷波滤波效应可以抑制基模振荡，而 DP 光滑器和 HP 光滑器中嵌入的低通滤波效应可以减少高模振荡。高模态的振荡减少取决于修改后的因子 $h$。增加修正系数会增加高模态的振荡衰减，但会增加上升时间。

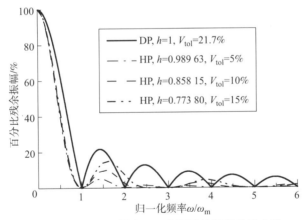

图 3.24 DP 光滑器和 HP 光滑器的频率敏感曲线

### 3.2.3.2 控制结构设计

图 3.25 显示了用于抑制塔式起重机中梁-摆动力学的控制架构，该塔式起重机具有承载分布质量负载的细长吊臂。操作指令首先会通过内置 PID 控制器实现梯形速度命令，然后将梯形速度命令通过 HP 光滑器整形，最后将整形命令传递给回转电机或小车直线电机，以此驱动塔式起重机的运动。整形后的命令由于经过光滑处理，并且光滑器是根据塔式起重机耦合系统的动力学特性为基础设计的，因此可以达到抑制系统振荡的目的。

为了设计 HP 光滑器，第一模态频率 $\Omega_m$ 使用系统参数通过频率估计方程计算出来，阻尼比 $\zeta_m$ 设置为 0，修正因子 $h$ 从式（3.178）计算，使用可容忍的水平 $V_{\mathrm{tol}}$。HP 光滑器中固有的陷波滤波效应可以抑制基模的振荡，而嵌入在 DP 光滑器和 HP 光滑器中的低通滤波效应可以减少高模的振荡。高模式的振荡减少取决于修正因子 $h$。增加修正因子会增加高模的

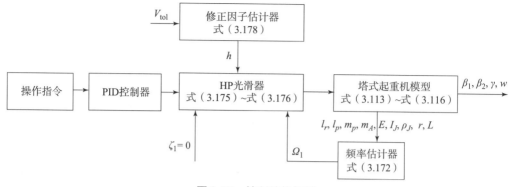

图 3.25 控制结构框图

振荡衰减，但会增加上升时间。在实际条件下准确测量系统参数具有挑战性。系统参数的测量误差会导致设计频率的较大建模误差。HP 光滑器中固有的频率不敏感约束式（3.173）和式（3.174）可以抑制由设计频率中的建模误差引起的振荡。由于设计频率附近的不敏感范围较宽，因此该属性也已显示在图 3.24 中。此外，幸运的是，HP 光滑器对阻尼中的大建模误差非常稳健，因为阻尼在实践中更难以正确估计。

### 3.2.4 计算动力学分析

仿真中主要验证弯 - 摆耦合系统的动力学行为，通过频率估计公式验证模型的准确性以及 HP 光滑器的有效性与鲁棒性，并与之前的 DP 光滑器控制效果进行对比。本节将使用非线性动态模型模拟各种工作条件和系统参数。

塔式起重机的运动包括臂架绕塔架的回转运动和小车沿臂架的滑动运动。悬臂的回转运动定义为悬臂绕塔架基座的旋转。当小车沿着悬臂移动时，小车就会发生滑动运动。初始命令采用梯形速度曲线，吊臂的标称回转速度和加速度分别为 10°/s 和 33°/$s^2$，而小车的标称滑动速度和加速度为 20 cm/s 和 2 m/$s^2$。仿真模拟中的初始扭转角固定为 45°。吊臂偏移挠度定义为小车所在位置相对于平行吊臂方向发生的弯曲偏移量，摆动挠度定义为有效载荷的质心相对于小车的位移挠度。当吊臂或小车停止驱动后，振幅的最大值称为残余振幅。

#### 3.2.4.1 驱动时域响应

图 3.26 展示了由吊臂回转驱动引起的吊臂的偏移以及负载的摆动与扭转。该仿真涉及的模型参数中，吊臂长度、宽度和高度分别为 86.5 cm、4 cm 和 1.1 mm，小车位置、缆绳长度与负载长度分别为 85 cm、80 cm、78.5 cm。根据上述参数，可以计算出耦合系统的三个理论频率为 2.75 rad/s、3.71 rad/s 和 10.58 rad/s。在无控制响应的残余振荡中可以看出吊臂弯曲振荡具有两个频率，使用傅里叶变换计算可得出仿真时域响应频率分别为 3.785 rad/s 和 9.98 rad/s，与理论结果的第二、第三频率接近。负载的径向摆动频率与轴向摆动频率分别为 3.765 rad/s 和 2.846 rad/s，与理论结果的第一、第二频率接近。这说明梁的弯曲与负载摆动之间存在耦合，并且耦合主要发生在径向摆动与弯曲之间。

图 3.26（c）中，负载的扭转表现出低频频率约为摆动的差拍频率，并且由于复杂的非线性特性，扭转还具有其他的低频频率并伴随着小幅的高频振荡。在 DP 光滑器与 HP 光滑器响应中，可以看出两者都能对梁弯曲及负载振动进行相应的抑制，但 HP 光滑器的控制效

果要明显优于 DP 光滑器。HP 光滑器控制下，能够将梁弯曲振荡抑制在 0.54 mm 以内，将负载摆动振荡抑制在 3.02 mm 以内，并且将扭转振荡抑制到小于 0.12°/s。因此，HP 光滑器可以将耦合系统中梁的振动及负载的摆动与扭转都抑制在很低的水平，保证塔式起重机梁－摆耦合系统的安全运行。

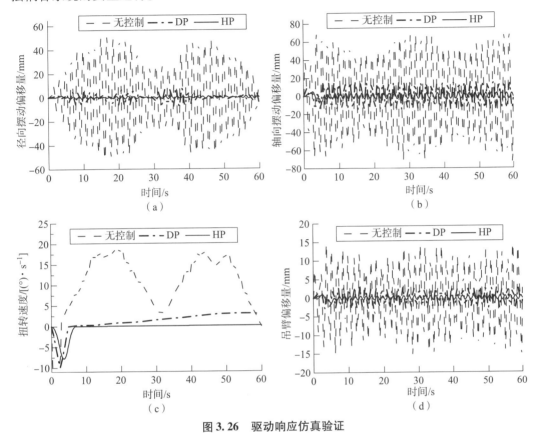

图 3.26 驱动响应仿真验证

(a) 负载径向摆动响应；(b) 负载轴向摆动响应；(c) 负载扭转响应；(d) 吊臂偏转响应

#### 3.2.4.2 驱动距离变化仿真

从驱动时域响应中可知，耦合系统的动力学特性符合理论结构且光滑器具有有效性。接下来将从回转驱动与小车滑动驱动两个方面分别探究在不同的驱动方式下，驱动距离变化对系统动力学特性的影响，验证 HP 光滑器对驱动距离的鲁棒性，并与 DP 光滑器的控制效果进行对比。图 3.27 显示了由各种回转位移引起的弯曲偏移、负载偏转和扭转速度的模拟残余振幅。吊臂、缆绳、负载长度和小车位置分别设置为 86.5 cm、80 cm、78.5 cm 和 85 cm。图 3.27 (a) 为不同回转距离下的负载残余摆动偏移量，图 3.27 (b) 为负载残余扭转速度，图 3.27 (c) 为吊臂振荡残余偏移量。

可以看出，在缺乏控制的情况下，由于回转运动的加速和减速所引起的振荡之间的干扰，梁弯曲与负载的摆动和扭转残余振荡在回转中均会出现波峰和波谷。此外，三者出现低频频率，峰谷之间的距离大约对应于耦合模型中线性化频率公式估计所得的摆幅频率，并且弯曲偏移中随着回转距离的变化还出现高频的幅值变化，该频率与理论线性频率中的高频频率近似，但负载的摆动与扭转出现了更高的振荡频率，此频率可能与初始负载状态及激励相

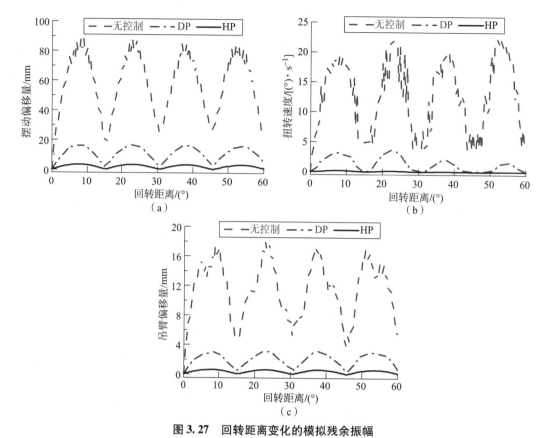

**图 3.27 回转距离变化的模拟残余振幅**
(a) 摆动残余振幅; (b) 扭转残余振幅; (c) 吊臂偏转残余振幅

关,具有较强的非线性。另外,此频率还可能与梁的高阶模态振动相关。不受控制的负载扭转中的波峰和波谷发生在回转距离处,振荡中也出现波峰和波谷。这种现象可以从物理上解释为弯曲、摆动和扭转三者之间的耦合效应。施加 DP 光滑器后,可以将三者的残余振幅都抑制在较低水平,但是对于不能完全衰减,对波峰处的残余抑制效果稍弱。而施加 HP 光滑器后,能将弯曲、摆动与扭转残余振幅抑制到更低的水平,并且可以明显消除高频的波峰波谷变化,说明 HP 与 DP 光滑器都具有低通滤波特性,能够抑制高模振荡,且 HP 光滑器的控制效果与鲁棒性要明显优于 DP 光滑器。

图 3.28 显示了随小车滑动位移变化而产生的摆动偏转、扭转速度和吊臂偏转的模拟残余振幅。缆绳长度和负载度分别固定为 80 cm 和 78.5 cm。其中不受控制情况下的动力学与在吊臂回转运动中观察到的复杂行为相似。当使用 DP 光滑器时,能够对其残余振幅产生一定程度的抑制,但对于无控制的波峰处对应的滑动距离,控制效果较弱,因此在 DP 光滑器下还可以看出较明显的残余振幅波峰波谷变化。而在 HP 光滑器控制下,由于弯曲偏移与负载摆动及扭转都被抑制为很小,所以此时滑动运动对系统动力学影响很小。对于所有模拟的小车滑动位移,弯曲、摆动和扭曲的残余振幅分别均可抑制在小于 0.37 mm、小于 3.6 mm 和小于 0.13°/s。因此,在小车滑动运动的情况下,HP 光滑器可有效控制梁的振荡及负载的摆动和扭转。

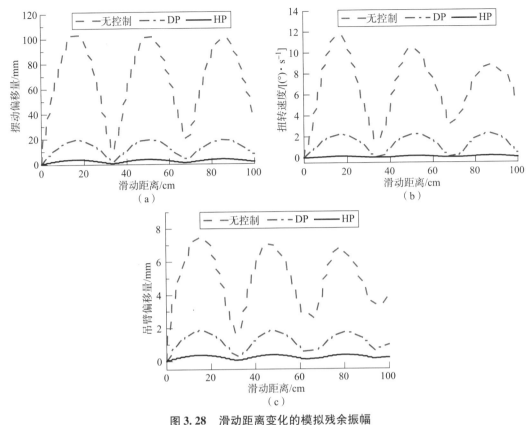

图 3.28 滑动距离变化的模拟残余振幅
(a) 摆动残余振幅；(b) 扭转残余振幅；(c) 吊臂偏转残余振幅

### 3.2.4.3 结构参数变化仿真

由动力学分析可知，在系统结构参数中，缆绳长度与吊臂长度对系统固有频率会产生很大影响，容易使耦合系统的动力学行为发生变化，因此在结构参数探究中，需要针对这两个方面对 HP 光滑器的鲁棒性进行验证。图 3.29 显示了各种缆绳长度下的吊臂偏转、摆动偏转和扭转速度的模拟残余振幅。在仿真模拟中负载长度、吊臂长度、回转位移和小车位置均保持恒定，分别为 78.5 cm、86.5 cm、80°和 85 cm。其中光滑器的设计绳长为 80 cm，通过使缆绳长度在 60 ~ 100 cm 范围内变化而产生建模误差，以此探究光滑器的鲁棒性。缆绳长度的变化将改变耦合系统的固有频率，由于回转运动的加速和减速会引起振动之间的干扰，当加减速周期与负载振动或吊臂偏转周期呈倍数关系时，摆动的偏移量残余振幅会产生峰值和谷值。由于耦合的影响，图 3.29（a）、（b）中显示，在相同缆绳长度处，吊臂偏移与负载扭转的残余振幅同样出现波峰与波谷。但由于吊臂偏转与负载扭转动力学较为复杂，其具有较多的振动频率，因此还在其他缆绳长度下也同样出现峰值和谷值。由 HP 光滑器作用后的结果可以看出，负载摆动偏转、扭转速度以及吊臂的偏转都可以抑制在较低水平，并且与缆绳长度无关。由此可知，HP 光滑器对缆绳长度的变化具有鲁棒性。

图 3.30 显示了各种梁长变化下的吊臂偏转、摆动偏转和扭转速度的模拟残余振幅。在仿真模拟中缆绳长度、负载长度、吊臂回转位移和小车位置均保持恒定，分别为 80 cm、

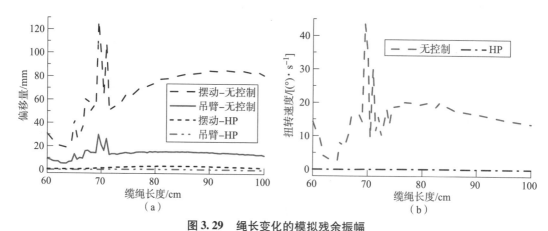

**图 3.29　绳长变化的模拟残余振幅**
(a) 摆动与吊臂偏转残余振幅；(b) 扭转残余振幅

78.5 cm、80°和 85 cm。其中光滑器的设计梁长为 86.5 cm，通过使吊臂长度在 60~110 cm 范围内变化而产生建模误差，以此探究光滑器的鲁棒性。当吊臂长度变化时，由于回转运动的加速和减速会引起振动之间的干扰，因此同样会产生与先前相似的动力学行为，在负载与吊臂的残余振幅中产生了峰值和谷值。并且吊臂长度的增大引起幅值的增加，这是由于吊臂长度增大会使耦合系统的频率降低，从而导致吊臂末端偏移量增大，并与负载产生耦合，使负载的振幅也增大。由图 3.30（b）和（c）可以看出，在不受控的情况下，负载扭转与吊臂偏转具有更复杂的动力学行为。在 HP 光滑器作用后，负载摆动偏转、扭转速度以及吊臂的偏转的残余振幅在所有测试吊臂长度下均在较低水平。由此可知，HP 光滑器对吊臂长度的变化具有鲁棒性。

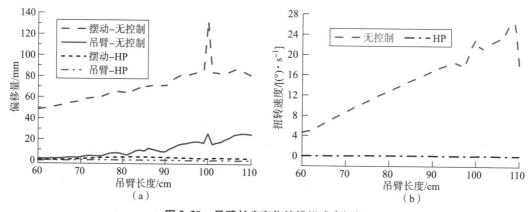

**图 3.30　吊臂长度变化的模拟残余振幅**
(a) 摆动与吊臂偏转残余振幅；(b) 扭转残余振幅

### 3.2.5　试验验证

试验中应用小型塔式起重机实验台来验证非线性模型的动态行为以及 HP 光滑器的有效性和鲁棒性。图 3.31 展示了实验台的具体结构，实验台主要由塔式起重机本体机械结构与电控系统两部分构成。由于考虑到吊臂的柔性与强度，实际模型中将一个钢结构矩形连杆连接在塔基上作为柔性吊臂结构以进行后续试验。实验台的机械结构部分具有三个自由度：塔臂由直流电机驱动，经过一个谐波减速器，实现绕塔架自由旋转；小车安装在塔臂的直线导轨上，并采用电机和滚珠丝杠组件驱动，可以沿塔臂方向往复移动；负载高度则由固定在小车上的滑轮系统调节。塔式起重机实验台的电气构成是基于 Quarc/Simulink 的多功能快速实时仿真控制平台实现。用户编写控制程序后，运行由 Simulink 模型生成的代码，向 Q8 控制卡发送命令，随后通过 Quanser ampaq-I4 四通道电流功率放大器，经由外部 ATX 电源连接板将驱动信号传至塔式起重机实验台。

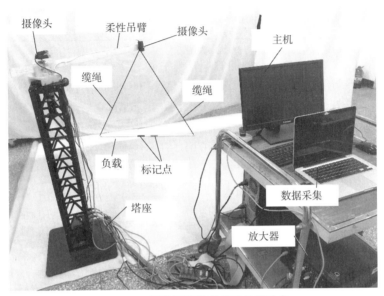

图 3.31　柔性吊臂塔式起重机实验台

实验台涉及的具体结构参数中，柔性吊臂的长度、高度和宽度分别为 86.5 cm、4 cm 和 1.1 mm。吊臂可以通过安装在底座上的直流电机进行驱动，围绕塔架进行回转运动。两条长度均为 80 cm 的迪尼玛缆绳将细长梁进行悬挂，并在位移为 80 cm 处与柔性吊臂进行连接。细长梁作为模型中运输的有效载荷，该载荷的质量、长度和直径分别为 265 g、78.5 cm 和 12 mm。

运动控制卡将主机连接到电机的放大器。主机用于操作员界面和控制算法的实现。运动控制卡中固有的比例积分微分控制器强制吊臂的回转速度曲线遵循操作员在主机中的命令。试验中，对于负载及吊臂姿态的检测通过视觉检测系统实现，该系统中通过两个摄像头分别对吊臂与负载姿态进行检测。其中一个摄像头固定在底座上，用于记录吊臂偏移量，而另一个摄像头安装在吊臂上，用于测量负载上的两个标记。对负载上的两个标记点的偏移量取平均值则得到负载质心的摆动偏移量。负载的偏移量定义为负载质心的最大挠度。同时，应用反正切函数来估计负载的扭转角度。

#### 3.2.5.1　自由响应

试验中通过将负载拉动一定角度使其偏离平衡位置，以此进行零初始状态响应验证。由于耦合系统中，涉及较多的梁结构参数与负载结构参数，并且各机构参数都会对动力学行为产生很大的影响，因此将试验中的具体结构参数及初始参数如表 3.1 所示。

表 3.1　自由响应试验初始参数

| 吊臂参数 | 负载及小车参数 | 初始状态参数 |
|---|---|---|
| $b = 1.1$ mm | $m_A = 0.01$ kg | $D_X = 22.01$ mm |
| $h = 0.040$ m | $m_p = 0.265$ kg | $D_Y = -43.03$ mm |
| $L_J = 0.865$ m | $l_p = 0.765$ m | $\gamma = 45°$ |
| $r = 0.8$ m | $l_r = 0.80$ m | $D_w = 0.866$ mm |
| $EI = 2.06 \times 10^{11} \times \frac{1}{12} bh^3$ N·m² | | |
| $\rho_J = 7.9 \times 10^3 bh$ kg/m | | |

图 3.32 显示了当负载在径向上的初始偏移量、切向上的初始偏移量、初始扭转角和初始吊臂偏移量分别设置为 -47.7 mm、29.8 mm、45°和 0.8 mm 时的自由振荡实验响应。由频率估计方程可以计算出 2.75 rad/s、3.71 rad/s 和 10.58 rad/s 三个耦合系统理论频率。图 3.32（a）显示了负载在径向与切向的摆动偏移量，可以看出负载的径向偏移量数值大小要明显高于切向偏移量，这是由于负载在径向的摆动与吊臂的振荡方向一致，由于耦合作用的影响，摆动径向偏移量增大，并且可以看出径向偏移摆动与系统的第二理论频率相关，切向摆动偏移量则与第一理论频率相关。图 3.32（b）展示了负载扭转速度的响应，在该响应中可以同时看出三个理论频率，并出现了差拍频率。图 3.12（c）所示的吊臂偏振动移量响应

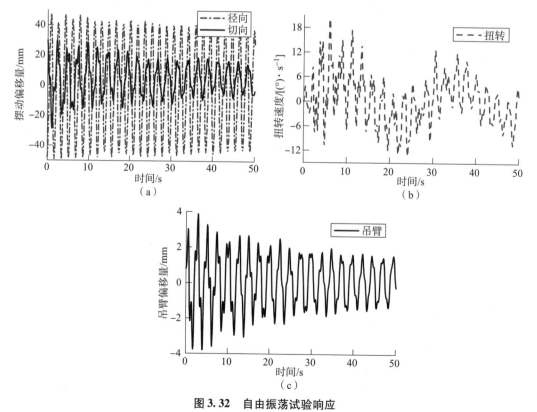

图 3.32　自由振荡试验响应

（a）负载切向与径向摆动偏移量；（b）负载扭转速度；（c）吊臂振动偏移量

中可以找到数值大小为 2.75 rad/s 的第一理论频率和数值大小为 10.58 rad/s 的第三理论频率，并且由于实际系统中存在着阻尼，吊臂振荡的幅值随着时间推移逐渐减小。由上述分析可知，图 3.32 中的试验响应表明频率估计方程中给出的频率计算结果是有效的，该试验验证了模型动力学行为的有效性。

### 3.2.5.2 驱动响应

试验中设置电机的近似加速和减速时间为 0.3 s 和匀速速度 10°/s，计算得到仿真速度曲线：电机加速度近似为 50°/s$^2$，速度幅值 10°/s，加速与减速时间均为 0.3 s，匀速时间根据设计的塔臂转角计算得到。从图中对比可以看出，电机的实际转速与仿真设计的梯形速度曲线在加速阶段、匀速阶段和减速阶段基本重合，在合理的误差许可范围内。设置最大匀速速度为 10°/s，电机的加速度为 50°/s$^2$，通过改变电机输入信号的时间改变吊臂旋转电机的驱动角度 $\theta$。选取驱动距离为 15°进行试验验证。

图 3.33 显示了对将吊臂用梯形速度进行 15°回转运动的试验响应，其中模型的相关结构参数与表 3.1 中一致。瞬态振幅定义为电机回转时的最大偏移量，而残余振幅为回转速度达到 0 后的最大偏移量。试验中，初始负载径向摆动偏移量、负载切向摆动偏移量、扭转速度和吊臂偏移量的幅值分别为 50.0 mm、17.1 mm、22.7°/s 和 9.1 mm。由于回转加速度和减速度引起的振荡之间的干扰与系统的惯性，电机停止运动后负载仍然会产生残余振荡。由频率估计方程计算得到耦合系统的三个频率，2.75 rad/s、3.71 rad/s 和 10.58 rad/s，也同样可以从图 3.33 中的残余振荡阶段中找到。实施 HP 光滑时，相同条件下的试验响应也如图 3.33 所示。考虑到 HP 光滑器的低通滤波效应，可容忍水平 $V_{tol}$ 选择为 15%，对应时间因子 $h$ 为 0.85。因此，在这种情况下，HP 光滑器的上升时间为 4.25 s。梯形速度曲线通过 HP 光滑器过滤以生成光滑过渡曲线。当电机速度经过 HP 光滑器控制后，径向载荷偏移量、切向载荷偏移量、扭转速度和吊臂偏移量的 HP 光滑残余振幅分别为 3.1 mm、1.2 mm、2.8°/s 和 0.9 mm。

以往的文献中报道了一种 DP 光滑器。出于比较的目的，图 3.33 中还显示了 DP 光滑器的试验响应。DP 光滑器对应的上升时间为 2.28 s。电机速度经 DP 光滑后，径向载荷偏移量、切向载荷偏移量、扭转速度和吊臂偏移量的残余振幅分别为 16.7 mm、3.1 mm、5.6°/s 和 5.1 mm。两光滑器对摆动、弯曲及扭转振荡的抑制效果如表 3.2 所示，可以直观得出，HP 光滑器比 DP 光滑器抑制了更多的振荡。

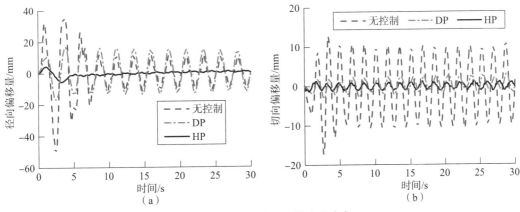

图 3.33　回转距离 15°的试验响应
(a) 负载切向偏移量；(b) 负载径向偏移量

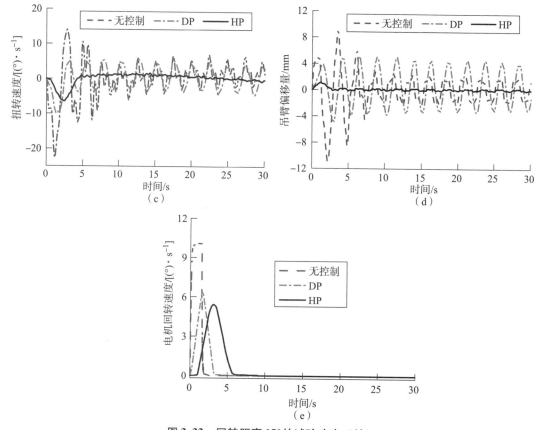

**图 3.33　回转距离 15°的试验响应（续）**
(c) 扭转速度；(d) 吊臂偏移量；(e) 梁弯曲电机回转速度

**表 3.2　光滑器抑制效果对比**

| 回转距离 15° | 梁弯曲残余振幅 | 负载摆动残余振幅 | 负载扭转残余振幅 |
| --- | --- | --- | --- |
| DP 抑制百分比 | 43.50% | 54.84% | 56.10% |
| HP 抑制百分比 | 89.92% | 96.65% | 88.12% |

对于试验结果来说，梁的频率介于耦合理论结果与无耦合梁频率之间，并且可以看出扭转的差拍频率也与无耦合差拍频率接近，与耦合摆动差拍频率相差较大，这可能是由耦合现象不完全造成的。理论估计频率与试验计算频率存在一定误差，一方面主要是由试验频率计算误差造成的，另一方面可能是因为试验结果中存在较强的非线性耦合，使线性估计频率与试验结果产生了误差。

将理论频率计算结果与试验结果进行对比，可以看出梁弯曲频率中出现了负载摆动的低频频率，并且梁的高频频率也出现在了梁振动的初期阶段，但由于实际模型中，梁受到的阻尼较大，因此造成梁的高频振荡振幅较小，并且随着时间的推移在逐渐衰减。而对于负载来说，在不受吊臂的柔性弯曲振荡影响下，两个方向的摆动频率基本趋于一致，但在此结构下，由于吊臂发生较大的弯曲变形，负载一个方向的摆动频率降低，并且此频率与吊臂振荡的低频频率是基本接近的，由此也可以看出吊臂与负载产生了双向耦合。负载的扭转频率从试验结果中产生了三个不同的频率，一个为负载的摆动频率，一个为无耦合情况下两个摆动方向频率的差拍，另一个高频频率约为两个摆动方向频率之和。

#### 3.2.5.3 鲁棒性试验

图 3.34 展示由回转距离引起的负载摆动、扭转速度和吊臂偏转的试验残余振幅。试验中 DP 光滑器与 HP 光滑器的设计缆绳长度为 80 cm，而回转位移在 0°~60°变化。HP 光滑器分别平均衰减了 86.6%、80.2% 和 84.2% 的负载摆动、扭转速度和吊臂偏转的残余振荡，因此，HP 光滑器可有效抑制吊臂偏转、负载摆动和负载的扭转振荡。为了进行对比，DP 光滑器的试验结果也显示在图 3.34 中。DP 光滑器分别平均减少了 48.8%、50.6% 和 52.8% 的负载偏转、扭转速度和吊臂偏转的残余振荡，因此，DP 光滑器不能将振荡衰减到低水平。HP 光滑器的设计频率由频率估计方程计算。然而，在许多情况下，系统参数难以准确测量，或者在实际应用中总是发生变化，因此，HP 光滑器对系统参数中较大的建模误差具有良好的振荡抑制非常重要。

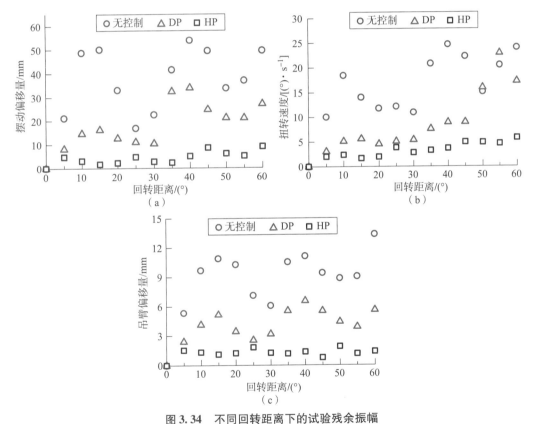

图 3.34 不同回转距离下的试验残余振幅
(a) 残余摆动偏移量；(b) 负载残余扭转；(c) 吊臂残余偏移量

图 3.35 显示了当回转距离为 15°时，改变缆绳长度使系统在各种建模误差下的负载摆动偏移量、扭转速度、吊臂偏移量的试验残余振幅。在绳长 80 cm 附近，HP 光滑器将残余振幅抑制到最低水平，因为在这种情况下设计频率的建模误差最低。当绳长大于 80 cm 时，增大绳长会增加残余幅度。当绳长小于 80 cm 时，残余振幅随着绳长的减小而增加，然后减

小,这是因为 HP 光滑器具有低通滤波效果。当频率估计产生左右偏差导致建模误差时,HP 光滑器对梁弯曲、负载摆动及扭转的平均抑制率分别为 90.15%、91.09% 和 82.86%,说明光滑器具有较强的鲁棒性。

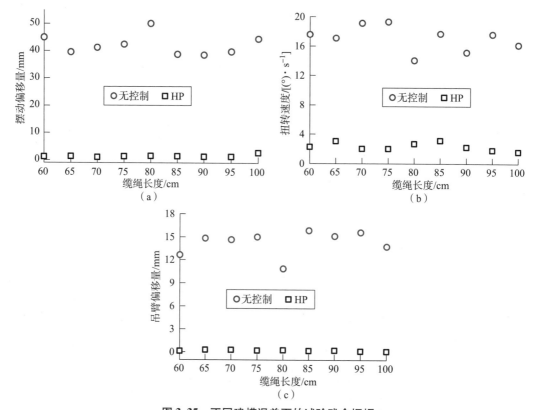

图 3.35 不同建模误差下的试验残余振幅

(a) 残余摆动偏移量;(b) 负载残余扭转;(c) 吊臂残余偏移量

# 第 4 章
# 柔性连杆机械臂

轻型机器人和航天应用促使柔性连杆机械臂得到广泛研究。但是，操作者驱动指令引起柔性连杆机械臂的振荡，这种振荡降低了柔性机械臂的位置精度、驱动速度和安全性。因此，为柔性机械臂设计振荡控制方法很有必要。

## 4.1 线性振子柔性连杆机械臂动力学建模与控制

柔性连杆机械臂动力学建模与分析得到广泛关注。动力学分析表明单连杆机械臂包括无穷个振动模态。第一模态是主振模态，是基础，但高阶模态在某些情况下对系统的动力学也有较大影响。因此，设计控制器抑制全部振动模态的振荡很有必要。

控制方法可分为两类：反馈控制和开环控制。反馈控制方法在闭环回路中通过测量柔性连杆振荡状态来实现振荡控制。反馈控制方法包括 PID 控制、延迟反馈控制、位置反馈控制、线性二次型调节器、自适应控制、滑模控制、模糊控制和人工神经元网络控制。开环控制方法通过对原始驱动指令的滤波处理来产生最优轨迹获得最小振荡。开环控制方法包括最优路径规划和输入整形。柔性连杆机械臂动力学与控制问题可以从研究综述获得。

柔性机械臂是一个具有无穷模态的复杂系统，针对它的振动控制问题，学者们提出了许多闭环控制方法和开环控制方法，也取得了较好的控制效果。但是学者们的主要工作都是抑制第一模态的振动，第一模态是基础，但是高阶模态在某些情况下对系统的动力学也有较大影响，并且高阶模态的频率不易准确测量，超出了传统的传感器和执行器的高模频率，不能被反馈控制器抑制。而常用的输入整形器大都是针对单一模态的振动抑制问题，对于无穷模态的系统控制效果不太理想。基于遇到的这些问题，本节建立了柔性机械臂无穷模态的动力学模型并设计了一个控制器，可有效地抑制柔性机械臂的所有模态的振荡。

### 4.1.1 动力学

图 4.1 所示为单连杆柔性机械臂物理模型，旋转驱动输入的转角为 $\theta$，连接机械臂和驱动装置的柔性梁的长度为 $l_b$，并支撑质量为 $m_p$ 的负载。理想情况下，梁和负载的位置响应为 $\theta$，然而这种轻量化的柔性结构经常会带来一些不需要的振动而影响梁和负载的位置响应精度。

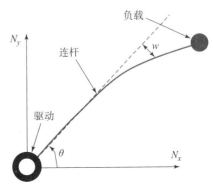

图 4.1 单连杆柔性机械臂物理模型

模型的输入为角加速度，输出为从驱动轮毂到梁上位置 $x$ 处挠度 $w(x,t)$。为了简化模型，可对模型进行如下假设：①假设驱动轮毂基座有较大的惯性，柔性梁和负载的振动对驱动轮毂的影响忽略不计；②假设端部负载质量集中于质心，将其看成无体积的质点；③忽略模态之间的耦合。基于上述假设，由牛顿-欧拉方法，我们可以得到梁上微元 $dx$ 的力学方程：

$$\rho dx \frac{\partial^2 w(x,t)}{\partial t^2} + \rho dx \cdot x \ddot{\theta}(t) + dV(x,t) = 0 \tag{4.1}$$

式中：$\rho$ 是梁的线质量密度；$dx$ 是 $x$ 的微分；$V(x,t)$ 是梁上 $x$ 位置处的剪切力；$dV(x,t)$ 为剪切力的微分。微元的力矩方程为

$$dM(x,t) - V(x,t) \cdot dx - dV(x,t) \cdot dx - \rho dx \cdot x \cdot \ddot{\theta}(t) \cdot \frac{1}{2} dx = 0 \tag{4.2}$$

式中：$M(x,t)$ 为梁上 $x$ 位置处的弯矩；$dM(x,t)$ 为弯矩的微分，由梁的弯曲基本理论可以将梁的弯矩表示为

$$M(x,t) = EI \frac{\partial^2 w(x,t)}{\partial x^2} \tag{4.3}$$

式中：$E$ 为杨氏模量；$I$ 为沿横截面的惯性矩。将式（4.2）和式（4.3）代入式（4.1），并忽略 $dx$ 的高阶项可得

$$EI \frac{\partial^4 w(x,t)}{\partial x^4} + \rho \frac{\partial^2 w(x,t)}{\partial t^2} = -\rho \cdot x \cdot \ddot{\theta}(t) \tag{4.4}$$

单连杆柔性机械臂的边界条件可以表示为

$$w(x,t) \big|_{x=0} = 0 \tag{4.5}$$

$$\frac{\partial w(x,t)}{\partial x} \big|_{x=0} = 0 \tag{4.6}$$

$$\frac{\partial^2 w(x,t)}{\partial x^2} \big|_{x=l_b} = 0 \tag{4.7}$$

$$\frac{\partial}{\partial x} \left( EI \frac{\partial^2 w(x,t)}{\partial x^2} \right) \big|_{x=l_b} = m_p \frac{\partial^2 w(x,t)}{\partial t^2} \big|_{x=l_b} \tag{4.8}$$

其中边界条件（4.5）和条件（4.6）表明在驱动轮毂处梁的挠度为 0，并且挠度函数对位置的偏微分也为 0，而条件（4.7）和条件（4.8）表示梁端部的弯矩和剪切力满足的边界条件。柔性机械臂由驱动命令引起的振动可以通过模态叠加的方法决定。在这种情况下梁的挠度可以表示为各个模态的线性叠加：

$$w(x,t) = \sum_{k=1}^{+\infty} \varphi_k(x) \cdot q_k(t) \tag{4.9}$$

式中，$\varphi_k(x)$ 是模型的第 $k$ 阶振动模态的振型函数；$q_k(t)$ 是相应的时间函数。通过求解式（4.5）~式（4.9），我们可以得到振型函数：

$$\varphi_k(x) \big|_{x=0} = 0 \tag{4.10}$$

$$\frac{\partial \varphi_k(x)}{\partial x} \big|_{x=0} = 0 \tag{4.11}$$

$$\frac{\partial^2 \varphi_k(x)}{\partial x^2} \big|_{x=l_b} = 0 \tag{4.12}$$

$$EI\frac{\partial^3 \varphi_k(x)}{\partial x^3}\bigg|_{x=l_b} + m_p \omega_k^2 \varphi_k(x)|_{x=l_b} = 0 \tag{4.13}$$

式中，$\omega_k$ 是第 $k$ 阶振动模态的频率。解方程（4.10）~方程（4.13）产生自然频率 $\omega_k$ 和振型函数 $\varphi_k(x)$：

$$\omega_k = (\beta_k l_b)^2 \sqrt{\frac{EI}{\rho l_b^4}} \tag{4.14}$$

$$\cos(\beta_k l_b)\cosh(\beta_k l_b) + 1 = h \cdot \beta_k l_b \cdot (\sin\beta_k l_b \cosh\beta_k l_b - \cos\beta_k l_b \sinh\beta_k l_b) \tag{4.15}$$

$$\varphi_k(x) = C\phi_k(x) \tag{4.16}$$

$$\phi_k(x) = \sin\beta_k x - \sinh\beta_k x - r\cos\beta_k x + r\cosh\beta_k x \tag{4.17}$$

$$r = \frac{\sin\beta_k l_b + \sinh\beta_k l_b}{\cos\beta_k l_b + \cosh\beta_k l_b} \tag{4.18}$$

式中，$C$ 是常数；$h$ 是负载质量和梁的质量之比；参数 $\beta_k$ 由于具有非线性，很难求得解析解，然而通过其他已知参数我们可求得它的数值解。将式（4.9）代入式（4.4），然后忽略模态之间的耦合项，得到

$$EI\sum_{k=1}^{+\infty}\left(\frac{\partial^4 \varphi_k(x)}{\partial x^4}q_k(t)\right) + \rho\sum_{k=1}^{+\infty}\left(\varphi_k(x)\frac{\partial^2 q_k(t)}{\partial t^2}\right) = -\rho x \ddot{\theta}(t) \tag{4.19}$$

接着将式（4.19）等式两边同时乘以 $\varphi_k(x)$，然后对其在 $0 \leq x \leq l_b$ 上进行积分处理：

$$\frac{\partial^2 q_k(t)}{\partial t^2} + \omega_k^2 q_k(t) = -\frac{\gamma_k}{C\alpha_k}\ddot{\theta}(t) \tag{4.20}$$

其中

$$\gamma_k = \int_{x=0}^{l_b} x\phi_k(x)\mathrm{d}x \tag{4.21}$$

$$\alpha_k = \int_{x=0}^{l_b} \phi_k(x)\phi_k(x)\mathrm{d}x \tag{4.22}$$

对式（4.20）加入比例阻尼项可以得到近似的响应方程：

$$\frac{\partial^2 q_k(t)}{\partial t^2} + 2\zeta_k \omega_k \frac{\partial q_k(t)}{\partial t} + \omega_k^2 q_k(t) = -\frac{\gamma_k}{C\alpha_k}\ddot{\theta}(t) \tag{4.23}$$

式中，$\zeta_k$ 为第 $k$ 阶模态的阻尼比，该模型包含了无穷个简谐振子模型。它的时间响应可以近似表示为其中每个简谐振子响应的线性叠加。连杆变形在 $x$ 处的传递函数为

$$w_x(s) = \sum_{k=1}^{+\infty} \frac{-\phi_k(x) \cdot \gamma_k}{\alpha_k \cdot (s^2 + 2\zeta_k \omega_k s + \omega_k^2)} \cdot \ddot{\theta}(s) \tag{4.24}$$

选用梯形速度命令作为驱动柔性梁转动的驱动命令，根据实验台的具体参数选取的仿真参数如表 4.1 所示，仿真选取前十个模态。在振动研究过程中，我们常关注其两个振动指标即瞬态振幅和残余振幅，其中瞬态振幅为驱动时间内系统振动的最大振幅与最小振幅之间的差值，而残余振幅则表征驱动结束后系统振动的最大振幅和最小振幅之间的差值。图 4.2 所示为仿真驱动距离为 30°，驱动器驱动时间段为 0~3 s，在 3 s 处停止驱动，测得系统的瞬态振幅大小为 31.2 mm，残余振幅大小为 46.1 mm。

表 4.1　模型仿真参数

| 参数 | 数值大小 |
| --- | --- |
| 杨氏模量 $E$ | $2.06 \times 10^5$ MPa |
| 惯性矩 $I$ | 3.449 $mm^4$ |
| 梁的线质量密度 | 0.314 3 kg/m |
| 阻尼比 | 0.06 |
| 最大驱动速度 | $10°/s$ |
| 最大驱动加速度 | $100°/s^2$ |

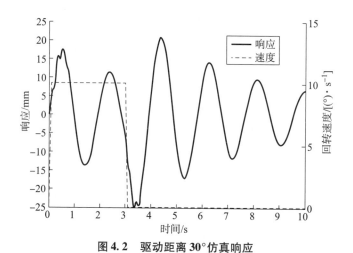

图 4.2　驱动距离 30°仿真响应

为了更好地表现高模态的动力学现象，我们再给出高模动力学的仿真曲线。图 4.3 所示为当驱动距离、梁的长度、质量比分别选取为 19°、95 cm 和 0.5 时，第一模态频率激励的残余振幅和高阶模态频率激励的残余振幅随着梁上归一化距离 $x/l_b$ 变化而变化的曲线。从图中我们可以看到，第一模态频率激励的残余振幅的大小随着归一化距离的增加而增加，也即从梁的根部到梁的端部，第一模态频率激励的残余振幅的大小逐渐增加。而高阶模态频率激

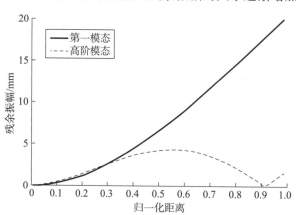

图 4.3　归一化距离对残余振幅的影响

励的残余振幅的大小则呈现出不一样的变化规律，高阶模态频率激励的残余振幅的大小最开始随着归一化位置增加而增加，在中部位置附近达到最大值，然后随着归一化位置的增加而减小，在接近端部的时候接近零然后又开始增加。图中第一模态频率在中部激励起的残余振幅的大小为 9.84 mm，而高阶模态频率在梁的中间位置所激励起的残余振幅的大小为 4.43 mm。从数值方面可以看出，当研究的测量点选取梁的中部时，高阶模态频率激励起的振动较大，不能被忽略。

图 4.4 所示为归一化距离、梁的长度、负载质量比分别选取为 0.5、95 cm、0.5 时，第一模态频率激励的残余振幅和高阶模态频率激励的残余振幅随着驱动距离变化而变化的图像。从图中可以看出，第一模态频率和高阶模态频率在梁的中部激励的残余振幅都随着驱动距离的变化而呈现出波峰和波谷交替出现的图形，这是因为梯形速度命令驱动的加速位置和减速位置的不同导致激励起的振动波形叠加位置的变化，当波形振动方向一致时就会叠加出现波峰，当波形振动方向相反时则会相消出现波谷。图中第一模态激起的波峰和波谷交替出现次数明显比高阶模态激励起的波峰和波谷交替出现的次数少，这是因为高阶模态的频率要远高于第一模态的频率。图中数据显示第一模态激励的平均残余振幅为 32.9 mm，高阶模态激励的平均残余振幅为 4.3 mm，此时高阶模态激励的残余振幅对系统激励的残余振幅贡献比为 13.1%，所以在这种情况下，高阶模态对系统的动力学有一定的影响，不能被忽略。

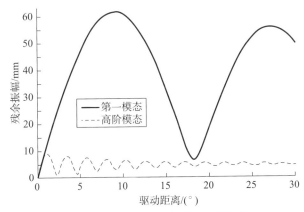

图 4.4 驱动距离对残余振幅的影响

图 4.5 所示为归一化位置选取为梁的中部、驱动距离为 19°、负载质量比为 0.5 时，第一模态频率激励的残余振幅和高阶模态频率激励的残余振幅随着梁的长度变化而变化的图像。从图中可以看出，第一模态频率激励的残余振幅都随着杆长的变化呈现出波峰和波谷交替出现的图形但整体上是逐步增加的趋势，这主要是由于杆长的变化引起系统第一模态频率的变化，当频率刚好使驱动命令开始加速和开始制动时激励的两个波形相互叠加时则出现波峰，而相互抵消时则出现波谷。而高阶模态频率激励的残余振幅随着梁的长度增加而增加，这也从侧面说明当梁的长度较长时，高阶模态频率激励的残余振动也比较大，从而对系统的动力学有一定的影响。

图 4.6 所示为归一化位置选取为梁的中部、驱动距离为 19°、梁的长度为 95 cm 时，第一模态激励的残余振幅和高阶模态激励的残余振幅随着负载质量比的变化而变化的图像。从图中可以看出，当负载质量比不超过 0.5 时，第一模态的残余振幅随着负载质量比的增加而

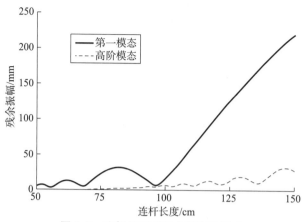

图 4.5 连杆长度对残余振幅的影响

减小,而当负载质量比超过 0.5 时,继续增加负载质量比,第一模态激励的残余振幅会随之增加。相比第一模态,高阶模态激励的残余振幅随着负载质量比的增加变化很平缓,即负载质量比对高阶模态频率激励的残余振幅的影响不大。

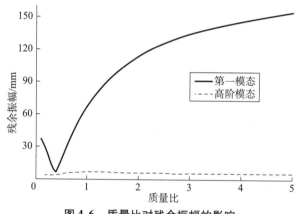

图 4.6 质量比对残余振幅的影响

综上所述,仿真的结果表明当梁的长度很长以及测量关注的点选取为梁的中部时,高阶模态激励的振动对系统的动力学有很大影响,不能被忽略。所以设计一种控制策略能够有效抑制所有模态振动是非常有必要的。

### 4.1.2 仿真

第 2 章给出的四段光滑器将被用于控制柔性连杆机械臂的无穷模态振荡。四段光滑器使用第一模态频率进行设计。但是,第一模态频率在某些特殊情况下可能不是已知的或者时刻变化。因此,本节将研究四段光滑器对第一模态频率模型误差的鲁棒性。

图 4.7 给出当连杆长度变化时,仿真残余振幅结果。归一化位置选取为梁的中部,驱动距离为 19°,质量比为 0.5。四段光滑器设计对应着负载长度固定为 125 cm 的情况。但是真实的连杆是 100~150 cm。在 100 cm 到 125 cm 范围内,光滑器抑制了第一模态振荡到近零

值,这是由于低通滤波效果。随着连杆长度从 125 cm 逐渐增大,第一模态残余振幅快速增长。这是因为光滑器在低频段具有较窄的频率不敏感区间。在全部连杆长度上,光滑器消减了高阶模态振荡到近零值,这是由于四段光滑器具有低通滤波特性。

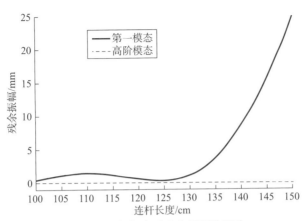

图 4.7　连杆长度对残余振幅的影响

### 4.1.3　试验

图 4.8 所示为购置于 Quanser 公司的一单连杆柔性机械臂试验测试装置。带编码器的 SRV02 驱动装置固定在柔性连杆的一端,柔性连杆的另一端支撑一个大小和体积不计的负载。控制系统的硬件包括一个用于程序开发和呈现用户界面的计算机,一个运动控制卡连接计算机和功率放大器。试验选用连杆的长度为 950 mm,宽度为 39 mm,厚度为 1.02 mm,一个网球作为负载连接在连杆的末端,负载的质量为 121 g。一些配重块压在 SRV02 驱动基座上以增加其惯性,从而使负载及连杆的振动对驱动基座的影响降到最低。试验法测得的第一模态频率和阻尼比分别为 3.35 rad/s 和 0.06,一个摄像机架设在连杆和驱动装置固结的上方,用来实时地检测中部黑色标记和连杆上负载的运动轨迹,检测的结果是中部黑色标记的响应。

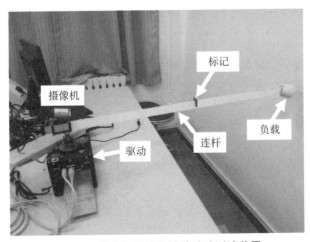

图 4.8　单连杆柔性机械臂试验测试装置

图 4.9 所示为该系统的控制流程框图,操作人员用软件产生一个原始的梯形速度驱动命令通过控制接口通信。原始命令被送到计算机中的 MATLAB 脚本文件中,然后应用于四段光滑器进行处理,生成驱动命令驱动轮毂带动柔性连杆转动。质量比 $c$ 和梁的长度 $l_b$ 作为估计系统设计频率 $\omega_m$ 的参数。

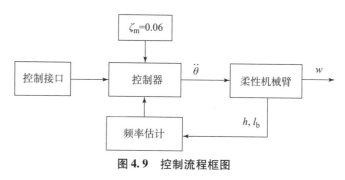

图 4.9 控制流程框图

图 4.10 所示为在不同驱动距离下,残余振幅的仿真和试验曲线。无控制情况下,随着驱动距离的变化,仿真和试验结果呈现基本一致的波峰和波谷交替出现的情况,这也从侧面说明了模型的正确性。因为试验的频率和设计频率都为 3.35 rad/s,阻尼比为 0.06,所以四段光滑器都能够抑制残余振幅到很低的水平,但是从图中可以看出光滑器控制下的试验效果比仿真效果要差一些,这主要是因为试验法测得的系统第一模态频率和阻尼存在小的误差以及系统存在一些不确定性因素。尽管如此,试验的结果和仿真结果呈现相同的趋势,数值方面也相差不大,这充分证明了动力学行为和光滑器控制效果的有效性。

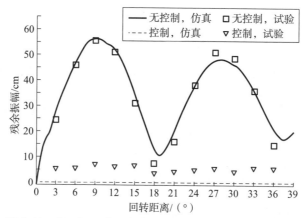

图 4.10 在不同驱动距离下,残余振幅的仿真和试验曲线

第二组试验探索频率设计误差对控制效果的影响。分析驱动距离为 24°的情况下,振荡控制试验响应随着频率设计误差变化的对比结果。图 4.11 所示为设计频率存在小误差情况下的振荡控制效果对比曲线。无控制情况下,瞬态振幅为 30.3 mm,残余振幅为 38.2 mm。光滑器作用下,瞬态振幅和残余振幅分别为 8.7 mm 和 4.6 mm。四段光滑器在小频率设计误差的情况下,取得了很好的振荡控制效果。

图 4.12 所示为频率存在负向误差情况下的控制效果对比图,此时试验的设计频率为 6.7 rad/s(相当于归一化频率 0.5)。光滑器作用下的瞬态振幅和残余振幅分别为 14.4 mm 和 12.2 mm。可以看出残余振幅相对较大,这是因为光滑器对负向频率误差(低频段)比较敏感。

图 4.13 所示为频率存在正向误差情况下的控制效果对比。此时试验的设计频率为 1.675 rad/s(相当于归一化频率 2)。光滑器作用下的瞬态振幅和残余振幅分别为 4.7 mm 和

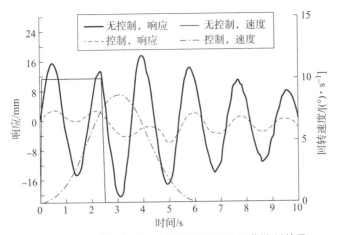

图 4.11 设计频率存在小误差情况下的振荡控制效果

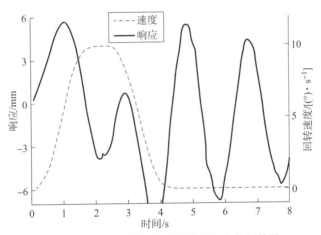

图 4.12 频率存在负向误差情况下的控制效果

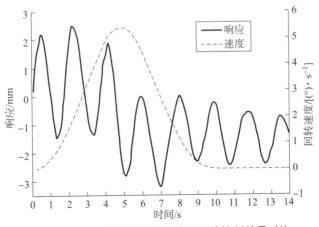

图 4.13 频率存在正向误差情况下的控制效果对比

1.7 mm。光滑器能将残余振幅抑制到很低的水平，主要是因为低通滤波特性，并且光滑器对正向频率误差（高频段）具有较宽的频率不敏感范围。通过图 4.11 ~ 图 4.13 的试验结果，我们可以明显看出对频率设计误差，四段光滑器具有较好的鲁棒性。试验的结果也证明了四段光滑器能够有效抑制柔性机械臂的振动，并且在较宽的频率误差情况下仍能呈现出较强的鲁棒性。

## 4.2 达芬振子柔性连杆机械臂动力学建模与控制

达芬振子广泛应用于多种类型机械系统，包括摆动、梁、绳和非线性隔振装置。多种方法被用于控制达芬振子，包括时滞反馈控制、线性和非线性复合控制、状态反馈控制、最优多项式控制和滑模控制。文献提出了两步整形和三步整形的方法来控制达芬振子。使用优化程序计算出整形后的指令的幅值和作用时刻。两步整形和三步整形方法的有效性在两端固定梁上进行仿真验证。但是，实时优化计算需要较大的计算能力，制约了该方法的工程实际应用。另外，闭环控制系统方法应用于柔性机械臂负载振动中也存在一些问题，比如精确感知负载的振动是一个难题，传感器的检测误差对控制器的控制效果影响很大。另外如果选取高精度的传感器则必然增加相应的应用成本，实际应用中传感器的安装固定等问题也限制了闭环控制方法的广泛使用。

### 4.2.1 动力学

方程（4.1）仍然可以描述此种情况下的力平衡。同样，力矩平衡仍然可以使用方程（4.2）描述。根据梁的弯曲基本理论，可将梁的弯矩表示为

$$M(x,t) = EI \cdot \frac{\frac{\partial^2 w(x,t)}{\partial x^2}}{\left[1 + \left(\frac{\partial w(x,t)}{\partial x}\right)^2\right]^{\frac{3}{2}}} \tag{4.25}$$

式中，$E$ 为杨氏模量；$I$ 为沿横截面的惯性矩，对式（4.25）进行泰勒展开，然后忽略高阶项后得到

$$M(x,t) = EI \cdot \frac{\partial^2 w(x,t)}{\partial x^2} \cdot \left[1 - 1.5\left(\frac{\partial w(x,t)}{\partial x}\right)^2\right] \tag{4.26}$$

将式（4.26）代入式（4.2），然后代入式（4.1），接着忽略 $dx$ 的高阶成分得到

$$EI\frac{\partial^4 w(x,t)}{\partial x^4} - 1.5EI\frac{\partial^2\left[\frac{\partial^2 w(x,t)}{\partial x^2}\left(\frac{\partial w(x,t)}{\partial x}\right)^2\right]}{\partial x^2} + \rho\frac{\partial^2 w(x,t)}{\partial t^2} = -\rho x \cdot a(t) \tag{4.27}$$

单连杆柔性机械臂的边界条件可以表示为

$$w(x,t)\big|_{x=0} = 0 \tag{4.28}$$

$$\frac{\partial w(x,t)}{\partial x}\bigg|_{x=0} = 0 \tag{4.29}$$

$$\frac{\partial^2 w(x,t)}{\partial x^2}\bigg|_{x=l_b} = 0 \tag{4.30}$$

$$\frac{\partial}{\partial x}\left(EI\frac{\partial^2 w(x,t)}{\partial x^2}\right)\bigg|_{x=l_b} = m_p\frac{\partial^2 w(x,t)}{\partial t^2}\bigg|_{x=l_b} \tag{4.31}$$

其中边界条件（4.28）表明在驱动轮毂处梁的挠度为0，边界条件（4.29）表示挠度函数对位置的偏微分也为0。而边界条件（4.30）表示梁端部的弯矩为0，边界条件（4.31）表示梁端部的剪切力满足的边界条件。柔性机械臂由驱动命令引起的振动可以通过模态叠加的方法决定。在这种情况下梁的挠度可表示为各个模态的线性叠加：

$$w(x,t) = \sum_{k=1}^{+\infty} \phi_k(x) \cdot q_k(t) \tag{4.32}$$

式中，$\phi_k(x)$ 是模型的第 $k$ 阶振动模态的振型函数；$q_k(t)$ 是相应的时间函数。通过求解式（4.28）～式（4.32），我们可以得到系统的线性频率 $\omega_k$ 和振型函数 $\phi_k(x)$：

$$\omega_k = \beta_k^2 \cdot \sqrt{\frac{EI}{\rho}} \tag{4.33}$$

$$\cos(\beta_k l_b)\cosh(\beta_k l_b) + 1 = h \cdot \beta_k l_b (\sin\beta_k l_b \cosh\beta_k l_b - \cos\beta_k l_b \sinh\beta_k l_b) \tag{4.34}$$

$$\phi_k(x) = \sin\beta_k x - \sinh\beta_k x - r\cos\beta_k x + r\cosh\beta_k x \tag{4.35}$$

$$r = \frac{\sin\beta_k l_b + \sinh\beta_k l_b}{\cos\beta_k l_b + \cosh\beta_k l_b} \tag{4.36}$$

式中，$\omega_k$ 为第 $k$ 阶模态的自然频率；$h$ 是负载质量和梁的质量之比；参数 $\beta_k$ 由于具有非线性，很难求得解析解，然而通过其他已知参数能求得它的数值解。将式（4.32）代入式（4.27），然后忽略模态之间的耦合项可得到

$$\rho \sum_{k=1}^{+\infty} \left( \phi_k \frac{d^2 q_k}{dt^2} \right) + EI \sum_{k=1}^{+\infty} \left( \frac{d^4 \phi_k}{dx^4} q_k \right) - 1.5 EI \sum_{k=1}^{+\infty} \left\{ \frac{d^2 \left[ \frac{d^2 \phi_k}{dx^2} \left( \frac{d\phi_k}{dx} \right)^2 \right]}{dx^2} q_k^3 \right\} = -\rho x \cdot a(t) \tag{4.37}$$

等式两边同时乘以 $\phi_k(x)$，然后对其在 $0 \leq x \leq l_b$ 上进行积分处理：

$$\rho \sum_{k=1}^{+\infty} \left( \phi_k \frac{d^2 q_k}{dt^2} \right) + EI \sum_{k=1}^{+\infty} \left( \frac{d^4 \phi_k}{dx^4} q_k \right) - 1.5 EI \sum_{k=1}^{+\infty} \left\{ \frac{d^2 \left[ \frac{d^2 \phi_k}{dx^2} \left( \frac{d\phi_k}{dx} \right)^2 \right]}{dx^2} q_k^3 \right\} = -\rho x \cdot a(t) \tag{4.38}$$

式中，$e_k$ 为第 $k$ 阶模态的非线性刚度系数，参数 $e_k$ 和 $\gamma_k$ 的表达式如下：

$$e_k = \frac{-1.5 \int_{x=0}^{l_b} \frac{d^2 \left[ \frac{d^2 \phi_k}{dx^2} \left( \frac{d\phi_k}{dx} \right)^2 \right]}{dx^2} \phi_k dx}{\int_{x=0}^{l_b} \frac{d^4 \phi_k}{dx^4} \phi_k dx} \tag{4.39}$$

$$\gamma_k = \frac{\int_{x=0}^{l_b} x\phi_k dx}{\int_{x=0}^{l_b} \phi_k \phi_k dx} \tag{4.40}$$

对式（4.38）加入比例阻尼项可以得到近似的响应方程：

$$\frac{\mathrm{d}^2 q_k}{\mathrm{d}t^2} + 2\zeta_k \omega_k \frac{\mathrm{d}q_k(t)}{\mathrm{d}t} + \omega_k^2 q_k + e_k \omega_k^2 q_k^3 = -\gamma_k \cdot a(t), \quad \omega_k > 0, \zeta_k \geqslant 0 \quad (4.41)$$

式中，$\zeta_k$ 为第 $k$ 阶模态的阻尼比；该模型（4.41）是包含了无穷个达芬振子的模型。它的时间响应可以近似表示为其中每个达芬振子响应的线性叠加。

为了验证模型的正确性以及研究模型的动力学特性，做出了如下的仿真和试验。表 4.2 所示为模型选取的仿真参数，轮毂的驱动命令选取为梯形速度命令，选取了模型的前四阶模态，并给出了驱动距离为 54°时的仿真和试验图像，如图 4.14 所示。从图中可以看出，线性模型和非线性达芬模型的响应曲线和试验响应曲线有着相近的变化趋势，当时非线性达芬模型的响应曲线和试验的响应曲线更为接近。其中轮毂的驱动时间段为 0~2.7 s，试验响应的瞬态振幅为 186.1 mm，残余振幅为 338.7 mm。该曲线证明了我们建立的达芬模型的正确性，并且模型相比线性模型更加精确。

表 4.2 模型仿真参数

| 参数 | 数值大小 |
| --- | --- |
| 杨氏模量 $E$ | $2.06 \times 10^5$ MPa |
| 惯性矩 $I$ | 3.449 mm$^4$ |
| 梁的线质量密度 | 0.314 3 kg/m |
| 梁的长度 | 95 cm |
| 负载质量比 | 0.5 |
| 阻尼比 | 0.03 |
| 最大驱动速度 | 20°/s |
| 最大驱动加速度 | 200°/s$^2$ |

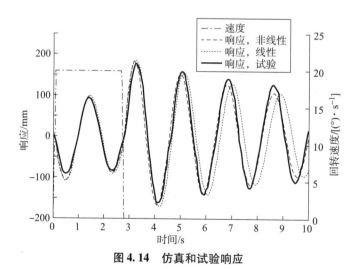

图 4.14 仿真和试验响应

图 4.15 所示为第一模态非线性刚度系数作为负载质量比和梁的长度的曲线。从图中可以看出，随着梁的长度的增加，非线性刚度系数的幅值减小。且在负载质量比小于 0.07 时，

非线性刚度系数为负值,此时表现为软弹簧的性质;而负载质量比大于 0.07 时,非线性刚度系数为正值,此时表现为硬弹簧的性质。非线性刚度系数随着负载质量比的增加而增加,在负载质量比达到 1.16 时增加到一个最大值,然后随着负载质量比的增加而减小。

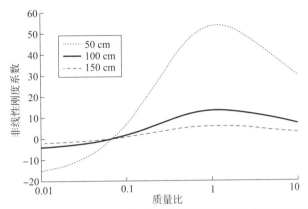

图 4.15　第一模态非线性刚度系数随质量比和连杆长度变化

## 4.2.2　试验

图 4.16 所示为单连杆柔性机械臂实验台,试验选用连杆的长度为 950 mm、宽度为 39 mm、厚度为 1.02 mm,一个网球作为负载连接在连杆的末端,负载的质量为 121 g。一些配重块放置于驱动基座上用来增大基座的惯性,从而减小连杆和负载的振动对基座的影响,一个摄像机放置于驱动基座上方用于检测负载的实时轨迹,试验测得的第一模态频率和阻尼比分别为 3.35 rad/s 和 0.03。

图 4.16　单连杆柔性机械臂实验台

图 4.17 所示为试验的控制流程框图,控制接口产生梯形速度命令,然后经过单模态达芬光滑器或者多模态达芬光滑器的处理产生一个驱动的加速度 $a$ 来驱动轮毂转动。第一模态线性频率 $\omega_1$ 通过式(4.33)来估计。第一模态的非线性刚度系数 $e_1$ 和时间函数 $q_1$ 分别通过式(4.39)和式(4.41)求得。从而求得非线性频率,然后作用于控制器单模态达芬光滑器和多模态达芬光滑器。

图 4.18 所示为驱动距离为 42° 时,单模态和多模态达芬光滑器的试验响应对比图。单模态和多模态达芬光滑器作用下的瞬态振幅分别为 60.4 mm 和 34.8 mm,残余振幅分别为

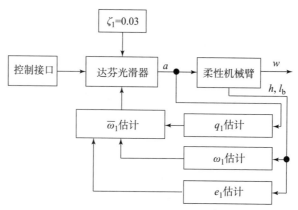

图 4.17 试验的控制流程框图

14.11 mm 和 3.7 mm。两种达芬光滑器都将振荡抑制到很低的程度，但是多模态达芬光滑器比单模态达芬光滑器消减了更多的振荡。

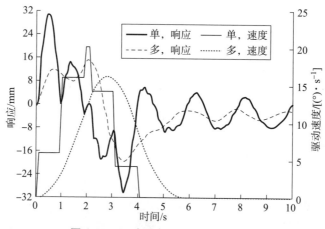

图 4.18 驱动距离 42°时的试验响应

为了验证控制器对不同的驱动距离都有很好的振动抑制效果，我们做了不同驱动距离下的仿真和试验，如图 4.19 所示，驱动距离选取的范围为 27°～66°，设计频率和阻尼比分别为 3.35 rad/s 和 0.03。在无控制情况下，仿真和试验曲线贴合得很好。因为频率和阻尼比设计是按照系统的真实频率近似给定的，所以两个控制器都能将残余振幅抑制到很低的水平。但是，在单模态和多模态达芬光滑器作用下，试验结果相比仿真结果要差一些，这主要因为频率和阻尼在计算时存在一定的误差。总的来说，试验结果和仿真结果有着相同的变化趋势，这个结果也验证了前面的动力学特点以及光滑器对振动抑制的有效性。

在验证完振荡控制的有效性后，我们接下来验证控制器对系统频率误差的鲁棒性。图 4.20 所示为频率存在小误差时的响应图像，试验的驱动距离选取为 54°，试验时设计频率为 3.35 rad/s。无控制情况下，瞬态振幅和残余振幅分别为 186.1 mm 和 338.7 mm。在无控制情况下，残余振幅比瞬态振幅大是因为轮毂减速时的波形和前面相叠加。在单模态达芬光滑器作用下，瞬态振幅和残余振幅分别为 62.9 mm 和 8.2 mm；在多模态达芬光滑器作用下，

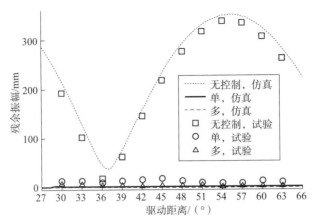

图 4.19 驱动距离对残余振幅的影响

瞬态振幅和残余振幅分别为 32.5 mm 和 2.1 mm。在小误差情况下，单模态和多模态达芬光滑器都能达到很好的振动抑制效果，但单模态达芬光滑器作用下的残余振幅相对多模态达芬光滑器更大一些，这主要是因为单模态达芬光滑器不能有效抑制高模达芬振子激励的振荡。

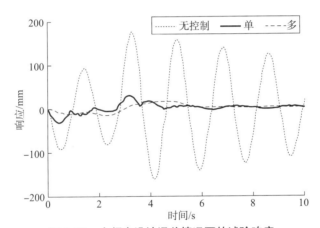

图 4.20 小频率设计误差情况下的试验响应

图 4.21 所示为设计频率为 4.79 rad/s（对应负向 30% 误差）的时间响应，在这种情况下，单模态达芬光滑器作用下的瞬态振幅和残余振幅分别为 156.2 mm 和 62.3 mm；多模态达芬光滑器作用下的瞬态振幅和残余振幅分别为 58.8 mm 和 27.4 mm。可以看出，单模态达芬光滑器作用下的残余振幅要比多模态达芬光滑器作用下的残余振幅更大。这是因为单模态达芬光滑器对频率负向误差的不敏感性比多模态达芬光滑器要差。

图 4.22 所示为设计频率为 2.58 rad/s（对应正向 30% 误差）的时间响应。在这种情况下的单模态达芬光滑器作用下，瞬态振幅和残余振幅分别为 84.5 mm 和 34.8 mm；多模态达芬光滑器作用下的瞬态振幅和残余振幅分别为 34.9 mm 和 12.7 mm。可以看出，多模态达芬光滑器的控制效果相对要好，这是因为多模态达芬光滑器有较宽的频率不敏感范围。通过以上分析，可以得出以下结论：单模态达芬光滑器和多模态达芬光滑器都能提供较好的模型频

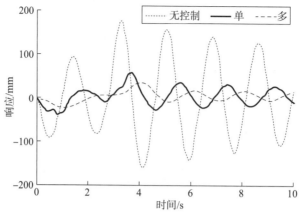

图 4.21 负频率设计误差情况下的试验响应

率误差鲁棒性。试验的结果也验证了两种控制方法对达芬振子系统振动抑制的有效性以及对频率误差较宽的不敏感范围。

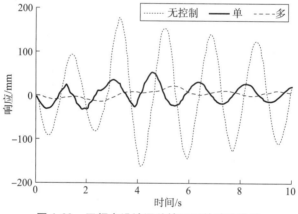

图 4.22 正频率设计误差情况下的试验响应

## 4.3 耦合达芬振子柔性连杆机械臂动力学建模与控制

### 4.3.1 动力学建模

电机上安装有一个轻量化连杆,支撑一个集中质量的负载。柔性连杆长度是 $l_b$。负载质量是 $m_p$。电机转动一个角位移 $\theta$。连杆和负载跟踪这个角位移。但是,由于轻量化连杆表现出柔性结构特性,连杆会表现出持续振荡。系统输入是电机的角加速度。系统输出是连杆在 $x$ 处的变形量 $w(x,t)$。假设连杆和负载的振动不会影响电机的运动。图 4.23 给出连杆上微元的受力。连杆在 $x$ 处微元的力平衡方程为

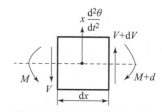

图 4.23 连杆上微元的受力

$$\rho dx \frac{\partial^2 w(x,t)}{\partial t^2} + \rho x dx \frac{d^2\theta}{dt^2} + dV(x,t) = 0 \tag{4.42}$$

连杆在 $x$ 处微元的弯矩平衡方程为

$$dM(x,t) - V(x,t)dx - dV(x,t)dx - 0.5\rho x \frac{d^2\theta}{dt^2}(dx)^2 = 0 \tag{4.43}$$

连杆在 $x$ 处微元的变形量和弯矩的关系满足下面公式:

$$M(x,t) = EI \frac{\dfrac{\partial^2 w(x,t)}{\partial x^2}}{\left[1 + \left(\dfrac{\partial w(x,t)}{\partial x}\right)^2\right]^{1.5}} \tag{4.44}$$

对方程 (4.44) 展开, 然后忽略高阶项可得

$$M(x,t) = EI \frac{\partial^2 w(x,t)}{\partial x^2}\left[1 - 1.5\left(\frac{\partial w(x,t)}{\partial x}\right)^2\right] \tag{4.45}$$

将方程 (4.43) 和方程 (4.45) 代入方程 (4.42), 然后忽略高阶项可得

$$EI\frac{\partial^4 w(x,t)}{\partial x^4} - 1.5EI\frac{\partial^2\left(\dfrac{\partial^2 w(x,t)}{\partial x^2}\left(\dfrac{\partial w(x,t)}{\partial x}\right)^2\right)}{\partial x^2} + \rho\frac{\partial^2 w(x,t)}{\partial t^2} = -\rho x \frac{d^2\theta}{dt^2} \tag{4.46}$$

连杆在自由端和固定端的边界条件为

$$w(x,t)\big|_{x=0} = 0 \tag{4.47}$$

$$\frac{\partial w(x,t)}{\partial x}\bigg|_{x=0} = 0 \tag{4.48}$$

$$\frac{\partial^2 w(x,t)}{\partial x^2}\bigg|_{x=l_b} = 0 \tag{4.49}$$

$$\frac{\partial}{\partial x}\left[EI\frac{\partial^2 w(x,t)}{\partial x^2}\right]\bigg|_{x=l_b} = m_p \frac{\partial^2 w(x,t)}{\partial t^2}\bigg|_{x=l_b} \tag{4.50}$$

连杆的变形量可被假设为无穷自由度:

$$w(x,t) = \sum_{k=1}^{+\infty} \phi_k(x) q_k(t) \tag{4.51}$$

式中, 连杆变形的振型是 $\phi_k(x)$; 对应的时间函数是 $q_k(t)$。将方程 (4.51) 代入方程 (4.47) ~ 方程 (4.50) 可得振型 $\phi_k(x)$ 和频率 $\omega_k$。

$$\omega_k = \beta_k^2 \sqrt{\frac{EI}{\rho}} \tag{4.52}$$

$$\cos\beta_k l_b \cosh\beta_k l_b + 1 = c\beta_k l_b(\sin\beta_k l_b \cosh\beta_k l_b - \cos\beta_k l_b \sinh\beta_k l_b) \tag{4.53}$$

$$\phi_k(x) = \sin\beta_k x - \sinh\beta_k x - r\cos\beta_k x + r\cosh\beta_k x \tag{4.54}$$

$$r = \frac{\sin\beta_k l_b + \sinh\beta_k l_b}{\cos\beta_k l_b + \cosh\beta_k l_b} \tag{4.55}$$

式中, $c$ 是负载和连杆的质量比, 由方程 (4.53) 可以求解出系数 $\beta_k$ 的数值解。线性频率 $\omega_k$ 受到连杆长度和质量比的影响。第二模态频率和第一模态频率的比值也受连杆长度和质量比的影响。对所有连杆长度和质量比, 最小的频率比是 6.267。因此, 模态之间的内共振不可能发生。将方程 (4.51) 代入方程 (4.46), 只考虑前两个模态可得

$$EI\left(q_1 \frac{d^4\phi_1}{dx^4} + q_2 \frac{d^4\phi_2}{dx^4}\right) + \rho\left(\phi_1 \frac{d^2 q_1}{dt^2} + \phi_2 \frac{d^2 q_2}{dt^2}\right) -$$
$$1.5EI \frac{d^2\left[\left(q_1 \frac{d^2\phi_1}{dx^2} + q_2 \frac{d^2\phi_2}{dx^2}\right)\left(q_1 \frac{d^2\phi_1}{dx^2} + q_2 \frac{d^2\phi_2}{dx^2}\right)^2\right]}{dx^2} = -\rho x \frac{d^2\theta}{dt^2} \quad (4.56)$$

前两个模态的耦合被包括在方程（4.46）中。在方程（4.46）两侧都乘以 $\phi_k(x)$，然后对连杆长度积分可得

$$EI q_1 \int_0^{l_b} \phi_1 \frac{d^4\phi_1}{dx^4} dx + \rho \frac{d^2 q_1}{dt^2} \int_0^{l_b} \phi_1^2 dx -$$
$$1.5EI \int_0^{l_b} \phi_1 \frac{d^2\left[\left(q_1 \frac{d^2\phi_1}{dx^2} + q_2 \frac{d^2\phi_2}{dx^2}\right)\left(q_1 \frac{d\phi_1}{dx} + q_2 \frac{d\phi_2}{dx}\right)^2\right]}{dx^2} dx = -\rho \frac{d^2\theta}{dt^2} \int_0^{l_b} x\phi_1 dx \quad (4.57)$$

$$EI q_2 \int_0^{l_b} \phi_2 \frac{d^4\phi_2}{dx^4} dx + \rho \frac{d^2 q_2}{dt^2} \int_0^{l_b} \phi_2^2 dx -$$
$$1.5EI \int_0^{l_b} \phi_2 \frac{d^2\left[\left(q_1 \frac{d^2\phi_1}{dx^2} + q_2 \frac{d^2\phi_2}{dx^2}\right)\left(q_1 \frac{d\phi_1}{dx} + q_2 \frac{d\phi_2}{dx}\right)^2\right]}{dx^2} dx = -\rho \frac{d^2\theta}{dt^2} \int_0^{l_b} x\phi_2 dx \quad (4.58)$$

在方程（4.57）两侧乘以 $\rho \int_0^{l_b} \phi_1^2(x) dx$，然后除以式（4.52）可得

$$\frac{d^2 q_1}{dt^2} + \omega_1^2 q_1 - \frac{1.5EI \int_0^{l_b} \phi_1 \frac{d^2\left[\left(q_1 \frac{d^2\phi_1}{dx^2} + q_2 \frac{d^2\phi_2}{dx^2}\right)\left(q_1 \frac{d\phi_1}{dx} + q_2 \frac{d\phi_2}{dx}\right)^2\right]}{dx^2} dx}{\rho \int_0^{l_b} \phi_1^2 dx} = -\gamma_1 \frac{d^2\theta}{dt^2}$$

$$(4.59)$$

在方程（4.58）两侧乘以 $\rho \int_0^{l_b} \phi_2^2(x) dx$，然后除以式（4.52）可得

$$\frac{d^2 q_2}{dt^2} + \omega_2^2 q_2 - \frac{1.5EI \int_0^{l_b} \phi_2 \frac{d^2\left[\left(q_1 \frac{d^2\phi_1}{dx^2} + q_2 \frac{d^2\phi_2}{dx^2}\right)\left(q_1 \frac{d\phi_1}{dx} + q_2 \frac{d\phi_2}{dx}\right)^2\right]}{dx^2} dx}{\rho \int_0^{l_b} \phi_2^2 dx} = -\gamma_2 \frac{d^2\theta}{dt^2}$$

$$(4.60)$$

其中：

$$\gamma_1 = \frac{\int_0^{l_b} x\phi_1 \mathrm{d}x}{\int_0^{l_b} \phi_1^2 \mathrm{d}x} \tag{4.61}$$

$$\gamma_2 = \frac{\int_0^{l_b} x\phi_2 \mathrm{d}x}{\int_0^{l_b} \phi_2^2 \mathrm{d}x} \tag{4.62}$$

将比例阻尼比增加进方程（4.59）和方程（4.60）中，可得两自由度的非线性方程：

$$\begin{cases} \dfrac{\mathrm{d}^2 q_1}{\mathrm{d}t^2} + 2\zeta_1\omega_1 \dfrac{\mathrm{d}q_1}{\mathrm{d}t} + \omega_1^2 q_1 + \\ \quad (b_{11}q_1^3 + b_{12}q_1 q_2^2 + b_{13}q_1^2 q_2 + b_{14}q_2^3) = -\gamma_1 \dfrac{\mathrm{d}^2\theta}{\mathrm{d}t^2} \\ \dfrac{\mathrm{d}^2 q_2}{\mathrm{d}t^2} + 2\zeta_2\omega_2 \dfrac{\mathrm{d}q_2}{\mathrm{d}t} + \omega_2^2 q_2 + \\ \quad (b_{21}q_1^3 + b_{22}q_1 q_2^2 + b_{23}q_1^2 q_2 + b_{24}q_2^3) = -\gamma_2 \dfrac{\mathrm{d}^2\theta}{\mathrm{d}t^2} \end{cases} \tag{4.63}$$

式中：$\zeta_1$ 是第一模态阻尼比；$\zeta_2$ 是第二模态阻尼比；非线性刚度系数为

$$b_{11} = \frac{-1.5EI}{\rho} \frac{\int_0^{l_b} \phi_1 \dfrac{\mathrm{d}^2\left[\dfrac{\mathrm{d}^2\phi_1}{\mathrm{d}x^2}\left(\dfrac{\mathrm{d}\phi_1}{\mathrm{d}x}\right)^2\right]}{\mathrm{d}x^2} \mathrm{d}x}{\int_0^{l_b} \phi_1^2 \mathrm{d}x} \tag{4.64}$$

$$b_{12} = \frac{-1.5EI}{\rho} \frac{\int_0^{l_b} \phi_1 \dfrac{\mathrm{d}^2\left[\dfrac{\mathrm{d}^2\phi_1}{\mathrm{d}x^2}\left(\dfrac{\mathrm{d}\phi_2}{\mathrm{d}x}\right)^2 + 2\dfrac{\mathrm{d}^2\phi_2}{\mathrm{d}x^2}\dfrac{\mathrm{d}\phi_1}{\mathrm{d}x}\dfrac{\mathrm{d}\phi_2}{\mathrm{d}x}\right]}{\mathrm{d}x^2} \mathrm{d}x}{\int_0^{l_b} \phi_1^2 \mathrm{d}x} \tag{4.65}$$

$$b_{13} = \frac{-1.5EI}{\rho} \frac{\int_0^{l_b} \phi_1 \dfrac{\mathrm{d}^2\left[\dfrac{\mathrm{d}^2\phi_2}{\mathrm{d}x^2}\left(\dfrac{\mathrm{d}\phi_1}{\mathrm{d}x}\right)^2 + 2\dfrac{\mathrm{d}^2\phi_1}{\mathrm{d}x^2}\dfrac{\mathrm{d}\phi_1}{\mathrm{d}x}\dfrac{\mathrm{d}\phi_2}{\mathrm{d}x}\right]}{\mathrm{d}x^2} \mathrm{d}x}{\int_0^{l_b} \phi_1^2 \mathrm{d}x} \tag{4.66}$$

$$b_{14} = \frac{-1.5EI}{\rho} \frac{\int_0^{l_b} \phi_1 \dfrac{d^2\left[\dfrac{d^2\phi_2}{dx^2}\left(\dfrac{d\phi_2}{dx}\right)^2\right]}{dx^2} dx}{\int_0^{l_b} \phi_1^2 dx} \qquad (4.67)$$

$$b_{21} = \frac{-1.5EI}{\rho} \frac{\int_0^{l_b} \phi_2(x) \dfrac{d^2\left[\dfrac{d^2\phi_1}{dx^2}\left(\dfrac{d\phi_1}{dx}\right)^2\right]}{dx^2} dx}{\int_0^{l_b} \phi_2^2 dx} \qquad (4.68)$$

$$b_{22} = \frac{-1.5EI}{\rho} \frac{\int_0^{l_b} \phi_2 \dfrac{d^2\left[\dfrac{d^2\phi_1}{dx^2}\left(\dfrac{d\phi_2}{dx}\right)^2 + 2\dfrac{d^2\phi_2}{dx^2}\dfrac{d\phi_1}{dx}\dfrac{d\phi_2}{dx}\right]}{dx^2} dx}{\int_0^{l_b} \phi_2^2 dx} \qquad (4.69)$$

$$b_{23} = \frac{-1.5EI}{\rho} \frac{\int_0^{l_b} \phi_2 \dfrac{d^2\left[\dfrac{d^2\phi_2}{dx^2}\left(\dfrac{d\phi_1}{dx}\right)^2 + 2\dfrac{d^2\phi_1}{dx^2}\dfrac{d\phi_1}{dx}\dfrac{d\phi_2}{dx}\right]}{dx^2} dx}{\int_0^{l_b} \phi_2^2 dx} \qquad (4.70)$$

$$b_{24} = \frac{-1.5EI}{\rho} \frac{\int_0^{l_b} \phi_2 \dfrac{d^2\left[\dfrac{d^2\phi_2}{dx^2}\left(\dfrac{d\phi_2}{dx}\right)^2\right]}{dx^2} dx}{\int_0^{l_b} \phi_2^2 dx} \qquad (4.71)$$

柔性连杆的振动可以被认为是无穷自由度的耦合达芬振子。前两个模态的耦合达芬振子是主振模态，由方程（4.63）表示。非线性刚度系数取决于连杆长度和负载质量。减小连杆长度将减小非线性刚度系数的幅值，但是不会改变非线性刚度系数的符号。负载质量比可以引起非线性刚度系数符号和幅值的变化。负的非线性刚度系数对应着软弹簧类型，正的非线性刚度系数对应着硬弹簧类型。

梯形速度指令驱动柔性连杆机械臂转动54°的仿真和试验结果显示在图4.24。杨氏模量、连杆惯性矩、连杆线密度、连杆长度、质量比、最大回转速度和最大回转加速度分别设置为$2.06 \times 10^5$ MPa、$3.449$ mm$^4$、$0.3143$ kg/m、$95$ cm、$0.5$、$20°/s$ 和 $200°/s^2$。电机在0时刻开始运动，在2.7s开始减速。阻尼比0.03加入理论模型中。仿真结果和试验结果吻合很好。试验结果的瞬态振幅是153.3mm，残余振幅是296.7mm。残余振幅较大是因为加减速引起的振动同相。

使用多尺度法和拉格朗日变易法可得方程（4.63）的近似解：

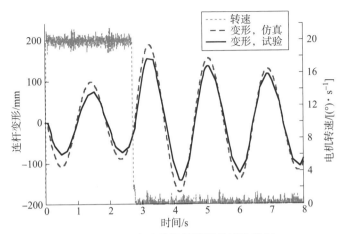

图 4.24 耦合达芬振子模型的试验验证

$$q_1(t) \approx \int_{\tau=0}^{+\infty} C_{11} \frac{\mathrm{d}^2\theta}{\mathrm{d}t^2} e^{-\zeta_1\Omega_1(t-\tau)} \sin\left[\Omega_1 \sqrt{1-\zeta_1^2}(t-\tau) + \varphi_1\right] \mathrm{d}\tau + $$

$$\int_{\tau=0}^{+\infty} C_{12} \frac{\mathrm{d}^2\theta}{\mathrm{d}t^2} e^{-3\zeta_1\Omega_1(t-\tau)} \sin\left[3\Omega_1 \sqrt{1-\zeta_1^2}(t-\tau) + \varphi_2\right] \mathrm{d}\tau + $$

$$\int_{\tau=0}^{+\infty} C_{13} \frac{\mathrm{d}^2\theta}{\mathrm{d}t^2} e^{-(\zeta_2\Omega_2-2\zeta_1\Omega_1)(t-\tau)} \sin\left[(\Omega_2 \sqrt{1-\zeta_2^2} - 2\Omega_1 \sqrt{1-\zeta_1^2})(t-\tau) + \varphi_3\right] \mathrm{d}\tau + $$

$$\int_{\tau=0}^{+\infty} C_{14} \frac{\mathrm{d}^2\theta}{\mathrm{d}t^2} e^{-\zeta_2\Omega_2(t-\tau)} \sin\left[\Omega_2 \sqrt{1-\zeta_2^2}(t-\tau) + \varphi_4\right] \mathrm{d}\tau + \cdots \quad (4.72)$$

$$q_2(t) \approx \int_{\tau=0}^{+\infty} C_{21} \frac{\mathrm{d}^2\theta}{\mathrm{d}t^2} e^{-\zeta_1\Omega_1(t-\tau)} \sin\left[\Omega_1 \sqrt{1-\zeta_1^2}(t-\tau) + \varphi_1\right] \mathrm{d}\tau + $$

$$\int_{\tau=0}^{+\infty} C_{22} \frac{\mathrm{d}^2\theta}{\mathrm{d}t^2} e^{-3\zeta_1\Omega_1(t-\tau)} \sin\left[3\Omega_1 \sqrt{1-\zeta_1^2}(t-\tau) + \varphi_2\right] \mathrm{d}\tau + $$

$$\int_{\tau=0}^{+\infty} C_{23} \frac{\mathrm{d}^2\theta}{\mathrm{d}t^2} e^{-(\zeta_2\Omega_2-2\zeta_1\Omega_1)(t-\tau)} \sin\left[(\Omega_2 \sqrt{1-\zeta_2^2} - 2\Omega_1 \sqrt{1-\zeta_1^2})(t-\tau) + \varphi_3\right] \mathrm{d}\tau + $$

$$\int_{\tau=0}^{+\infty} C_{24} \frac{\mathrm{d}^2\theta}{\mathrm{d}t^2} e^{-\zeta_2\Omega_2(t-\tau)} \sin\left[\Omega_2 \sqrt{1-\zeta_2^2}(t-\tau) + \varphi_4\right] \mathrm{d}\tau + \cdots \quad (4.73)$$

式中：$C_{kj}$ 是振幅相关的函数；$\varphi_j$ 是相位。前两个模态的非线性频率是：

$$\Omega_1 = \omega_1 + (1.5b_{11}A_1^2 + b_{12}A_2^2)/\omega_1 \quad (4.74)$$

$$\Omega_2 = \omega_2 + (b_{23}A_1^2 + 1.5b_{24}A_2^2)/\omega_2 \quad (4.75)$$

式中：$A_1$ 是 $q_1$ 的峰值振幅；$A_2$ 是 $q_2$ 的峰值振幅。非线性频率 $\Omega_k$ 取决于线性频率 $\omega_k$、非线性刚度系数 $b_{kj}$ 和振幅。对于硬弹簧，非线性频率随着振幅增加而增加；软弹簧，非线性频率随着振幅增加而减小。

### 4.3.2 振动控制

耦合达芬振子动力学模型（4.63）包括第一模态频率 $\Omega_1$ 及其三倍频率 $3\Omega_1$，耦合模态

频率 ($\Omega_2 - 2\Omega_1$)，第二模态频率 $\Omega_2$，还有前两阶模态频率的组合频率。需要对全部这些频率处的振动进行抑制。单模态达芬振子光滑器可以将第一模态频率 $\Omega_1$ 及其三倍频率 $3\Omega_1$ 处的振动抑制到最低程度。单模态达芬振子光滑器可以写为下面公式：

$$\begin{bmatrix} A_k \\ \tau_k \end{bmatrix} = \begin{bmatrix} \dfrac{1}{[1 + K + K^3 + K^4]} & \dfrac{K + K^3}{[1 + K + K^3 + K^4]} & \dfrac{K^4}{[1 + K + K^3 + K^4]} \\ 0 & \pi/(\Omega_1 \sqrt{1 - \zeta_1^2}) & 2\pi/(\Omega_1 \sqrt{1 - \zeta_1^2}) \end{bmatrix} \quad (4.76)$$

其中：

$$K = e^{-\pi \zeta_1 / \sqrt{1 - \zeta_1^2}} \quad (4.77)$$

图 4.25 给出单模态达芬振子光滑器的频率敏感曲线。第一模态线性频率、第一模态阻尼比、振幅被固定为 3.36 rad/s、0.03、和 0。单模态达芬振子光滑器可以消除第一模态频率及其三倍频率处的振动。在小阻尼情况下，频率建模误差在 ±15% 范围内，残余振幅可以被抑制在 5% 范围内。

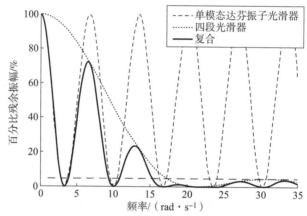

**图 4.25 频率敏感曲线**

耦合达芬振子模型中的第三个频率是 ($\Omega_2 - 2\Omega_1$)。第三个频率是由第一和第二模态的耦合效果产生的。四段光滑器被使用消除耦合模态频率 ($\Omega_2 - 2\Omega_1$) 处的振动和其他高阶模态处振动。四段光滑器可写为

$$f(\tau) = \begin{cases} Q\tau e^{-2W\tau}, & 0 \leq \tau \leq 0.5T_3 \\ Q(T_3 - P^{-1}T_3 - \tau + 2P^{-1}\tau) e^{-2W\tau}, & 0.5T_3 \leq \tau \leq T_3 \\ Q(3P^{-1}T_3 - P^{-2}T_3 - 2P^{-1}\tau + P^{-2}\tau) e^{-2W\tau}, & T_3 \leq \tau \leq 1.5T_3 \\ Q(2P^{-2}T_3 - P^{-2}\tau) e^{-2W\tau}, & 1.5T_3 \leq \tau \leq 2T_3 \end{cases} \quad (4.78)$$

式中：

$$W = \zeta_2 \Omega_2 - 2\zeta_1 \Omega_1 \quad (4.79)$$

$$P = e^{-\pi(\zeta_2 \Omega_2 - 2\zeta_1 \Omega_1)/(\Omega_2 \cdot \sqrt{1 - \zeta_2^2} - 2\Omega_1 \cdot \sqrt{1 - \zeta_1^2})} \quad (4.80)$$

$$T_3 = 2\pi/(\Omega_2 \sqrt{1 - \zeta_2^2} - 2\Omega_1 \sqrt{1 - \zeta_1^2}) \quad (4.81)$$

$$Q = \frac{4(\Omega_2 \zeta_2 - 2\Omega_1 \zeta_1)^2}{(1 + P - P^2 - P^3)^2} \quad (4.82)$$

第一模态非线性频率和第二模态非线性频率被设置为 3.36 rad/s 和 28.16 rad/s，四段光滑器的频率敏感曲线在图 4.25 给出。在耦合频率（$\Omega_2 - 2\Omega_1$）处的残余振幅被抑制为 0，它对频率的导数也被抑制为 0。四段光滑器带有低通滤波特性，来削减高阶模态的振动。

图 4.25 给出了单模态达芬振子光滑器和四段光滑器的复合体的频率敏感曲线。复合光滑器削减了前两个频率处的振动、耦合模态频率处的振动和其他高阶模态处振动。另外，复合光滑器表现出对很宽范围频率的不敏感性，对频率建模误差提供很好的鲁棒性。

### 4.3.3 试验验证

试验验证在图 4.16 实验台上进行。连杆长度是 950 mm，宽度是 39 mm，厚度是 1.03 mm。负载质量是 121 g。基线指令是梯形速度曲线。它将被单模态达芬振子光滑器和四段光滑器的复合体滤波处理然后驱动电机运动。变化回转角位移下，瞬态振幅和残余振幅试验结果见图 4.26 和图 4.27，最大回转角速度是 20°/s，最大回转角加速度是 200°/s$^2$。在无控制情况下，在加减速引起的振动交互作用下，瞬态振幅结果中出现了波峰。随着回转角位移的变化，残余振幅中也包含了波峰波谷的变化。这个变化也是由加减速引起的振动交互的结果。随着回转角位移的增加，阻尼效果将引起波峰幅值逐渐减小。

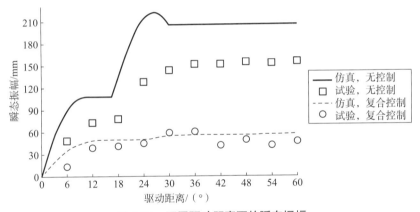

图 4.26　不同驱动距离下的瞬态振幅

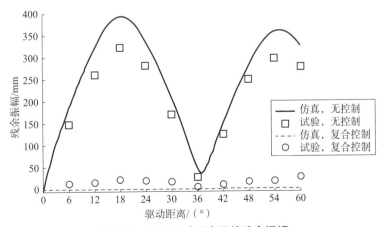

图 4.27　不同驱动距离下的残余振幅

为了设计复合光滑器，第一模态非线性频率、第二模态非线性频率、阻尼比被选择为 3.36 rad/s、28.16 rad/s 和 0.03。使用复合光滑器后，被控的瞬态和残余振幅被大幅削减。仿真结果和试验结果的微小差异是由较小的建模误差引起的。总的来说，试验结果非常符合仿真结果。因此，试验结果验证了动力学模型和复合光滑器的有效性。

图 4.28 给出了不同频率建模误差下的试验响应。回转距离是 54°。无控制下，瞬态振幅是 153.26 mm，残余振幅是 296.7 mm。第一模态非线性频率选取为 3.36 rad/s，第二模态非线性频率选取为 28.16 rad/s。归一化频率被定义为建模频率和实际频率的比值。当归一化频率为 1.0 时，复合光滑器作用下的瞬态振幅和残余振幅分别是 41.4 mm 和 17.6 mm。

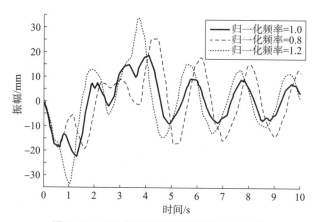

图 4.28　不同频率建模误差下的试验响应

当归一化频率为 0.8 时，复合光滑器作用下瞬态振幅和残余振幅分别是 45.13 mm 和 34.08 mm。当归一化频率为 1.2 时，复合光滑器作用下瞬态振幅和残余振幅分别是 67.75 mm 和 25.52 mm。当建模误差在 ±20% 范围内变化时，复合光滑器可以将振动抑制到很低程度。

# 第 5 章
# 液体晃荡

液体晃荡，指的是部分充液容器中的液体受到扰动后，在液体惯性和某些恢复力的相互制约下形成的自由液面的波动。液体晃荡过程中产生的对容器壁的作用力和作用力矩，能够明显地改变系统的动力学特性，严重影响系统结构稳定性和运动稳定性。

## 5.1 平面线性晃荡

液体晃荡的动力学过程非常复杂，包含有无穷晃荡模态。研究者们针对液体晃荡现象提出了很多控制方法，目前晃荡抑制方法主要分为以下几类：被动控制（改进机械结构，增加阻尼）、主动控制（在液面安装执行器或控制液面气压）、闭环控制技术（线性控制、非线性控制、滑模控制、$H_\infty$控制、PID控制）和开环控制技术（Input Shaping）。

液体晃荡的被动控制是在贮箱结构上通过防晃设计来改变晃荡特性，进而实现抑制晃荡。液体防晃设计是通过选择适当的贮箱几何形状和内部结构改变液体晃荡特性参数，如晃荡频率、晃荡质量、阻尼等实现晃荡稳定条件。液体贮箱防晃设计的技术途径为：改变液体晃荡频率，使其与载液系统刚体运动和控制系统频率不耦合；减小液体晃荡质量，使得刚液耦合相互作用力和力矩减小；提高液体晃荡阻尼比，增大液体晃荡能量的衰减速度。在贮液箱内增加防晃板和阻尼器可以增加贮液箱的结构复杂性和质量，同时，防晃板和阻尼器的安装延长了贮液箱的制造周期，减少了贮液箱运送的液体量，降低了液体运输效率。

液体晃荡的主动控制是通过有源元件直接或间接对液体施加作用来抑制液体的晃荡。已有的文献都是以贮液容器的点到点传动为控制任务，使容器精确按照期望的轨迹运动，从而抑制液体晃荡。描述晃荡抑制效果的指标主要有残余振动水平、时间最优、对参数摄动的鲁棒性等。主动控制实时监测液面晃荡情况，通过驱动器实时控制液面的晃荡的方法能够有效抑制液体晃荡。Venugopal 和 Bernstein 设计了两种液体晃荡主动控制方法。第一种方法在液体自由晃荡液面上安装执行器，通过控制液面气压的方式抑制容器内液体晃荡；第二种方法通过在液面安装一个执行器，根据实时监测的液面状态来拍打液面从而抑制液面的晃荡，大量的仿真结果证明了方法的有效性。主动控制方法需要安装执行器和传感器，这提高了控制系统的成本，增加了控制系统的复杂性，并且在很多工况下，控制器无法安装，如冶金行业，高温液体表面很难安装执行器和传感器。

闭环控制方法大多使用容器的运动轨迹作为闭环控制的输入量，如 PID 控制、滑模控制、$H_\infty$ 控制和 Lyapunov-based 反馈控制。建立容器运动与液面受迫晃荡的动力学模型，实时采集容器的运动参数反馈，在线实时调整容器的运动，能够达到抑制液体晃荡的目标。Kurode 为滑模控制器设计了一个非线性开关曲面来抑制液体的晃荡，试验和仿真结果证明了方法的有效性。Reyhanoglu 等针对 PPR 机器人提出了一种基于李雅普诺夫稳定性原理的控制器来抑制液体晃荡,并且通过仿真结果说明了方法的有效性。在包装领域,Grundelius 等使用最优控制技术和迭代学习控制实现液体最小振幅的晃荡。Yano 通过混合波形方式设计了液体晃荡抑制控制器,试验结果验证了方法的有效性。Gandhi 和 Duggal 基于李雅普诺夫稳定性原理,通过力反馈控制容器运动,抑制圆柱形容器内液体的晃荡。在实际应用中,由于晃荡过程复杂,大多数情况下液体晃荡状态量不能被准确测量,因此将反馈控制应用于液体晃荡是很困难的。现有方法只能抑制液体晃荡的最初几个晃荡模态,而在很多工况下,高阶模态对液体晃荡有重要影响。

Input Shaping 作为一种前馈控制方法,不需要测量液体晃荡状态量和独立执行机构,仅通过对载体系统原始驱动命令进行整形,产生光滑的运动命令,从而达到抑制液体晃荡的目的,如无限冲激响应滤波器、加速度补偿和输入整形。Feddema 提出了无限脉冲响应滤波器,整形加速度命令实现开口容器内自由液面的控制,通过 FANUC S-800 机器人移动半球形贮液容器验证了方法的有效性。Chen 基于加速度补偿技术设计了液体高速传送控制器,在 KUKA-KR16 工业机器人上进行的试验说明了方法的有效性。Pridgen 设计了一个两模态输入整形器抑制液体晃荡。由于液体晃荡有无穷模态,输入整形很难抑制液体晃荡的高阶模态,尤其对于强非线性液体晃荡,输入整形技术很难获得良好的控制效果;最优轨迹法需要的计算量太大,难以工程实现,对控制系统软硬件要求高。闭环控制难以获得液体晃荡的状态量。现有方法同样只能抑制液体晃荡的最初几个晃荡模态,而在很多工况下,高阶模态对液体晃荡有重要影响,因此目前的控制策略很难获得较好的抑制效果。此外还有大量的文献研究了液体晃荡的动力学建模和试验装置的设计。

综上所述,被动控制前期需要通过大量的仿真,计算得到防晃板的样式与布置形式,这种方法增加了机械结构的复杂性和质量;主动控制在很多高温、腐蚀性环境中难以实现;闭环反馈控制由于晃荡状态量难以测量,控制器硬件上的要求使成本增加,推广应用受限;Input Shaping 只能抑制液体晃荡的基础模态或者前两个晃荡模态,不能抑制高阶模态的振动,因此效果一般。目前对晃荡抑制效果评价指标中,没有瞬态抑制评价指标,以往的研究很少注重对液体瞬态振动的抑制,但是在实际过程中,液体的瞬态冲击往往严重影响系统运动稳定性,对机械结构有破坏性影响。所以需要设计简单有效的晃荡控制算法,不仅要控制效果好,对系统参数和工况变化不敏感,而且要易于安装实现。

### 5.1.1 动力学

图 5.1 所示为液体二维晃荡的示意图,矩形容器的长度为 $2a$,内部充有液面高度为 $h$ 的液体,$\eta$ 表示晃荡时自由液面到静止液面的高度,容器的侧向加速度为 $C(t)$,为了简化动力学建模,做以下假设:

(1) 流体流动是无旋的;
(2) 容器内流体是无黏性、均匀、不可压缩的;
(3) 容器是绝对刚性的,没有弹性变形;
(4) 液体晃荡是微幅晃荡。

对于无旋流动,容器中流体的速度可表示为

$$v = v_0 + \nabla \phi \tag{5.1}$$

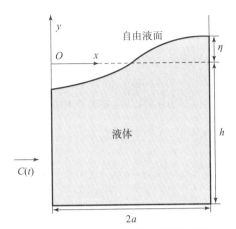

图 5.1 平面液体晃荡物理模型图

式中，$v_0$ 为容器的速度；$\nabla$ 是梯度算子；$\phi$ 是扰动速度势函数，通过上述假设，自由液面的晃荡边界值问题可描述为

$$\nabla^2 \phi = 0 \tag{5.2}$$

$$\left.\frac{\partial \phi}{\partial x}\right|_{x=0;2a} = 0 \tag{5.3}$$

$$\left.\frac{\partial \phi}{\partial y}\right|_{y=-h} = 0 \tag{5.4}$$

$$\frac{\partial \phi}{\partial y} = \frac{\partial \eta}{\partial t}, \quad \text{当 } y = \eta(x,t) \tag{5.5}$$

$$\frac{\partial \phi}{\partial t} + g\eta + C(t)x = 0, \quad \text{当 } y = \eta(x,t) \tag{5.6}$$

式中，$g$ 为重力加速度。扰动速度势函数 $\phi$ 和液高 $\eta$ 可表示为

$$\phi(x,y,t) = \sum_k \varphi_k(x,y) \dot{q}_k(t) \tag{5.7}$$

$$\eta(x,y,t) = \sum_k H_k(x,y) q_k(t) \tag{5.8}$$

式中，$q_k(t)$ 是关于时间的函数；$\varphi_k(x,y)$ 和 $H_k(x,y)$ 是对应的模态函数。它们是下列边界值问题的解：

$$\nabla^2 \varphi_k = 0 \tag{5.9}$$

$$\left.\frac{\partial \varphi_k}{\partial x}\right|_{x=0;2a} = 0 \tag{5.10}$$

$$\left.\frac{\partial \varphi_k}{\partial y}\right|_{y=-h} = 0 \tag{5.11}$$

$$\frac{\partial \varphi_k}{\partial y} = H_k = \frac{\omega_k^2 \varphi_k}{g}, \quad \text{当 } y = \eta(x,t) \tag{5.12}$$

解方程 (5.9) ~ 方程 (5.12)，得到各个晃荡模态的固有频率 $\omega_k$ 及对应的空间函数 $\varphi_k$ 和 $H_k$：

$$\omega_k^2 = g \frac{k\pi}{2a} \tanh\left(\frac{k\pi}{2a}h\right) \tag{5.13}$$

$$\varphi_k = \cos\left(\frac{k\pi x}{2a}\right)\cosh\left(k\pi\frac{y+h}{2a}\right) \tag{5.14}$$

$$H_k = \frac{\omega_k^2}{g}\varphi_k, \quad k = 1,2,3,\cdots \tag{5.15}$$

前人文献表明，方程（5.13）可以用来估计液体晃荡频率。把方程（5.7）、方程（5.8）代入方程（5.6），然后两边同时乘以 $\varphi_k$ 并在自由液面上做 $0 \leqslant x \leqslant 2a$ 积分，得到

$$u_k \ddot{q}_k(t) + u_k \omega_k^2 q_k(t) + \alpha_k C(t) = 0, \quad k = 1,2,3,\cdots \tag{5.16}$$

其中

$$u_k = \rho \int_{x=0}^{2a} H_k \varphi_k \mathrm{d}x \tag{5.17}$$

$$\alpha_k = \rho \int_{x=0}^{2a} x H_k \mathrm{d}x \tag{5.18}$$

上式中 $\rho$ 为液体的密度。当 $k$ 为偶数时，$\alpha_k$ 等于 0，这说明横向加速度 $C(t)$ 只能激发奇数晃荡模态响应，偶数晃荡模态不被激发。实际液体晃荡具有耗散性，引入系统阻尼表征晃荡的耗散性，又因为偶数晃荡模态不被激发，因此方程（5.16）可以整理成如下形式：

$$\ddot{q}_k(t) + 2\zeta_k \omega_k \dot{q}_k(t) + \omega_k^2 q_k(t) + \frac{\alpha_k}{u_k}C(t) = 0, \quad k = 1,3,5,\cdots \tag{5.19}$$

式中，$\zeta_k$ 为各个晃荡模态的阻尼比，阻尼比的理论表达式是一个实验常数、Galilei 数和容器形状的函数，对于水，各个模态的晃荡阻尼比约为 0.01。把方程（5.15）代入方程（5.8）中可以得到自由液面上任意测量点处的液高为

$$\eta(x,0,t) = \sum_k H_k(x,0) q_k(t) = \sum_{k=\text{奇数}}\left(\frac{\omega_k^2}{g}\varphi_k q_k(t)\right) \tag{5.20}$$

因此，液面高度为无穷晃荡模态响应的总和。从方程（5.19）和方程（5.20）可以得到容器最右侧处液高与外界激励之间的传递函数：

$$\eta_{x=2a,y=0}(s) = \sum_{k=\text{奇数}}\left(\frac{8a}{gk^2\pi^2}\cdot\frac{-\omega_k^2}{s^2+2\zeta_k\omega_k s+\omega_k^2}C(s)\right) \tag{5.21}$$

另外，把方程（5.14）和方程（5.19）代入方程（5.7），可以得到容器最右侧处扰动速度势与外界激励之间的传递函数：

$$\varphi_{x=2a,y=0}(s) = \sum_{k=\text{奇数}}\left(\frac{8a}{k^2\pi^2}\cdot\frac{-s}{s^2+2\zeta_k\omega_k s+\omega_k^2}C(s)\right) \tag{5.22}$$

模型（5.21）和模型（5.22）包含无穷晃荡模态，因此系统总响应为各个晃荡模态响应的叠加。为了研究高阶模态的影响，引入相对振幅贡献概念，其定义为脉冲响应下的高阶模态的振幅与基础模态的振幅比，用此比值来评估高阶晃荡模态对整系统的影响。

图 5.2 所示为液深大范围变化时，各个高阶模态相对振幅贡献的变化情况。在 50 mm 深度以前，随着液体深度的增加，相对振幅贡献下降；液深超过 50 mm 后，随着液深变化，相对振幅贡献趋于平缓。第三模态、第五模态和第七模态的平均相对振幅贡献分别为 19.8%，9.2%，5.6%，第九模态到第十九模态的平均振幅相对贡献为 12%。仿真结果显示，高阶模态对整个系统的动力学有显著影响，因此需要设计一种控制方法能够有效地抑制

液体全部模态的晃荡。

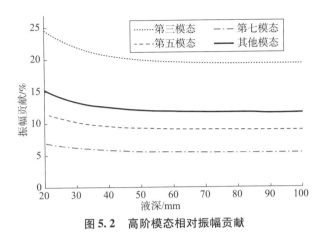

图 5.2　高阶模态相对振幅贡献

容器运动的原始驱动命令为梯形速度命令。表 5.1 给出了本章中使用的仿真与试验参数。系统的响应按照时间可划分为两个阶段：瞬态响应阶段与残余响应阶段。瞬态响应阶段指的是容器运动过程中，系统的动力学响应，在此时间段内的峰峰振幅定义为瞬态振幅；残余响应阶段定义为容器停止运动以后的时间范围，此时间段内振动的峰峰振幅定义为残余振幅。分别用瞬态振幅和残余振幅来表征瞬态振动和残余振动的剧烈程度。

表 5.1　仿真与试验参数

| 参数 | 数值 |
| --- | --- |
| 容器长度 $2a$ | 92 mm |
| 最大速度 | 0.2 m/s |
| 加速度 | 2 m/s$^2$ |

### 5.1.2　仿真

本节主要探讨在不同液深和不同驱动距离情况下，仿真分析两段光滑器对晃荡的抑制效果，验证控制器的有效性。仿真中，我们取液体晃荡动力学模型的前八个模态进行仿真，忽略更高阶次的模态。

图 5.3 所示为液深为 92 mm 时，不同驱动距离下，液体的瞬态振幅和残余振幅。在无控制器情况下，当驱动距离小于 4.3 cm 时，瞬态振幅随着驱动距离的增加而变大，此时瞬态振幅取决于加速脉冲的宽度，然而一旦达到最大速度，加速脉冲宽度不再增加；经过这一点后，瞬态振幅不再取决于加速脉冲的宽度，而取决于加速过程引起的振动与减速过程诱发的振动之间的相互作用，当相互作用后的振幅大于加速过程振幅时，瞬态振幅曲线上出现波峰点。残余振幅为加速引起的振动与减速引起的振动相互作用的结果。当两者的振荡同相时，波峰出现；当两者的振动反相时，波谷出现。光滑器能够抑制瞬态振动的 82.2%，残余振动的 99.8%。光滑器基本上能够将残余振幅抑制到 0。不同驱动距离下，控制器都有很好的控制效果。

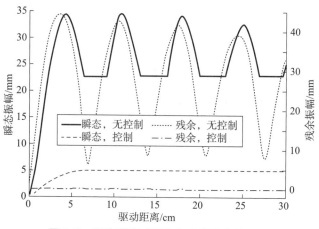

图 5.3 驱动距离对瞬态和残余晃荡的影响

图 5.4 所示为驱动距离为 20 mm 时,不同液深时的瞬态振幅曲线和残余振幅曲线。无控制器时,对所有的液深均有较大的瞬态振动与残余振动。液体晃荡的瞬态振动振幅与残余振动振幅随着液深的增加先增加再减小,而当液深增加到与容器宽度相等后($h/2a = 1$),继续增加液深,液体的瞬态振动振幅与残余振动振幅变化趋于平缓。两段光滑器能够抑制瞬态振荡的 78.8%,残余振荡的 99.8%。对于所有测试液深,光滑器能够将残余振荡抑制到 0。图 5.3 和图 5.4 的仿真结果说明两段光滑器在不同的驱动距离和不同液深情况下,均能有效地抑制液体的瞬态晃荡和残余振动。

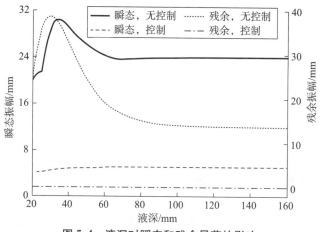

图 5.4 液深对瞬态和残余晃荡的影响

### 5.1.3 试验

如图 5.5 所示,试验在固高 XY 数控平台上进行。实验台由松下伺服电机驱动,安装有编码器,能够测量平台的运动参数。实验台的控制系统硬件有用于编写控制算法的电脑主机、DSP 运动控制板卡(GT - 400 - SV - PCI)、运动控制板卡连接电脑与伺服驱动器。在 VC++ 中编写算法,产生驱动命令驱动数控平台运动。在本研究中,驱动数控平台沿着一个方向运动。试验中,液深通过尺子测量,然后估算液体晃荡的固有频率,用于设计两段光滑器。整个实验台的行程为 30 cm，容器的尺寸为 92 cm×92 cm×180 cm。实验台左侧安装一个 CMOS 摄像头，用于测量容器壁处液体晃荡液高。

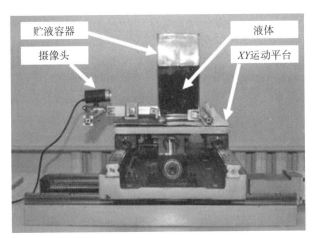

图 5.5　充液容器实验台

图 5.6 所示为梯形速度命令下，容器最右侧处液高的动力学响应。试验液深为 92 cm，驱动距离为 22 cm。0~1 s，容器内液体静止；1~1.1 s 容器加速；1.1~2.0 s 容器匀速运动；2.0~2.1 s 容器减速到静止。无控制器时，液体的瞬态振幅和残余振幅分别为 17.4 cm 和 7.7 cm。残余振幅小于瞬态振幅，这是因为减速过程引起的振动与加速过程引起的振动反相，两者相互削弱。光滑器控制下，液体的瞬态振幅和残余振幅分别是 4.3 mm 和 0.2 mm。试验结果显示，光滑器能很好地抑制液体的瞬态晃荡和残余晃荡。

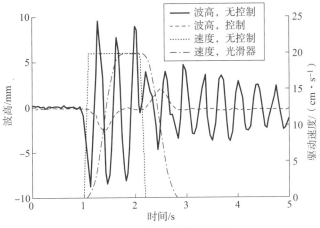

图 5.6　液体晃荡试验响应

下面通过试验验证建立的晃荡动力学模型的正确性和两段光滑器的有效性。试验分为两组，第一组考察驱动距离的影响，容器内液位深度固定为 92 mm，驱动距离在 6~150 mm 范围内变化。图 5.7 所示为试验测量得到的瞬态振幅。没有控制器情况下，瞬态振幅取决于加速诱发的振动与减速诱发的振动之间的相互作用，所以随着驱动距离的变化，瞬态振幅也会发生变化。光滑器产生的命令更加光滑，光滑的驱动命令减小了液体的瞬态振荡。统计试验数据，光滑器能够抑制瞬态振荡的 78.3%。

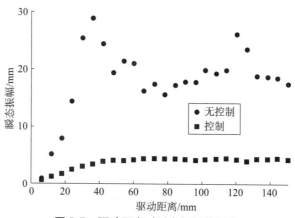

图 5.7　驱动距离对瞬态振幅的影响

以驱动距离为变量，试验得到的残余振幅如图 5.8 所示。与仿真结果相似，无控制器时，残余振幅随着驱动距离的变化而变化。光滑器有低通和陷波滤波特性，因此能够抑制无穷模态的晃荡。所有驱动距离下，光滑器能够抑制液体残余晃荡振幅小于 0.43 mm。试验数据显示，光滑器能很好地抑制液体瞬态晃荡和残余晃荡。

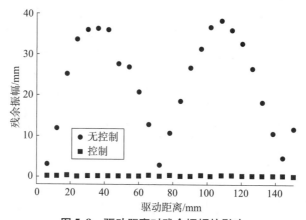

图 5.8　驱动距离对残余振幅的影响

第二组试验验证在液深变化时，两段光滑器的有效性。试验条件是驱动距离固定为 20 cm，液深在 40~150 mm 范围内变化。图 5.9 所示为试验得到的瞬态晃荡振幅。与仿真结果相似，当液深变化时，瞬态晃荡振幅变化不大。光滑器由于能够产生光滑的驱动命令，对瞬态晃荡的抑制率达到了 79.1%。

液体残余振幅试验数据如图 5.10 所示。无控制器时，随着液深的增加，残余振幅减小。由于光滑器对系统固有频率变化不敏感，当实际液深变化时，光滑器能够抑制所有的残余振幅低于 0.32 mm。上述试验结果说明，两段光滑器对液深变化不敏感，具有很好的鲁棒性。通过上述两组试验，验证了两段光滑器能够在不同工况下很好地抑制液体的瞬态晃荡和残余晃荡。

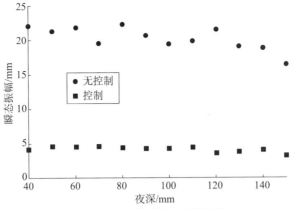

图 5.9　液深变化对瞬态振幅的影响

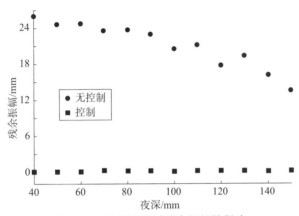

图 5.10　液深变化对残余振幅的影响

## 5.2　三维线性晃荡

### 5.2.1　动力学

图 5.11 所示为液体三维晃荡示意图。长度为 $a$，宽度为 $b$ 的矩形容器内充有液深为 $h$ 的液体。$\eta$ 代表从静止液面量起的液面高度，容器运动可以分解为沿着固定坐标系 $X'$、$Y'$ 两个方向的线性运动，$C(t)$ 为容器运动加速度，$\alpha$ 为加速度方向与 $X'$ 方向的夹角。$oxy$ 为移动坐标系，固结于液体静止液面上，坐标系原点在容器转角处，动坐标系与惯性坐标系的方向平行。

假设贮箱内液体是不可压缩的、无黏性的，贮箱内流体的流动是无旋的，并且自由液面的波高和速度相对较小，容器是刚性的、不可渗透的。对于无旋流动，容器内液体速度可写为

$$v = v_0 + \nabla \varphi \tag{5.23}$$

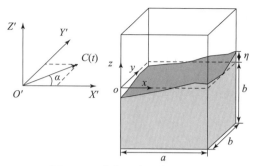

图 5.11 液体三维晃荡示意图

式中，$v_0$ 为贮箱的运动速度；$\nabla$ 为梯度算子；$\phi$ 为扰动速度势。则贮箱内液体自由晃荡的边界值问题在动坐标系中可描述为

$$\nabla^2 \phi = 0 \tag{5.24}$$

$$\left.\frac{\partial \phi}{\partial x}\right|_{x=0,a} = 0 \tag{5.25}$$

$$\left.\frac{\partial \phi}{\partial y}\right|_{y=0,b} = 0 \tag{5.26}$$

$$\left.\frac{\partial \phi}{\partial z}\right|_{z=-h} = 0 \tag{5.27}$$

$$\frac{\partial \phi}{\partial z} = \frac{\partial \eta}{\partial t}, \quad \text{at } z = \eta(x,y,t) \tag{5.28}$$

$$\frac{\partial \phi}{\partial t} + g\eta + xC(t)\cos\alpha + yC(t)\sin\alpha = 0, \quad \text{当 } z = \eta(x,y,t) \tag{5.29}$$

式中，$g$ 为重力加速度，扰动速度势函数 $\phi$ 和液高 $\eta$ 可以写成如下形式：

$$\phi(x,y,z,t) = \sum_{ij} \varphi_{ij}(x,y,z) \dot{q}_{ij}(t) \tag{5.30}$$

$$\eta(x,y,z,t) = \sum_{ij} H_{ij}(x,y,z) q_{ij}(t) \tag{5.31}$$

式中，$i,j$ 为非负数，$q_{ij}(t)$ 为时间相关的函数，$\varphi_{ij}(x,y,z)$ 和 $H_{ij}(x,y,z)$ 是对应的空间函数，它们是如下方程组的解：

$$\nabla^2 \varphi_{ij} = 0 \tag{5.32}$$

$$\left.\frac{\partial \varphi_{ij}}{\partial x}\right|_{x=0,a} = 0 \tag{5.33}$$

$$\left.\frac{\partial \varphi_{ij}}{\partial y}\right|_{y=0,b} = 0 \tag{5.34}$$

$$\left.\frac{\partial \varphi_{ij}}{\partial z}\right|_{z=-h} = 0 \tag{5.35}$$

$$\frac{\partial \varphi_{ij}}{\partial z} = H_{ij} = \frac{\omega_{ij}^2 \varphi_{ij}}{g}, \quad \text{当 } z = \eta(x,y,t) \tag{5.36}$$

解方程（5.32）至方程（5.36），得到液体晃荡的自然频率 $\omega_{ij}$ 以及对应的模态函数：

$$\omega_{ij}^2 = g\pi \sqrt{\left(\frac{i}{a}\right)^2 + \left(\frac{j}{b}\right)^2} \cdot \tanh\left(\pi h \sqrt{\left(\frac{i}{a}\right)^2 + \left(\frac{j}{b}\right)^2}\right) \tag{5.37}$$

$$\varphi_{ij} = \cos\left(\frac{i\pi x}{a}\right)\cos\left(\frac{j\pi y}{b}\right) \cdot \cosh\left(\pi(z+h)\sqrt{\left(\frac{i}{a}\right)^2 + \left(\frac{j}{b}\right)^2}\right) \qquad (5.38)$$

$$H_{ij} = \frac{\omega_{ij}^2 \varphi_{ij}}{g} \qquad (5.39)$$

式中，$i$，$j$ 为整数，并且 $\omega_{i0}$、$\omega_{0j}$ 和 $\omega_{ij}$ 分别是横向模态、纵向模态和混合模态。将方程（5.30）、方程（5.31）代入方程（5.29），两边同时乘以 $\varphi_{ij}$，再在自由液面 $0 \leqslant x \leqslant a$；$0 \leqslant y \leqslant b$ 上进行积分，得到受迫晃荡方程：

$$\lambda_{ij}\ddot{q}_{ij}(t) + \lambda_{ij}\omega_{ij}^2 q_{ij}(t) + \gamma_{ij}C(t)\cos\alpha + \beta_{ij}C(t)\sin\alpha = 0 \qquad (5.40)$$

其中

$$\lambda_{ij} = \rho \int_0^a \int_0^b H_{ij}\varphi_{ij}\mathrm{d}x\mathrm{d}y \qquad (5.41)$$

$$\gamma_{ij} = \rho \int_0^a \int_0^b x H_{ij}\mathrm{d}x\mathrm{d}y \qquad (5.42)$$

$$\beta_{ij} = \rho \int_0^a \int_0^b y H_{ij}\mathrm{d}x\mathrm{d}y \qquad (5.43)$$

上式中 $\rho$ 为液体密度，根据方程（5.42）和方程（5.43）计算 $\gamma_{ij}$ 和 $\beta_{ij}$ 的值得到

$$\gamma_{ij} = \begin{cases} \dfrac{-2a^2\rho\omega_{ij}^2\cosh(i\pi h/a)}{g\pi^2 i^2}, & i = \text{odd}, j = 0 \\ 0, \text{其他} \end{cases} \qquad (5.44)$$

$$\beta_{ij} = \begin{cases} \dfrac{-2b^2\rho\omega_{ij}^2\cosh(j\pi h/b)}{g\pi^2 j^2}, & i = 0, j = \text{odd} \\ 0, \text{其他} \end{cases} \qquad (5.45)$$

方程（5.44）和方程（5.45）表明，横向激励只能激发横向晃荡模态，纵向激励只能激发纵向晃荡模态，平面两个方向的激励不能激发混合晃荡模态。考虑系统阻尼，则方程（5.40）可以写成如下形式：

$$\ddot{q}_{i0}(t) + 2\zeta_{i0}\omega_{i0}\dot{q}_{i0}(t) + \omega_{i0}^2 q_{i0}(t) + \frac{\gamma_{i0}}{\lambda_{i0}}C(t)\cos\alpha = 0, \; i = \text{奇数} \qquad (5.46)$$

$$\ddot{q}_{0j}(t) + 2\zeta_{0j}\omega_{0j}\dot{q}_{0j}(t) + \omega_{0j}^2 q_{0j}(t) + \frac{\beta_{0j}}{\lambda_{0j}}C(t)\sin\alpha = 0, \; j = \text{奇数} \qquad (5.47)$$

式中，$\zeta_{i0}$ 和 $\zeta_{0j}$ 分别是横向晃荡模态的阻尼和纵向晃荡模态的阻尼，对于水，各个模态的晃荡阻尼约为 0.01。将方程（5.39）代入方程（5.31）中得到任意测量点处的液高表达式为

$$\eta(x,y,0,t) = \sum_{i=\text{odd},j=0} H_{ij}(x,y,0)q_{ij}(t) + \sum_{i=0,j=\text{odd}} H_{ij}(x,y,0)q_{ij}(t)$$
$$= \sum_{i=\text{odd}} \frac{\omega_{i0}^2\varphi_{i0}}{g}q_{i0}(t) + \sum_{j=\text{odd}} \frac{\omega_{0j}^2\varphi_{0j}}{g}q_{0j}(t) \qquad (5.48)$$

由方程（5.46）~方程（5.48）可得容器对角处液高与外界激励之间的传递函数为

$$\eta_{x=a,y=b,z=0}(s) = \sum_{i=\text{odd}} \frac{-4a\omega_{i0}^2 \cdot C(s)\cos\alpha}{g\pi^2 i^2(s^2 + 2\zeta_{i0}\omega_{i0}s + \omega_{i0}^2)} + \sum_{j=\text{odd}} \frac{-4b\omega_{0j}^2 \cdot C(s)\sin\alpha}{g\pi^2 j^2(s^2 + 2\zeta_{0j}\omega_{0j}s + \omega_{0j}^2)} \qquad (5.49)$$

此外，将方程（5.38）、方程（5.46）、方程（5.47）代入方程（5.30）中，可得容器

对角处液体扰动速度势与外界激励传递函数关系为

$$\varphi_{x=a,y=b,z=0}(s) = \sum_{i=\text{odd}} \frac{-4as \cdot C(s)\cos\alpha}{\pi^2 i^2 (s^2 + 2\zeta_{i0}\omega_{i0}s + \omega_{i0}^2)} + \sum_{j=\text{odd}} \frac{-4bs \cdot C(s)\sin\alpha}{\pi^2 j^2 (s^2 + 2\zeta_{0j}\omega_{0j}s + \omega_{0j}^2)} \quad (5.50)$$

理论分析显示，容器内液体晃荡液高和扰动速度势是两个方向无数个晃荡模态的叠加，但是在平面运动激励下，两个方向的晃荡是相互独立的，横向模态与纵向模态之间没有耦合。由式（5.49）可得脉冲激励下，贮箱对角处液体晃荡所有模态振幅为

$$A_{x=a,y=b,z=0} = \sum_{i=\text{odd}} \frac{-4a\omega_{i0}\cos\alpha}{g\pi^2 i^2 \sqrt{1-\zeta_{i0}^2}} + \sum_{j=\text{odd}} \frac{-4b\omega_{0j}\sin\alpha}{g\pi^2 j^2 \sqrt{1-\zeta_{0j}^2}} \quad (5.51)$$

在引入脉冲激励下，每个方向各个晃荡模态与对应方向基础晃荡模态的振幅之比，来表征单个晃荡模态对整个系统动力学的影响，这个比值称为相对振幅贡献率，基于此概念，式（5.51）可以写作如下形式：

$$A_{x=a,y=b,z=0} = \frac{-4a\omega_{j0}\cos\alpha}{g\pi^2 \sqrt{1-\zeta_{j0}^2}} \cdot \sum_{i=\text{odd}} c_{i0} + \frac{-4b\omega_{0j}\sin\alpha}{g\pi^2 \sqrt{1-\zeta_{0j}^2}} \cdot \sum_{j=\text{odd}} c_{0j} \quad (5.52)$$

式中，$\omega_{j0}$ 和 $\zeta_{j0}$ 为横向基础晃荡模态的固有频率和阻尼比，$\omega_{0j}$ 和 $\zeta_{0j}$ 为纵向基础晃荡模态的固有频率和阻尼比，$c_{i0}$ 和 $c_{0j}$ 分别为横向与纵向的相对振幅贡献率，具体形式可写作：

$$c_{i0} = \frac{\omega_{i0}\sqrt{1-\zeta_{i0}^2}}{i^2 \omega_{i0} \sqrt{1-\zeta_{i0}^2}}, \quad i = \text{odd} \quad (5.53)$$

$$c_{0j} = \frac{\omega_{0j}\sqrt{1-\zeta_{0j}^2}}{j^2 \omega_{0j} \sqrt{1-\zeta_{0j}^2}}, \quad j = \text{odd} \quad (5.54)$$

因此，容器对角处液体所有晃荡模态振幅之和为各方向基础晃荡模态振幅乘以相对振幅贡献率之和。

图 5.12 给出了液深 90 mm 时，各个晃荡模态的相对振幅贡献，其余的仿真参数在表 5.2 中列出，由图可以看出，横向的第三模态、第五模态、第七模态的振幅贡献率分别为 20.1%、9.4% 和 5.6%。对于纵向模态，第三模态、第五模态、第七模态的振幅贡献率分别为 19.3%、9.0% 和 5.4%。仿真分析，横向的第九模态到第十九模态相对振幅贡献之和为 13.5%，纵向的第九模态到第十九模态的相对振幅贡献之和为 13.0%。这表明高阶模态的振动对系统的动力学有明显的影响，在设计控制方法时，必须考虑抑制高阶模态的振动。

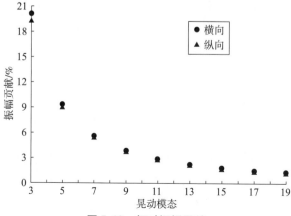

**图 5.12　相对振幅贡献**

表 5.2 仿真/试验参数

| 参数 | 数值 |
| --- | --- |
| 容器长度 $a$ | 182 mm |
| 容器宽度 $b$ | 102 mm |
| 驱动加速度 $C(t)$ | 2 m/s² |
| 最大速度 | 0.2 m/s |
| 阻尼比 $\zeta_{ij}$ | 0.01 |

容器运动的原始驱动命令为梯形速度命令，系统的动力学响应可以分为两个阶段：瞬态响应阶段和残余振动阶段。瞬态响应阶段指的是容器处于运动状态的时间段，在这个时间段内液体晃荡的峰峰振幅为瞬态振幅；残余阶段指的是容器运动停止后的时间段，在此段时间内的液体晃荡峰峰振幅为残余振幅，分别用两个时间段内峰峰振幅的大小来衡量液体振动的剧烈程度。

图 5.13 所示为液深 90 mm，驱动距离 20 cm，驱动角为 30°时，横、纵向晃荡响应以及全模态响应，仿真分析了前十个模态的影响。横向模态、纵向模态和全模态的瞬态振幅分别为 29.1 mm、15.3 mm 和 41.6 mm。对于三者的残余振幅，其大小分别为 15.7 mm、17.3 mm 和 29.4 mm。仿真结果显示，整个系统的响应是两个方向振动响应的叠加，两个方向的基础晃荡模态和高阶模态都对整个系统的动力学影响显著，这要求控制器必须能够抑制全模态振动。

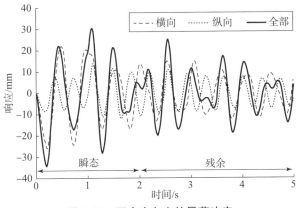

图 5.13 两个方向上的晃荡响应

## 5.2.2 仿真

在本节进行数值计算仿真，在不同工况下，对比分析三段光滑器的鲁棒性，取液体晃荡每个方向的前十个模态进行仿真。

图 5.14 所示为当容器内液深为 90 mm，驱动角固定为 30°，改变驱动距离时，液体晃荡的瞬态振幅和残余振幅。无控制器情况下，在驱动距离小于 5.8 cm 时，液体瞬态晃荡振幅随着驱动距离的增加而增加，这是因为此时容器运动还未达到最大速度，瞬态振幅随着加速

时间的增加而增加。驱动距离大于 5.8 cm 后，瞬态振幅取决于加速过程与减速过程引起的振动之间的相互作用，当两者同相时，瞬态振动中波峰出现；当两个振动反相时，瞬态振幅曲线中波谷点出现。同样地，对于残余振幅曲线，曲线的变化也是加速引起的振动与减速诱发的振动之间相互作用的结果。分析有控制器情况下的瞬态振动与残余振动发现，三段光滑器抑制瞬态振动的 83.1%，由于光滑器产生的命令在边界处更光滑，所以对瞬态振动的抑制效果较好。光滑器抑制残余振荡 95.2%，光滑器抑制残余振荡的效果较好。仿真分析显示，不同驱动距离下，光滑器能将瞬态振动和残余振荡抑制到很低的水平。

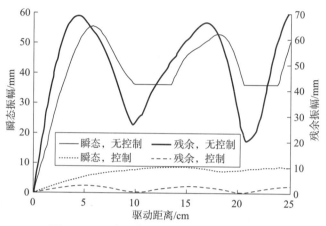

图 5.14 驱动距离变化时的瞬态和残余振幅

图 5.15 中给出了驱动距离为 20 cm，液深固定为 90 mm，驱动角变化时的瞬态振幅与残余振幅曲线。当驱动角为 0°时，系统只有横向模态响应；当驱动角为 90°时，容器沿纵向运动，系统的全模态响应是横向模态响应与纵向模态响应的叠加。无控制器情况下，在驱动角增加到 48°之前，瞬态振幅随着驱动角的增大而增大，驱动角进一步增加后，瞬态振幅减小，这是横向模态与纵向模态之间相互作用的结果；不加控制器时的残余振幅在驱动角为 75°时达到最大值。光滑器能够平均抑制瞬态振动的 83.5%，残余振动的 98.9%。因此，在不同的驱动角激励下，光滑器都有很好的振动抑制效果。

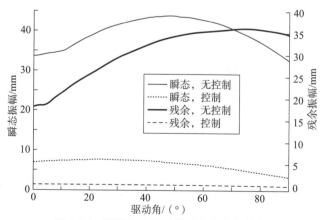

图 5.15 驱动角变化时的瞬态和残余晃荡

很多情况下，液体深度可能不能实现准确测量，此时就需要控制器对实际液深变化不敏感。图 5.16 所示为驱动距离为 20 cm，驱动角固定为 30°，实际液深变化时液体晃荡的瞬态振幅与残余振幅。在此仿真中，控制器的设计液深固定为 90 mm。无控制器时，液体晃荡振幅很大，在充液比 $h/a<1$ 时，随着液深的增加，瞬态振幅与残余振幅减小；当充液比 $h/a>1$ 时，液深继续增加，液体晃荡的瞬态振幅与稳态振幅变化不大。统计仿真数据，光滑器平均能够抑制瞬态振动的 82.4%，平均能够抑制残余振动的 98.1%。仿真显示，当实际液深与控制器设计液深有很大偏差时，光滑器仍然能起到很好的效果。

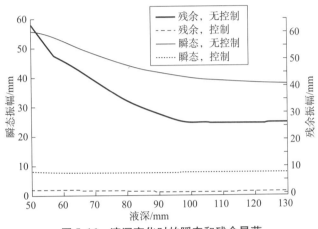

图 5.16 液深变化时的瞬态和残余晃荡

对不同驱动距离、不同驱动角工况下进行仿真，仿真结果显示光滑器在不同工况条件下都能很好地抑制液体的瞬态振动与残余振动。将光滑器设计液深固定在 90 mm，假设在实际液深测量不准确的情况下进行仿真，从仿真结果可以看到，即使当实际液深与光滑器设计液深有很大误差时，光滑器仍然能发挥良好的控制性能。综合上述仿真结果，说明光滑器在不同工况下都能获得良好的控制性能，并且对系统参数变化不敏感。

### 5.2.3 试验

图 5.17 是实验台，容器安装在 XY 数控平台上，平台能在水平面内自由运动。平台由松下电机通过丝杠驱动，平台的运动速度与位置由编码器测量得到。实验台的控制系统硬件由电脑、DSP 运动控制卡和伺服放大器组成，电脑界面用于编写运动控制程序，DSP 运动控制卡连接电脑与伺服放大器。此次试验中的容器尺寸为 182 mm × 102 mm × 200 mm。左侧安装的 CMOS 摄像头用来测量贮液容器对角处的液位高度，试验中的液位深度通过尺子测量。

图 5.18 绘出了梯形驱动命令下，贮液容器拐角处的液高随时间变化曲线。容器的驱

图 5.17 液体晃荡实验台

动距离为 20 cm，驱动角为 30°，容器内液深为 90 mm。由响应曲线可以看到，在 0～1 s，容器处于静止，液面也无波动；然后在 1 s 时，容器开始加速，诱发液体振动；在 2.0 s 时，容器开始减速，再次诱发液体振动；在 2.1 s 后，容器停止运动，液体晃荡进入残余振动阶段。无控制器情况下，液体的瞬态晃荡振幅与残余晃荡振幅分别为 34.0 mm 和 17.4 mm。残余振幅比瞬态振幅小是因为容器减速过程诱发的振动与加速过程诱导的振动反相，两者振动相互削弱。在光滑器控制下，液体的瞬态晃荡振幅与残余晃荡振幅分别为 5.4 mm 和 0.4 mm。光滑器将残余振动基本抑制到 0。

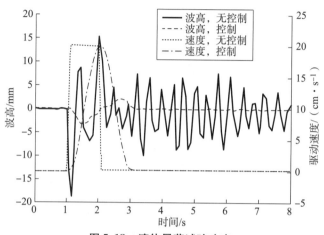

图 5.18　液体晃荡试验响应

下面分析系统参数发生变化时，光滑器的晃荡抑制效果，选取容器内液深作为变量，分析不同液深时，容器内液体的振动情况。本次试验中，容器的驱动距离为 20 cm，驱动角为 30°，容器内实际液深在 50～130 mm 范围内变化，而光滑器的设计液深为 90 mm，瞬态晃荡振幅试验结果如图 5.19 所示。无控制器时，随着液深的增加，瞬态晃荡振幅逐渐减小，仿真得到的瞬态晃荡振幅比试验得到的振幅都大，这是因为在仿真中我们忽略了液体的黏性和表面张力等因素。分析有控制器时的试验数据得到，光滑器能够抑制瞬态晃荡的 83.7%。由于光滑器整形后的速度曲线更加光滑，所以瞬态振动抑制效果更好。

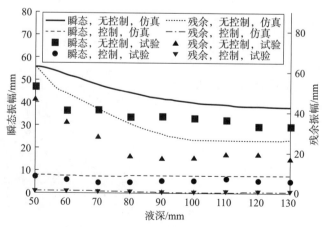

图 5.19　液深变化时的瞬态和残余晃荡

实际液深在 50～130 mm 范围内变化，光滑器设计液深保持 90 mm 不变时，液体晃荡的残余振幅试验结果也在图 5.19 中给出。分析曲线发现，无控制器时，随着液深的增加，液体晃荡的残余振幅逐渐减小。由于仿真过程中忽略了流体的黏性、表面张力等因素，所以仿真残余振幅比试验获得的振幅大。分析有控制器条件下的试验结果，所有液深情况下，光滑器能够将残余振幅抑制到 0.92 mm 以下。综合上述试验结果说明，光滑器在不同的工况下，对三维液体晃荡都能起到很好的抑制效果。

## 5.3 平面非线性晃荡

液体晃荡动力学非常复杂，前人大部分致力于对液体晃荡的等效机械模型和线性模型的研究。在等效机械模型或线性晃荡模型中，液体表面没有绕着节线旋转。非线性晃荡的液体表面表现出绕着节线旋转的特性，表现为大幅晃荡的动力学行为。Faltinsen 提出非线性晃荡建模方法，但仅仅给出了非线性晃荡动力学模型系数的非展开形式。同时，大部分针对晃荡控制的工作都是基于等效机械模型和线性晃荡模型。

### 5.3.1 动力学

如图 5.20 所示为矩形贮箱横向运动的二维非线性晃荡示意图。研究 $xy$ 平面内的二维晃荡。刚性矩形贮箱内部分充有无旋、无黏性、不可压缩的理想液体，液深为 $h$。其中 $O'X'Y'$ 为惯性坐标系，$oxy$ 为移动坐标系，移动坐标系与矩形贮箱固连，且其原点与矩形贮箱内液体静止液面的中点重合。矩形贮箱沿着 $X'$ 方向运动，速度为 $v_0(t)$，$\eta(x,t)$ 表示液体自由表面任意一点的波高，液面方程 $\xi(x,y,t) = y - \eta(x,t) = 0$ 描述了扰动自由液面。

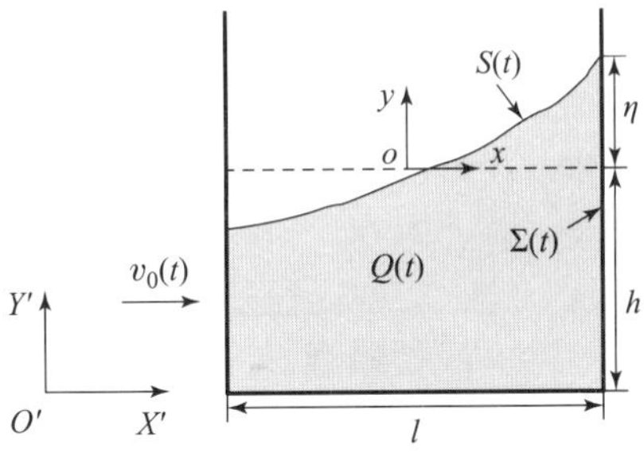

为了便于研究，给出了以下假设以简化此二维非线性晃荡动力学模型：

图 5.20 平面非线性晃荡模型

（1）贮箱内的液体在运动过程中是无旋的；
（2）贮箱内的液体是理想液体，即均匀、无黏性，且不可压缩；
（3）矩形贮箱的容器壁是绝对刚性的，不可渗透，且不会产生弹性变形；
（4）矩形贮箱运动时，液体振幅相对较大，有弱非线性现象。

故矩形贮箱的液体波高 $\eta(x,t)$ 和相对速度势 $\varphi(x,t)$ 可以表达为

$$\eta(x,t) = \sum_i \cos[\pi i(x/l + 0.5)] \cdot \beta_i(t) \tag{5.55}$$

$$\varphi(x,t) = \sum_i \cos[\pi i(x/l + 0.5)] \cdot R_i(t) \tag{5.56}$$

式中，$\beta_i(t)$ 和 $R_i(t)$ 表示液体晃荡模态的面模态振型和体模态振型的广义坐标或模态函数，从物理角度上讲，它们分别表示对应的幅值响应。为了将无穷模态系统简化为能够通过数值方法求解的有限维模态系统，需要主导模态和次模态的转换关系，为此我们根据 Narimanov – Moiseev 的三阶渐近假设建立这样的阶次关系，其数学表示如下：

$$O(\beta_1) = \varepsilon^{1/3}, \quad O(\beta_2) = \varepsilon^{2/3}, \quad O(\beta_3) = \varepsilon \tag{5.57}$$

式中，$\varepsilon$ 是无穷小量，高阶模态在非线性模态中暂时不考虑。得到下面的由 $\beta_i(t)$ 和 $R_i(t)$ 相互耦合的非线性常微分方程组描述的三维模态系统：

$$\ddot{\beta}_1 + \omega_1^2 \beta_1 + \left(E_1 + \frac{2E_0}{E_1}\right)(\ddot{\beta}_1 \beta_2 + \dot{\beta}_1 \dot{\beta}_2) + \left(E_1 - \frac{2E_0}{E_2}\right)\ddot{\beta}_2 \beta_1 +$$

$$\left(\frac{8E_0^2}{E_1 E_2} - 2E_0\right)(\ddot{\beta}_1 \beta_1^2 + \dot{\beta}_1^2 \beta_1) - \frac{8E_1 l}{\pi^2} \dot{v}_0(t) = 0 \tag{5.58}$$

$$\ddot{\beta}_2 + \omega_2^2 \beta_2 + \left(2E_2 - \frac{4E_0}{E_1}\right)\ddot{\beta}_1 \beta_1 - \left[\frac{4E_0}{E_1} + \frac{E_2(2E_0 - E_1^2)}{E_1^2}\right]\dot{\beta}_1^2 = 0 \tag{5.59}$$

$$\ddot{\beta}_3 + \omega_3^2 \beta_3 + \left(3E_3 - \frac{6E_0}{E_1}\right)\ddot{\beta}_1 \beta_2 + \left(\frac{24 E_0^2}{E_1 E_2} - \frac{9 E_0 E_3}{E_1} - 3E_0\right)\ddot{\beta}_1 \beta_1^2 +$$

$$\left(3E_3 - \frac{6E_0}{E_2}\right)\ddot{\beta}_2 \beta_1 + \left(3E_3 - \frac{6E_0}{E_1} - \frac{6E_0}{E_2} - \frac{6 E_0 E_3}{E_1 E_2}\right)\dot{\beta}_1 \dot{\beta}_2 +$$

$$\left(\frac{48 E_0^2}{E_1 E_2} + \frac{24 E_0^2 E_3}{E_1^2 E_2} - \frac{24 E_0 E_3}{E_1} - 6E_0\right)\dot{\beta}_1^2 \beta_1 - \frac{8 l E_3}{3\pi^2}\dot{v}_0(t) = 0 \tag{5.60}$$

$$R_1 = \frac{\dot{\beta}_1}{2 E_1} + \frac{E_0}{E_1^2}\dot{\beta}_1 \beta_2 - \frac{E_0}{E_1 E_2}\dot{\beta}_2 \beta_1 + \frac{E_0}{E_1}\left(\frac{4 E_0}{E_1 E_2} - \frac{1}{2}\right)\dot{\beta}_1 \beta_1^2 \tag{5.61}$$

$$R_2 = \frac{1}{4 E_2}\left(\dot{\beta}_2 - \frac{4 E_0}{E_1}\dot{\beta}_1 \beta_1\right) \tag{5.62}$$

$$R_3 = \frac{\dot{\beta}_3}{6 E_3} - \frac{E_0}{E_1 E_3}\dot{\beta}_1 \beta_2 - \frac{E_0}{E_2 E_3}\dot{\beta}_2 \beta_1 + \left(\frac{4 E_0^2}{E_1 E_2 E_3} - \frac{E_0}{2 E_3}\right)\dot{\beta}_1 \beta_1^2 \tag{5.63}$$

式中，$\omega_i$ 是二维非线性晃荡 $i^{th}$ 模态的固有频率，系数 $E_i$ 的表达式如下：

$$E_0 = \frac{1}{8}\left(\frac{\pi}{l}\right)^2; \quad E_i = \frac{\pi}{2l}\tanh\left(\frac{\pi i}{l}h\right), \quad i \geqslant 1 \tag{5.64}$$

在非线性模型，液体二维 $i^{th}$ 模态的固有频率 $\omega_i$ 的表达式为

$$\omega_i = \sqrt{2 i g E_i} \tag{5.65}$$

图 5.21 描述了液体二维线性和非线性晃荡的前三阶模态响应，其中仿真条件驱动距离、矩形贮箱长度和液体深度分别是 22.5 cm、182 cm 和 120 cm。原始驱动命令是梯形速度命令，先给贮箱一个加速度命令，当矩形贮箱达到最大速度后保持匀速运动直到被施加一个与原加速度大小相等方向相反的加速度命令，矩形贮箱开始减速运动直到停止。

从图中我们可以看到线性和非线性晃荡的第一阶模态和第三阶模态响应匹配得非常好。但是对于第二阶模态，线性模型的第二阶模态响应为 0，因为线性模型不能激励其偶数模态，而非线性模型能激励其第二阶模态，且第二阶模态的响应对系统响应有

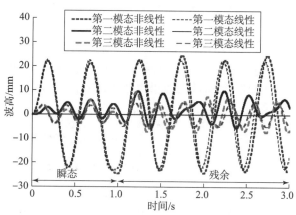

图 5.21 线性模型与非线性模型晃荡的响应

一定的影响。

施加给矩形贮箱的初始命令是梯形速度命令，先给贮箱一个加速度命令，当矩形贮箱达到最大速度后保持匀速运动直到被施加一个与原加速度大小相等方向相反的加速度命令，矩形贮箱开始减速运动直到停止。因此，系统响应在时间轴上可以分为两个阶段，当矩形贮箱运动时，这个阶段是瞬态振动阶段，其峰峰值称为瞬态振幅；当矩形贮箱静止时，液体晃荡仍然存在，这个阶段是残余振动阶段，其峰峰值称为残余振幅。

本节的仿真和试验参数在表5.3中给出。波高的观测点在贮箱的左侧，在动坐标系中的位置是（-0.5$l$，0），仿真时间是5 s。非线性晃荡模型和线性晃荡模型包含了前三阶非线性模态和其他的高阶线性模态。对于二维非线性晃荡模型，液体的晃荡响应应该是所有模态的叠加。本节的仿真考虑了前十阶模态。

表5.3 仿真/试验参数

| 参数 | 数值 |
| --- | --- |
| 贮箱长度 | 182 mm |
| 波高测量点 | （-0.5$l$，0） |
| 最大速度 | 0.25 m/s |
| 驱动加速度 | 2.5 m/s$^2$ |
| 阻尼比 $\zeta$ | 0 |

图5.22给出了驱动距离为22.5 cm时，不同液深下二维液体非线性晃荡的前三阶模态的波高响应振幅和速度势响应大小。从仿真曲线图中可以看到第一阶和第三阶晃荡模态的波高平均残余振幅大小约为51.8 mm和22.1 mm，第二阶晃荡模态的残余振幅为18.5 cm，当液深比较大时，第二阶晃荡模态的速度势大小比第一阶模态要大。仿真分析得知奇数模态对液体非线性晃荡动力学有很大的影响，但偶数模态的影响也不可忽略。因此，设计一个控制器能抑制所有模态的晃荡是很有必要的。

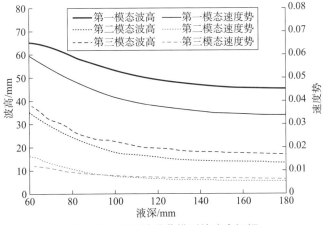

图5.22 非线性晃荡模型的残余振幅

高于三阶的高阶模态,在非线性晃荡模型中被忽略。这个高阶模态可以用线性晃荡模型来描述。因此,本节晃荡模型包括前三阶非线性模态和其他高阶线性模态。晃荡响应就是全部模态的响应之和。本节中仿真结果使用前十个晃荡模态。

一段光滑器使用第一模态频率,卷积另外一段光滑器使用第二模态频率,去产生一个复合光滑器。为了验证复合光滑器能有效抑制所有模态的振动,图5.23给出了复合光滑器的频率不敏感曲线以及驱动距离为22.5 cm、矩形贮箱长度为182 cm和贮箱内液深为120 mm时的波高响应曲线。快速傅里叶变换曲线的三个波峰值对应的频率分别为12.8 rad/s、18.4 rad/s和22.5 rad/s,这三个晃荡频率对应液体二维非线性晃荡的前三阶模态的固有频率。因此我们可以发现,利用第一阶模态参数和第二阶模态参数组合设计得到的复合光滑器具有低通滤波特性和陷波滤波特性,这也是其能有效抑制系统模态振动的原因,其中复合滤波器的频率不敏感范围,即对系统的振幅抑制低于5%的范围为从11.5 rad/s到无穷大,因而该复合光滑器的频率不敏感范围很宽,即对系统频率变化不敏感。

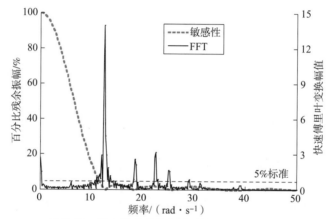

图5.23 频率敏感曲线和快速傅里叶变换幅值

为了验证复合光滑器对高阶模态的抑制,表5.4给出了液体晃荡前十阶模态的速度势幅值。在没有控制的情况下,第一阶非线性模态的速度势幅值比其他模态的幅值要大得多,因此第一阶晃荡模态是基础模态。第二阶晃荡模态速度势幅值相对较大,因此,第二阶模态的影响不能被忽略。第四阶、第六阶、第八阶晃荡模态的速度势幅值接近于0,这是因为线性模型不能激励偶数模态。有复合光滑器的控制时,所有模态的速度势幅值被抑制到很低的水平。

表5.4 液体晃荡前十阶模态的速度势幅值

| 模态 | 无控制 | 复合光滑器 |
| --- | --- | --- |
| 1 | 3.76e−2 | 2.68e−5 |
| 2 | 5.35e−3 | 5.91e−5 |
| 3 | 7.06e−3 | 8.83e−5 |
| 4 | 0 | 0 |
| 5 | 1.01e−3 | 2.07e−5 |

续表

| 模态 | 无控制 | 复合光滑器 |
| --- | --- | --- |
| 6 | 0 | 0 |
| 7 | 1.84e−4 | 1.25e−6 |
| 8 | 0 | 0 |
| 9 | 4.15e−4 | 3.30e−7 |
| 10 | 0 | 0 |

### 5.3.2 仿真

在实际应用中，矩形贮箱内液体的液深在很多情况下是很难被测量的，而且容器的驱动距离在不同的需求情况下也是不断变化的，这些因素的变化要求光滑器对系统参数具有良好的不敏感性，在不同的工况下都能很好地抑制液体的晃荡。因此，下面通过数值仿真研究了在不同液深和不同驱动距离情况下，控制器对液体晃荡的抑制效果。

图 5.24 所示为当矩形贮箱长度为 182 mm、液深为 120 mm 时，测量点的波高瞬态振幅和残余振幅在不同驱动距离情况下的变化曲线图。从图中我们可以看到，无控制的情况下，当驱动距离小于 9.5 cm 时，液体晃荡的瞬态振幅随着驱动距离的增加而增大，且瞬态振幅取决于加速度脉冲。当驱动距离进一步增大时，瞬态振幅主要取决于矩形贮箱加速度脉冲和减速度脉冲引起的振动的相互作用。当加速度脉冲诱发的振动与减速度脉冲诱发的振动相位相同时，液体晃荡的瞬态振幅增加，并出现波峰点；反之，当加速度脉冲和减速度脉冲诱发的振动相位相反时，产生的振动相互抵消，液体晃荡的瞬态振幅减小，并出现波谷点。对于残余振幅，其大小和变化情况主要取决于加速度脉冲和减速度脉冲诱发的振动相位差。复合光滑器抑制能瞬态振幅的 78.7%，这是因为光滑器对瞬态振幅的约束。复合光滑器能抑制残余振幅的 99.3%，这是因为二维晃荡模型的晃荡固有频率是准确的，且复合光滑器对驱动距离具有非常好的鲁棒性。

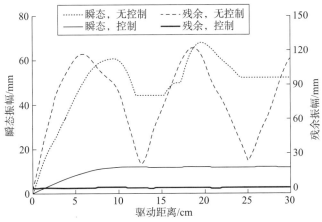

图 5.24 驱动距离变化时的瞬态与残余振幅

图 5.25 所示为控制器的设计参数的液深固定为 120 mm，实际液深变化的情况下，测量点的波高瞬态振幅和残余振幅在不同液深情况下的变化曲线图。其中驱动距离固定为 22.5 cm，矩形贮箱长度为 182 mm。从图中可以看到，无控制情况下，瞬态振幅和残余振幅缓慢减小，且当液深取值超过 140 mm 时，振幅大小趋于平缓。复合光滑器能抑制瞬态振幅的 79.6% 和残余振幅的 98.7%，这是因为光滑器对瞬态振幅的约束。同时，复合光滑器对液深的变化具有非常好的鲁棒性。

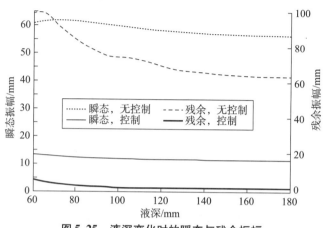

图 5.25 液深变化时的瞬态与残余振幅

图 5.26 所示为当矩形贮箱驱动距离为 22.5 cm，液深为 120 mm 时，测量点的波高瞬态振幅和残余振幅随矩形贮箱长度变化情况下的变化曲线图。从图中可以看出，无控制情况下，对于瞬态振幅，当矩形贮箱长度大于 106 mm 时，瞬态振幅随着矩形贮箱长度的增加而增大，并在贮箱长度为 239 mm 时达到最高点；对于残余振幅，当矩形贮箱长度小于 150 mm 时，残余振幅随着矩形贮箱长度的增加而减小，并在贮箱长度为 150 mm 时达到最低点，然后随着贮箱长度增大而增大。光滑器的设计参数中矩形贮箱的长度固定为 182 mm。复合光滑器能抑制瞬态振幅的 78.5%，这是因为光滑器对瞬态振幅的约束。复合光滑器能抑制残余振幅的 95.7%，这表明光滑器对矩形贮箱的尺寸变化有很好的鲁棒性。

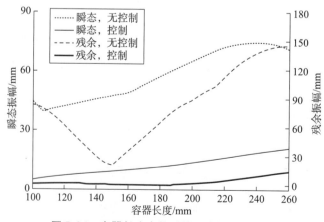

图 5.26 容器长度变化时的瞬态与残余振幅

从上述仿真结果可以看出，针对二维非线性晃荡所提出的复合光滑器，能将液体晃荡的瞬态振幅抑制在一定范围内，能很好地抑制晃荡的残余振幅，并且该方法在不同的系统参数和工况下都具有非常好的控制效果。

### 5.3.3 试验

在图 5.17 所示实验台上进行试验验证工作。如图 5.27 所示是有/无控制器情况下，试验得到的测量点的波高变化曲线图。其中，矩形贮箱的驱动距离为 22.5 cm，液深为 120 mm，实验台在 1 s 时开始加速运动，持续 0.1 s 后达到最大速度并保持匀速运动，在 1.9 s 时开始减速运动并于 0.1 s 后停止运动。从图中我们可以看到，无控制的情况下，测量点的波高响应的瞬态振幅和残余振幅分别是 40.3 mm 和 38.7 mm。经过复合光滑器后，液体晃荡的瞬态振幅和残余振幅大小分别为 7.4 mm 和 0.2 mm。该试验证明光滑器都能抑制液体晃荡，但是复合光滑器的抑制效果要更好。这是因为对于瞬态振幅，复合光滑器设计过程中，光滑器将瞬态振幅约束到较低的范围内。对于残余振幅，复合光滑器能抑制较宽频率范围内的晃荡模态的振动。为了验证复合光滑器的有效性和鲁棒性，下面将进行两组试验，分别在不同驱动距离和不同液深下，测量液体晃荡的波高瞬态振幅和残余振幅的变化情况。

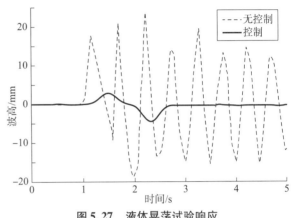

图 5.27 液体晃荡试验响应

图 5.28 所示为不同驱动距离情况下，二维液体晃荡的瞬态振幅和残余振幅的试验曲线。其中，液深固定为 120 mm，矩形贮箱的长度为 182 mm。从图中我们可以看到，与仿真曲线相似，无控制的情况下，瞬态振幅随着驱动距离变化而变化的曲线呈现一定的周期性，这是因为瞬态振幅主要取决于矩形贮箱加速度脉冲和减速度脉冲引起的振动的相互作用，当加速度脉冲诱发的振动与减速度脉冲诱发的振动相位相同时，

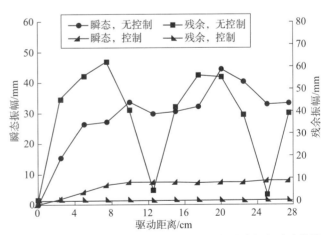

图 5.28 不同驱动距离情况下的瞬态振幅与残余振幅试验曲线

液体晃荡的瞬态振幅增加，并出现波峰点；反之，当加速度脉冲和减速度脉冲诱发的振动相位相反时，产生的振动相互抵消，液体晃荡的瞬态振幅减小，并出现波谷点。再分析有控制的情况，复合光滑器对瞬态振幅的抑制能达到 79.0%。复合光滑器抑制瞬态振幅的效果非常好，这是因为光滑器的设计有对瞬态振幅的约束。复合光滑器对残余振幅的抑制能达到

99.3%。复合光滑器对残余振幅的抑制效果非常好，且对于驱动距离的变化具有非常好的不敏感性。

另外一组试验是证明复合光滑器在不同液深的情况下，液体晃荡的瞬态振幅和残余振幅的抑制效果，同时验证其对系统参数的较好的鲁棒性。图 5.29 所示是不同液深情况下的瞬态振幅与残余振幅试验曲线。从图可以看到，试验结果同仿真结果相似，无控制情况下，瞬态振幅和残余振幅缓慢减小。再分析有控制器的情况下，复合光滑器对瞬态振幅的抑制能达到 78.9%，这是因为光滑器的设计中瞬态振幅的约束。同时，复合光滑器在所有液深的情况下，都能将残余振幅抑制到 0.67 mm 以内，这表明复合光滑器对残余振幅的抑制效果非常好，且对于液深的变化具有非常好的不敏感性。

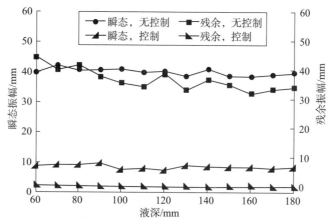

图 5.29 不同液深情况下的瞬态振幅与残余振幅试验曲线

上述两组试验结果与仿真结果相似，表明了在不同的系统参数和不同的工况下，该复合光滑器都能有效地抑制二维液体非线性晃荡的瞬态振幅和残余振幅，并且具有良好的鲁棒性。

## 5.4 三维非线性晃荡

### 5.4.1 动力学

如图 5.30 所示为矩形贮箱横向、纵向复合运动的三维非线性晃荡示意图，研究 $xyz$ 平面内的三维晃荡。刚性矩形贮箱长为 $a$，宽为 $b$，液深为 $h$。其中 $O'X'Y'Z'$ 为惯性坐标系，$oxyz$ 为移动坐标系，移动坐标系与矩形贮箱固连，其原点在矩形贮箱的转角处，且移动坐标系与惯性坐标系平行。矩形贮箱沿着 $O'X'Y'$ 平面运动，运动加速度为 $C(t)$，$\alpha$ 为加速度与 $X'$ 轴正向的夹角，$\eta(x, y, t)$ 表示液体自由表面任意一点的波高。

非线性晃荡的波高公式可用下式表达：

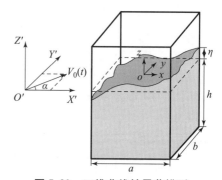

图 5.30 三维非线性晃荡模型

$$\eta(x,y,0,t) = a \sum_i \sum_j \cos\left[\pi i\left(\frac{x}{a}+0.5\right)\right] \cdot \cos\left[\pi j\left(\frac{ry}{a}+0.5\right)\right] \cdot \beta_{i,j}(t) \quad (5.66)$$

式中：$\beta_{i,j}(t)$ 表示液体晃荡模态的面模态振型的广义坐标或模态函数，$r$ 是容器长宽比，在非线性晃荡模型中，高阶模态被忽略。包括比例阻尼项的模态函数 $\beta_{i,j}(t)$ 表达式如下：

$$\begin{aligned}
&\ddot{\beta}_{1,0} + 2\zeta_{1,0}\omega_{1,0}\dot{\beta}_{1,0} + \omega_{1,0}^2\beta_{1,0} + d_{1,1}(\ddot{\beta}_{1,0}\beta_{2,0}+\dot{\beta}_{1,0}\dot{\beta}_{2,0}) + \\
&d_{1,2}(\ddot{\beta}_{1,0}\beta_{1,0}^2+\dot{\beta}_{1,0}^2\beta_{1,0}) + d_{1,3}\ddot{\beta}_{2,0}\beta_{1,0} + d_{1,4}\ddot{\beta}_{1,0}\beta_{0,1}^2 + \\
&d_{1,5}\ddot{\beta}_{0,1}\beta_{1,1} + d_{1,6}\beta_{1,0}\beta_{0,1}\ddot{\beta}_{0,1} + d_{1,7}\beta_{0,1}\dot{\beta}_{1,1} + d_{1,8}\dot{\beta}_{1,0}\beta_{0,1}\dot{\beta}_{0,1} + \\
&d_{1,9}\beta_{1,0}\dot{\beta}_{0,1}^2 + d_{1,10}\dot{\beta}_{0,1}\dot{\beta}_{1,1} + d_{1,11}\dot{v}_0(t)\cos\alpha = 0
\end{aligned} \quad (5.67)$$

$$\begin{aligned}
&\ddot{\beta}_{0,1} + 2\zeta_{0,1}\omega_{0,1}\dot{\beta}_{0,1} + \omega_{0,1}^2\beta_{0,1} + d_{2,1}(\ddot{\beta}_{0,1}\beta_{0,2}+\dot{\beta}_{0,1}\dot{\beta}_{0,2}) + \\
&d_{2,2}(\ddot{\beta}_{0,1}\beta_{0,1}^2+\dot{\beta}_{0,1}^2\beta_{0,1}) + d_{2,3}\ddot{\beta}_{0,2}\beta_{0,1} + d_{2,4}\ddot{\beta}_{0,1}\beta_{1,0}^2 + \\
&d_{2,5}\ddot{\beta}_{1,0}\beta_{1,1} + d_{2,6}\beta_{1,0}\beta_{0,1}\ddot{\beta}_{1,0} + d_{2,7}\beta_{0,1}\dot{\beta}_{1,0}^2 + d_{2,8}\ddot{\beta}_{1,0}\beta_{1,1} + \\
&d_{2,9}\dot{\beta}_{1,0}\dot{\beta}_{0,1}\beta_{1,0} + d_{2,10}\dot{\beta}_{1,0}\dot{\beta}_{1,1} + d_{2,11}\dot{v}_0(t)\sin\alpha = 0
\end{aligned} \quad (5.68)$$

$$\ddot{\beta}_{2,0} + 2\zeta_{2,0}\omega_{2,0}\dot{\beta}_{2,0} + \omega_{2,0}^2\beta_{2,0} + d_{3,1}\ddot{\beta}_{1,0}\beta_{1,0} + d_{3,2}\dot{\beta}_{1,0}^2 = 0 \quad (5.69)$$

$$\ddot{\beta}_{0,2} + 2\zeta_{0,2}\omega_{0,2}\dot{\beta}_{0,2} + \omega_{0,2}^2\beta_{0,2} + d_{4,1}\ddot{\beta}_{0,1}\beta_{0,1} + d_{4,2}\dot{\beta}_{0,1}^2 = 0 \quad (5.70)$$

$$\begin{aligned}
&\ddot{\beta}_{1,1} + 2\zeta_{1,1}\omega_{1,1}\dot{\beta}_{1,1} + \omega_{1,1}^2\beta_{1,1} + \\
&d_{5,1}\ddot{\beta}_{1,0}\beta_{0,1} + d_{5,2}\ddot{\beta}_{0,1}\beta_{1,0} + d_{5,3}\dot{\beta}_{1,0}\dot{\beta}_{0,1} = 0
\end{aligned} \quad (5.71)$$

$$\begin{aligned}
&\ddot{\beta}_{2,1} + 2\zeta_{2,1}\omega_{2,1}\dot{\beta}_{2,1} + \omega_{2,1}^2\beta_{2,1} + d_{6,1}\beta_{1,0}\beta_{0,1}\ddot{\beta}_{1,0} + d_{6,2}\ddot{\beta}_{1,0}\beta_{1,1} + \\
&d_{6,3}\beta_{0,1}\dot{\beta}_{1,0}^2 + d_{6,4}\ddot{\beta}_{0,1}\beta_{2,0} + d_{6,5}\dot{\beta}_{1,0}\dot{\beta}_{0,1}\beta_{1,0} + d_{6,6}\ddot{\beta}_{0,1}\beta_{1,0}^2 + \\
&d_{6,7}\dot{\beta}_{1,0}\dot{\beta}_{1,1} + d_{6,8}\beta_{0,1}\ddot{\beta}_{2,0} + d_{6,9}\beta_{1,0}\ddot{\beta}_{1,1} + d_{6,10}\dot{\beta}_{0,1}\dot{\beta}_{2,0} = 0
\end{aligned} \quad (5.72)$$

$$\begin{aligned}
&\ddot{\beta}_{1,2} + 2\zeta_{1,2}\omega_{1,2}\dot{\beta}_{1,2} + \omega_{1,2}^2\beta_{1,2} + d_{7,1}\beta_{1,0}\beta_{0,1}\ddot{\beta}_{0,1} + d_{7,2}\ddot{\beta}_{0,1}\beta_{1,1} + \\
&d_{7,3}\dot{\beta}_{1,0}\dot{\beta}_{0,1}\beta_{0,1} + d_{7,4}\ddot{\beta}_{1,0}\beta_{0,1}^2 + d_{7,5}\ddot{\beta}_{1,0}\beta_{0,2} + d_{7,6}\beta_{0,1}\ddot{\beta}_{1,1} + \\
&d_{7,7}\beta_{1,0}\ddot{\beta}_{0,2} + d_{7,8}\beta_{1,0}\dot{\beta}_{0,1}^2 + d_{7,9}\dot{\beta}_{0,1}\dot{\beta}_{1,1} + d_{7,10}\dot{\beta}_{1,0}\dot{\beta}_{0,2} = 0
\end{aligned} \quad (5.73)$$

$$\begin{aligned}
&\ddot{\beta}_{3,0} + 2\zeta_{3,0}\omega_{3,0}\dot{\beta}_{3,0} + \omega_{3,0}^2\beta_{3,0} + d_{8,1}\ddot{\beta}_{1,0}\beta_{2,0} + d_{8,2}\ddot{\beta}_{1,0}\beta_{1,0}^2 + \\
&d_{8,3}\beta_{1,0}\ddot{\beta}_{2,0} + d_{8,4}\dot{\beta}_{1,0}^2\beta_{1,0} + d_{8,5}\dot{\beta}_{1,0}\dot{\beta}_{2,0} + d_{8,6}\dot{v}_0(t)\cos\alpha = 0
\end{aligned} \quad (5.74)$$

$$\begin{aligned}
&\ddot{\beta}_{0,3} + 2\zeta_{0,3}\omega_{0,3}\dot{\beta}_{0,3} + \omega_{0,3}^2\beta_{0,3} + d_{9,1}\ddot{\beta}_{0,1}\beta_{0,2} + d_{9,2}\dot{\beta}_{0,1}\dot{\beta}_{0,2} + \\
&d_{9,3}\beta_{0,1}\ddot{\beta}_{0,2} + d_{9,4}\ddot{\beta}_{0,1}\beta_{0,1}^2 + d_{9,5}\dot{\beta}_{0,1}^2\beta_{0,1} + d_{9,6}\dot{v}_0(t)\sin\alpha = 0
\end{aligned} \quad (5.75)$$

式中，$\zeta_{i,j}$ 是第 $(i,j)$ 模态的阻尼比，$\omega_{i,j}$ 是第 $(i,j)$ 模态的频率。系数是 $d_{i,j}$。横向模态是 $(i,0)$，纵向模态表示 $(0,j)$，$i\neq0$，$j\neq0$ 表示混合模态。液体晃荡的频率表达式为

$$\omega_{i,j}^2 = \frac{g\pi}{a}\sqrt{i^2+(rj)^2} \cdot \tanh\left[\frac{\pi h}{a}\sqrt{i^2+(rj)^2}\right] \quad (5.76)$$

因此，液体晃荡的固有频率取决于系统结构和参数、容器尺寸和液位深度。容器尺寸对频率有更大影响。使用梯形速度命令来移动容器。最大驱动速度和加速度在仿真中设置为

25 cm/s 和 2.5 m/s²。晃荡测量点选择容器对角线左上角（$-0.5a$，$-0.5b$）。

图 5.31 给出驱动距离变化时的横向模态、纵向模态和混合模态残余振幅曲线。驱动角度、液深、容器长度和宽度分别选择 45°、90 mm、182 mm 和 102 mm。随着驱动距离变化，波峰波谷出现在横向模态、纵向模态和混合模态残余振幅曲线中。波峰（波谷）是由加减速过程引起的晃荡相位同相（反相）产生的。波峰波谷产生的位置发生变化是由横向模态、纵向模态和混合模态频率差异造成的。非线性晃荡模型与线性晃荡模型有较大差异。线性晃荡模型不能激励起混合模态的响应。非线性晃荡模型中，混合模态的响应具有较大的振幅。

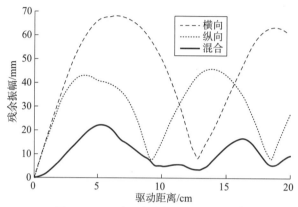

图 5.31　驱动距离变化时的残余振幅

图 5.32 给出容器长度变化时的残余振幅。驱动距离、驱动角、容器宽度和液深选择为 22.5 cm、45°、102 mm 和 90 mm。纵向模态的残余晃荡变化很小是因为恒定不变的容器宽度。横向模态和混合模态出现了波峰（波谷）是由加减速过程引起的晃荡同相（反相）造成的。横向和纵向模态是主导的，而混合模态也对晃荡动力学有一定影响。

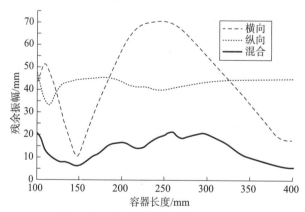

图 5.32　容器长度变化时的残余振幅

### 5.4.2　仿真

图 5.33 给出四段光滑器作用下的残余振幅随着驱动距离变化曲线图。驱动角、液深、容器长度和宽度选择为 45°、90 mm、182 mm 和 102 mm。随着驱动距离改变，波峰波谷出

现在横向模态、纵向模态和混合模态中,这是因为加减速过程引起的晃荡时而同相,时而反相。横向模态晃荡没有被抑制为0,是由于四段光滑器被设置将残余振幅抑制到允许振幅约束。纵向模态和混合模态的晃荡动力学行为与横向模态非常类似。在四段光滑器作用下,横向模态、纵向模态和混合模态的残余振幅分别平均削减了96%、97%和99%。因此,四段光滑器可以在全部驱动距离上将残余晃荡抑制到非常低。

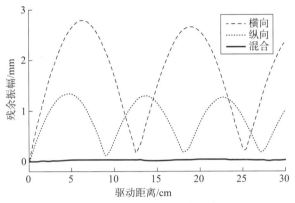

图 5.33　驱动距离变化时的残余振幅

图 5.34 给出四段光滑器作用下残余振幅随着容器长度变化曲线图。容器长度在 102～500 mm 范围内变化。驱动距离、驱动角、容器宽度和液深选择为 22.5 cm、45°、102 mm 和 90 mm。四段光滑器按照容器长度 300 mm 进行设计,这个长度对应着频率值 8.7 rad/s。容器长度 102 mm 对应着频率值 17.3 rad/s。容器长度 500 mm 对应着频率值 5.6 rad/s。在容器长度为 300 mm 时,四段光滑器将横向模态、纵向模态和混合模态的残余振幅都抑制到很低水平。在容器长度为 102 mm 时,四段光滑器将横向模态、纵向模态和混合模态的残余振幅都抑制到小于 0.1 mm。在容器长度为 500 mm 时,横向模态残余振幅较大,这是由于四段光滑器在低频具有较窄的频率不敏感范围。因此,四段光滑器在全部工作范围和系统参数变化情况下都能有效消减全部晃荡模态。

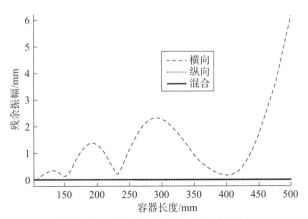

图 5.34　容器长度变化时的残余振幅

### 5.4.3 试验

试验验证在图 5.17 实验台上进行。液深和驱动角设置为 90 mm 和 45°。一个摄像机安装在工作台上记录容器左上角液体晃荡表面波高变化。试验是为了验证液体晃荡动力学行为和光滑器有效性。

图 5.35 给出光滑器作用下的试验效果。残余振幅随着驱动距离增加而变化。残余振幅存在波峰波谷变化,是由加减速过程晃荡同相反相造成的。在全部驱动距离上,残余振幅都小于 3.3 mm。光滑器将振荡抑制到非常低的水平。试验数据非常好地符合了仿真曲线。试验结果清楚地验证了四段光滑器能有效地消减非线性晃荡。

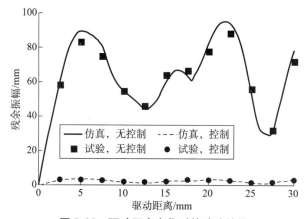

图 5.35 驱动距离变化时的试验结果

# 第 6 章
# 飞行器吊挂运载

直升机、多旋翼无人机和倾转旋翼机都可以作为空中起重机，可以将大尺寸负载悬挂在机身下方，用于货物空中运输服务。然而，由于垂直起降飞行器的姿态、负载摆动和负载扭转之间的耦合效应，飞行员操纵飞行器移动大型负载是一项不太容易的事情，需要飞行员有足够丰厚的经验，才可以安全驾驶低空飞行器。尽管在垂直起降飞行器悬挂负载运输上已经有学者取得了一些成果，但关于垂直起降飞行器运输大尺寸负载扭转的动力学和控制的研究很少。本章针对垂直起降飞行器吊挂提出了一种非线性动力学模型，同时用于设计振荡控制方法，有利于垂直起降飞行器吊挂负载时安全飞行。模拟仿真中提出的技术成果表明，所提出的方法可以控制直升机的姿态、负载摆动和负载扭转。

## 6.1 直升机吊挂动力学建模与控制

### 6.1.1 动力学

图 6.1 给出了直升机运输双摆均质梁的物理模型。直升机的运动分为 $x$，$y$ 方向上的位

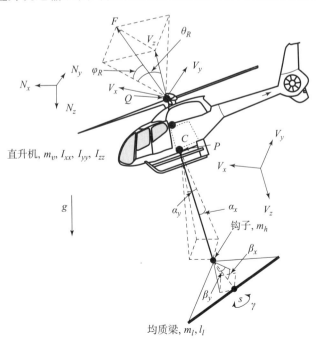

图 6.1 直升机运输双摆均质梁的物理模型

移、俯仰姿态 $\theta_v$ 和侧倾姿态 $\varphi_v$。假设 $V_x V_y V_z$ 是固定在直升机的移动笛卡儿坐标，使得惯性坐标 $N_x N_y N_z$ 可以通过旋转俯仰姿态 $\theta_v$、侧倾姿态 $\varphi_v$ 而被转换为移动坐标 $V_x V_y V_z$。直升机的质量是 $m_v$，关于 $V_x$、$V_y$、$V_z$ 轴的惯性矩分别是 $I_{xx}$、$I_{yy}$ 和 $I_{zz}$。直升机质心 $C$ 与旋翼之间的距离是 $a$。旋翼的纵向偏移角 $\varphi_R$ 是旋翼产生的升力 $F$ 与 $V_x V_z$ 平面之间的夹角，而旋翼的横向偏移角 $\theta_R$ 是升力 $F$ 投影在 $V_x V_z$ 平面和 $V_z$ 轴上的夹角。

负载和直升机通过绳子连接，连接点在直升机下腹部，质心的下方。直升机重心 $C$ 与负载悬挂点 $P$ 之间的距离为 $b$。假设无质量绳索是无弹性的，长度为 $l_s$，悬挂在直升机下方并连接一个质量为 $m_h$ 的钩子。负载为均质负载，表示负载不同位置的密度都相同，负载的质量均匀分布，没有不规则的形状。负载的吊挂是一个二级摆动系统，其中一级吊挂角度是 $\alpha_x$、$\alpha_y$，二级吊挂的夹角是 $\beta_x$、$\beta_y$。由于负载是均质梁，将会在空间运动中出现扭转的动力学现象，故扭转角是 $\gamma$。

绳索的横向摆角 $\alpha_y$ 是绳索与 $V_x V_z$ 平面之间的夹角，而绳索的纵向摆角 $\alpha_x$ 为 $V_z$ 轴与绳索之间的夹角。在 $V_x V_z$ 平面中，均匀分布质量的梁，质量是 $m_l$，同样，假设负载梁只考虑长度，梁的横截面为矩形，因为梁的宽度和高度相对于长度很小，以至于在建模中不再考虑，设长度为 $l_l$，通过两根长度为 $l_g$ 的绳子连接到钩子上，梁的质心位于 $S$ 点。相对于绳索的二阶负载摆动角为 $\beta_x$ 和 $\beta_y$。绳索的负载扭转角（也称为负载偏航角）为 $\gamma$。

升力 $F$ 是沿着直升机坐标系垂直方向向上，升力在牛顿坐标系下的垂直分力将始终抵消系统的重力，来保证直升机吊挂运输系统在垂直方向上始终处于静止位置。模型输入是直升机螺旋桨的旋翼角 $\theta_R$、$\varphi_R$。直升机旋翼角的输入会改变姿态角 $\theta_v$、$\varphi_v$，从而向前向后飞行、侧飞或者悬停。本章主要研究的是直升机运输过程中直线飞行的情况，忽略直升机垂直方向的移动（起飞和降落），因此，直升机的输出自由度有姿态角 $\theta_v$、$\varphi_v$ 和沿 $x$、$y$ 轴飞行位移。

近悬停模型的输入是升力角 $\theta_R$ 和 $\varphi_R$；输出是直升机位移 $x$、$y$，姿态角 $\theta_v$、$\varphi_v$，绳索摆角 $\alpha_x$、$\alpha_y$、$\beta_x$、$\beta_y$ 和扭转角 $\gamma$。该模型假设钩子是一个质点。由于直升机处于近悬停状态，负载的质量相对较大，绳索长度也比较长，所以旋翼所产生的空气动力学影响可以忽略不计。

直升机的动能是：

$$T_v = \frac{m_v \dot{x}^2}{2} + \frac{m_v \dot{y}^2}{2} + \frac{I_{xx} \dot{\varphi}_v^2}{2} + \frac{I_{yy} (\cos\varphi_v \cdot \dot{\theta}_v)^2}{2} + \frac{I_{zz} (\sin\varphi_v \cdot \dot{\theta}_v)^2}{2} \tag{6.1}$$

直升机质心为零势能面，其势能是：

$$V_v = 0 \tag{6.2}$$

钩子的动能是：

$$T_h = \frac{m_h \dot{x}^2}{2} + \frac{m_h \dot{y}^2}{2} + \frac{m_h}{2}(h_4 \dot{\theta}_v)2 + \frac{m_h}{2}(b\dot{\varphi}_v)^2 + \\ \frac{m_h}{2}(h_{13}\dot{\theta}_v - h_{14}\dot{\varphi}_v - h_{15}\dot{\alpha}_y)^2 + \frac{m_h}{2}(-l_s\dot{\alpha}_x - h_{16}\dot{\varphi}_v + h_{17}\dot{\theta}_v)^2 \tag{6.3}$$

式中，$h_4$，$h_{13}$，$h_{14}$，$h_{15}$，$h_{16}$，$h_{17}$ 是系数。钩子的势能是：

$$V_l = (l_s h_{133} + b h_{137}) \cdot m_h g \tag{6.4}$$

式中，$g$ 是引力常数。

负载的动能是：

$$T_l = \frac{m_l \dot{x}^2}{2} + \frac{m_l \dot{y}^2}{2} + \frac{m_l}{2}(h_4 \dot{\theta}_v)^2 + \frac{m_l}{2}(-b\dot{\varphi}_v)^2 +$$

$$\frac{m_l}{2}(h_{13}\dot{\theta}_v - h_{14}\dot{\varphi}_v - h_{15}\dot{\alpha}_y)^2 + \frac{m_l}{2}(-l_s\dot{\alpha}_x - h_{16}\dot{\varphi}_v + h_{17}\dot{\theta}_v)^2 +$$

$$\frac{m_l}{2}(h_{102}\dot{\alpha}_x + h_{103}\dot{\varphi}_v + h_{104}\dot{\theta}_v - h_{105}\dot{\alpha}_y)^2 + \qquad (6.5)$$

$$\frac{m_l}{2}(-h_{106}\dot{\alpha}_x - h_{107}\dot{\varphi}_v - h_{108}\dot{\theta}_v + h_{109}\dot{\alpha}_y)^2 +$$

$$\frac{m_l l_y^2}{2}\dot{\beta}_x^2 + \frac{m_l}{2}h_{110}^2\dot{\beta}_y^2 + \frac{I_l}{2}\dot{\gamma}^2$$

负载的势能是：

$$V_l = (l_y h_{146} + l_s h_{133} + b h_{137}) \cdot m_l g \qquad (6.6)$$

其中：

$$l_y = \sqrt{l_g^2 - 0.25 l_l^2} \qquad (6.7)$$

因此，系统的总动能和势能可写为

$$T = T_v + T_h + T_l \qquad (6.8)$$
$$V = V_v + V_h + V_l \qquad (6.9)$$

在飞行中螺旋桨产生的升力为运动过程中的广义力，表达式是

$$F = -\frac{m_v g + m_l g + m_h g}{\cos\varphi_R \cos\theta_R \cos\varphi_v \cos\theta_v - \sin\varphi_R \sin\varphi_v \cos\theta_v - \cos\varphi_R \sin\theta_R \sin\theta_v} \qquad (6.10)$$

最终，使用广义拉格朗日能量法可得出动力学方程：

$$\begin{pmatrix} \ddot{x} \\ \ddot{y} \\ \ddot{\theta}_v \\ \ddot{\varphi}_v \\ \ddot{\alpha}_x \\ \ddot{\alpha}_y \\ \ddot{\beta}_x \\ \ddot{\beta}_y \\ \ddot{\gamma} \end{pmatrix} = f(\dot{x}, \dot{y}, \dot{\theta}_v, \dot{\varphi}_v, \dot{\alpha}_x, \dot{\alpha}_y, \dot{\beta}_x, \dot{\beta}_y, \dot{\gamma}, x, y, \theta_v, \varphi_v, \alpha_x, \alpha_y, \beta_x, \beta_y, \gamma, \ddot{\theta}_R, \dot{\theta}_R, \theta_R, \ddot{\varphi}_R, \dot{\varphi}_R, \varphi_R)$$

$$(6.11)$$

### 6.1.2 振荡控制

本节使用一种包括反馈控制器和开环控制器的混合控制器，前者控制直升机的姿态，后者抑制负载振荡。模型跟踪控制器（MFC）通过追踪规定模型的状态并减少跟踪误差来调节直升机的姿态，而光滑命令整形控制器通过光滑飞行员的指令来减少负载摆动和扭转。混合控制架构如图 6.2 所示。系统参数用于估算频率，设计更光滑的开环控制器频率。飞行员的命令与光滑器进行卷积以创建平滑的命令，并且它以最小的负载振荡将直升机移动到期望

的位置。测量直升机的姿态,通过模型跟踪控制器在闭环中调整螺旋桨偏转角。

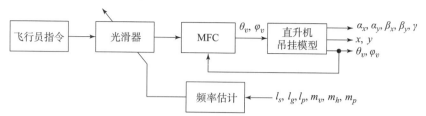

图 6.2 三维直升机吊挂均质梁负载控制系统示意图

**A. 姿态调节**

在方程(6.11)中吊挂均质梁的直升机的动力学方程过于复杂,无法据此设计控制器。因此,提出了一种简化模型,没有吊挂负载,设计模型跟踪控制器,因为模型跟踪控制器主要是控制直升机的飞行姿态,后根据悬挂负载的需要改进设计结果。最后,控制器将应用于方程(6.11)吊挂均质梁的直升机动力学方程中,以测试其控制性能。通过忽略方程(6.11)中的负载摆动和扭转得出简化模型:

$$\begin{cases} I_{xx}\ddot{\varphi}_v\cos(\varphi_R + \varphi_x) = a \cdot g \cdot m_v \cdot \sin\varphi_R \\ I_{yy}\ddot{\theta}_v\cos(\theta_R + \theta_v) = a \cdot g \cdot m_v \cdot \sin\theta_R \\ \ddot{y} = g \cdot \tan(\varphi_R + \varphi_v) \\ \ddot{x} = g \cdot \tan(\theta_R + \theta_R) \end{cases} \quad (6.12)$$

假设螺旋桨偏移角度和姿态角都很小,从式(6.12)得到线性化模型。依据线性化模型设计模型跟踪控制器:

$$\begin{cases} \ddot{\varphi}_{vm} + 2\zeta_p\omega_p\dot{\varphi}_{vm} + \omega_p^2 \cdot \varphi_{vm} = \omega_p^2 \cdot c_x \\ \ddot{\theta}_{vm} + 2\zeta_p\omega_p\dot{\theta}_{vm} + \omega_p^2 \cdot \theta_{vm} = \omega_p^2 \cdot c_y \\ \varphi_R = \dfrac{I_{xx}\ddot{\varphi}_{vm}}{a \cdot g \cdot m_v} + k_{xd} \cdot (\dot{\varphi}_{vm} - \dot{\varphi}_v) + k_{xp} \cdot (\varphi_{vm} - \varphi_v) \\ \theta_R = \dfrac{I_{yy}\ddot{\theta}_{vm}}{a \cdot g \cdot m_v} + k_{yd} \cdot (\dot{\theta}_{vm} - \dot{\theta}_v) + k_{yp} \cdot (\theta_{vm} - \theta_v) \end{cases} \quad (6.13)$$

式中,$\zeta_p$ 是模型的阻尼比;$\omega_p$ 是模型的频率;$c_x$ 和 $c_y$ 是沿 $N_x$ 和 $N_y$ 方向光滑的飞行员命令;$\theta_{vm}$ 和 $\varphi_{vm}$ 是沿 $N_x$ 和 $N_y$ 方向的模型输出;$k_{xp}$、$k_{xd}$、$k_{yp}$ 和 $k_{yd}$ 是控制增益。

式(6.13)中的前两个方程是系统模型。规定的模型需要合理的阻尼比($\zeta_p = 0.707$)和合理的上升时间($\leqslant 2$ s),对应的特征值约为 $-2 \pm 2\mathrm{i}$。然后通过极点配置计算出规定模型的频率 $\omega_p$ 为 2.83 rad/s。

式(6.13)中的最后两个方程是渐近跟踪控制律。由于考虑了直升机和负载之间的耦合,跟踪控制器的所需极点设计为 $-18 \pm 6.7\mathrm{i}$。本章中的直升机质量 $m_v$、距离 $a$、转动惯量 $I_{xx}$、$I_{yy}$、$I_{zz}$ 分别为 6 000 kg、3.5 m、20 500 kg/m²、17 450 kg/m²、19 750 kg/m²。因此,通过使用极点配置方法的控制增益 $k_{xp}$、$k_{xd}$、$k_{yp}$ 和 $k_{yd}$ 分别估计为 33.916、3.053、39.845 和 3.586。

**B. 摆动抑制**

另一个简化模型,主要针对负载摆动和扭转,忽略了直升机在方程(6.11)中的姿态。

特别地，简化模型还假设梁运动方向与飞行方向一致。简化的动力学模型是：

$$\begin{cases} (c \cdot R^2 + e \cdot l_x^2 + c \cdot l_x^2 + c \cdot l_y^2 + 2c \cdot l_x \cdot l_y \cdot \cos\beta_x) \cdot \ddot{\alpha}_x + \\ c \cdot (R^2 + l_y^2 + l_x \cdot l_y \cdot \cos\beta_x) \ddot{\beta}_x - \\ c \cdot l_x \cdot l_y \cdot \sin\beta_x \cdot (\dot{\beta}_x^2 + 2\dot{\alpha}_x\dot{\beta}_x) + \\ [e \cdot l_x \cdot \cos\alpha_x + c \cdot l_x \cdot \cos\alpha_x + c \cdot l_y \cdot \cos(\alpha_x + \beta_x)] \cdot \ddot{x} + \\ g \cdot c \cdot l_y \cdot \sin(\alpha_x + \beta_x) + g \cdot (e + c) \cdot l_x \cdot \sin\alpha_x = 0 \\ (R^2 + l_y^2 + l_x \cdot l_y \cdot \cos\beta_x) \cdot \ddot{\alpha}_x + (R^2 + l_y^2) \cdot \ddot{\beta}_x + l_y \cdot \cos(\alpha_x + \beta_x) \cdot \ddot{x} + \\ l_x \cdot l_y \cdot \sin\beta_x \cdot \dot{\alpha}_x^2 + g \cdot l_y \cdot \sin(\alpha_x + \beta_x) = 0 \\ [e \cdot l_x \cdot \cos\alpha_x + c \cdot l_x \cdot \cos\alpha_x + c \cdot l_y \cdot \cos(\alpha_x + \beta_x)] \cdot \ddot{\alpha}_x + \\ c \cdot l_y \cdot \cos(\alpha_x + \beta_x) \cdot \ddot{\beta}_x + \\ (1 + e + c) \cdot \ddot{y} - e \cdot l_x \cdot \sin\alpha_x \cdot \dot{\alpha}_x^2 - \\ c \cdot l_y \cdot \sin(\alpha_x + \beta_x) \cdot (\dot{\alpha}_x + \dot{\beta}_x)^2 - c \cdot l_x \cdot \sin\alpha_x \cdot \dot{\alpha}_x^2 = 0 \end{cases} \quad (6.14)$$

式中：

$$R = l_p/(2\sqrt{3}) \quad (6.15)$$
$$l_x = l_s + a + b \quad (6.16)$$

钩子质量与直升机质量的比率是 $e$，而负载质量与直升机质量的比率是 $c$。假设负载摆动角在平衡位置附近较小。由模型（6.14）得到的双摆摆动的线性化频率为

$$\omega_{1,2} = \sqrt{\frac{g \cdot (w \mp v)}{2l_x}} \quad (6.17)$$

式中：

$$w = \frac{1}{e \cdot l_y^2 + (c + e) \cdot R^2} \cdot$$
$$[(e^2 + e + c + e \cdot c) \cdot l_y^2 + (e + c) \cdot l_y \cdot l_x + (e^2 + c^2 + 2e \cdot c + c + e) \cdot R^2]$$
$$(6.18)$$

$$v = \sqrt{w^2 - \frac{4(e^2 + c^2 + 2e \cdot c + e + c) \cdot l_y \cdot l_x}{e \cdot l_y^2 + (c + e) \cdot R^2}} \quad (6.19)$$

三维简化模型可视为两个非耦合二阶系统，其频率如方程（6.17）所示。对于光滑器的设计，可以假设负载摆动的阻尼为0。可以通过负载摆动的第一模态频率方程（6.17）的估计来设计光滑器。光滑器具有低通滤波效果，可以抑制高阶模态摆动。

## 6.1.3 仿真

吊钩质量 $m_h$、负载质量 $m_p$、悬索长度 $l_s$、吊索长度 $l_g$、负载长度 $l_p$、距离 $b$ 选择 50 kg、2 000 kg、15 m、7 m、10 m、5 m。仿真首先加速直升机沿 $N_y$ 方向移动，然后将飞行速度保持在恒定值46 km/h。在行程结束时，直升机减速停在目标距离3.2 km处。图6.3～图6.6给出了对应的仿真结果。

图6.3给出了直升机姿态的仿真响应。在模型跟踪控制器作用下，直升机姿态的峰峰振幅是7.5°；在模型跟踪控制器和光滑器复合作用下，直升机姿态的峰峰振幅是5.5°。直

升机姿态的过渡过程时间被定义为残余响应进入 $0.5°$ 所需要的时间。在模型跟踪控制器作用下，过渡过程时间是 $219.1$ s；在模型跟踪控制器和光滑器复合作用下，过渡过程时间是 $11.9$ s。因此，复合控制方法可以消减更多的直升机姿态振荡。另外，直升机姿态的振荡频率小于模型跟踪控制器的设计频率和负载摆动的第一模态频率，这是因为直升机与吊挂负载之间存在复杂的耦合作用。

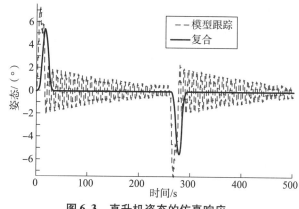

图 6.3　直升机姿态的仿真响应

图 6.4 给出负载质心偏移量仿真响应图。在模型跟踪控制器作用下，负载质心偏移量的峰峰振幅是 $3.6$ m，过渡过程时间是 $173.5$ s。负载质心偏移量的过渡过程时间被定义为残余响应进入 $0.01(l_s+l_y)$ 所需要的时间。在模型跟踪控制器和光滑器复合作用下，负载质心偏移量的峰峰振幅是 $1.8$ m，过渡过程时间是 $7.1$ s。因此，模型跟踪控制器和光滑器复合控制方法削减了更多的负载振荡。另外，图 6.24 中负载偏移量的振荡频率与图 6.3 中直升机姿态的振荡频率相等，这是直升机与负载振荡之间耦合作用的结果。

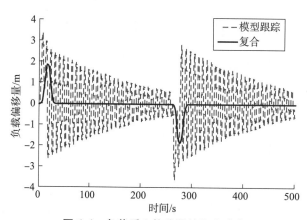

图 6.4　负载质心偏移量的仿真响应

图 6.5 给出负载扭转速度和加速度的仿真响应。在模型跟踪控制作用下，局部极小值点出现在扭转角速度曲线中的 $30$ s、$200$ s 和 $360$ s 附近。同时，局部极大值点出现在 $100$ s 和 $300$ s 附近。这是加减速引起振荡时而同相、时而反相的结果。扭转速度曲线在局部极大和局部极小点以后会趋向于恒定数值。这是由于负载扭转的频率取决于负载摆动的振幅。在模型跟踪控制器作用下，扭转速度的残余振幅是 $0.37$ °/s；在模型跟踪控制器和光滑器复合作用下，扭转速度的残余振幅是 $0.08$ °/s。复合控制方法将扭转速度抑制到非常低的程度，有助于安全运载。

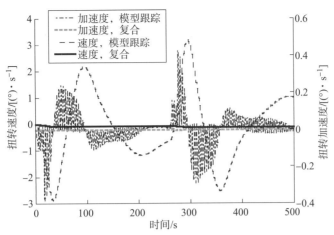

图 6.5 负载扭转速度和加速度的仿真响应

图 6.6 给出旋翼角的仿真响应。在模型跟踪控制作用下,旋翼角峰峰振幅是 0.78°;在模型跟踪和光滑器复合作用下,旋翼角峰峰振幅是 0.039°。图 6.6 中旋翼角频率与图 6.3 直升机姿态频率、图 6.4 负载摆动频率相同。这是因为直升机和负载之间的耦合作用,通过调节旋翼角产生了直升机姿态的阻尼效果。

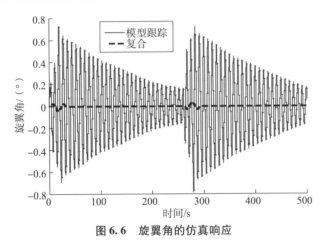

图 6.6 旋翼角的仿真响应

## 6.2 四旋翼无人机吊挂动力学建模与控制

### 6.2.1 二维动力学

无人机吊挂运载是无人机的一个重要应用方向。无人机吊挂负载飞行具有很多优势,例如不需要考虑无人机装载体积和货物外形匹配问题,不受复杂地理和地面条件制约,就可以高效远距离完成运载任务。前人的研究几乎集中在单绳吊挂结构中,即无人机通过一根绳索与负载连接,这种方式不利于吊挂大体积负载,特别是细长梁型负载。本章提出了一种平面双绳吊挂结构,即无人机通过两根绳索与负载连接,便于吊运大体积负载。这种结构下,无人机姿态与负载摆动之间存在严重的耦合,因此需要研究该系统的动力学特性,并设计有效的控制器进行控制。本章的科学贡献如下：明确给出了平面无人机双绳吊挂梁型负载的非线性动力学方程；给出了系统的频率估计方程；设计了复合控制器用于抑制无人机姿态和负载的振荡。

#### 6.2.1.1 动力学建模

图 6.7 是二维多旋翼无人机双绳吊运梁型负载的物理模型。为了方便建模，建立了 5 个坐标系，分别为牛顿坐标系 $N_oN_xN_yN_z$、无人机机体坐标系 $D_oD_xD_yD_z$、左绳坐标系 $C_{1o}C_{1x}C_{1y}C_{1z}$、右绳坐标系 $C_{2o}C_{2x}C_{2y}C_{2z}$ 和负载坐标系 $B_oB_xB_yB_z$。其中，坐标轴 $N_y$ 与 $D_y$、$C_{1y}$、$C_{2y}$、$B_y$ 平行。

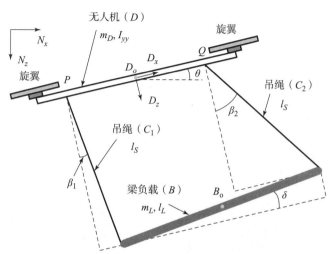

**图 6.7　二维多旋翼无人机双绳吊运梁型负载的物理模型**

无人机的质量为 $m_D$，绕 $D_y$ 轴的转动惯量为 $I_{yy}$。无人机的运动包括沿 $N_x$、$N_z$ 方向的线位移 $x$、$z$ 和绕 $N_y$ 轴旋转的俯仰姿态角 $\theta$。$N$ 系变换到 $D$ 系的旋转矩阵为

$$\begin{pmatrix} \boldsymbol{D}_x \\ \boldsymbol{D}_z \end{pmatrix} = \begin{pmatrix} \cos\theta & -\sin\theta \\ \sin\theta & \cos\theta \end{pmatrix} \begin{pmatrix} \boldsymbol{N}_x \\ \boldsymbol{N}_z \end{pmatrix} \tag{6.20}$$

假定两根吊绳 $C_1$ 和 $C_2$ 没有质量且处于拉直状态，长度均为 $l_S$，分别悬挂在无人机上的 $P$ 点和 $Q$ 点。无人机的质心 $D_o$ 在两个吊挂点 $P$、$Q$ 之间，且 $P$、$Q$ 之间的距离为 $2l_A$。均质梁负载的质量和长度分别为 $m_L$、$l_L$，梁负载的质心 $B_o$ 位于梁的中点。吊绳 $C_1$ 和 $C_2$ 相对于无人机 $D_z$ 轴的摆动角分别为 $\beta_1$、$\beta_2$，梁负载的 $B_x$ 轴与无人机的 $D_x$ 轴之间的夹角为倾斜角，用 $\delta$ 表示。$D$ 系与 $C_1$、$C_2$、$B$ 系之间的旋转矩阵分别为

$$\begin{pmatrix} \boldsymbol{C}_{1x} \\ \boldsymbol{C}_{1z} \end{pmatrix} = \begin{pmatrix} \cos\beta_1 & -\sin\beta_1 \\ \sin\beta_1 & \cos\beta_1 \end{pmatrix} \begin{pmatrix} \boldsymbol{D}_x \\ \boldsymbol{D}_z \end{pmatrix} \tag{6.21}$$

$$\begin{pmatrix} \boldsymbol{C}_{2x} \\ \boldsymbol{C}_{2z} \end{pmatrix} = \begin{pmatrix} \cos\beta_2 & -\sin\beta_2 \\ \sin\beta_2 & \cos\beta_2 \end{pmatrix} \begin{pmatrix} \boldsymbol{D}_x \\ \boldsymbol{D}_z \end{pmatrix} \tag{6.22}$$

$$\begin{pmatrix} \boldsymbol{B}_x \\ \boldsymbol{B}_z \end{pmatrix} = \begin{pmatrix} \cos\delta & -\sin\delta \\ \sin\delta & \cos\delta \end{pmatrix} \begin{pmatrix} \boldsymbol{D}_x \\ \boldsymbol{D}_z \end{pmatrix} \tag{6.23}$$

该模型的输入有两个，分别为沿 $D_z$ 轴负向的升力 $F_z$、绕 $D_y$ 轴的俯仰力矩 $M_\theta$。模型的

输出有 6 个，分别为无人机的位移 $x$、$z$，无人机的姿态角 $\theta$，两根吊绳的摆角 $\beta_1$、$\beta_2$，梁负载的倾斜角 $\delta$。由于无人机近悬停飞行，且吊绳长度较长和吊挂较重的负载，因此模型忽略了空气对负载的影响。初始时梁位于面 $D_oD_xD_z$ 内，因此无人机升力 $F_z$ 和俯仰力矩 $M_\theta$ 不会引起梁负载相对于吊绳的扭转运动。

凯恩方法是凯恩教授提出的动力学建模方法，特别适用于多体系统的建模。使用凯恩方法建立多体系统的动力学模型时，分为以下几个步骤：选择系统的广义坐标和广义速度，计算系统中刚体的速度和角速度，计算刚体的加速度和角加速度，计算偏速度表，求解广义主动力和广义惯性力，代入凯恩方程得到系统的动力学方程。

由于系统有 6 个输出，故选择广义速度 $u_j(j=1,\cdots,6)$ 分别为无人机的线速度 $\dot{x}$、$\dot{z}$，无人机的姿态角速度 $\dot{\theta}$，两根吊挂绳的摆动角速度 $\dot{\beta}_1$、$\dot{\beta}_2$，梁负载倾斜角速度 $\dot{\delta}$。

接着分析无人机和梁负载的速度和角速度。无人机质心 $D_o$ 相对于牛顿坐标系 $N$ 的速度为

$$^N\boldsymbol{v}^{D_o} = u_1\,\boldsymbol{N}_x + u_2\,\boldsymbol{N}_z \tag{6.24}$$

无人机 $D$ 相对于牛顿坐标系 $N$ 的角速度为

$$^N\boldsymbol{\omega}^D = u_3\,\boldsymbol{N}_y \tag{6.25}$$

牛顿坐标系原点 $N_o$ 与负载质心 $B_o$ 之间的位置矢量 $\overrightarrow{N_oB_o}$ 可以通过 $\overrightarrow{N_oD_o}$、$\overrightarrow{D_oQ}$、$Q$ 与负载右端点组成的矢量、负载右端点与 $B_o$ 组成的矢量这四个矢量的矢量和来表示，即：

$$\overrightarrow{N_oB_o} = x\,\boldsymbol{N}_x + z\,\boldsymbol{N}_z + l_A\,\boldsymbol{D}_x + l_S\,\boldsymbol{C}_{2z} - 0.5l_L\,\boldsymbol{B}_x \tag{6.26}$$

为了求得负载质心 $B_o$ 相对于牛顿坐标系 $N$ 的速度，需要将式（6.26）中的各个矢量分别对牛顿坐标系求一次时间导数，即

$$^N\boldsymbol{v}^{B_o} = \frac{^Nd\,(\overrightarrow{N_oB_o})}{dt} = {}^N\boldsymbol{v}^{D_o} + {}^N\boldsymbol{\omega}^D \times l_A\,\boldsymbol{D}_x + {}^N\boldsymbol{\omega}^{C_2} \times l_S\,\boldsymbol{C}_{2z} - {}^N\boldsymbol{\omega}^B \times 0.5l_L\,\boldsymbol{B}_x \tag{6.27}$$

式中，$^N\boldsymbol{\omega}^{C_2}$ 为右吊绳 $C_2$ 相对于牛顿坐标系 $N$ 的角速度，$^N\boldsymbol{\omega}^B$ 为梁负载 $B$ 相对于牛顿坐标系 $N$ 的角速度，分别为

$$^N\boldsymbol{\omega}^{C_2} = {}^N\boldsymbol{\omega}^D + u_5\,\boldsymbol{D}_y \tag{6.28}$$

$$^N\boldsymbol{\omega}^B = {}^N\boldsymbol{\omega}^D + u_6\,\boldsymbol{D}_y \tag{6.29}$$

由于式（6.27）中的矢量被表述到不同的坐标系中，不利于之后的分析求解。需要通过旋转矩阵即式（6.220）和式（6.23）将其统一表述到牛顿坐标系中，并代入角速度即式（6.25）、式（6.28）和式（6.29），得

$$^N\boldsymbol{v}^{B_o} = {}^N\boldsymbol{v}^{D_o} + [-\sin\theta u_3 l_A + \cos(\theta+\beta_2)(u_3+u_5)l_S + \sin(\theta+\delta)(u_3+u_6)0.5l_L]\boldsymbol{N}_x +$$
$$[-\cos\theta u_3 l_A - \sin(\theta+\beta_2)(u_3+u_5)l_S + \cos(\theta+\delta)(u_3+u_6)0.5l_L]\boldsymbol{N}_z \tag{6.30}$$

梁负载 $B$ 相对于牛顿坐标系 $N$ 的角速度如式（6.29）所示。

然后计算无人机和梁负载的加速度和角加速度。无人机质心 $D_o$ 相对于牛顿坐标系 $N$ 的加速度为

$$^N\boldsymbol{a}^{D_o} = \dot{u}_1\,\boldsymbol{N}_x + \dot{u}_2\,\boldsymbol{N}_z \tag{6.31}$$

无人机 $D$ 相对于牛顿坐标系 $N$ 的角加速度为

$$^N\boldsymbol{\alpha}^D = \dot{u}_3\,\boldsymbol{N}_y \tag{6.32}$$

负载质心 $B_o$ 相对于牛顿坐标系 $N$ 的加速度为

$$\begin{aligned}{}^N\boldsymbol{a}^{B_o} &= \frac{{}^N\mathrm{d}({}^N\boldsymbol{v}^{B_o})}{\mathrm{d}t}\\
&= {}^N\boldsymbol{a}^{D_o} + [-(\cos\theta u_3^2 l_A + \sin\theta \dot{u}_3 l_A) + \cos(\theta+\beta_2)(\dot{u}_3+\dot{u}_5)l_S - \sin(\theta+\beta_2)\\
&\quad (u_3+u_5)^2 l_S + \cos(\theta+\delta)(u_3+u_6)^2 0.5l_L + \sin(\theta+\delta)(\dot{u}_3+\dot{u}_6)0.5l_L]\boldsymbol{N}_x +\\
&\quad [-(-\sin\theta u_3^2 l_A + \cos\theta \dot{u}_3 l_A) - \sin(\theta+\beta_2)(\dot{u}_3+\dot{u}_5)l_S - \cos(\theta+\beta_2)(u_3+u_5)^2 l_S -\\
&\quad \sin(\theta+\delta)(u_3+u_6)^2 0.5l_L + \cos(\theta+\delta)(\dot{u}_3+\dot{u}_6)0.5l_L]\boldsymbol{N}_z\end{aligned}$$ (6.33)

梁负载 $B$ 相对于牛顿坐标系 $N$ 的角加速度为

$${}^N\boldsymbol{\alpha}^B = {}^N\boldsymbol{\alpha}^D + \dot{u}_6 \boldsymbol{D}_y \tag{6.34}$$

接着计算偏速度和偏角速度。无人机质心相对于 $N$ 系的速度对各个广义速度的偏速度为 ${}^N\boldsymbol{v}_j^{D_o}(j=1,\cdots,6)$。无人机相对于 $N$ 系的角速度对各个广义速度的偏速度为 ${}^N\boldsymbol{\omega}_j^D(j=1,\cdots,6)$。负载质心相对于 $N$ 系的速度对各个广义速度的偏速度为 ${}^N\boldsymbol{v}_j^{B_o}(j=1,\cdots,6)$。负载相对于 $N$ 系的角速度对各个广义速度的偏速度为 ${}^N\boldsymbol{\omega}_j^B(j=1,\cdots,6)$,列于表6.1中。

表6.1 无人机与负载对各广义速度的偏速度与偏角速度

| $j$ | ${}^N\boldsymbol{v}_j^{D_o}$ | ${}^N\boldsymbol{\omega}_j^D$ | ${}^N\boldsymbol{v}_j^{B_o}$ | ${}^N\boldsymbol{\omega}_j^B$ |
|---|---|---|---|---|
| 1 | $\boldsymbol{N}_x$ | 0 | $\boldsymbol{N}_x$ | 0 |
| 2 | $\boldsymbol{N}_z$ | 0 | $\boldsymbol{N}_z$ | 0 |
| 3 | 0 | $\boldsymbol{D}_y$ | $\left[\begin{array}{l}-l_A\sin\theta + l_S\cos(\theta+\beta_2)+\\ 0.5l_L\sin(\theta+\delta)\end{array}\right]\boldsymbol{N}_x + \left[\begin{array}{l}-l_A\cos\theta - l_S\sin(\theta+\beta_2)+\\ 0.5l_L\cos(\theta+\delta)\end{array}\right]\boldsymbol{N}_z$ | $\boldsymbol{D}_y$ |
| 4 | 0 | 0 | 0 | 0 |
| 5 | 0 | 0 | $l_S\cos(\theta+\beta_2)\boldsymbol{N}_x - l_S\sin(\theta+\beta_2)\boldsymbol{N}_z$ | 0 |
| 6 | 0 | 0 | $0.5l_L\sin(\theta+\delta)\boldsymbol{N}_x + 0.5l_L\cos(\theta+\delta)\boldsymbol{N}_z$ | $\boldsymbol{D}_y$ |

然后计算广义惯性力 $F_j^*(j=1,\cdots,6)$。由凯恩方程,得

$$\begin{aligned}F_j^* &= -m_D \cdot {}^N\boldsymbol{a}^{D_o} \cdot {}^N\boldsymbol{v}_j^{D_o} - (\boldsymbol{I}^{D/D_o} \cdot {}^N\boldsymbol{\alpha}^D + {}^N\boldsymbol{\omega}^D \times \boldsymbol{I}^{D/D_o} \cdot {}^N\boldsymbol{\omega}^D) \cdot {}^N\boldsymbol{\omega}_j^D -\\
&\quad m_L \cdot {}^N\boldsymbol{a}^{B_o} \cdot {}^N\boldsymbol{v}_j^{B_o} - (\boldsymbol{I}^{B/B_o} \cdot {}^N\boldsymbol{\alpha}^B + {}^N\boldsymbol{\omega}^B \times \boldsymbol{I}^{B/B_o} \cdot {}^N\boldsymbol{\omega}^B) \cdot {}^N\boldsymbol{\omega}_j^B \quad (j=1,\cdots,6)\end{aligned}$$ (6.35)

式中,$\boldsymbol{I}^{D/D_o}$、$\boldsymbol{I}^{B/B_o}$ 为惯性并矢,即惯性张量,为

$$\boldsymbol{I}^{D/D_o} = I_{xx}\boldsymbol{D}_x\boldsymbol{D}_x + I_{yy}\boldsymbol{D}_y\boldsymbol{D}_y + I_{zz}\boldsymbol{D}_z\boldsymbol{D}_z \tag{6.36}$$

$$\boldsymbol{I}^{B/B_o} = 0\boldsymbol{B}_x\boldsymbol{B}_x + \frac{1}{12}m_L l_L^2 \boldsymbol{B}_y\boldsymbol{B}_y + \frac{1}{12}m_L l_L^2 \boldsymbol{B}_z\boldsymbol{B}_z \tag{6.37}$$

其中,$I_{xx}$、$I_{zz}$ 分别为无人机绕 $D_x$ 轴、$D_z$ 轴的转动惯量。将式(6.31)~式(6.34)、式(6.36)、式(6.37)及表6.1代入式(6.35),可得关于六个广义速度的广义惯性力:

$$F_1^* = -m_D \dot{u}_1 - m_L W_1 \tag{6.38}$$

$$F_2^* = -m_D \dot{u}_2 - m_L W_2 \tag{6.39}$$

$$\begin{aligned}F_3^* &= -\dot{u}_3 I_{yy} - \frac{(\dot{u}_3+\dot{u}_6)m_L l_L^2}{12} - m_L W_1[-l_A\sin\theta + l_S\cos(\theta+\beta_2) + 0.5l_L\sin(\theta+\delta)] -\\
&\quad m_L W_2[-l_A\cos\theta - l_S\sin(\theta+\beta_2) + 0.5l_L\cos(\theta+\delta)]\end{aligned}$$ (6.40)

$$F_4^* = 0 \tag{6.41}$$

$$F_5^* = -m_L l_S \cos(\theta + \beta_2) W_1 + m_L l_S \sin(\theta + \beta_2) W_2 \tag{6.42}$$

$$F_6^* = -\frac{1}{12} m_L l_L^2 (\dot{u}_3 + \dot{u}_6) - 0.5 m_L l_L \sin(\theta + \delta) W_1 - 0.5 m_L l_L \cos(\theta + \delta) W_2 \tag{6.43}$$

式中，

$$\begin{aligned} W_1 = &\dot{u}_1 - (u_3^2 l_A \cos\theta + \dot{u}_3 l_A \sin\theta) + (\dot{u}_3 + \dot{u}_5) l_S \cos(\theta + \beta_2) - \\ & (u_3 + u_5)^2 l_S \sin(\theta + \beta_2) + 0.5 (u_3 + u_6)^2 l_L \cos(\theta + \delta) + \\ & 0.5 (\dot{u}_3 + \dot{u}_6) l_L \sin(\theta + \delta) \end{aligned} \tag{6.44}$$

$$\begin{aligned} W_2 = &\dot{u}_2 - (-u_3^2 l_A \sin\theta + \dot{u}_3 l_A \cos\theta) - (\dot{u}_3 + \dot{u}_5) l_S \sin(\theta + \beta_2) - \\ & (u_3 + u_5)^2 l_S \cos(\theta + \beta_2) - 0.5 (u_3 + u_6)^2 l_L \sin(\theta + \delta) + \\ & 0.5 (\dot{u}_3 + \dot{u}_6) l_L \cos(\theta + \delta) \end{aligned} \tag{6.45}$$

接着计算广义主动力 $F_j (j = 1, \cdots, 6)$。由凯恩方程，得

$$F_j = \boldsymbol{F}^{D_o} \cdot {}^N\boldsymbol{v}_j^{D_o} + \boldsymbol{T}^D \cdot {}^N\boldsymbol{\omega}_j^D + \boldsymbol{F}^{B_o} \cdot {}^N\boldsymbol{v}_j^{B_o} + \boldsymbol{T}^B \cdot {}^N\boldsymbol{\omega}_j^B \quad (j = 1, \cdots, 6) \tag{6.46}$$

其中，$\boldsymbol{F}^{D_o}$ 是作用在无人机质心的外力；$\boldsymbol{T}^D$ 是作用在无人机上的外力矩；$\boldsymbol{F}^{B_o}$ 是作用到负载上的外力；$\boldsymbol{T}^B$ 是作用在负载上的外力矩，分别为

$$\boldsymbol{F}^{D_o} = -\sin\theta F_z \boldsymbol{N}_x + (m_D g - F_z \cos\theta) \boldsymbol{N}_z \tag{6.47}$$

$$\boldsymbol{T}^D = M_\theta \boldsymbol{D}_y \tag{6.48}$$

$$\boldsymbol{F}^{B_o} = m_L g \boldsymbol{N}_z \tag{6.49}$$

$$\boldsymbol{T}^B = 0 \tag{6.50}$$

将式（6.47）~式（6.50）及表6.1代入式（6.46），可得关于6个广义速度的广义主动力：

$$F_1 = -F_z \sin\theta \tag{6.51}$$

$$F_2 = m_D g - F_z \cos\theta + m_L g \tag{6.52}$$

$$F_3 = M_\theta + m_L g [-l_A \cos\theta - l_S \sin(\theta + \beta_2) + 0.5 l_L \cos(\theta + \delta)] \tag{6.53}$$

$$F_4 = 0 \tag{6.54}$$

$$F_5 = -m_L g l_S \sin(\theta + \beta_2) \tag{6.55}$$

$$F_6 = 0.5 m_L g l_L \cos(\theta + \delta) \tag{6.56}$$

凯恩方程中，广义主动力与广义惯性力之和等于0，即

$$m_D \dot{u}_1 + m_L W_1 + F_z \sin\theta = 0 \tag{6.57}$$

$$m_D \dot{u}_2 + m_L W_2 - m_L g - m_D g + F_z \cos\theta = 0 \tag{6.58}$$

$$\begin{aligned} &\dot{u}_3 I_{yy} + \frac{(\dot{u}_3 + \dot{u}_6) m_L l_L^2}{12} + m_L W_1 [-l_A \sin\theta + l_S \cos(\theta + \beta_2) + 0.5 l_L \sin(\theta + \delta)] - M_\theta + \\ & m_L W_2 [-l_A \cos\theta - l_S \sin(\theta + \beta_2) + 0.5 l_L \cos(\theta + \delta)] - \\ & m_L g [0.5 l_L \cos(\theta + \delta) - l_A \cos\theta - l_S \sin(\theta + \beta_2)] = 0 \end{aligned} \tag{6.59}$$

$$m_L l_S \cos(\theta + \beta_2) W_1 - m_L l_S \sin(\theta + \beta_2) W_2 + m_L g l_S \sin(\theta + \beta_2) = 0 \tag{6.60}$$

$$\frac{1}{12} m_L l_L^2 (\dot{u}_3 + \dot{u}_6) + [0.5 m_L l_L \sin(\theta + \delta) W_1 + 0.5 m_L l_L \cos(\theta + \delta) W_2] - 0.5 m_L g l_L \cos(\theta + \delta) = 0 \tag{6.61}$$

由于无人机、两根吊绳和梁负载构成了一个平面四边形,因此摆角 $\beta_1$、$\beta_2$ 和倾斜角 $\delta$ 满足位置约束

$$\begin{cases} 2l_A + l_S\sin\beta_2 - l_L\cos\delta - l_S\sin\beta_1 = 0 \\ l_S\cos\beta_2 + l_L\sin\delta - l_S\cos\beta_1 = 0 \end{cases} \quad (6.62)$$

将式(6.62)对 $D$ 系求一次时间导数和两次时间导数,可得速度约束和加速度约束

$$\begin{cases} u_5\cos(\beta_2 - \delta) - u_4\cos(\beta_1 - \delta) = 0 \\ u_6 l_L\cos(\beta_2 - \delta) + u_4 l_S\sin(\beta_1 - \beta_2) = 0 \end{cases} \quad (6.63)$$

$$\begin{cases} \dot{u}_5 = \tan(\beta_2 - \delta)u_5^2 - \dfrac{l_L u_6^2}{l_S\cos(\beta_2 - \delta)} - \dfrac{[\sin(\beta_1 - \delta)u_4^2 - \cos(\beta_1 - \delta)\dot{u}_4]}{\cos(\beta_2 - \delta)} \\ \dot{u}_6 = \dfrac{l_S[u_5^2 - \cos(\beta_1 - \beta_2)u_4^2 - \sin(\beta_1 - \beta_2)\dot{u}_4]}{l_L\cos(\beta_2 - \delta)} - \tan(\beta_2 - \delta)u_6^2 \end{cases} \quad (6.64)$$

由于四边形约束的存在,摆角 $\beta_1$、$\beta_2$ 和倾斜角 $\delta$ 中只有一个为独立变量。取 $\beta_1$ 为独立变量,$\beta_2$ 和 $\delta$ 为非独立变量。将式(6.60)、式(6.61)中的两个方程合并为一个方程,得

$$[l_S\cos(\theta + \beta_2)m_L W_1 - l_S\sin(\theta + \beta_2)m_L W_2] - \\ \left[\dfrac{1}{12}(\dot{u}_3 + \dot{u}_6)m_L l_L^2 + 0.5 l_L\sin(\theta + \delta)m_L W_1 + 0.5 l_L\cos(\theta + \delta)m_L W_2\right] + \\ m_L g l_S\sin(\theta + \beta_2) + 0.5 m_L g l_L\cos(\theta + \delta) = 0 \quad (6.65)$$

最后将式(6.63)、式(6.64)代入式(6.57)~式(6.59)、式(6.65)中可消去非独立变量的加速度 $\dot{u}_5$、$\dot{u}_6$ 和速度 $u_5$、$u_6$,得到关于 4 个独立变量的动力学方程。式(6.64)描述了系统的约束方程。

#### 6.2.1.2 姿态控制

近悬停飞行时,在无人机双绳吊挂系统中,两根吊绳 $C_1$ 与 $C_2$ 分别作用在吊挂点 $P$、$Q$ 的力会对无人机产生附加力矩。这个附加力矩会影响无人机的姿态运动,导致无人机的姿态角 $\theta$ 和负载角度 $\beta_1$、$\beta_2$、$\delta$ 将在其平衡位置附近往复振荡。

式(6.57)~式(6.59)、式(6.64)、式(6.65)描述了系统的非线性动力学方程,直接从非线性方程分析系统的动力学特性难度较大。由于无人机近悬停低速飞行,使用小角度假设和小速度假设,非线性动力学方程可以在平衡位置附近线性化,便于分析系统的线性化频率,简化控制器设计的难度。

首先分析系统的平衡位置。设负载的姿态角和负载角度的平衡位置分别为 $\theta_0$、$\beta_{10}$、$\beta_{20}$、$\delta_0$。令式(6.57)~式(6.59)、式(6.64)及式(6.65)中,输出项的加速度和速度均为 0,且系统输入 $F_z$ 与系统的重力相平衡,俯仰力矩为 0,即:

$$\begin{cases} \ddot{x} = 0, \ddot{z} = 0, \ddot{\theta} = 0, \ddot{\beta}_1 = 0, \ddot{\beta}_2 = 0, \ddot{\delta} = 0 \\ \dot{\theta} = 0, \dot{\beta}_1 = 0, \dot{\beta}_2 = 0, \dot{\delta} = 0 \\ F_z = (m_D + m_L)g \\ M_\theta = 0 \end{cases} \quad (6.66)$$

可求得 $\theta_0$ 和 $\delta_0$ 均为 0°,$\beta_{10}$ 和 $\beta_{20}$ 为

$$\begin{cases} \beta_{10} = -\arcsin\left(\dfrac{l_L - 2l_A}{2l_S}\right) \\ \beta_{20} = \arcsin\left(\dfrac{l_L - 2l_A}{2l_S}\right) \end{cases} \tag{6.67}$$

接着求解系统的线性化模型。线性化时，首先将无人机姿态角和负载摆角分解为各自的平衡角度加上相对于平衡角度变化的角度两部分，即：

$$\begin{cases} \theta = \theta_0 + \theta_t \\ \beta_1 = \beta_{10} + \beta_{1t} \\ \beta_2 = \beta_{20} + \beta_{2t} \\ \delta = \delta_0 + \delta_t \end{cases} \tag{6.68}$$

系统的动力学方程中，角速度满足小速度假设，即任意角速度相乘近似等于 0。姿态角和负载角度满足小角度假设，即：

$$\begin{cases} \dot{\alpha}_x \cdot \dot{\alpha}_y \approx 0 \\ \sin\alpha_x \approx \alpha_x \\ \cos\alpha_x \approx 1 \\ \alpha_x \cdot \alpha_y \approx 0 \end{cases} \tag{6.69}$$

式中，$\alpha_x$、$\alpha_y$ 是 $\theta_t$、$\beta_{1t}$、$\beta_{2t}$、$\delta_t$ 中的任何元素。将式（6.67）~式（6.69）代入式（6.57）~式（6.59）、式（6.64）及式（6.65）中，可以得到平衡位置附近的线性化方程，即

$$\begin{cases} B_{1,4}\ddot{x} + [B_{1,5}\theta_t + B_{1,7}\beta_{1t} + B_{1,9}\beta_{2t} + B_{1,11}\delta_t]F_z + B_{1,14}M_\theta = 0 \\ B_{2,4}\ddot{z} + [B_{2,6}\theta_t + B_{2,8}\beta_{1t} + B_{2,11}\beta_{2t} + B_{2,14}\delta_t]M_\theta + B_{2,16}F_z + B_{2,18}g = 0 \\ B_{3,4}\ddot{\theta}_t + [B_{3,5}\beta_{1t} + B_{3,7}\beta_{2t} + B_{3,9}\delta_t]F_z + B_{3,12}M_\theta = 0 \\ B_{4,4}\ddot{\beta}_{1t} + [B_{4,5}\beta_{1t} + B_{4,7}\beta_{2t} + B_{4,9}\delta_t]F_z + \\ \qquad [B_{4,6}\beta_{1t} + B_{4,8}\beta_{2t} + B_{4,10}\delta_t + B_{4,12}]M_\theta = 0 \\ B_{5,4}\ddot{\beta}_{2t} + [B_{5,5}\beta_{1t} + B_{5,7}\beta_{2t} + B_{5,9}\delta_t]F_z + \\ \qquad [B_{5,6}\beta_{1t} + B_{5,8}\beta_{2t} + B_{5,10}\delta_t + B_{5,12}]M_\theta = 0 \\ B_{6,4}\ddot{\delta}_t + [B_{6,5}\beta_{1t} + B_{6,7}\beta_{2t} + B_{6,9}\delta_t]F_z + \\ \qquad [B_{6,6}\beta_{1t} + B_{6,8}\beta_{2t} + B_{6,10}\delta_t + B_{6,12}]M_\theta = 0 \end{cases} \tag{6.70}$$

式中，系数 $B_{j,k}(j=1,\cdots,6,k=4,\cdots,18)$ 与系统的结构参数有关。

无人机想要安全的运送负载到目的地，其姿态控制是要首先考虑的。无人机的姿态运动与无人机的平移运动是紧密耦合在一起的，即无人机想要沿 $N_x$ 方向飞行一段距离，那么必须要转化为相应的姿态运动才能实现。由于吊挂点不在无人机的质心，负载的摆动将与无人机的姿态运动产生强烈耦合，威胁无人机的飞行安全。因此，必须设计有效的姿态控制器，来稳定无人机姿态。

式（6.70）中的第 3 个方程是平衡位置附近的线性姿态动力学，其中既包含无人机姿态角，又包含负载的摆角和倾斜角。直接由该式子不易设计姿态闭环控制器。当无人机近悬停飞行时，负载的摆角和倾斜角较小，因此忽略负载的影响，即

$$B_{3,4}\ddot{\theta}_t + B_{3,12}M_\theta = 0 \tag{6.71}$$

由简化的姿态动力学，可以方便地设计闭环控制器。模型跟踪控制器（MFC）具有优异的姿态控制效果，在直升机中得到广泛应用。本节的姿态控制器采用模型跟踪控制器，由式（6.71）可以设计模型跟踪控制器：

$$\begin{cases} \ddot{\theta}_m + 2\zeta_m\omega_m\dot{\theta}_m + \omega_m^2\theta_m = \omega_m^2\theta_r \\ M_\theta = -\dfrac{B_{3,4}}{B_{3,12}}\ddot{\theta}_m + k_p(\theta_m - \theta) + k_d(\dot{\theta}_m - \dot{\theta}) \end{cases} \tag{6.72}$$

其中，式（6.72）中的第一个式子是规定模型，$\theta_r$ 是规定模型的输入；$\omega_m$ 和 $\zeta_m$ 分别为规定模型的固有频率和阻尼比；$\theta_m$ 是规定模型的输出；$k_p$ 和 $k_d$ 分别是跟踪控制律的比例系数和微分系数。采用极点配置的方法来设计规定模型的固有频率 $\omega_m$ 和阻尼比 $\zeta_m$。为了使规定模型具有合理的阻尼比和较短的调节时间，将规定模型的极点配置在 $-2 \pm 2i$ 的位置。i 为虚数单位。计算得 $\omega_m$ 为 2.83 rad/s，阻尼比为 0.707。

式（6.72）中的第二个式子是渐进跟踪控制律。该控制率包括前馈控制部分和反馈控制部分。式（6.72）等号右边的第一项是前馈控制部分，它使用了反模型技术来避免激发无人机吊挂系统不期望的动力学。式（6.72）等号右边的第二项和第三项是反馈控制部分，使无人机的实际姿态角 $\theta$ 实时跟踪规定模型的输出 $\theta_m$。前馈控制与反馈控制组成的控制器展现出较好的控制性能去跟踪规定模型。

将式（6.72）代入式（6.71）中可以得到闭环系统的动力学方程：

$$-\frac{B_{3,4}}{B_{3,12}}(\ddot{\theta}_m - \ddot{\theta}) + k_d(\dot{\theta}_m - \dot{\theta}) + k_p(\theta_m - \theta) = 0 \tag{6.73}$$

想要保证闭环系统的稳定性和需要的跟踪速度，需要合理地选择比例系数 $k_p$ 和微分系数 $k_d$。当闭环系统的期望极点具有负实部时，将保证闭环系统的稳定性。注意到，无人机和吊挂系统之间的耦合效应增加了系统的阻尼比，同时减小了期望极点的实部。因此，闭环系统的极点选择为 $-6 \pm 2i$。令 $e = \theta_m - \theta$，代入式（6.73）得

$$-\frac{B_{3,4}}{B_{3,12}}\ddot{e} + k_d\dot{e} + k_p e = 0 \tag{6.74}$$

式（6.74）的特征值为

$$s_{1,2} = \frac{-k_d}{2\left(-\dfrac{B_{3,4}}{B_{3,12}}\right)} \pm \frac{\sqrt{4\left(-\dfrac{B_{3,4}}{B_{3,12}}\right)k_p - k_d^2}}{2\left(-\dfrac{B_{3,4}}{B_{3,12}}\right)}i \tag{6.75}$$

将式（6.75）与闭环系统的期望极点 $-6 \pm 2i$ 对照，可以求出比例系数 $k_p$ 和微分系数 $k_d$。取无人机的质量 $m_D$、无人机的转动惯量 $I_{yy}$、吊挂距离 $l_A$、吊绳长度 $l_S$、负载长度 $l_L$ 和负载质量 $m_L$ 分别为 85 kg、4.5 kg·m²、1 m、5 m、4 m 和 20 kg。此时 $B_{3,4}/B_{3,12}$ 为 -11.054，计算得比例系数 $k_p$ 和微分系数 $k_d$ 分别为 442.17 和 132.65。

在 MFC 控制器作用下，当无人机吊运负载飞行时，负载将会在其平衡位置附近往复振荡。由于负载的摆动与无人机姿态之间存在强耦合关系，无人机姿态也将在其平衡位置附近往复振荡。为了方便后续设计抑制系统振荡的控制器，需要分析闭环系统的振荡频率与系统结构参数的关系，尤其是飞行过程结束后，当无人机试图在空中悬停时系统的频率特性。

近悬停飞行时，无人机的升力 $F_z$ 与系统的重力相平衡，即

$$F_z = G = (m_D + m_L)g \tag{6.76}$$

当飞行过程结束后，无人机试图在空中悬停时，姿态的渐进跟踪控制律为

$$M_\theta = -k_p \theta - k_d \dot{\theta} \tag{6.77}$$

将式（6.76）、式（6.77）代入式（6.70），并使用小角度假设和小速度假设，可以得到无人机悬停阶段的闭环系统动力学方程：

$$\begin{cases} B_{1,4}\ddot{x} - B_{1,14}k_d\dot{\theta} + (B_{1,5}G - B_{1,14}k_p)\theta + B_{1,7}G\beta_{1t} + B_{1,9}G\beta_{2t} + B_{1,11}G\delta_t = 0 \\ B_{2,4}\ddot{z} = 0 \\ B_{3,4}\ddot{\theta} - B_{3,12}k_d\dot{\theta} - B_{3,12}k_p\theta + B_{3,5}G\beta_{1t} + B_{3,7}G\beta_{2t} + B_{3,9}G\delta_t = 0 \\ B_{4,4}\ddot{\beta}_{1t} - B_{4,12}k_d\dot{\theta} - B_{4,12}k_p\theta + B_{4,5}G\beta_{1t} + B_{4,7}G\beta_{2t} + B_{4,9}G\delta_t = 0 \\ B_{5,4}\ddot{\beta}_{2t} - B_{5,12}k_d\dot{\theta} - B_{5,12}k_p\theta + B_{5,5}G\beta_{1t} + B_{5,7}G\beta_{2t} + B_{5,9}G\delta_t = 0 \\ B_{6,4}\ddot{\delta}_t - B_{6,12}k_d\dot{\theta} - B_{6,12}k_p\theta + B_{6,5}G\beta_{1t} + B_{6,7}G\beta_{2t} + B_{6,9}G\delta_t = 0 \end{cases} \tag{6.78}$$

式（6.78）是这个多自由度系统的动力学方程，通过多自由度系统的振动理论可以分析出无人机悬停阶段，闭环系统振荡的固有频率和阻尼比。该系统的质量矩阵、刚度矩阵和阻尼矩阵分别为

$$\boldsymbol{M}_1 = \begin{pmatrix} B_{1,4} & 0 & 0 & 0 & 0 & 0 \\ 0 & B_{2,4} & 0 & 0 & 0 & 0 \\ 0 & 0 & B_{3,4} & 0 & 0 & 0 \\ 0 & 0 & 0 & B_{4,4} & 0 & 0 \\ 0 & 0 & 0 & 0 & B_{5,4} & 0 \\ 0 & 0 & 0 & 0 & 0 & B_{6,4} \end{pmatrix} \tag{6.79}$$

$$\boldsymbol{K}_1 = \begin{pmatrix} 0 & 0 & B_{1,5}G - B_{1,14}k_p & B_{1,7}G & B_{1,9}G & B_{1,11}G \\ 0 & 0 & 0 & 0 & 0 & 0 \\ 0 & 0 & -B_{3,12}k_p & B_{3,5}G & B_{3,7}G & B_{3,9}G \\ 0 & 0 & -B_{4,12}k_p & B_{4,5}G & B_{4,7}G & B_{4,9}G \\ 0 & 0 & -B_{5,12}k_p & B_{5,5}G & B_{5,7}G & B_{5,9}G \\ 0 & 0 & -B_{6,12}k_p & B_{6,5}G & B_{6,7}G & B_{6,9}G \end{pmatrix} \tag{6.80}$$

$$\boldsymbol{C}_1 = \begin{pmatrix} 0 & 0 & -B_{1,14}k_d & 0 & 0 & 0 \\ 0 & 0 & 0 & 0 & 0 & 0 \\ 0 & 0 & -B_{3,12}k_d & 0 & 0 & 0 \\ 0 & 0 & -B_{4,12}k_d & 0 & 0 & 0 \\ 0 & 0 & -B_{5,12}k_d & 0 & 0 & 0 \\ 0 & 0 & -B_{6,12}k_d & 0 & 0 & 0 \end{pmatrix} \tag{6.81}$$

由于该系统存在阻尼，采用复模态分析方法来求解固有频率和阻尼比，多自由度线性阻尼系统的特征方程为

$$|\lambda^2 \boldsymbol{M}_1 + \lambda \boldsymbol{C}_1 + \boldsymbol{K}_1| = 0 \tag{6.82}$$

将式（6.79）~式（6.81）代入式（6.82）中，可得系统的特征值方程：

$$T_{1,1}\lambda^4 + T_{1,2}\lambda^3 + T_{1,3}\lambda^2 + T_{1,4}\lambda + T_{1,5} = 0 \tag{6.83}$$

其中，$T_{1,j}(j=1,\cdots,5)$ 是特征方程系数；$\lambda$ 是系统的特征值，表达式为

$$\lambda = -\zeta\omega \pm i\omega\sqrt{1-\zeta^2} \tag{6.84}$$

式中，$\zeta$ 为阻尼比；$\omega$ 为无阻尼频率；i 为虚数单位。

由式（2.64）可知，闭环系统的频率和阻尼比取决于吊绳长度、负载长度、无人机质量和负载质量等因素。当吊绳长度增大时，系统频率将显著下降。图6.8和图6.9展示了系统频率和阻尼比随负载长度变化的曲线。仿真时无人机的质量 $m_D$、无人机转动惯量 $I_{yy}$、吊挂点距离 $l_A$ 和吊绳长度 $l_S$ 分别取为 85 kg、4.5 kg·m²、1 m 和 5 m。梁负载的线密度保持为 5 kg/m，当负载长度增大时，负载的质量也随之增加。

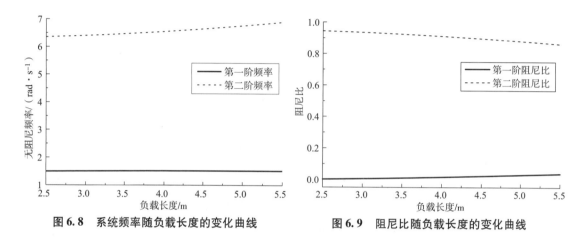

图6.8 系统频率随负载长度的变化曲线　　图6.9 阻尼比随负载长度的变化曲线

从仿真结果可得，当梁负载的长度增大时，第一阶频率有轻微的变化，第二阶频率缓慢的增加。对所有的负载长度，第二阶频率对应的阻尼比都是非常大的值，所以第二阶频率对应的振荡将会很快衰减。相反，第一阶频率对应的振荡不能被忽略，因为第一阶频率较低并且阻尼比很小。有必要设计另外一个控制器来抑制第一阶频率对应的振荡。

本小节分析了包含姿态控制器 MFC 时的系统动力学特性，通过零输入响应和零状态响应两组仿真来分析。首先分析系统的零输入响应。由于无人机的姿态、负载的摆动与倾斜存在强耦合关系，当负载的初始位置不在平衡位置时，无人机的姿态在耦合作用下将随负载在其自身的平衡位置附近振荡。此时，在 MFC 姿态控制器的作用下，无人机姿态角、负载的摆角与倾斜角将逐渐衰减到自身的平衡位置处。

图6.10和图6.11展示了闭环系统在非零初始条件下的时域仿真结果。仿真时无人机的质量 $m_D$、无人机转动惯量 $I_{yy}$、吊挂点距离 $l_A$、吊绳长度 $l_S$、负载质量 $m_L$ 和负载长度 $l_L$ 分别取为 85 kg、4.5 kg·m²、1 m、5 m、20 kg 和 4m。摆角 $\beta_1$、$\beta_2$ 和倾斜角 $\delta$ 的初始值分别为 −1.537°、21.72°、5.065°。负载的初始摆角和倾斜角不在平衡位置的情况可以认为是负载受到了外界扰动，扰动可以是来自作用到负载上的旋翼气流、外界的风或者恶劣的天气。由于负载与无人机姿态之间的强耦合作用，两根吊挂绳上的拉力会对无人机质心产生附加力矩，引起无人机姿态的振荡。振荡的频率和阻尼比可以由式（6.83）估计。

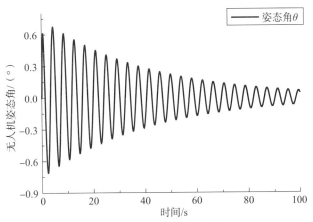

图 6.10　无人机姿态角在非零初始状态下的时域响应

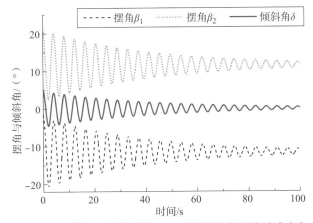

图 6.11　负载摆角和倾斜角在非零初始状态下的时域响应

MFC 控制器的阻尼效应能衰减无人机姿态的振荡。由于无人机和负载的耦合，负载的振荡也将被逐渐衰减。最后，无人机的姿态角、负载的摆角与倾斜角向自身的平衡位置衰减。该结构参数下，无人机姿态 $\theta$、摆角 $\beta_1$、$\beta_2$ 和倾斜角 $\delta$ 的平衡角分别为 $0°$、$-11.539°$、$11.539°$ 和 $0°$。MFC 为闭环控制器，需要通过调节时间来评价控制器的性能。从零时刻开始，直至无人机姿态角稳定进入 $0.1°$ 的时间定义为姿态角的调节时间。从零时刻开始，当 $\theta_t$、$\beta_{1t}$、$\beta_{2t}$ 和 $\delta_t$ 分别稳定进入 $0.5°$ 的时间定义为摆角 $\beta_1$、$\beta_2$ 和 $\delta$ 的调节时间。上述判别标准下，无人机姿态角的调节时间为 81.08 s，负载摆角 $\beta_1$、$\beta_2$ 和倾斜角 $\delta$ 的调节时间分别为 118.03 s、118.03 s 和 91.07 s。由于耦合的存在，当负载受到外界扰动时，无人机姿态也会受到扰动的影响。在姿态 MFC 控制器作用下，通过 MFC 控制器的阻尼作用，可以逐渐抑制外界扰动。它们振荡的频率和阻尼比分别为 1.52 rad/s、0.016。

然后分析系统的零状态响应。图 6.12 与图 6.13 给出了无人机沿 $N_x$ 方向飞行 68 m 时，闭环系统的时域响应。仿真时无人机的质量 $m_D$、无人机转动惯量 $I_{yy}$、吊挂点距离 $l_A$、吊绳长度 $l_S$、负载质量 $m_L$ 和负载长度 $l_L$ 分别取为 85 kg、4.5 kg·m²、1 m、5 m、20 kg 和

4 m，飞行速度为 3 m/s。图 6.12 中 $\theta_r$ 是驱动命令，驱动命令指的是俯仰姿态角的参考值，$\theta$ 是无人机姿态角的时域响应。图 6.13 是负载偏移的时域响应。负载偏移指的是无人机质心 $D_o$ 与负载质心 $B_o$ 所组成的矢量在 $N_x$ 方向上的投影。无人机姿态和负载偏移在其平衡位置附近往复振荡，振荡的频率大致相等，且与频率方程（6.83）预测的很接近，为 1.52 rad/s。由于 MFC 控制器给系统引入了阻尼，随着时间的增长，振荡的幅值逐渐衰减。

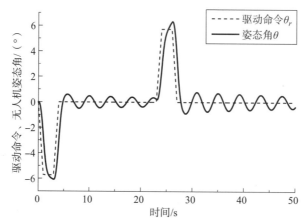

图 6.12　驱动命令与无人机姿态角的时域响应

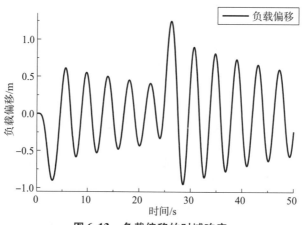

图 6.13　负载偏移的时域响应

可见，只有 MFC 控制器时，无人机姿态和负载偏移均存在很大的振荡。这将严重影响无人机的安全飞行，并且降低了无人机吊挂系统的作业效率。振荡的存在会给无人机的飞行安全带来挑战，因此需要设计其他控制器来抑制无人机吊挂系统中无人机姿态和负载偏移的振荡。

#### 6.2.1.3　摆动控制

从动力学分析的结果可知，只有 MFC 姿态控制器时，系统可以抵抗外扰动。当飞行命令驱动无人机飞行时，无人机姿态和负载都在其平衡位置附近往复振荡，这给无人机吊挂作业的安全造成极大的威胁。因此，还需要设计额外的振动抑制控制器 MEI，MFC 与 MEI 组成复合控制器来抑制无人机姿态和负载的振荡。

复合控制器的控制框图如图 6.14 所示。MFC 控制器用来控制无人机的姿态，MEI 控制器用来抑制系统的振荡。MEI 控制器工作时，需要频率、阻尼估计器计算系统的频率和阻尼比。系统工作时，MEI 控制器将遥控器的飞行命令 $\theta_r$ 整形处理，产生整形后的命令 $\theta_s$，$\theta_s$ 作为姿态闭环控制器的参考值驱动无人机飞行，可以实现振荡抑制。

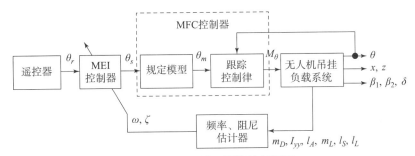

图 6.14 复合控制器的控制框图

虽然 MFC 姿态控制器能稳定飞行器姿态并抑制外扰动，但是它不能用来减小由驱动命令引起的振荡。飞行命令引起的振荡由输入整形器 MEI 进行抑制。飞行命令与一系列脉冲卷积后产生整形后的命令，整形后的命令驱动无人机时可以保证整个系统以最小的振荡进行运动。

线性二阶系统对作用在时刻 $\tau_k$、幅值为 $A_k$ 的一系列脉冲的响应为

$$f = \sum_k \frac{A_k \omega_1 \mathrm{e}^{-\zeta_1 \omega_1 (t-\tau_k)}}{\sqrt{1-\zeta_1^2}} \sin\left[\omega_1 \sqrt{1-\zeta_1^2}(t-\tau_k)\right] \tag{6.85}$$

式中，$\omega_1$ 为系统的第一模态频率；$\zeta_1$ 为第一模态的阻尼比。响应（6.85）由正弦和余弦两部分组成，它们的合成振幅为

$$V = \frac{\omega_1 \mathrm{e}^{-\zeta_1 \omega_1 t}}{\sqrt{1-\zeta_1^2}} \sqrt{S^2(\omega_1, \zeta_1) + C^2(\omega_1, \zeta_1)} \tag{6.86}$$

式中，

$$S(\omega_1, \zeta_1) = \sum_k A_k \mathrm{e}^{\zeta_1 \omega_1 \tau_k} \sin\left(\omega_1 \sqrt{1-\zeta_1^2} \tau_k\right) \tag{6.87}$$

$$C(\omega_1, \zeta_1) = \sum_k A_k \mathrm{e}^{\zeta_1 \omega_1 \tau_k} \cos\left(\omega_1 \sqrt{1-\zeta_1^2} \tau_k\right) \tag{6.88}$$

把式（6.86）约束为 0，即式（6.87）和式（6.88）约束为 0，可以得到设计点处的零振动效果。但是建立的模型相对于实际系统总是存在误差，并且频率分析也是基于平衡位置附近的线性化模型，所以很难将设计点处的残余振荡抑制为 0。考虑到实际系统，将设计点处的残余振荡抑制到可以接受的水平，然后在设计点处和设计点两侧分别设计约束，从而设计出鲁棒性更强的控制器。

在设计点处设计允许的残余振幅百分比和零斜率约束：

$$\mathrm{e}^{-\zeta_1 \omega_1 \tau_n} \sqrt{S^2(\omega_1, \zeta_1) + C^2(\omega_1, \zeta_1)} = V_{\mathrm{tol}} \tag{6.89}$$

$$S(\omega_1, \zeta_1) \frac{\partial S(\omega_1, \zeta_1)}{\partial \omega_1} + C(\omega_1, \zeta_1) \frac{\partial C(\omega_1, \zeta_1)}{\partial \omega_1} - \zeta_1 \tau_n \left[S^2(\omega_1, \zeta_1) + C^2(\omega_1, \zeta_1)\right] = 0 \tag{6.90}$$

式中，$V_{\mathrm{tol}}$ 是设计点处的允许残余振幅百分比；$\tau_n$ 为控制器上升时间。在设计点的左侧

$p \cdot \omega_1 (0 < p < 1)$ 设计零振动约束：

$$\sum_k A_k e^{\zeta_1 p \omega_1 \tau_k} \sin\left(p\omega_1 \sqrt{1-\zeta_1^2}\tau_k\right) = 0 \qquad (6.91)$$

$$\sum_k A_k e^{\zeta_1 p \omega_1 \tau_k} \cos\left(p\omega_1 \sqrt{1-\zeta_1^2}\tau_k\right) = 0 \qquad (6.92)$$

在设计点的右侧 $q \cdot \omega_1 (1 < q < 2)$ 设计零振动约束：

$$\sum_k A_k e^{\zeta_1 q \omega_1 \tau_k} \sin\left(q\omega_1 \sqrt{1-\zeta_1^2}\tau_k\right) = 0 \qquad (6.93)$$

$$\sum_k A_k e^{\zeta_1 q \omega_1 \tau_k} \cos\left(q\omega_1 \sqrt{1-\zeta_1^2}\tau_k\right) = 0 \qquad (6.94)$$

MEI 控制器需要保证整形后的命令与原始驱动命令的效果等效，即驱动相同的距离，那么各个整形脉冲的和应该约束为 1，即

$$\sum_k A_k = 1 \qquad (6.95)$$

通过联立式（6.91）~式（6.95），可以求得各个脉冲的强度 $A_k$ 和作用时刻 $\tau_k$，即 MEI 控制器：

$$\begin{bmatrix} A_k \\ \tau_k \end{bmatrix} = \begin{bmatrix} \dfrac{1}{(1+K)^2} & \dfrac{K}{(1+K)^2} & \dfrac{K}{(1+K)^2} & \dfrac{K^2}{(1+K)^2} \\ 0 & \dfrac{\pi}{q\omega_1\sqrt{1-\zeta_1^2}} & \dfrac{\pi}{p\omega_1\sqrt{1-\zeta_1^2}} & \left(\dfrac{1}{q}+\dfrac{1}{p}\right)\dfrac{\pi}{\omega_1\sqrt{1-\zeta_1^2}} \end{bmatrix} \qquad (6.96)$$

式中，

$$K = e^{-\pi\zeta_1/\sqrt{1-\zeta_1^2}} \qquad (6.97)$$

将式（6.96）代入式（6.89）、式（6.90）可以求出 $p$、$q$。由于方程较复杂，通过给定设计点处的残余振幅百分比 $V_{tol}$ 和阻尼比 $\zeta_1$，可以求出对应参数下 $p$、$q$ 的数值解。图 6.15、图 6.16 给出了修正因子 $p$、$q$ 随残余振幅百分比 $V_{tol}$ 和阻尼比 $\zeta_1$ 的变化曲线，残余振幅百分比从 0 变化到 10%。当 $V_{tol}$ 约束为 0 时，修正因子 $p$、$q$ 均为 0。当残余振幅百分比 $V_{tol}$ 和阻尼比 $\zeta_1$ 逐渐增大时，系数 $p$ 逐渐减小，系数 $q$ 逐渐增大。

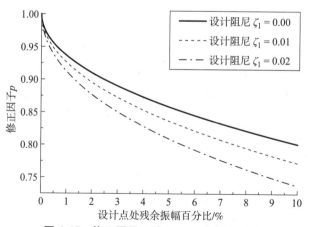

图 6.15　修正因子 $p$ 随 $V_{tol}$、$\zeta_1$ 的变化曲线

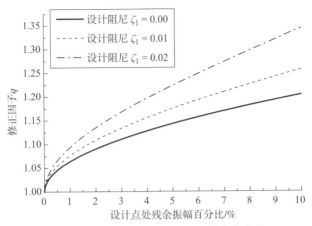

图 6.16 修正因子 $q$ 随 $V_{tol}$、$\zeta_1$ 的变化曲线

MEI 控制器是一个整形器,构成了一个系统,这个系统的输入是原始驱动命令,输出就是整形后的命令。整形后的命令可由原始命令与这个系统的单位脉冲响应卷积得来。注意到,式(6.96)中每个脉冲的强度大约为 1/4,而 EI、ZVD 控制器中最大脉冲强度为 1/2。脉冲强度越小,对系统的冲击也越小,也就便于实际的物理系统去跟踪驱动命令。

图 6.17 展示了不同残余振幅百分比 $V_{tol}$ 下的频率敏感曲线。计算时阻尼比 $\zeta_1$ 取为 0,归一化频率是实际系统的频率与控制器设计频率之间差异的一种度量,定义为两者的比值。当比值大于 1 时,实际系统的频率大于设计频率;反之,小于设计频率。归一化频率为 1 处设计的 MEI 控制器作用于归一化频率不为 1 的实际系统时,控制器的控制效果有差异。当系统的实际频率偏离设计频率越远,系统的百分比残余振幅越大,那么控制器的控制效果也就越差。由于 $V_{tol}$ 反映了可以接受的百分比残余

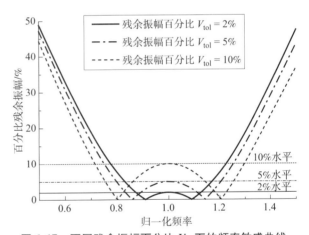

图 6.17 不同残余振幅百分比 $V_{tol}$ 下的频率敏感曲线

振幅,落在 $V_{tol}$ 以下的频段可以定量地衡量控制器的鲁棒性。当 $V_{tol}$ 为 2% 时,控制器的频率不敏感范围是 0.872~1.128;当 $V_{tol}$ 为 5% 时,控制器的频率不敏感范围是 0.798~1.205;当 $V_{tol}$ 为 10% 时,控制器的频率不敏感范围是 0.715~1.298。

#### 6.2.1.4 仿真验证

MFC 与 MEI 组成的复合控制器是基于线性化模型(6.70)设计的,但是在确定控制器增益时,考虑了无人机与负载之间的耦合和建模误差的鲁棒性。所以复合控制器在大振荡的情形下也是有效的。控制器的有效性和鲁棒性将通过非线性模型即式(6.57)~式(6.59)、式(6.64)与式(6.65)来测试。

本节的数值仿真中,无人机质量 $m_D$、转动惯量 $I_{yy}$、吊挂距离 $l_A$、吊绳长度 $l_S$、梁负载

的线密度分别为 85 kg、4.5 kg·m$^2$、1 m、5 m 和 5 kg/m，无人机飞行速度为 3 m/s。MEI 控制器在设计点处的残余振幅百分比 $V_{tol}$ 为 5%，设计频率 $\omega_1$ 和设计阻尼比 $\zeta_1$ 分别为 1.52 rad/s 和 0.016。无人机吊挂系统的响应分为两个阶段，瞬态阶段的响应定义为无人机飞行的阶段，残余阶段定义为无人机试图停止并在空中悬停的阶段。在瞬态阶段和残余阶段的峰峰振幅分别为瞬态振幅和残余振幅。姿态角的调节时间定义为残余响应稳态进入 0.1° 所经历的时间。负载偏移的调节时间定义为负载偏移的残余响应稳定进入吊绳长度 $l_s$ 的 0.8% 所经历的时间。

下面给出了一组无人机沿 $N_x$ 方向飞行 68 m 的时域响应。仿真时，梁负载的质量 $m_L$ 和长度 $l_L$ 分别为 20 kg 和 4 m。仿真开始时，给无人机沿 $N_x$ 方向的加速度，之后保持 3 m/s 的速度匀速飞行。飞行结束时，给无人机沿负 $N_x$ 方向的加速度，使其减速。这个过程仿真了无人机吊挂负载直线飞行，相应的飞行命令展示在图 6.18 中。原始的飞行命令 $\theta_R$ 被 MEI 控制器整形后，得到整形后的命令 $\theta_s$。没有 MEI 控制器时，MFC 控制器的输入是原始飞行命令 $\theta_r$；有 MEI 控制器时，MFC 控制器的输入是整形后的飞行命令 $\theta_s$。

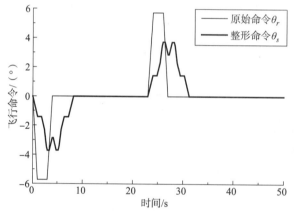

图 6.18　特定飞行距离下飞行命令与 MFC 规定模型的时域响应

图 6.19 是无人机姿态角的时域响应。标记为"MFC"的曲线是只有 MFC 控制器的时域响应，标记为"MFC+MEI"的曲线是在 MFC 和 MEI 共同作用下的时域响应。只有 MFC 控制器时，无人机姿态角的瞬态振幅、残余振幅和调节时间分别为 12.4°、4.4° 和 86.8 s。这

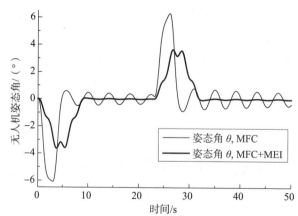

图 6.19　特定飞行距离下无人机姿态角的时域响应

些值在 MFC 与 MEI 共同作用下则分别为 7.3°、0.77°和 0.59 s。

图 6.20 是特定飞行距离下负载偏移的时域响应。负载偏移指的是无人机质心 $D_o$ 与负载质心 $B_o$ 所组成的矢量在 $N_x$ 方向上的投影。在 MFC 控制器作用下，负载偏移的瞬态振幅、残余振幅和调节时间分别为 2.15 m、1.85 m 和 129.9 s。在 MFC 和 MEI 共同作用下，负载偏移的瞬态振幅、残余振幅和调节时间分别为 0.72 m、0.09 m 和 5.9 s。因此，复合控制器显著地抑制了无人机姿态和负载的振荡。另外，无人机姿态角和负载偏移的振荡频率通过式 (6.83) 预测为

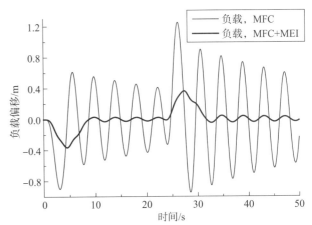

图 6.20　特定飞行距离下负载偏移的时域响应

1.52 rad/s。MFC 控制器能衰减无人机和负载的振荡，但是需要的调节时间长。MEI 控制器明显抑制了无人机和负载振荡，并显著缩短了调节时间。

图 6.21 是特定飞行距离下无人机飞行速度的时域响应。在 MFC 控制器作用下，无人机的飞行速度也产生了振荡。而且无人机飞行速度的振荡频率与无人机姿态、负载的振荡频率大致相等，该现象可以解释为无人机和负载之间的耦合效应。在 MFC 和 MEI 共同作用下，无人机速度不再振荡，因为复合控制器可以抑制所有的振荡。

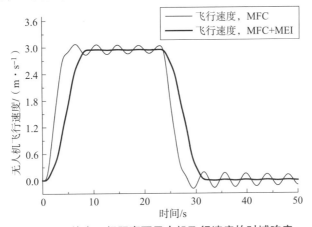

图 6.21　特定飞行距离下无人机飞行速度的时域响应

接下来的仿真用来考察不同飞行距离下复合控制器的有效性。在图 6.18 中，原始飞行命令是 $\theta_r$，通过改变 $\theta_r$ 中加速命令和减速命令之间的时间，可以控制无人机飞行不同的距离。因此，通过改变加速命令与减速命令之间的时间，来做飞行距离的仿真。仿真时，负载的质量 $m_L$ 和负载长度 $l_L$ 分别取为 20 kg 和 4 m。

图 6.22 至图 6.27 给出了改变飞行距离时系统的仿真结果。仿真结果从无人机姿态角的瞬态振幅、残余振幅和调节时间来考察姿态的控制情况。从负载偏移的瞬态振幅、残余振幅和调节时间来考察负载摆动的控制情况。先分析无人机姿态的仿真结果。图 6.22 是无人机

姿态角瞬态振幅随飞行距离变化的曲线。图 6.23 是无人机姿态角残余振幅随飞行距离变化的曲线。图 6.24 是无人机姿态角调节时间随飞行距离变化的曲线。其中，"MFC"表示只有 MFC 控制器作用，"MFC + MEI"表示 MFC 与 MEI 复合控制器作用。

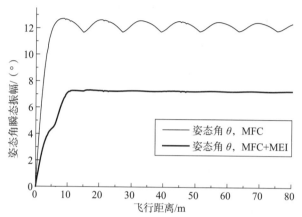

图 6.22　无人机姿态角瞬态振幅随飞行距离变化的曲线

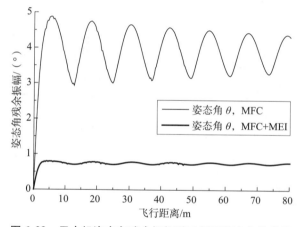

图 6.23　无人机姿态角残余振幅随飞行距离变化的曲线

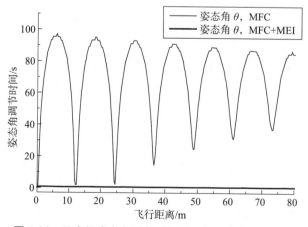

图 6.24　无人机姿态角调节时间随飞行距离变化的曲线

只有 MFC 控制器作用时，无人机姿态角的瞬态振幅、残余振幅和调节时间出现了波峰与波谷，并表现出周期性。当把飞行距离通过飞行速度转化为飞行时间时，这个周期与式（6.83）预测的周期大致相等。出现波峰与波谷的原因可以解释为，原始飞行命令 $\theta_r$ 中的加速命令与减速命令分别激发的振荡产生了叠加。当加速命令产生的振动与减速命令产生的振动相位相同时，叠加后的振荡最大；当加速命令产生的振动与减速命令产生的振动相位相反时，叠加后的振荡最小。当两个振荡的相位介于同相与反相之间时，叠加后的振荡处于最大与最小之间，因此出现了波峰与波谷的变化。注意到，当飞行距离增大时，波峰与波谷的值逐渐衰减。这是因为 MFC 控制器给系统引入了阻尼。当飞行距离越长时，MFC 控制器作用的时间也就越长，波峰与波谷衰减也就越多。最后，无人机姿态角的瞬态振幅、残余振幅和调节时间稳定在一个固定值。这是因为飞行距离增大时，加速命令产生的振荡已经基本完全衰减了。

在 MFC 与 MEI 复合控制器作用下，MEI 控制器将原始的飞行命令 $\theta_r$ 整形为 $\theta_S$，然后由整形后的飞行命令 $\theta_S$ 来驱动无人机飞行。此时，无人机姿态角的瞬态振幅、残余振幅和调节时间相对于只有 MFC 控制器时，都有了明显的减小，平均抑制比分别为 42.1%、81.0% 和 99.2%，且无人机姿态角的瞬态振幅、残余振幅和调节时间几乎不随飞行距离的变化而变化。

接下来分析负载偏移的仿真结果。图 6.25 是负载偏移瞬态振幅随飞行距离变化的曲线。图 6.26 是负载偏移残余振幅随飞行距离变化的曲线。图 6.27 是负载偏移调节时间随飞行距离变化的曲线。在 MFC 控制器作用下，负载偏移的瞬态振幅、残余振幅和调节时间也表现出波峰与波谷的变化规律和周期性，且与无人机姿态角的规律一致，这可以解释为无人机和负载之间存在强耦合关系。

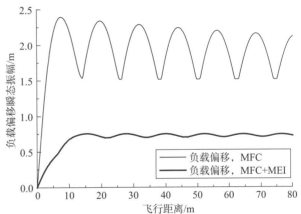

图 6.25 负载偏移瞬态振幅随飞行距离变化的曲线

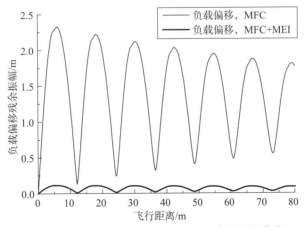

图 6.26 负载偏移残余振幅随飞行距离变化的曲线

当飞行命令被 MEI 控制器整形后，无人机的姿态振荡被抑制了。因为无人机与负载之间存在强耦合关系，负载的振荡也被抑制。负载偏移的瞬态振幅、残余振幅和调节时间的平均抑制比为 63.9%、95.0% 和 97.0%。该控制方式中，抑制负载的振荡时，并没有直接去检测负载的状态，因为实际系统中，可能较难准确地检测出与负载相关的状态，而是利用负载与无人机之间的耦合特性，转而检测与无人机姿态角相关的状态，无人机姿

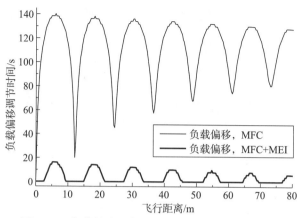

图 6.27 负载偏移调节时间随飞行距离变化的曲线

态角一般可以精确地测量出来。这种控制方式具有较强的工程价值。

从无人机姿态和负载偏移的"MFC"与"MFC + MEI"的曲线对比可知，当改变无人机的飞行距离时，MFC 与 MEI 组成的复合控制器可以有效地稳定无人机的姿态，并抑制无人机姿态和负载的振荡，明显缩短调节时间。复合控制器使无人机可以吊挂负载平稳飞行，其中的 MEI 控制器对无人机姿态角和负载偏移的瞬态振幅有一定的抑制作用，保证运输过程中振荡不会太大。更重要的是 MEI 控制器可以有效地抑制无人机姿态和负载偏移的残余振荡。当无人机到达目标位置后，负载几乎停止振荡，可以直接进行下一步任务。

最后进行鲁棒性仿真，用来检验控制器对系统建模误差的敏感程度。当梁负载的长度和梁负载的质量存在建模误差时，系统的频率特性将会改变。固定控制器的设计点时，将控制器作用到具有不同建模误差的系统，分析无人机姿态角和负载偏移的瞬态振幅、残余振幅与调节时间，进而评定控制器的鲁棒性。

首先分析无人机姿态的鲁棒性。图 6.28 展示了无人机姿态角瞬态振幅随负载长度变化的曲线。图 6.29 是无人机姿态角残余振幅随负载长度变化的曲线。图 6.30 给出了无人机姿态角调节时间随负载长度变化的曲线。仿真分析时，固定 MEI 控制器的设计点。设计点处的梁负载长度和梁负载的质量分别为 4 m、20 kg，设计点处的频率为 1.52 rad/s，阻尼比为

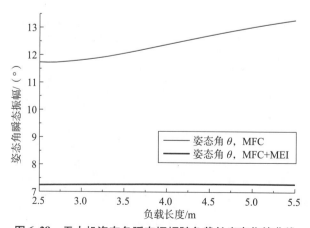

图 6.28 无人机姿态角瞬态振幅随负载长度变化的曲线

0.016。仿真时，无人机每次沿 $N_x$ 方向飞行 68 m，改变梁负载的长度 $l_L$ 为 2.5~5.5 m，梁负载的线密度为 5 kg/m，因此梁负载的质量 $m_L$ 从 12.5 kg 到 27.5 kg 变化。

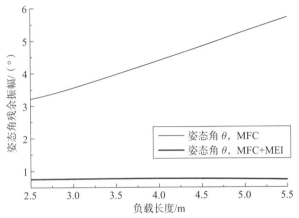

图 6.29　无人机姿态角残余振幅随负载长度变化的曲线

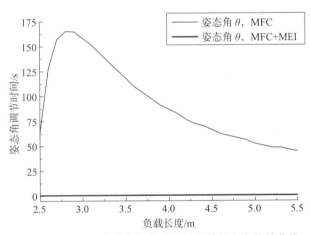

图 6.30　无人机姿态角调节时间随负载长度变化的曲线

在图 6.28 和图 6.29 中，只在 MFC 控制器作用下，当梁负载的长度增大时，无人机姿态角瞬态振幅和残余振幅也都逐渐变大。这是因为负载长度和负载质量变化时，两根吊挂绳对无人机产生的外力矩是不断变化的，即无人机与负载之间的耦合程度是不断变化的，因此瞬态振幅与残余振幅发生了变化。

在图 6.30 中，只有 MFC 控制器作用时，无人机姿态角调节时间先增大后减小，在负载长度 2.8 m 附近出现最大值。这是因为当负载长度改变时，无人机与负载的耦合程度是变化的。当负载长度 $l_L$ 与吊挂点距离 $2l_A$ 相等时，无人机与负载之间几乎没有耦合，因为此时两根绳上的拉力对无人机质心的力矩几乎为 0。当负载长度 $l_L$ 与吊挂点距离 $2l_A$ 不相等时，无人机与负载之间存在耦合。当负载长度小于 2.8 m 时，无人机与负载的耦合程度逐渐增强。并且图 6.9 说明，当负载长度较小时，系统的阻尼比很小，因此综合上述两点原因，无人机姿态角调节时间会逐渐增大。当负载长度大于 2.8 m 时，无人机与负载的耦合程度继续增强。系统的阻尼比也在逐渐增大，振荡衰减得越来越快，两个因素综合作用下姿态角的调节时间逐渐变短。在 MFC 与 MEI 复合控制器的作用下，无人机姿态角瞬态振幅、残余振幅和调节时间几乎与负载长度无关，都抑制到较小的值，平均抑制比分别为 41.4%、82.8% 和 99.4%。

然后分析负载偏移的鲁棒性。图 6.31 是负载偏移瞬态振幅随负载长度变化的曲线。图 6.32 是负载偏移残余振幅随负载长度变化的曲线。图 6.33 是负载偏移调节时间随负载长度变化的曲线。在图 6.31 和图 6.32 中，在 MFC 控制器作用下，当负载长度增大时，负载偏移的瞬态振幅和残余振幅都逐渐减小。这是因为当负载长度改变时，无人机和负载之间的耦合程度在不断变化。在图 6.33 中，在 MFC 控制器作用下，当负载长度增大时，负载偏移的调节时间逐渐减小。这是因为当负载长度增大时，负载偏移的残余振幅在逐渐减小。当负载长度增大时，系统的阻尼比不断增大，导致系统的振荡衰减得越来越快。综上两点理由，负载偏移的调节时间随负载长度的增大而逐渐减小。

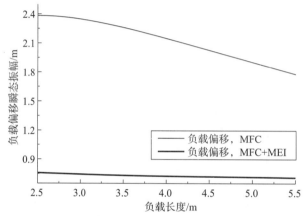

图 6.31　负载偏移瞬态振幅随负载长度变化的曲线

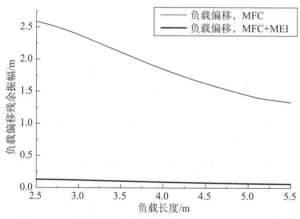

图 6.32　负载偏移残余振幅随负载长度变化的曲线

在 MFC 和 MEI 复合控制器作用下，负载偏移的瞬态振幅、残余振幅和调节时间都被抑制到很低的值，平均抑制比分别为 65.8%、95.1% 和 89.3%，而且无人机姿态的瞬态振幅、残余振幅与负载偏移的瞬态振幅、残余振幅几乎都不随负载长度变化，这是因为当设计点处

的百分比残余振幅 $V_{tol}$ 为 5% 时，MEI 控制器对应的频率不敏感范围是 0.798～1.205。当负载长度为 2.5～5.5 m 时，系统第一阶频率变化范围是 1.49～1.52 rad/s，其中 1.49 rad/s 对应归一化频率为 0.98，1.52 rad/s 对应的归一化频率为 1。

在图 6.19 至图 6.33 中，将 MFC 控制器、MFC 与 MEI 组成的复合控制器的曲线对比可知，MFC 与 MEI 复合控制器有利于减小近悬停飞行时无人机姿态角和负载摆动的瞬态振幅与残余振幅，并明显减少无人机到达目的地的调节时间。所以，复合控制器可以更安全、更高效、更精确地运送负载到目的地。

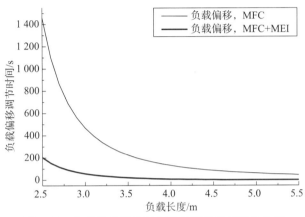

图 6.33　负载偏移调节时间随负载长度的变化曲线

## 6.2.2　三维动力学

前面研究了二维多旋翼无人机双绳吊运梁型负载的动力学与控制问题。二维无人机与负载均在同一个平面内运动，无人机只考虑一个姿态角，负载只考虑了摆角与倾斜角。但是实际的运输任务总是在三维空间完成的，无人机需要考虑三个姿态角，负载不仅进行摆动和倾斜，还进行扭转。在二维运动中，与无人机连接的两个吊挂点与无人机质心共线，这个假设在实际系统中不容易实现。因此，本节研究了三维情况下的双绳吊挂运载问题，此时与无人机连接的两个吊挂点在机体坐标系的三个方向上均有偏移。

### 6.2.2.1　动力学建模

图 6.34 所示为三维多旋翼无人机双绳吊运梁型负载的物理模型。其中，上方是多旋翼无人机，无人机下面安装了用于吊挂的框架结构，负载通过两根绳索吊挂在无人机下方。为了描述无人机的位置和姿态，建立了牛顿坐标系 $N_oN_xN_yN_z$ 和机体坐标系 $D_oD_xD_yD_z$。机体坐标系的原点 $D_o$ 位于无人机的质心，三个坐标轴分别为无人机的惯性主轴。无人机的质量为 $m_D$，绕三个机体轴的转动惯量分别为 $I_{xx}$、$I_{yy}$ 和 $I_{zz}$。无人机相对于牛顿坐标系的运动可以分为线运动和角运动，线运动分别为沿 $N_x$ 方向的位移 $x$、沿 $N_y$ 方向的位移 $y$ 和沿 $N_z$ 方向的位移 $z$。为了描述无人机的角运动，需要建立两个中间坐标系 $DZ_oDZ_xDZ_yDZ_z$ 和 $DY_oDY_xDY_yDY_z$。无人机的角运动可以描述为：牛顿坐标系 $N_oN_xN_yN_z$ 先绕 $N_z$ 转动 $\psi$ 得到中间坐标系 $DZ_oDZ_xDZ_yDZ_z$，然后中间坐标系 $DZ_oDZ_xDZ_yDZ_z$ 绕 $DZ_y$ 转动 $\theta$ 得到中间坐标系 $DY_oDY_xDY_yDY_z$，最后中间坐标系 $DY_oDY_xDY_yDY_z$ 绕 $DY_x$ 转动 $\varphi$ 得到机体坐标系 $D_oD_xD_yD_z$。

这里的 $\psi$、$\theta$ 和 $\varphi$ 分别被称为偏航角、俯仰角和横滚角。无人机有四个输入，分别为沿 $D_z$ 反方向的升力 $F_z$、绕 $D_z$ 轴的偏航力矩 $M_\psi$、绕 $D_y$ 轴的俯仰力矩 $M_\theta$ 和绕 $D_x$ 轴的滚转力矩 $M_\varphi$。

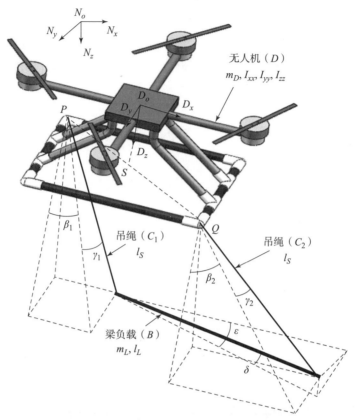

**图 6.34 三维多旋翼无人机双绳吊运梁型负载的物理模型**

无人机下方用于吊挂的矩形框架与机体坐标系的 $D_oD_xD_y$ 面平行，矩形框架的中心为 $S$，且 $S$ 在机体坐标系的 $D_z$ 轴上。两个吊挂点 $P$、$Q$ 关于 $S$ 点对称，即：$\overrightarrow{D_oP} = -l_A D_x - l_B D_y + l_C D_z$，$\overrightarrow{D_oQ} = l_A D_x + l_B D_y + l_C D_z$。当改变 $l_A$ 和 $l_B$ 时，无人机姿态和负载的耦合程度将会发生改变。

两根吊绳 $C_1$ 和 $C_2$ 的长度均为 $l_S$，假定它们没有质量且处于拉直状态，在两根吊绳上分别建坐标系 $C_{1o}C_{1x}C_{1y}C_{1z}$ 和 $C_{2o}C_{2x}C_{2y}C_{2z}$，其中 $C_{1o}$ 和 $C_{2o}$ 分别为两根绳的中点。为了描述吊绳 $C_1$ 的位置，需要建立中间坐标系 $CLY_oCLY_xCLY_yCLY_z$。首先机体坐标系 $D_oD_xD_yD_z$ 绕 $D_y$ 轴转动 $\beta_1$ 到中间坐标系 $CLY_oCLY_xCLY_yCLY_z$，然后中间坐标系 $CLY_oCLY_xCLY_yCLY_z$ 绕 $CLY_x$ 轴转动 $\gamma_1$ 到 $C_{1o}C_{1x}C_{1y}C_{1z}$。同理，为了描述吊绳 $C_2$ 的位置，需要建立中间坐标系 $CRY_oCRY_xCRY_yCRY_z$。首先机体坐标系 $D_oD_xD_yD_z$ 绕 $D_y$ 轴转动 $\beta_2$ 到中间坐标系 $CRY_oCRY_xCRY_yCRY_z$，然后中间坐标系 $CRY_oCRY_xCRY_yCRY_z$ 绕 $CRY_x$ 轴转动 $\gamma_2$ 到 $C_{2o}C_{2x}C_{2y}C_{2z}$。因此，描述 $C_1$ 绳的摆动需要摆角 $\beta_1$、$\gamma_1$，描述 $C_2$ 绳的摆动需要摆角 $\beta_2$、$\gamma_2$。

均布梁负载 $B$ 的质量和长度分别为 $m_L$、$l_L$，梁负载的质心 $B_o$ 位于梁负载的中心。在负载质心处建负载坐标系 $B_oB_xB_yB_z$，则梁负载对三根负载坐标轴的转动惯量分别为 $0$、$I_L$、$I_L$，这里 $I_L = m_L l_L^2 / 12$。为了描述梁负载 $B$ 的位置，需要建立中间坐标系 $BZ_oBZ_xBZ_yBZ_z$。首先机体坐标系 $D_oD_xD_yD_z$ 绕 $D_z$ 轴转动 $\varepsilon$ 到中间坐标系 $BZ_oBZ_xBZ_yBZ_z$，然后中间坐标系

$BZ_oBZ_xBZ_yBZ_z$ 绕 $BZ_y$ 转动 $\delta$ 到 $B_oB_xB_yB_z$。即，$\varepsilon$ 表示 $B_x$ 与 $D_oD_xD_z$ 之间的夹角，$\delta$ 表示 $B_x$ 与 $D_oD_xD_y$ 之间的夹角。其中，$\varepsilon$ 称为梁负载的扭转角，$\delta$ 称为梁负载的倾斜角。

系统的输入有 4 个，分别为沿 $D_z$ 反方向的升力 $F_z$、绕 $D_x$ 轴的滚转力矩 $M_\varphi$、绕 $D_y$ 轴的俯仰力矩 $M_\theta$ 和绕 $D_z$ 轴的偏航力矩 $M_\psi$。系统的输出有 12 个，分别为无人机 $D$ 的线位移 $x$、$y$ 和 $z$，无人机 $D$ 的姿态角 $\varphi$、$\theta$ 和 $\psi$，吊绳 $C_1$ 的摆角 $\beta_1$、$\gamma_1$，吊绳 $C_2$ 的摆角 $\beta_2$、$\gamma_2$，负载的扭转角 $\varepsilon$ 和负载的倾斜角 $\delta$。凯恩方法适合多体系统的动力学建模，本节采用该方法进行建模。首先选择系统的广义速度，由于系统有 12 个输出，故选择 12 个广义速度 $u_j(j=1, 2, \cdots, 12)$，分别为

$$u_1 = \dot{x}, u_2 = \dot{y}, u_3 = \dot{z}, u_4 = \dot{\varphi}, u_5 = \dot{\theta}, u_6 = \dot{\psi} \tag{6.98}$$

$$u_7 = \dot{\beta}_1, u_8 = \dot{\gamma}_1, u_9 = \dot{\beta}_2, u_{10} = \dot{\gamma}_2, u_{11} = \dot{\varepsilon}, u_{12} = \dot{\delta} \tag{6.99}$$

式（6.98）是无人机的广义速度，式（6.99）是吊绳与负载的广义速度。系统中体 $D$（无人机）、$C_1$（吊绳1）、$C_2$（吊绳2）和 $B$（梁负载）之间旋转矩阵分别为：

$$\begin{pmatrix} D_x \\ D_y \\ D_z \end{pmatrix} = \begin{pmatrix} \cos\theta\cos\psi & \cos\theta\sin\psi & -\sin\theta \\ \sin\varphi\sin\theta\cos\psi - \cos\varphi\sin\psi & \sin\varphi\sin\theta\sin\psi + \cos\varphi\cos\psi & \sin\varphi\cos\theta \\ \cos\varphi\sin\theta\cos\psi + \sin\varphi\sin\psi & \cos\varphi\sin\theta\sin\psi - \sin\varphi\cos\psi & \cos\varphi\cos\theta \end{pmatrix} \begin{pmatrix} N_x \\ N_y \\ N_z \end{pmatrix} \tag{6.100}$$

$$\begin{pmatrix} C_{1x} \\ C_{1y} \\ C_{1z} \end{pmatrix} = \begin{pmatrix} \cos\beta_1 & 0 & -\sin\beta_1 \\ \sin\beta_1\sin\gamma_1 & \cos\gamma_1 & \cos\beta_1\sin\gamma_1 \\ \sin\beta_1\cos\gamma_1 & -\sin\gamma_1 & \cos\beta_1\cos\gamma_1 \end{pmatrix} \begin{pmatrix} D_x \\ D_y \\ D_z \end{pmatrix} \tag{6.101}$$

$$\begin{pmatrix} C_{2x} \\ C_{2y} \\ C_{2z} \end{pmatrix} = \begin{pmatrix} \cos\beta_2 & 0 & -\sin\beta_2 \\ \sin\beta_2\sin\gamma_2 & \cos\gamma_2 & \cos\beta_2\sin\gamma_2 \\ \sin\beta_2\cos\gamma_2 & -\sin\gamma_2 & \cos\beta_2\cos\gamma_2 \end{pmatrix} \begin{pmatrix} D_x \\ D_y \\ D_z \end{pmatrix} \tag{6.102}$$

$$\begin{pmatrix} B_x \\ B_y \\ B_z \end{pmatrix} = \begin{pmatrix} \cos\varepsilon\cos\delta & \sin\varepsilon\cos\delta & -\sin\delta \\ -\sin\varepsilon & \cos\varepsilon & 0 \\ \cos\varepsilon\sin\delta & \sin\varepsilon\sin\delta & \cos\delta \end{pmatrix} \begin{pmatrix} D_x \\ D_y \\ D_z \end{pmatrix} \tag{6.103}$$

接下来计算系统中刚体的速度和角速度。无人机 $D$ 相对于牛顿坐标系 $N$ 的角速度为

$$^N\boldsymbol{\omega}^D = \mathrm{AVD}_1\,\boldsymbol{D}_x + \mathrm{AVD}_2\,\boldsymbol{D}_y + \mathrm{AVD}_3\,\boldsymbol{D}_z \tag{6.104}$$

无人机质心 $D_o$ 相对于牛顿坐标系 $N$ 的速度为

$$^N\boldsymbol{v}^{D_o} = u_1\,\boldsymbol{N}_x + u_2\,\boldsymbol{N}_y + u_3\,\boldsymbol{N}_z \tag{6.105}$$

吊绳 $C_1$ 相对于牛顿坐标系 $N$ 的角速度：

$$^N\boldsymbol{\omega}^{C_1} = {}^N\boldsymbol{\omega}^D + {}^D\boldsymbol{\omega}^{C_1} = {}^N\boldsymbol{\omega}^D + u_8\,\boldsymbol{C}_{1x} + u_7\cos\gamma_1\,\boldsymbol{C}_{1y} - u_7\sin\gamma_1\,\boldsymbol{C}_{1z} \tag{6.106}$$

将式（6.106）统一表述在 $C_1$ 系，得

$$^N\boldsymbol{\omega}^{C_1} = \mathrm{AVC}_{1,1}\,\boldsymbol{C}_{1x} + \mathrm{AVC}_{1,2}\,\boldsymbol{C}_{1y} + \mathrm{AVC}_{1,3}\,\boldsymbol{C}_{1z} \tag{6.107}$$

吊绳 $C_2$ 相对于牛顿坐标系 $N$ 的角速度：

$$^N\boldsymbol{\omega}^{C_2} = {}^N\boldsymbol{\omega}^D + {}^D\boldsymbol{\omega}^{C_2} = {}^N\boldsymbol{\omega}^D + u_{10}\,\boldsymbol{C}_{2x} + u_9\cos\gamma_2\,\boldsymbol{C}_{2y} - u_9\sin\gamma_2\,\boldsymbol{C}_{2z} \tag{6.108}$$

将式（6.108）统一表述在 $C_2$ 系，得

$$^N\boldsymbol{\omega}^{C_2} = \mathrm{AVC}_{2,1}\,\boldsymbol{C}_{2x} + \mathrm{AVC}_{2,2}\,\boldsymbol{C}_{2y} + \mathrm{AVC}_{2,3}\,\boldsymbol{C}_{2z} \tag{6.109}$$

负载 B 相对于牛顿坐标系 N 的角速度：

$$^N\boldsymbol{\omega}^B = {}^N\boldsymbol{\omega}^D + {}^D\boldsymbol{\omega}^B = {}^N\boldsymbol{\omega}^D - u_{11}\sin\delta\,\boldsymbol{B}_x + u_{12}\boldsymbol{B}_y + u_{11}\cos\delta\,\boldsymbol{B}_z \tag{6.110}$$

将式 (6.110) 统一表述在 $B$ 系,得

$$^N\boldsymbol{\omega}^B = \text{AVB}_1\boldsymbol{B}_x + \text{AVB}_2\boldsymbol{B}_y + \text{AVB}_3\boldsymbol{B}_z \tag{6.111}$$

从 $N$ 系原点 $N_o$ 到负载质心 $B_o$ 的位置矢量为

$$\overrightarrow{N_oB_o} = x\boldsymbol{N}_x + y\boldsymbol{N}_y + z\boldsymbol{N}_z + l_C\boldsymbol{D}_z + l_A\boldsymbol{D}_x + l_B\boldsymbol{D}_y + l_S\boldsymbol{C}_{2z} - 0.5l_L\boldsymbol{B}_x \tag{6.112}$$

负载质心 $B_o$ 相对于牛顿坐标系 $N$ 的速度可以通过式 (6.112) 对 $N$ 系求导得来:

$$^N\boldsymbol{v}^{B_o} = {}^N\boldsymbol{v}^{D_o} + {}^N\boldsymbol{\omega}^D \times (l_A\boldsymbol{D}_x + l_B\boldsymbol{D}_y + l_C\boldsymbol{D}_z) + {}^N\boldsymbol{\omega}^{C_2} \times l_S\boldsymbol{C}_{2z} - {}^N\boldsymbol{\omega}^B \times 0.5l_L\boldsymbol{B}_x \tag{6.113}$$

将式 (6.104)、式 (6.109) 和式 (6.111) 代入式 (6.113),得

$$^N\boldsymbol{v}^{B_o} = {}^N\boldsymbol{v}^{D_o} + \text{LVD}_1\boldsymbol{D}_x + \text{LVD}_2\boldsymbol{D}_y + \text{LVD}_3\boldsymbol{D}_z + \\ \text{LVC}_{2,1}l_S\boldsymbol{C}_{2x} - \text{LVC}_{2,2}l_S\boldsymbol{C}_{2y} - \text{LVB}_2 0.5l_L\boldsymbol{B}_y + \text{LVB}_3 0.5l_L\boldsymbol{B}_z \tag{6.114}$$

然后计算系统中刚体的加速度和角加速度。

无人机质心 $D_o$ 相对于牛顿坐标系 $N$ 的加速度为

$$^N\boldsymbol{a}^{D_o} = \frac{^N\text{d}(^N\boldsymbol{v}^{D_o})}{\text{d}t} = \dot{u}_1\boldsymbol{N}_x + \dot{u}_2\boldsymbol{N}_y + \dot{u}_3\boldsymbol{N}_z \tag{6.115}$$

无人机 $D$ 相对于牛顿坐标系 $N$ 的角加速度为

$$^N\boldsymbol{\alpha}^D = \frac{^N\text{d}(^N\boldsymbol{\omega}^D)}{\text{d}t} = \text{AAD}_1\boldsymbol{D}_x + \text{AAD}_2\boldsymbol{D}_y + \text{AAD}_3\boldsymbol{D}_z \tag{6.116}$$

负载 $B$ 相对于牛顿坐标系 $N$ 的角加速度为

$$^N\boldsymbol{\alpha}^B = \frac{^N\text{d}(^N\boldsymbol{\omega}^B)}{\text{d}t} = \text{AAB}_1\boldsymbol{B}_x + \text{AAB}_2\boldsymbol{B}_y + \text{AAB}_3\boldsymbol{B}_z \tag{6.117}$$

负载质心 $B_o$ 相对于牛顿坐标系 $N$ 的加速度为

$$^N\boldsymbol{a}^{B_o} = \frac{^N\text{d}(^N\boldsymbol{v}^{B_o})}{\text{d}t} = {}^N\boldsymbol{a}^{D_o} + \text{LAD}_1\boldsymbol{D}_x + \text{LAD}_2\boldsymbol{D}_y + \text{LAD}_3\boldsymbol{D}_z + \text{LAC}_{2,1}l_S\boldsymbol{C}_{2x} + \\ \text{LAC}_{2,2}l_S\boldsymbol{C}_{2y} - \text{LAC}_{2,3}l_S\boldsymbol{C}_{2z} + \text{LAB}_1 0.5l_L\boldsymbol{B}_x - \text{LAB}_2 0.5l_L\boldsymbol{B}_y + \text{LAB}_3 0.5l_L\boldsymbol{B}_z \tag{6.118}$$

接着计算 $^N\boldsymbol{v}^{D_o}$、$^N\boldsymbol{\omega}^D$、$^N\boldsymbol{v}^{B_o}$ 和 $^N\boldsymbol{\omega}^B$ 对广义速度 $u_j(j=1,2,\cdots,12)$ 的偏速度,见表 6.2。其中:$^N\boldsymbol{v}_j^{D_o}(j=1,2,\cdots,12)$ 为无人机质心相对于 $N$ 系的速度对各个广义速度的偏速度;$^N\boldsymbol{\omega}_j^D$ $(j=1,2,\cdots,12)$ 为无人机相对于 $N$ 系的角速度对各个广义速度的偏角速度;$^N\boldsymbol{v}_j^{B_o}(j=1,2,\cdots,12)$ 为负载质心相对于 $N$ 系的速度对各个广义速度的偏速度;$^N\boldsymbol{\omega}_j^B(j=1,2,\cdots,12)$ 为负载相对于 $N$ 系的角速度相对于各个广义速度的偏角速度。

接下来求解对各个广义速度的广义惯性力,根据凯恩方法,得

$$-F_j^* = m_D \cdot {}^N\boldsymbol{a}^{D_o} \cdot {}^N\boldsymbol{v}_j^{D_o} + (\boldsymbol{I}^{D/D_o} \cdot {}^N\boldsymbol{\alpha}^D + {}^N\boldsymbol{\omega}^D \times \boldsymbol{I}^{D/D_o} \cdot {}^N\boldsymbol{\omega}^D) \cdot {}^N\boldsymbol{\omega}_j^D + \\ m_L \cdot {}^N\boldsymbol{a}^{B_o} \cdot {}^N\boldsymbol{v}_j^{B_o} + (\boldsymbol{I}^{B/B_o} \cdot {}^N\boldsymbol{\alpha}^B + {}^N\boldsymbol{\omega}^B \times \boldsymbol{I}^{B/B_o} \cdot {}^N\boldsymbol{\omega}^B) \cdot {}^N\boldsymbol{\omega}_j^B \quad (j=1,2,\cdots,12) \tag{6.119}$$

式中,$\boldsymbol{I}^{D/D_o}$ 和 $\boldsymbol{I}^{B/B_o}$ 分别为无人机和负载的惯性并失,为

$$\boldsymbol{I}^{D/D_o} = I_{xx}\boldsymbol{D}_x\boldsymbol{D}_x + I_{yy}\boldsymbol{D}_y\boldsymbol{D}_y + I_{zz}\boldsymbol{D}_z\boldsymbol{D}_z \tag{6.120}$$

$$\boldsymbol{I}^{B/B_o} = 0\boldsymbol{B}_x\boldsymbol{B}_x + I_L\boldsymbol{B}_y\boldsymbol{B}_y + I_L\boldsymbol{B}_z\boldsymbol{B}_z \tag{6.121}$$

将式 (6.104)、式 (6.111)、式 (6.115)~式 (6.118)、式 (6.120)、式 (6.121) 及表

6.2 中的公式代入式（6.119）中，可以求出广义惯性力的具体表达式。

然后计算对各个广义速度的广义主动力，由凯恩方法，得

$$F_j = \boldsymbol{F}^{D_o} \cdot {}^N\boldsymbol{v}_j^{D_o} + \boldsymbol{T}^D \cdot {}^N\boldsymbol{\omega}_j^D + \boldsymbol{F}^{B_o} \cdot {}^N\boldsymbol{v}_j^{B_o} + \boldsymbol{T}^B \cdot {}^N\boldsymbol{\omega}_j^B \quad (j=1,2,\cdots,12) \quad (6.122)$$

式中，$\boldsymbol{F}^{D_o}$ 是作用到无人机上的外力；$\boldsymbol{T}^D$ 是作用在无人机上的外力矩；$\boldsymbol{F}^{B_o}$ 是作用在负载上的外力；$\boldsymbol{T}^B$ 作用到负载上的外力矩，分别为

$$\boldsymbol{F}^{D_o} = -F_z \boldsymbol{D}_z + m_D g \boldsymbol{N}_z \quad (6.123)$$

$$\boldsymbol{T}^D = M_\varphi \boldsymbol{D}_x + M_\theta \boldsymbol{D}_y + M_\psi \boldsymbol{D}_z \quad (6.124)$$

$$\boldsymbol{F}^{B_o} = m_L g \boldsymbol{N}_z \quad (6.125)$$

$$\boldsymbol{T}^B = 0 \quad (6.126)$$

将式（6.123）~式（6.126）及表6.2中的公式代入式（6.122），得

$$F_1 = -F_z(\cos\varphi\sin\theta\cos\psi + \sin\varphi\sin\psi) \quad (6.127)$$

表6.2 无人机和负载对各广义速度的偏速度与偏角速度表

| $j$ | ${}^N\boldsymbol{v}_j^{D_o}$ | ${}^N\boldsymbol{\omega}_j^D$ | ${}^N\boldsymbol{v}_j^{B_o}$ | ${}^N\boldsymbol{\omega}_j^B$ |
|---|---|---|---|---|
| 1 | $\boldsymbol{N}_x$ | 0 | $\boldsymbol{N}_x$ | 0 |
| 2 | $\boldsymbol{N}_y$ | 0 | $\boldsymbol{N}_y$ | 0 |
| 3 | $\boldsymbol{N}_z$ | 0 | $\boldsymbol{N}_z$ | 0 |
| 4 | 0 | $\boldsymbol{D}_x$ | $-l_C \boldsymbol{D}_y + l_B \boldsymbol{D}_z +$ $\sin\beta_2\sin\gamma_2 l_S \boldsymbol{C}_{2x} - \cos\beta_2 l_S \boldsymbol{C}_{2y} -$ $\cos\varepsilon\sin\delta 0.5 l_L \boldsymbol{B}_y - \sin\varepsilon 0.5 l_L \boldsymbol{B}_z$ | $\cos\varepsilon\cos\delta \boldsymbol{B}_x -$ $\sin\varepsilon \boldsymbol{B}_y +$ $\cos\varepsilon\sin\delta \boldsymbol{B}_z$ |
| 5 | 0 | $\cos\varphi \boldsymbol{D}_y -$ $\sin\varphi \boldsymbol{D}_z$ | $(\sin\varphi l_B + \cos\varphi l_C) \boldsymbol{D}_x - \sin\varphi l_A \boldsymbol{D}_y -$ $\cos\varphi l_A \boldsymbol{D}_z + \cos\varphi\cos\varepsilon 0.5 l_L \boldsymbol{B}_z +$ $(\cos\varphi\cos\gamma_2 - \sin\varphi\cos\beta_2\sin\gamma_2) l_S \boldsymbol{C}_{2x} -$ $\sin\varphi\sin\beta_2 l_S \boldsymbol{C}_{2y} -$ $(\cos\varphi\sin\varepsilon\sin\delta - \sin\varphi\cos\delta) 0.5 l_L \boldsymbol{B}_y$ | $(\cos\varphi\sin\varepsilon\cos\delta +$ $\sin\varphi\sin\delta) \boldsymbol{B}_x +$ $\cos\varphi\cos\varepsilon \boldsymbol{B}_y +$ $(\cos\varphi\sin\varepsilon\sin\delta -$ $\sin\varphi\cos\delta) \boldsymbol{B}_z$ |
| 6 | 0 | $-\sin\theta \boldsymbol{D}_x +$ $\cos\theta \cdot (\sin\varphi \boldsymbol{D}_y +$ $\cos\varphi \boldsymbol{D}_z)$ | $(-\cos\varphi\cos\theta l_B + \sin\varphi\cos\theta l_C) \boldsymbol{D}_x +$ $(\cos\varphi\cos\theta l_A + \sin\varphi l_C) \boldsymbol{D}_y +$ $(-\sin\varphi\cos\theta l_A - \sin\theta l_B) \boldsymbol{D}_z +$ $(-\sin\theta\sin\beta_2\sin\gamma_2 + \sin\varphi\cos\theta\cos\gamma_2 +$ $\cos\varphi\cos\theta\cos\beta_2\sin\gamma_2) l_S \boldsymbol{C}_{2x} -$ $(-\sin\theta\cos\beta_2 - \cos\varphi\cos\theta\sin\beta_2) l_S \boldsymbol{C}_{2y} -$ $(-\sin\theta\cos\varepsilon\sin\delta + \sin\varphi\cos\theta\sin\varepsilon\sin\delta +$ $\cos\varphi\cos\theta\cos\delta) 0.5 l_L \boldsymbol{B}_y +$ $(\sin\theta\sin\varepsilon + \sin\varphi\cos\theta\cos\varepsilon) 0.5 l_L \boldsymbol{B}_z$ | $(-\sin\theta\cos\varepsilon\cos\delta +$ $\sin\varphi\cos\theta\sin\varepsilon\cos\delta -$ $\cos\varphi\cos\theta\sin\delta) \boldsymbol{B}_x +$ $(\sin\theta\sin\varepsilon +$ $\sin\varphi\cos\theta\cos\varepsilon) \boldsymbol{B}_y +$ $(-\sin\theta\cos\varepsilon\sin\delta +$ $\sin\varphi\cos\theta\sin\varepsilon\sin\delta +$ $\cos\varphi\cos\theta\cos\delta) \boldsymbol{B}_z$ |
| 7 | 0 | 0 | 0 | 0 |
| 8 | 0 | 0 | 0 | 0 |
| 9 | 0 | 0 | $\cos\gamma_2 l_S \boldsymbol{C}_{2x}$ | 0 |
| 10 | 0 | 0 | $-l_S \boldsymbol{C}_{2y}$ | 0 |
| 11 | 0 | 0 | $-\cos\delta 0.5 l_L \boldsymbol{B}_y$ | $-\sin\delta \boldsymbol{B}_x + \cos\delta \boldsymbol{B}_z$ |
| 12 | 0 | 0 | $0.5 l_L \boldsymbol{B}_z$ | $\boldsymbol{B}_y$ |

$$F_2 = -F_z(\cos\varphi\sin\theta\sin\psi - \sin\varphi\cos\psi) \tag{6.128}$$

$$F_3 = m_D g - F_z\cos\varphi\cos\theta + m_L g \tag{6.129}$$

$$F_4 = M_\varphi + m_L g[\cos\varphi\cos\theta l_B - \sin\varphi\cos\theta l_C - \cos\varphi\cos\theta\sin\gamma_2 l_S -$$
$$\sin\varphi\cos\theta\cos\beta_2\cos\gamma_2 l_S - \sin\varphi\cos\theta\sin\delta 0.5 l_L - \cos\varphi\cos\theta\sin\varepsilon\cos\delta 0.5 l_L] \tag{6.130}$$

$$F_5 = M_\theta\cos\varphi - M_\psi\sin\varphi + m_L g[-\sin\theta(\sin\varphi l_B + \cos\varphi l_C) - \cos\theta l_A + (-\sin\theta\cos\beta_2 -$$
$$\cos\varphi\cos\theta\sin\beta_2)\cdot(\cos\varphi\cos\gamma_2 - \sin\varphi\cos\beta_2\sin\gamma_2)l_S - (-\sin\theta\sin\beta_2\sin\gamma_2 +$$
$$\sin\varphi\cos\theta\cos\gamma_2 + \cos\varphi\cos\theta\cos\beta_2\sin\gamma_2)\sin\varphi\sin\beta_2 l_S - (\sin\theta\sin\varepsilon + \sin\varphi\cos\theta\cos\varepsilon)\cdot$$
$$(\cos\varphi\sin\varepsilon\sin\delta - \sin\varphi\cos\delta)0.5 l_L + (-\sin\theta\cos\varepsilon\sin\delta + \sin\varphi\cos\theta\sin\varepsilon\sin\delta +$$
$$\cos\varphi\cos\theta\cos\delta)\cos\varphi\cos\varepsilon 0.5 l_L] \tag{6.131}$$

$$F_6 = -M_\varphi\sin\theta + M_\theta\sin\varphi\cos\theta + M_\psi\cos\varphi\cos\theta \tag{6.132}$$

$$F_7 = 0 \tag{6.133}$$

$$F_8 = 0 \tag{6.134}$$

$$F_9 = -m_L g(\sin\theta\cos\beta_2 + \cos\varphi\cos\theta\sin\beta_2)\cos\gamma_2 l_S \tag{6.135}$$

$$F_{10} = -m_L g l_S[-\sin\theta\sin\beta_2\sin\gamma_2 + \sin\varphi\cos\theta\cos\gamma_2 + \cos\varphi\cos\theta\cos\beta_2\sin\gamma_2] \tag{6.136}$$

$$F_{11} = -m_L g(\sin\theta\sin\varepsilon + \sin\varphi\cos\theta\cos\varepsilon)\cos\delta 0.5 l_L \tag{6.137}$$

$$F_{12} = 0.5 m_L g l_L[-\sin\theta\cos\varepsilon\sin\delta + \sin\varphi\cos\theta\sin\varepsilon\sin\delta + \cos\varphi\cos\theta\cos\delta] \tag{6.138}$$

由凯恩方法知，系统的广义惯性力 $F_j^*$ ($j=1,2,\cdots,12$) 与广义主动力 $F_j$ ($j=1,2,\cdots,12$) 之和等于 0，即可得到系统的动力学方程，即

$$F_j + F_j^* = 0 (j=1,\cdots,12) \tag{6.139}$$

由于无人机、两根吊绳和梁负载组成了空间四边形，构成了闭环约束，即

$$l_S \boldsymbol{C}_{1z} + l_L \boldsymbol{B}_x - l_S \boldsymbol{C}_{2z} - 2 l_A \boldsymbol{D}_x - 2 l_B \boldsymbol{D}_y = 0 \tag{6.140}$$

向机体坐标系投影可得 3 个约束方程：

$$\begin{cases} \sin\beta_1\cos\gamma_1 l_S + \cos\varepsilon\cos\delta l_L - \sin\beta_2\cos\gamma_2 l_S - 2 l_A = 0 \\ -\sin\gamma_1 l_S + \sin\varepsilon\cos\delta l_L + \sin\gamma_2 l_S - 2 l_B = 0 \\ \cos\beta_1\cos\gamma_1 l_S - \sin\delta l_L - \cos\beta_2\cos\gamma_2 l_S = 0 \end{cases} \tag{6.141}$$

对式 (6.141) 求一次时间导数，可得速度约束方程：

$$\begin{cases} u_7\cos\beta_1\cos\gamma_1 l_S - u_8\sin\beta_1\sin\gamma_1 l_S - u_{11}\sin\varepsilon\cos\delta l_L - u_{12}\cos\varepsilon\sin\delta l_L - \\ u_9\cos\beta_2\cos\gamma_2 l_S + u_{10}\sin\beta_2\sin\gamma_2 l_S = 0 - \\ u_8\cos\gamma_1 l_S + u_{11}\cos\varepsilon\cos\delta l_L - u_{12}\sin\varepsilon\sin\delta l_L + u_{10}\cos\gamma_2 l_S = 0 - \\ u_7\sin\beta_1\cos\gamma_1 l_S - u_8\cos\beta_1\sin\gamma_1 l_S - u_{12}\cos\delta l_L + \\ u_9\sin\beta_2\cos\gamma_2 l_S + u_{10}\cos\beta_2\sin\gamma_2 l_S = 0 \end{cases} \tag{6.142}$$

对式 (6.142) 求一次时间导数，可得加速度约束方程，由于结果较长，无法给出具体的表达式：

$$f_1(\dot{u}_7,\dot{u}_8,\dot{u}_9,\dot{u}_{10},\dot{u}_{11},\dot{u}_{12}u_7,u_8,u_9,u_{10},u_{11},u_{12}\beta_1,\gamma_1,\beta_2,\gamma_2,\varepsilon,\delta) = 0 \tag{6.143}$$

该系统存在 3 个约束方程，所以描述两根吊挂绳和负载的 6 个变量中，只有 3 个是独立变量，其余 3 个为非独立变量。取 $\beta_1$、$\gamma_1$ 和 $\beta_2$ 为独立变量，$\gamma_2$、$\varepsilon$ 和 $\delta$ 为非独立变量。将速度约束 (6.142) 和加速度约束 (6.143) 代入式 (6.139) 中，可以消去非独立变量的速度和加速度。最后可以合并为关于系统独立变量 $\ddot{x}$、$\ddot{y}$、$\ddot{z}$、$\ddot{\varphi}$、$\ddot{\theta}$、$\ddot{\psi}$、$\ddot{\beta}_1$、$\ddot{\gamma}_1$ 和 $\ddot{\beta}_2$ 的 9 个动力学方

程。加速度约束方程（6.143）描述了非独立变量 $\ddot{\gamma}_2$、$\ddot{\varepsilon}$ 和 $\ddot{\delta}$ 的动力学。最终，系统的动力学可以描述为

$$f_2(\dot{u}_1,\dot{u}_2,\dot{u}_3,\dot{u}_4,\dot{u}_5,\dot{u}_6,\dot{u}_7,\dot{u}_8,\dot{u}_9,\dot{u}_{10},\dot{u}_{11},\dot{u}_{12},u_1,u_2,u_3,u_4,u_5,u_6,$$
$$u_7,u_8,u_9,u_{10},u_{11},u_{12},x,y,z,\varphi,\theta,\psi,\beta_1,\gamma_1,\beta_2,\gamma_2,\varepsilon,\delta)=0 \quad (6.144)$$

#### 6.2.2.2 姿态控制

当三维无人机吊挂负载运动时，相对于平面情况下，负载的运动将与无人机的三个姿态运动全部产生耦合。不同平面上的负载运动将与不同的无人机姿态运动进行耦合。在 $D_oD_xD_z$ 平面上，由于存在吊挂距离 $l_A$ 和 $l_C$，负载 $\beta_1$、$\beta_2$、$\delta$ 与无人机姿态角 $\theta$ 产生耦合。在 $D_oD_yD_z$ 平面上，由于吊挂距离 $l_B$ 和 $l_C$ 的存在，负载 $\gamma_1$、$\gamma_2$、$\delta$ 与无人机姿态角 $\varphi$ 产生耦合。在 $D_oD_xD_y$ 平面上，由于吊挂距离 $l_A$ 和 $l_B$ 的存在，负载扭转角 $\varepsilon$ 与无人机姿态角 $\psi$ 产生耦合。在三维情形中，需要着重分析负载扭转与无人机姿态之间的耦合问题。

式（6.144）是系统的非线性动力学方程，其中包含 12 个方程，很难直接通过非线性模型来设计姿态控制器和分析系统动力学。因此将系统在平衡位置附近线性化，基于线性模型来设计姿态控制器，并分析系统的动力学行为。

首先分析系统的平衡位置，令式（6.144）中无人机升力 $F_z$ 等于系统的重力，偏航力矩 $M_\psi$、俯仰力矩 $M_\theta$、滚转力矩 $M_\varphi$ 均为 0，同时令系统输出的加速度和速度也为零，即

$$\begin{cases} F_z = (m_D + m_L)g \\ M_\psi = M_\theta = M_\varphi = 0 \end{cases} \quad (6.145)$$

$$\begin{cases} \dot{u}_i = 0 \\ u_i = 0 \end{cases} (i = 1,2,\cdots,12) \quad (6.146)$$

将式（6.145）、式（6.146）代入式（6.147），可得系统的平衡方程。令 $\varphi_0$、$\theta_0$ 和 $\psi_0$ 分别为无人机滚转角 $\varphi$、俯仰角 $\theta$ 和偏航角 $\psi$ 的平衡位置，可得

$$\begin{cases} \varphi_0 = \theta_0 = 0 \\ \psi_0 = 任意角 \end{cases} \quad (6.147)$$

令 $\beta_{10}$、$\gamma_{10}$、$\beta_{20}$、$\gamma_{20}$、$\varepsilon_0$ 和 $\delta_0$ 分别为负载摆角 $\beta_1$、$\gamma_1$、$\beta_2$、$\gamma_2$、扭转角 $\varepsilon$ 和倾斜角 $\delta$ 的平衡位置，可以求得负载摆动、扭转和倾斜的平衡角：

$$\begin{cases} \varepsilon_0 = \arctan(l_B/l_A) \\ \delta_0 = 0 \\ \gamma_{10} = \arcsin\left(\dfrac{l_L\sin\varepsilon_0 - 2l_B}{2l_S}\right) \\ \gamma_{20} = -\gamma_{10} \\ \beta_{10} = \arcsin\left(\dfrac{2l_A - l_L\cos\varepsilon_0}{2l_S\cos\gamma_{10}}\right) \\ \beta_{20} = -\beta_{10} \end{cases} \quad (6.148)$$

接着对非线性动力学系统进行线性化。考虑到系统的复杂性，令吊挂距离 $l_A$ 等于 0，减小系统分析的难度。这种情形下，当负载平衡时，两根吊绳与负载均在机体坐标系的 $D_oD_yD_z$ 面内。这样可将该系统分解为 3 个子系统。子系统 1 为无人机和负载在 $D_oD_xD_z$ 面内

的运动子系统。子系统 2 为无人机和负载在 $D_oD_yD_z$ 面内的运动子系统。子系统 3 为无人机在 $D_oD_xD_y$ 面内运动且负载在与 $D_oD_xD_y$ 面平行的平面内运动的子系统。

首先分析 $D_oD_xD_z$ 面内的子系统 1。令式（6.144）中 $y$、$\varphi$、$\psi$、$\gamma_1$、$\gamma_2$、$\delta$ 与 $\varepsilon$ 相应的一阶导数和二阶导数为 0，且 $M_\varphi$ 和 $M_\psi$ 为 0，得到 $D_oD_xD_z$ 面内的子系统。该子系统的输入是无人机升力 $F_z$ 和俯仰力矩 $M_\theta$，输出是 $x$、$z$、$\theta$、$\beta_1$ 和 $\beta_2$。其中，$\beta_1$ 与 $\beta_2$ 相等，令 $\beta_1 = \beta_2 = \beta$。对子系统 1 的非线性动力学方程，由式（6.147）和式（6.148）可以求得 $\theta_0$、$\beta_{10}$ 和 $\beta_{20}$ 均为 0，即 $\beta$ 的平衡角 $\beta_0$ 也为 0。令 $\theta = \theta_0 + \theta_t$，$\beta = \beta_0 + \beta_t$，无人机近悬停飞行时，使用小角度假设和小速度假设，得到线性化后的动力学方程：

$$\begin{cases} C_{1,1}\ddot{x} + C_{1,2}\theta_t F_z + C_{1,3}\beta_t F_z = 0 \\ C_{2,1}\ddot{z} + C_{2,2}\beta_t M_\theta + C_{2,3}F_z + C_{2,4} = 0 \\ C_{3,1}\ddot{\theta}_t + C_{3,2}\beta_t F_z + C_{3,3}M_\theta = 0 \\ C_{4,1}\ddot{\beta}_t + C_{4,2}\beta_t F_z + C_{4,3}M_\theta = 0 \end{cases} \quad (6.149)$$

式中，系数 $C_{j,k}$（$j = 1, 2, 3, 4$；$k = 1, 2, 3, 4$）与系统的结构参数有关。

然后分析 $D_oD_yD_z$ 面内的子系统 2。令式（6.144）中 $x$、$\theta$、$\psi$、$\beta_1$、$\beta_2$、$\varepsilon$ 与相应的一阶导数和二阶导数为 0，且 $M_\theta$ 和 $M_\psi$ 为 0，得到 $D_oD_yD_z$ 面内的子系统。该子系统的输入是无人机升力 $F_z$ 和俯仰力矩 $M_\theta$，输出是 $y$、$z$、$\varphi$、$\gamma_1$、$\gamma_2$ 和 $\delta$。对子系统 2 的非线性动力学方程，平衡位置由式（6.147）和式（6.148）可以求得

$$\begin{cases} \varphi_0 = 0 \\ \gamma_{10} = \arcsin\left(\dfrac{l_L - 2l_B}{2l_S}\right) \\ \gamma_{20} = -\arcsin\left(\dfrac{l_L - 2l_B}{2l_S}\right) \\ \delta_0 = 0 \end{cases} \quad (6.150)$$

将角度写成平衡角度加变化角度两部分，即

$$\begin{cases} \varphi = \varphi_0 + \varphi_t \\ \gamma_1 = \gamma_{10} + \gamma_{1t} \\ \gamma_2 = \gamma_{20} + \gamma_{2t} \\ \delta = \delta_0 + \delta_t \end{cases} \quad (6.151)$$

无人机近悬停飞行时，使用小角度假设和小速度假设，得到线性化后的动力学方程：

$$\begin{cases} D_{1,4}\ddot{y} + [D_{1,5}\varphi + D_{1,7}\gamma_{1t} + D_{1,9}\gamma_{2t} + D_{1,11}\delta_t]F_z + D_{1,14}M_\varphi = 0 \\ D_{2,4}\ddot{z} + [D_{2,6}\varphi + D_{2,8}\gamma_{1t} + D_{2,11}\gamma_{2t} + D_{2,14}\delta_t]M_\varphi + D_{2,16}F_z + D_{2,18} = 0 \\ D_{3,4}\ddot{\varphi}_t + [D_{3,5}\gamma_{1t} + D_{3,7}\gamma_{2t} + D_{3,9}\delta_t]F_z + D_{3,12}M_\varphi = 0 \\ D_{4,4}\ddot{\gamma}_{1t} + [D_{4,5}\gamma_{1t} + D_{4,7}\gamma_{2t} + D_{4,9}\delta_t]F_z + \\ \qquad [D_{4,6}\gamma_{1t} + D_{4,8}\gamma_{2t} + D_{4,10}\delta_t]M_\varphi + D_{4,12}M_\varphi = 0 \\ D_{5,4}\ddot{\gamma}_{2t} + [D_{5,5}\gamma_{1t} + D_{5,7}\gamma_{2t} + D_{5,9}\delta_t]F_z + \\ \qquad [D_{5,6}\gamma_{1t} + D_{5,8}\gamma_{2t} + D_{5,10}\delta_t]M_\varphi + D_{5,12}M_\varphi = 0 \\ D_{6,4}\ddot{\delta}_t + [D_{6,5}\gamma_{1t} + D_{6,7}\gamma_{2t} + D_{6,9}\delta_t]F_z + \\ \qquad [D_{6,6}\gamma_{1t} + D_{6,8}\gamma_{2t} + D_{6,10}\delta_t]M_\varphi + D_{6,12}M_\varphi = 0 \end{cases} \quad (6.152)$$

系数 $D_{j,k}(j=1,2,\cdots,6;k=4,5,\cdots,18)$ 与结构参数有关。

最后分析无人机在 $D_oD_xD_y$ 内的运动，负载在与 $D_oD_xD_y$ 平行的面内运动的子系统3。令式（6.144）中 $x$、$y$、$z$、$\varphi$、$\theta$、$\delta$ 与相应的一阶导数和二阶导数为0，且 $M_\varphi$ 和 $M_\theta$ 为0。此时无人机姿态只考虑偏航姿态角 $\psi$，由于负载的扭转必然会导致悬挂绳的摆动，这是由四边形约束决定的。假定无人机的升力 $F_z$ 始终与系统的重力平衡，所以不考虑无人机 $N_z$ 方向的运动。该子系统的输入是偏航力矩 $M_\psi$，输出是 $\psi$、$\beta_1$、$\gamma_1$、$\beta_2$、$\gamma_2$、$\varepsilon$。其中，$\beta_1=-\beta_2$，$\gamma_1=-\gamma_2$。令 $\beta_1=-\beta_2=\beta$，$\gamma_1=-\gamma_2=\gamma$ 进行系统分析。由式（6.147）可以求得偏航角的平衡位置 $\psi_0$ 是任意角，但是在实际飞行时，偏航角总是在偏航角的参考值附近振荡，即人为设定了偏航角的平衡位置。由式（6.148）可以求出负载的平衡角为

$$\begin{cases} \varepsilon_0 = 90° \\ \beta_{10} = 0 \\ \beta_{20} = 0 \\ \gamma_{10} = \arcsin((l_L-2l_B)/(2l_S)) \\ \gamma_{20} = -\gamma_{10} \end{cases} \quad (6.153)$$

即，$\beta$ 的平衡角 $\beta_0=0$，$\gamma$ 的平衡角 $\gamma_0=\arcsin((l_L-2l_B)/(2l_S))$。令

$$\begin{cases} \psi = \psi_0 + \psi_t \\ \gamma = \gamma_0 + \gamma_t \\ \beta = \beta_0 + \beta_t \\ \varepsilon = \varepsilon_0 + \varepsilon_t \end{cases} \quad (6.154)$$

使用小角度假设和小速度假设，得到线性化后的动力学方程：

$$\begin{cases} E_{1,4}\ddot{\psi}_t + [E_{1,7}\gamma_t + E_{1,11}]M_\psi + E_{1,6}\beta_t + E_{1,10}\varepsilon_t = 0 \\ E_{2,4}\ddot{\beta}_t + [E_{2,7}\gamma_t + E_{2,11}]M_\psi + E_{2,6}\beta_t + E_{2,10}\varepsilon_t = 0 \\ E_{3,4}\ddot{\gamma}_t + E_{3,9}\varepsilon_t M_\psi = 0 \\ E_{4,4}\ddot{\varepsilon}_t + [E_{4,7}\gamma_t + E_{4,11}]M_\psi + E_{4,6}\beta_t + E_{4,10}\varepsilon_t = 0 \end{cases} \quad (6.155)$$

式中，系数 $E_{j,k}(j=1,\cdots,4,k=4,\cdots,11)$ 与系统的结构参数有关。

系统动力学方程（6.144）非常复杂，很难直接用于设计无人机姿态控制器，因此本节通过上述的三个子系统即式（6.149）、式（6.152）和式（6.155）来简化姿态控制器的设计。面 $D_oD_xD_z$ 内的子系统即式（6.149）用来设计俯仰通道的控制器，面 $D_0D_yD_z$ 内的子系统即式（6.152）用来设计滚转通道的控制器，子系统即式（6.155）用来设计偏航通道的控制器。

式（6.149）中第三个方程为俯仰姿态动力学，式（6.152）中第三个方程为滚转姿态动力学，式（6.155）中第一个方程为偏航姿态动力学。这3个方程中，既包含姿态角，又包含负载摆角、倾斜角和扭转角。由于无人机近悬停飞行，负载的摆角、倾斜角和扭转角都很小，因此忽略负载的影响，忽略后的姿态动力学方程为

$$\begin{cases} C_{3,1}\ddot{\theta}_t + C_{3,3}M_\theta = 0 \\ D_{3,4}\ddot{\varphi}_t + D_{3,12}M_\varphi = 0 \\ E_{1,4}\ddot{\psi}_t + E_{1,11}M_\psi = 0 \end{cases} \quad (6.156)$$

由式（6.156）可以设计俯仰通道、滚转通道和偏航通道的模型跟踪控制器。

$$\begin{cases} \ddot{\theta}_m + 2\zeta_{m\theta}\omega_{m\theta}\dot{\theta}_m + \omega_{m\theta}^2\theta_m = \omega_{m\theta}^2\theta_r \\ \ddot{\varphi}_m + 2\zeta_{m\varphi}\omega_{m\varphi}\dot{\varphi}_m + \omega_{m\varphi}^2\varphi_m = \omega_{m\varphi}^2\varphi_r \\ \ddot{\psi}_m + 2\zeta_{m\psi}\omega_{m\psi}\dot{\psi}_m + \omega_{m\psi}^2\psi_m = \omega_{m\psi}^2\psi_r \end{cases} \quad (6.157)$$

$$\begin{cases} M_\theta = -\dfrac{C_{3,1}}{C_{3,3}}\ddot{\theta}_m + k_{p\theta}(\theta_m - \theta) + k_{d\theta}(\dot{\theta}_m - \dot{\theta}) \\ M_\varphi = -\dfrac{D_{3,4}}{D_{3,12}}\ddot{\varphi}_m + k_{p\varphi}(\varphi_m - \varphi) + k_{d\varphi}(\dot{\varphi}_m - \dot{\varphi}) \\ M_\psi = -\dfrac{E_{1,4}}{E_{1,11}}\ddot{\psi}_m + k_{p\psi}(\psi_m - \psi) + k_{d\psi}(\dot{\psi}_m - \dot{\psi}) \end{cases} \quad (6.158)$$

其中，式（6.157）是三个通道的规定模型，$\theta_r$、$\varphi_r$ 和 $\psi_r$ 分别为三个通道规定模型的输入。$\theta_m$、$\varphi_m$ 和 $\psi_m$ 分别为三个通道规定模型的输出。$\omega_{m\theta}$、$\omega_{m\varphi}$ 和 $\omega_{m\psi}$ 分别为规定模型的固有频率。$\zeta_{m\theta}$、$\zeta_{m\varphi}$ 和 $\zeta_{m\psi}$ 分别为规定模型的阻尼比。式（6.158）是三个通道的跟踪控制律。跟踪控制律利用了反模型方法和反馈控制方法，来保证无人机的实际姿态实时跟踪规定模型的输出。$k_{p\theta}$ 和 $k_{d\theta}$ 分别为俯仰通道的比例系数和微分系数。$k_{p\varphi}$ 和 $k_{d\varphi}$ 分别为滚转通道的比例系数和微分系数。$k_{p\psi}$ 和 $k_{d\psi}$ 分别为偏航通道的比例系数和微分系数。

规定模型的固有频率和阻尼比通过极点配置的方法来确定。为了使规定模型具有合理的阻尼比和较短的调节时间，三个通道规定模型的极点均取为 $-1 \pm 1i$，$i$ 为虚数单位。因此，规定模型的固有频率约为 1.41 rad/s，阻尼比约为 0.707，调节时间约为 4 s。

跟踪控制律中的比例系数和微分系数也采用极点配置的方法来确定。无人机姿态和负载之间的耦合效应会减小跟踪控制律极点的实部，且增大系统的阻尼。无人机质量 $m_D$、转动惯量 $I_{xx}$、$I_{yy}$、$I_{zz}$，吊挂距离 $l_A$、$l_B$、$l_C$，吊绳长度 $l_S$，负载长度 $l_L$ 和负载质量 $m_L$ 分别为 85 kg、4.5 kg·m²、4.5 kg·m²、6 kg·m²、0 m、1 m、0.1 m、5 m、4 m 和 20 kg。俯仰通道、滚转通道和偏航通道的跟踪控制律的极点分别为 $-6 \pm 2i$、$-6 \pm 2i$ 和 $-12 \pm 4i$，$i$ 为虚数单位。通过极点配置可以求得 $k_{p\theta}$、$k_{d\theta}$、$k_{p\varphi}$、$k_{d\varphi}$、$k_{p\psi}$ 和 $k_{d\psi}$ 分别为 180、54、431.6、129.5、960 和 144。模型跟踪控制器设计时，规定模型使用的是线性解耦模型，闭环跟踪控制律保证了各个通道跟踪各自的规定模型，实现了通道间的解耦，减小了三维无人机双绳吊挂系统的控制难度。

当无人机吊挂梁负载飞行时，负载会做摆动和扭转运动。由于无人机与负载之间的强耦合性，无人机的姿态也会在平衡位置附近振荡。本小节分析当无人机飞行结束、试图在空中悬停时，无人机姿态和负载摆动、扭转的振荡频率与结构参数的关系，便于后续控制器的设计。当无人机试图悬停时，跟踪控制律即式（6.158）简化为

$$\begin{cases} M_\theta = -k_{p\theta}\theta - k_{d\theta}\dot{\theta} \\ M_\varphi = -k_{p\varphi}\varphi - k_{d\varphi}\dot{\varphi} \\ M_\psi = -k_{p\psi}\psi_t - k_{d\psi}\dot{\psi}_t \end{cases} \quad (6.159)$$

无人机近悬停飞行时，无人机升力 $F_z$ 与系统的重力相平衡，即

$$F_z = G = (m_D + m_L)g \quad (6.160)$$

首先分析子系统 1 的频率特性。由于闭环控制器会改变系统的极点，进而影响系统的频

率，故分析闭环系统的频率特性。将式（6.159）、式（6.160）代入式（6.149），并利用小角度假设和小速度假设，可得 $D_oD_xD_z$ 面内的闭环子系统 1 的动力学方程：

$$\begin{cases} C_{1,1}\ddot{x} + C_{1,2}G\theta + C_{1,3}G\beta = 0 \\ C_{2,1}\ddot{z} + C_{2,3}G + C_{2,4} = 0 \\ C_{3,1}\ddot{\theta} - C_{3,3}k_{d\theta}\dot{\theta} - C_{3,3}k_{p\theta}\theta + C_{3,2}G\beta = 0 \\ C_{4,1}\ddot{\beta} - C_{4,3}k_{d\theta}\dot{\theta} - C_{4,3}k_{p\theta}\theta + C_{4,2}G\beta = 0 \end{cases} \tag{6.161}$$

其中，质量矩阵、阻尼矩阵和刚度矩阵分别为

$$\boldsymbol{M}_2 = \begin{pmatrix} C_{1,1} & 0 & 0 & 0 \\ 0 & C_{2,1} & 0 & 0 \\ 0 & 0 & C_{3,1} & 0 \\ 0 & 0 & 0 & C_{4,1} \end{pmatrix} \tag{6.162}$$

$$\boldsymbol{C}_2 = \begin{pmatrix} 0 & 0 & 0 & 0 \\ 0 & 0 & 0 & 0 \\ 0 & 0 & -E_{3,3}k_{d\theta} & 0 \\ 0 & 0 & -E_{4,3}k_{d\theta} & 0 \end{pmatrix} \tag{6.163}$$

$$\boldsymbol{K}_2 = \begin{pmatrix} 0 & 0 & E_{1,2}G & E_{1,3}G \\ 0 & 0 & 0 & 0 \\ 0 & 0 & -E_{3,3}k_{p\theta} & E_{3,2}G \\ 0 & 0 & -E_{4,3}k_{p\theta} & E_{4,2}G \end{pmatrix} \tag{6.164}$$

采用复模态分析方法来分析子系统 1 的频率和阻尼比，多自由度线性阻尼系统的特征方程为

$$|\lambda^2 \boldsymbol{M}_2 + \lambda \boldsymbol{C}_2 + \boldsymbol{K}_2| = 0 \tag{6.165}$$

将式（6.162）~式（6.164）代入式（6.165），可得子系统 1 的特征值方程：

$$T_{2,1}\lambda^4 + T_{2,2}\lambda^3 + T_{2,3}\lambda^2 + T_{2,4}\lambda + T_{2,5} = 0 \tag{6.166}$$

其中，系数 $T_{2,j}(j=1,\cdots,5)$ 为特征方程系数；$\lambda = -\zeta\omega \pm i\omega\sqrt{1-\zeta^2}$，$\zeta$ 为阻尼比，$\omega$ 为无阻尼频率。

然后分析子系统 2 的频率特性。将式（6.159）、式（6.160）代入式（6.152），并利用小角度假设和小速度假设，可得 $D_oD_yD_z$ 面内的闭环子系统 2 的动力学方程：

$$\begin{cases} D_{1,4}\ddot{y} - D_{1,14}k_{d\varphi}\dot{\varphi} + (-D_{1,14}k_{p\varphi} + D_{1,5}G)\varphi + D_{1,7}G\gamma_{1t} + D_{1,9}G\gamma_{2t} + D_{1,11}G\delta_t = 0 \\ D_{2,4}\ddot{z} + D_{2,16}G + D_{2,18} = 0 \\ D_{3,4}\ddot{\varphi} - D_{3,12}k_{d\varphi}\dot{\varphi} - D_{3,12}k_{p\varphi}\varphi + D_{3,5}G\gamma_{1t} + D_{3,7}G\gamma_{2t} + D_{3,9}G\delta_t = 0 \\ D_{4,4}\ddot{\gamma}_{1t} - D_{4,12}k_{d\varphi}\dot{\varphi} - D_{4,12}k_{p\varphi}\varphi + D_{4,5}G\gamma_{1t} + D_{4,7}G\gamma_{2t} + D_{4,9}G\delta_t = 0 \\ D_{5,4}\ddot{\gamma}_{2t} - D_{5,12}k_{d\varphi}\dot{\varphi} - D_{5,12}k_{p\varphi}\varphi + D_{5,5}G\gamma_{1t} + D_{5,7}G\gamma_{2t} + D_{5,9}G\delta_t = 0 \\ D_{6,4}\ddot{\delta}_t - D_{6,12}k_{d\varphi}\dot{\varphi} - D_{6,12}k_{p\varphi}\varphi + D_{6,5}G\gamma_{1t} + D_{6,7}G\gamma_{2t} + D_{6,9}G\delta_t = 0 \end{cases} \tag{6.167}$$

该子系统的质量矩阵、阻尼矩阵和刚度矩阵分别为

$$\boldsymbol{M}_3 = \begin{pmatrix} D_{1,4} & 0 & 0 & 0 & 0 & 0 \\ 0 & D_{2,4} & 0 & 0 & 0 & 0 \\ 0 & 0 & D_{3,4} & 0 & 0 & 0 \\ 0 & 0 & 0 & D_{4,4} & 0 & 0 \\ 0 & 0 & 0 & 0 & D_{5,4} & 0 \\ 0 & 0 & 0 & 0 & 0 & D_{6,4} \end{pmatrix} \qquad (6.168)$$

$$\boldsymbol{C}_3 = \begin{pmatrix} 0 & 0 & -D_{1,14}k_{d\varphi} & 0 & 0 & 0 \\ 0 & 0 & 0 & 0 & 0 & 0 \\ 0 & 0 & -D_{3,12}k_{d\varphi} & 0 & 0 & 0 \\ 0 & 0 & -D_{4,12}k_{d\varphi} & 0 & 0 & 0 \\ 0 & 0 & -D_{5,12}k_{d\varphi} & 0 & 0 & 0 \\ 0 & 0 & -D_{6,12}k_{d\varphi} & 0 & 0 & 0 \end{pmatrix} \qquad (6.169)$$

$$\boldsymbol{K}_3 = \begin{pmatrix} 0 & 0 & D_{1,5}G - D_{1,14}k_{p\varphi} & D_{1,7}G & D_{1,9}G & D_{1,11}G \\ 0 & 0 & 0 & 0 & 0 & 0 \\ 0 & 0 & -D_{3,12}k_{p\varphi} & D_{3,5}G & D_{3,7}G & D_{3,9}G \\ 0 & 0 & -D_{4,12}k_{p\varphi} & D_{4,5}G & D_{4,7}G & D_{4,9}G \\ 0 & 0 & -D_{5,12}k_{p\varphi} & D_{5,5}G & D_{5,7}G & D_{5,9}G \\ 0 & 0 & -D_{6,12}k_{p\varphi} & D_{6,5}G & D_{6,7}G & D_{6,9}G \end{pmatrix} \qquad (6.170)$$

采用复模态分析方法来分析子系统 2 的频率和阻尼比，多自由度线性阻尼系统的特征方程为

$$|\lambda^2 \boldsymbol{M}_3 + \lambda \boldsymbol{C}_3 + \boldsymbol{K}_3| = 0 \qquad (6.171)$$

将式（6.168）~式（6.170）代入式（6.171），可得子系统 2 的特征值方程：

$$T_{3,1}\lambda^4 + T_{3,2}\lambda^3 + T_{3,3}\lambda^2 + T_{3,4}\lambda + T_{3,5} = 0 \qquad (6.172)$$

式中，$\lambda = -\zeta\omega \pm i\omega\sqrt{1-\zeta^2}$；$\zeta$ 为阻尼比；$\omega$ 为无阻尼频率。

将式（6.159）、式（6.160）代入式（6.155），并利用小角度假设和小速度假设，可得无人机在 $D_oD_xD_y$ 面内运动且负载在 $D_oD_xD_y$ 平行的平面内运动的子系统 3 的闭环系统动力学方程：

$$\begin{cases} E_{1,4}\ddot{\psi}_t - E_{1,11}k_{d\psi}\dot{\psi}_t - E_{1,11}k_{p\psi}\psi_t + E_{1,6}\beta_t + E_{1,10}\varepsilon_t = 0 \\ E_{2,4}\ddot{\beta}_t - E_{2,11}k_{d\psi}\dot{\psi}_t - E_{2,11}k_{p\psi}\psi_t + E_{2,6}\beta_t + E_{2,10}\varepsilon_t = 0 \\ E_{3,4}\ddot{\gamma}_t = 0 \\ E_{4,4}\ddot{\varepsilon}_t - E_{4,11}k_{d\psi}\dot{\psi}_t - E_{4,11}k_{p\psi}\psi_t + E_{4,6}\beta_t + E_{4,10}\varepsilon_t = 0 \end{cases} \qquad (6.173)$$

其中，质量矩阵、阻尼矩阵和刚度矩阵分别为

$$\boldsymbol{M}_4 = \begin{pmatrix} E_{1,4} & 0 & 0 & 0 \\ 0 & E_{2,4} & 0 & 0 \\ 0 & 0 & E_{3,4} & 0 \\ 0 & 0 & 0 & E_{4,4} \end{pmatrix} \qquad (6.174)$$

$$\boldsymbol{C}_4 = \begin{pmatrix} -E_{1,11}k_{d\psi} & 0 & 0 & 0 \\ -E_{2,11}k_{d\psi} & 0 & 0 & 0 \\ 0 & 0 & 0 & 0 \\ -E_{4,11}k_{d\psi} & 0 & 0 & 0 \end{pmatrix} \quad (6.175)$$

$$\boldsymbol{K}_4 = \begin{pmatrix} -E_{1,11}k_{p\psi} & E_{1,6} & 0 & E_{1,10} \\ -E_{2,11}k_{p\psi} & E_{2,6} & 0 & E_{2,10} \\ 0 & 0 & 0 & 0 \\ -E_{4,11}k_{p\psi} & E_{4,6} & 0 & E_{4,10} \end{pmatrix} \quad (6.176)$$

采用复模态分析方法来分析子系统3的频率和阻尼比，多自由度线性阻尼系统的特征方程为

$$|\lambda^2 \boldsymbol{M}_4 + \lambda \boldsymbol{C}_4 + \boldsymbol{K}_4| = 0 \quad (6.177)$$

将式（6.174）~式（6.176）代入式（6.177），可得子系统3的频率方程：

$$T_{4,1}\lambda^4 + T_{4,2}\lambda^3 + T_{4,3}\lambda^2 + T_{4,4}\lambda + T_{4,5} = 0 \quad (6.178)$$

式中，$\lambda = -\zeta\omega \pm i\omega\sqrt{1-\zeta^2}$；$\zeta$ 为阻尼比；$\omega$ 为无阻尼频率。

式（6.166）、式（6.172）和式（6.178）均为一元四次方程，即每个子系统都包含两个线性化频率和相对应的阻尼比。每个子系统的第一模态频率对应的阻尼比接近0，而第二阶模态的阻尼比接近1。第二阶模态具有大阻尼比，意味着第二阶模态对应的振荡很快会衰减，因此可以忽略第二阶模态的振荡。实际上，图6.34中三维四连杆机构包含3个频率和近零的阻尼比，MFC控制器给系统增加了三个具有高阻尼比的频率。所以，只需要考虑三个子系统的第一阶频率和阻尼比。

线性化频率取决于系统参数，包括无人机质量 $m_D$，吊绳长度 $l_S$，负载长度 $l_L$，负载质量 $m_L$ 和吊挂距离 $l_A$、$l_B$、$l_C$。吊绳长度 $l_S$ 和吊挂距离 $l_C$ 对系统的3个线性化频率有直接的影响。当 $l_S$ 和 $l_C$ 增大时，3个线性化频率明显减小。负载的长度 $l_L$ 和质量 $m_L$ 会改变3个子系统的线性化频率和阻尼比。图6.35和图6.36给出了3个子系统的线性化频率和阻尼比随负载长度变化的曲线。其中无人机质量 $m_D$，转动惯量 $I_{xx}$、$I_{yy}$、$I_{zz}$，吊绳长度 $l_S$，吊挂距离 $l_A$、$l_B$、$l_C$ 分别为 85 kg、4.5 kg·m²、4.5 kg·m²、6 kg·m²、5 m、0 m、1 m 和 0.1 m。

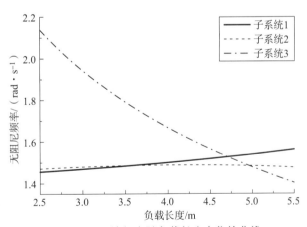

图6.35 系统频率随负载长度变化的曲线

负载长度 $l_L$ 从2.5 m增大到5.5 m，负载的线密度为5 kg/m，当负载长度变化时，负载质量也会变化。子系统1、子系统2的频率、阻尼比随着负载长度的增大而增大。子系统2的频率变化很平缓，阻尼比却随负载长度的增大而迅速增大。子系统3的频率随负载长度的增大而减小，而阻尼比却逐渐增大。

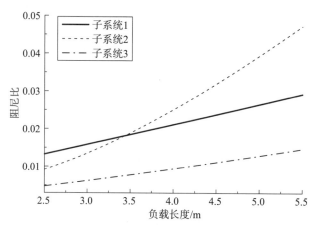

图 6.36 系统阻尼比随负载长度变化的曲线

子系统 1 的频率和阻尼比与无人机姿态 $\theta$、负载摆角 $\beta_1$ 与 $\beta_2$ 更相关；子系统 2 的频率和阻尼比与无人机姿态 $\varphi$、负载摆角 $\gamma_1$、$\gamma_2$、负载倾斜角 $\delta$ 更相关；子系统 3 的频率和阻尼比与无人机姿态 $\psi$、负载扭转角 $\varepsilon$ 更相关。当负载长度为 3.57 m 时，子系统 1 与子系统 2 的频率接近，这时系统也许发生内共振。同样的现象也发生在负载长度为 4.71 m 和 4.96 m 处。

这个小节用来分析包含 MFC 控制器时的系统动力学特性，通过零输入响应和零状态响应两组仿真来分析。

首先分析零输入响应。无人机双绳吊运负载飞行时，很容易受到外界扰动的影响。由于该系统中无人机与负载的吊挂方式，无人机的姿态运动与负载的摆动和扭转运动产生强烈的耦合作用。当负载受到外界扰动时，两根吊挂绳索会给无人机施加力矩，使无人机的姿态也发生变化。姿态环加入闭环控制器，可以抵抗外界扰动，通过耦合可以抑制负载的振荡。

图 6.37 展示了在 MFC 控制器作用下非零初始条件的时域响应。非零初始条件可以看作系统受到了外界扰动的影响。仿真时，无人机质量 $m_D$，无人机转动惯量 $I_{xx}$、$I_{yy}$、$I_{zz}$，吊挂距离 $l_A$、$l_B$、$l_C$，吊挂绳长 $l_S$，负载长度 $l_L$ 和负载质量 $m_L$ 分别为 85kg、4.5 kg·m²、4.5 kg·m²、6 kg·m²、0 m、1 m、0.1 m、5 m、4 m 和 20 kg。无人机姿态 $\varphi$、$\theta$ 和 $\psi$ 的初始值均为 0°，负载 $\beta_1$、$\gamma_1$、$\beta_2$、$\gamma_2$、$\varepsilon$ 和 $\delta$ 的初始值分别为 $-4.216\,8°$、$17.267°$、$5.097\,5°$、$-4.948\,3°$、$78.541°$ 和 $-2.864\,8°$。

无人机姿态由于与负载摆动、扭转耦合，其在自身的平衡位置附近振荡。无人机姿态角 $\varphi$、$\theta$ 和 $\psi$ 的平衡角均为 0°，负载的 $\beta_1$、$\gamma_1$、$\beta_2$、$\gamma_2$、$\varepsilon$ 和 $\delta$ 的平衡角分别为 0°、$11.539\,4°$、0°、$-11.539\,4°$、90° 和 0°。无人机姿态角 $\psi$ 与负载扭转角 $\varepsilon$ 的频率很接近，因为它们均与子系统 3 的线性化频率最相关。无人机姿态角 $\varphi$ 与负载的 $\gamma_1$、$\gamma_2$、$\delta$ 的频率很接近，因为它们均与子系统 2 的线性化频率最相关。无人机姿态角 $\theta$ 的频率与子系统 1 的线性化频率最相关。负载的 $\beta_1$、$\beta_2$ 的频率与子系统 1、3 的线性化频率都有较强的相关性。

由于 MFC 控制器给系统引入阻尼，通过耦合作用，无人机姿态和负载的摆动、扭转与倾斜都逐渐收敛到自身的平衡位置。无人机姿态角的调节时间定为从零时刻开始，姿态角相

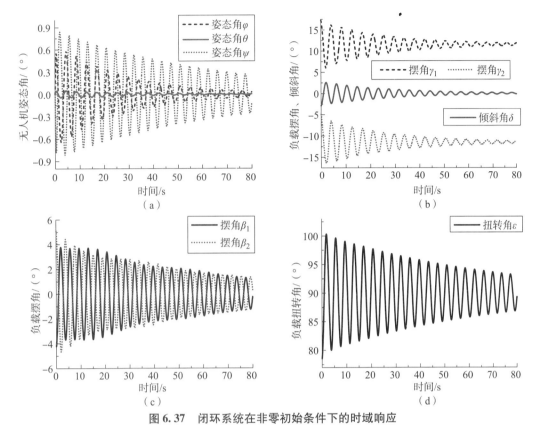

图 6.37 闭环系统在非零初始条件下的时域响应

(a) 无人机姿态角 $\varphi$、$\theta$、$\psi$；(b) 负载摆角 $\gamma_1$、$\gamma_2$、倾斜角 $\delta$；(c) 负载摆角 $\beta_1$、$\beta_2$；(d) 负载扭转角 $\varepsilon$

对于平衡位置稳定进入 0.1°所经历的时间。负载的调节时间定为从零时刻开始，负载角度相对于平衡位置稳定进入 0.5°所经历的时间。所以无人机姿态角 $\varphi$、$\theta$ 和 $\psi$ 的调节时间分别为 51.20 s、0.00 s 和 141.66 s，负载的 $\beta_1$、$\gamma_1$、$\beta_2$、$\gamma_2$、$\varepsilon$ 和 $\delta$ 的调节时间分别为 141.50 s、65.68 s、141.48 s、67.68 s、199.90 s 和 46.57 s。图 6.34 提出的双吊挂的结构增强了无人机姿态与负载之间的耦合。该种吊挂结构在 MFC 闭环控制器作用下可以有效抑制外界扰动，进而稳定无人机姿态和负载的摆动与扭转。

然后分析系统的零状态响应。图 6.38 给出了无人机先偏航 6°然后侧飞 60 m 的时域响应图。仿真时，无人机质量 $m_D$，无人机转动惯量 $I_{xx}$、$I_{yy}$、$I_{zz}$，吊挂距离 $l_A$、$l_B$、$l_C$，吊挂绳长 $l_S$，负载长度 $l_L$ 和负载质量 $m_L$ 分别为 85 kg、4.5 kg·m²、4.5 kg·m²、6 kg·m²、0 m、1 m、0.1 m、5 m、4 m 和 20 kg。图 6.38（a）是飞行命令和无人机姿态的响应结果，$\varphi_r$ 与 $\psi_r$ 分别为滚转通道和偏航通道的飞行命令。由于未涉及俯仰通道 $\theta$ 的运动，故未给出俯仰角的时域响应结果。图 6.38（b）是负载摆角 $\gamma_1$、$\gamma_2$ 和倾斜角 $\delta$ 的时域响应。图 6.38（c）是负载摆角 $\beta_1$、$\beta_2$ 的时域响应。图 6.38（d）是扭转角 $\varepsilon$ 的时域响应。

当无人机吊挂负载飞行时，无人机姿态和负载均在其平衡位置附近往复振荡，其中 $\psi$、$\beta_1$、$\beta_2$、$\varepsilon$ 的振荡频率与子系统 3 的线性化频率最相关。$\varphi$、$\gamma_1$、$\gamma_2$、$\delta$ 振荡频率与子系统 2 的线性化频率最相关。振荡频率和阻尼比可由图 6.35 和图 6.36 估计。MFC 控制器给系统引入阻尼，无人机姿态和负载摆动、扭转和倾斜随时间逐渐向平衡位置附近衰减。但是只有

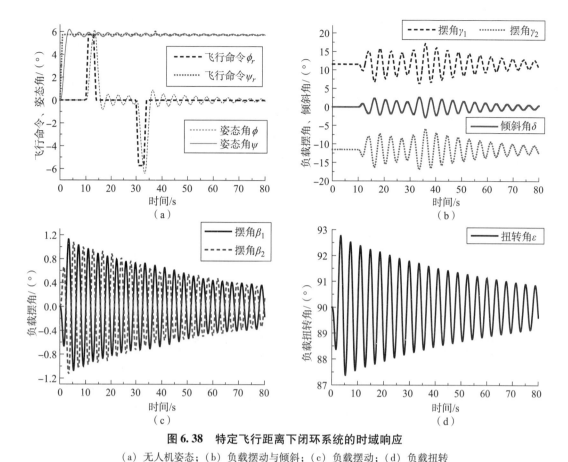

图 6.38 特定飞行距离下闭环系统的时域响应

(a) 无人机姿态；(b) 负载摆动与倾斜；(c) 负载摆动；(d) 负载扭转

MFC 控制器时振荡衰减较慢，给无人机吊运系统的安全使用带来很不利的影响，需要设计其他控制器来抑制由飞行命令引起的系统振荡。

#### 6.2.2.3 摆动控制

图 6.39 是无人机双绳吊挂系统的控制框图。$\varphi_r$、$\theta_r$ 和 $\psi_r$ 分别为滚转通道、俯仰通道和偏航通道的飞行命令。飞行命令通过由 3 个 HF 串联而成的控制器整形后，得到整形后的命令 $\varphi_s$、$\theta_s$ 和 $\psi_s$。整形后的命令作为 MFC 控制器的输入，来控制无人机稳定飞行。频率、阻尼估计器用来估计系统的频率和阻尼比，将结果传递给每个 HF 控制器，完成输入命令的整形。

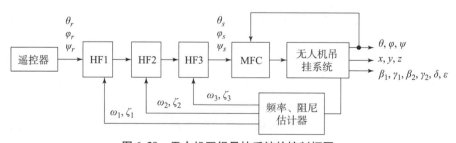

图 6.39 无人机双绳吊挂系统的控制框图

这个控制系统中，MFC 控制器用来稳定无人机姿态，HF 控制器用来对输入命令进行整形,进而抑制系统的振荡。该系统只需要检测无人机的姿态角而不需要检测负载的摆角、扭转角和倾斜角,由于无人机姿态与负载之间的耦合特性,在对无人机姿态进行控制的同时,可以实现对负载振荡的控制,易于实现工程应用。

由外界扰动引起的负载摆动与扭转会引起无人机姿态的振荡,这是因为无人机姿态和负载存在强烈耦合。MFC 控制器的阻尼效应可以抑制无人机姿态的振荡,同理,负载的振荡也可以被 MFC 控制器抑制。然而,MFC 控制器不应该用来抑制由飞行命令引起的负载的摆动和扭转,因为 MFC 控制器抑制负载振荡的调节时间很长,所以需要设计前置滤波器 HF 用来抑制由飞行命令产生的系统振荡。

前置滤波器是离散时间函数与连续时间函数的组合。近悬停飞行时,无人机吊挂运载的非线性动力学[式(6.144)]使用 MFC 控制器[式(6.157)、式(6.158)]时,可以近似为平衡位置附近的二阶系统,它们的频率和阻尼比如图 6.35、图 6.36 所示。当二阶谐振子的输入为零时刻的脉冲幅值 $A_1$ 和一段连续函数 $c(\tau)$ 时,对应的输出为

$$f(t) = A_1 \frac{\omega_k}{\sqrt{1-\zeta_k^2}} e^{-\zeta_k \omega_k t} \sin(\omega_k \sqrt{1-\zeta_k^2} t) + \int_{\tau=0}^{+\infty} c(\tau) \frac{\omega_k}{\sqrt{1-\zeta_k^2}} e^{-\zeta_k \omega_k (t-\tau)} \sin(\omega_k \sqrt{1-\zeta_k^2} (t-\tau)) d\tau \quad (6.179)$$

式中,$\omega_k$、$\zeta_k$ 分别为线性化频率和阻尼比。式(6.179)的振幅为

$$D(t) = \frac{\omega_k}{\sqrt{1-\zeta_k^2}} e^{-\zeta_k \omega_k t} \sqrt{S^2(\omega_k, \zeta_k) + C^2(\omega_k, \zeta_k)} \quad (6.180)$$

式中,

$$S(\omega_k, \zeta_k) = \int_{\tau=0}^{+\infty} c(\tau) e^{\zeta_k \omega_k \tau} \sin(\omega_k \sqrt{1-\zeta_k^2} \tau) d\tau \quad (6.181)$$

$$C(\omega_k, \zeta_k) = A_1 + \int_{\tau=0}^{+\infty} c(\tau) e^{\zeta_k \omega_k \tau} \cos(\omega_k \sqrt{1-\zeta_k^2} \tau) d\tau \quad (6.182)$$

当方程(6.181)和方程(6.182)被约束为 0 时,振幅也将被约束为 0,即设计点处实现零振动。为了确保整形后的飞行命令到达与原始命令相同的位置,脉冲与连续时间函数的积分必须约束为 1:

$$A_1 + \int_{\tau=0}^{+\infty} c(\tau) d\tau = 1 \quad (6.183)$$

脉冲和连续函数应该是正值,因为负值将干扰驾驶员。将方程(6.181)和方程(6.182)约束为 0 并代入单位增益约束(6.183),求解时间最优解可以得到由脉冲和连续函数组成的混合滤波器 $h(\tau)$:

$$h(\tau) = \begin{cases} A_1, & \tau = 0 \\ 0, & 0 < \tau < \tau_1 \\ c_1 \omega_k \cdot e^{-\zeta_k \omega_k \tau}, & \tau_1 \leqslant \tau \leqslant \tau_2 \end{cases} \quad (6.184)$$

式中,$r$ 是连续函数的时间调节因子。$\tau_1$、$\tau_2$、$c_1$、$A_1$ 分别为

$$\begin{cases} \tau_1 = \dfrac{(1-r)\pi}{\omega_k\sqrt{1-\zeta_k^2}} \\ \tau_2 = \dfrac{(1+r)\pi}{\omega_k\sqrt{1-\zeta_k^2}} \end{cases} \tag{6.185}$$

$$c_1 = \dfrac{1}{\dfrac{2}{\sqrt{1-\zeta_k^2}}\sin(r\pi) + \dfrac{\mathrm{e}^{-\pi\zeta_k/\sqrt{1-\zeta_k^2}}}{\zeta_k}(\mathrm{e}^{r\pi\zeta_k/\sqrt{1-\zeta_k^2}} - \mathrm{e}^{-r\pi\zeta_k/\sqrt{1-\zeta_k^2}})} \tag{6.186}$$

$$A_1 = \dfrac{2c_1}{\sqrt{1-\zeta_k^2}}\sin(r\pi) \tag{6.187}$$

混合滤波器（6.184）包含一个脉冲和一个指数函数。混合滤波器（6.184）的上升时间为

$$T_h = \dfrac{(1+r)\pi}{\omega_k\sqrt{1-\zeta_k^2}} \tag{6.188}$$

时间调节因子 $r$ 对混合滤波器的鲁棒性和上升时间有很大影响。增大 $r$ 时，频率不敏感范围和上升时间也增大。当 $r$ 取 0.1 时，5% 的频率不敏感范围是 0.968 0~1.032 1。

动力学分析的结果说明有三个频率和阻尼比的振荡需要被抑制，如图 6.35、图 6.36 所示。所以，具有不同频率和阻尼比的三个混合滤波器 HF 串联使用来抑制负载的摆动与扭转。MFC 控制器［式（6.157）、式（6.158）］稳定无人机姿态并且抵抗外部扰动，三个混合滤波器（6.184）用来抑制由飞行命令产生的负载振荡。

#### 6.2.2.4 仿真验证

本节来验证控制方法的有效性和鲁棒性。MFC 用来控制无人机姿态，3 个串联的 HF 控制器用来抑制由飞行命令引起的系统振荡。复合控制器既可以稳定无人机姿态又可以消除系统的振荡。复合控制器在非线性动力学方程（6.144）上测试控制效果。本节的数值仿真中，无人机质量 $m_D$，无人机转动惯量 $I_{xx}$, $I_{yy}$, $I_{zz}$，吊挂距离 $l_A$, $l_B$, $l_C$，吊挂绳长 $l_S$，负载线密度分别为 85 kg、4.5 kg·m²、4.5 kg·m²、6 kg·m²、0 m、1 m、0.1 m、5 m 和 5 kg/m。无人机的飞行速度为 3 m/s。3 个 HF 的时间调节因子 $r$ 均取为 0.1。

整个系统的响应分为两个阶段。瞬态响应阶段定义为无人机空中飞行的阶段，残余响应阶段定义为无人机试图停止并在空中悬停的阶段。在瞬态和残余阶段，最大峰峰振幅分别定义为瞬态振幅和残余振幅。无人机姿态角的调节时间定义为无人机姿态角的残余振幅稳定进入 0.1°所经历的时间。负载振荡的调节时间定义为负载的残余振荡相对于平衡位置稳定进入 0.5°所经历的时间。

图 6.40 给出了无人机先绕 $D_z$ 旋转 6°，然后沿 $D_y$ 方向飞行 60 m 的时域响应。这个过程仿真了无人机吊挂负载沿给定方向直线飞行的任务。在飞行初始阶段，加速命令驱动无人机绕 $D_z$ 轴转动到指定的方向，然后以恒定的速度驱动无人机绕 $D_y$ 飞行。仿真时，负载长度取为 4 m，此时负载质量为 20 kg，无人机飞行速度为 3 m/s。只有 MFC 控制器作用时，无人机姿态角 $\varphi$ 的瞬态振幅、残余振幅与调节时间分别为 12.53°、6.29°和 53.11 s。然而，在复合控制器作用下，它们分别减小为 6.77°、0.26°和 0.37 s。只有 MFC 控制器作用时，无人机姿态角 $\psi$ 的瞬态振幅、残余振幅与调节时间分别为 6.18°、0.27°和 20.52 s。然而，在复合

控制器作用下，它们分别减小为 5.78°、0.01°和 0.00 s。因此，复合控制器显著地减小了无人机姿态的振荡。无人机姿态的振荡频率和阻尼比可由图 6.35 和图 6.36 进行估计。注意到，负载的振荡对无人机姿态有很大的影响。

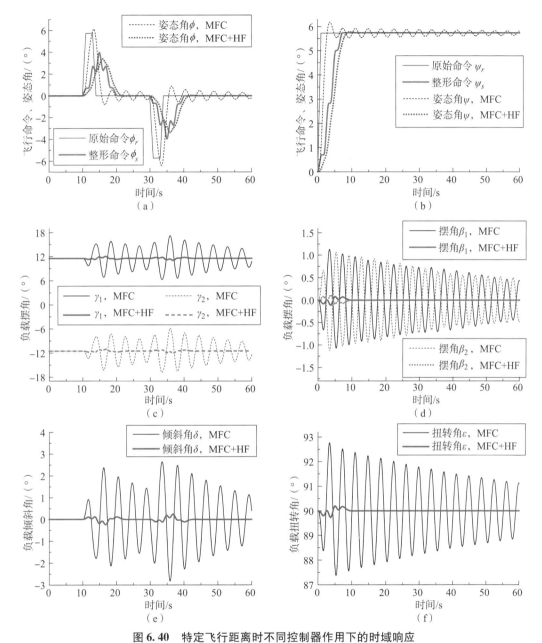

图 6.40 特定飞行距离时不同控制器作用下的时域响应

(a) 无人机姿态 $\varphi$；(b) 无人机姿态 $\psi$；(c) 负载摆角 $\gamma_1$、$\gamma_2$；(d) 负载摆角 $\beta_1$、$\beta_2$；
(e) 负载倾斜角 $\delta$；(f) 负载扭转角 $\varepsilon$

在 MFC 控制器的作用下，负载摆角 $\gamma_1$ 的瞬态振幅、残余振幅与调节时间分别为 9.54°、10.60°和 65.51 s，负载摆角 $\beta_1$ 的瞬态振幅、残余振幅与调节时间分别为 2.20°、1.39°和

18.53s。在复合控制器的作用下,负载摆角 $\gamma_1$ 的瞬态振幅、残余振幅与调节时间分别为 0.98°、0.20°和 0.00 s,负载摆角 $\beta_1$ 的瞬态振幅、残余振幅与调节时间分别为 0.19°、0.0008°和 0.00s。复合控制器完全抑制了负载摆角 $\gamma_1$ 和 $\beta_1$ 的调节时间。负载振荡的频率与无人机姿态相似,这可以解释为无人机与负载之间存在耦合。

只有 MFC 控制器作用时,负载扭转角 $\varepsilon$ 的瞬态振幅、残余振幅与调节时间分别为 5.39°、3.22°和 65.90 s。在复合控制器作用下,负载扭转角 $\varepsilon$ 的瞬态振幅、残余振幅与调节时间分别为 0.46°、0.002°和 0.00 s。同时,在 MFC 控制器作用下,负载倾斜角 $\delta$ 的瞬态振幅、残余振幅与调节时间分别为 4.77°、5.30°和 46.51 s。在复合控制器作用下,负载倾斜角 $\delta$ 的瞬态振幅、残余振幅与调节时间分别为 0.49°、0.10°和 0.00 s。所以,复合控制方法可以将负载的扭转和倾斜抑制到很低的水平,保证无人机吊挂系统的安全操作。

通过改变飞行距离,验证控制器对不同飞行距离的有效性。负载质量 $m_D$ 和负载长度 $l_s$ 分别为 20 kg 和 4 m。仿真时,无人机先绕 $D_z$ 旋转到给定的 6°方向角,然后驱动无人机沿 $D_y$ 方向直线飞行,通过改变直线飞行阶段的加速命令与减速命令之间的间隔,实现无人机的飞行距离为 0~60 m。

图 6.41 和图 6.42 给出了无人机姿态角 $\varphi$、$\psi$ 的残余振幅与调节时间随飞行距离变化的曲线。由于加速命令与减速命令引起的振动在同相与反相之间连续变化,在 MFC 控制器作用下,无人机姿态角 $\varphi$ 的残余振幅与调节时间随飞行距离具有周期变化特性。$\varphi$ 的振荡频率可以由图 6.35 估计。当飞行距离增大时,$\varphi$ 的残余振幅与调节时间逐渐衰减,这主要因为 MFC 控制器给系统增加了阻尼。最后,$\varphi$ 的残余振幅与调节时间趋近于定值。随着驱动距离增大,在 MFC 控制器作用下,姿态角 $\psi$ 的残余振幅和调节时间逐渐衰减,这也是 MFC 控制器给系统引入阻尼的缘故。然而,在复合控制器作用下,随着飞行距离增大,姿态角的残余振幅和调节时间被抑制到很低的水平。因此复合控制方法可以抑制姿态角 $\varphi$、$\psi$ 的振荡,并大大缩短了调节时间。姿态角 $\varphi$ 的残余振幅、调节时间抑制率分别为 95.50%、99.20%,姿态角 $\psi$ 的残余振幅、调节时间抑制率分别为 99.96%、100%。

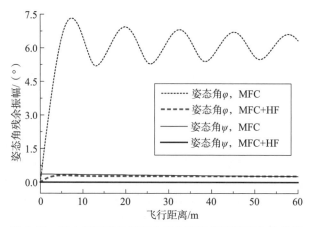

图 6.41 无人机姿态角的残余振幅随飞行距离变化的曲线

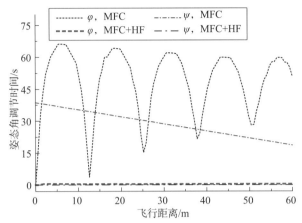

图 6.42　无人机姿态角的调节时间随飞行距离变化的曲线

图 6.43（a）~（d）给出了负载摆角的残余振幅、调节时间随飞行距离变化的曲线。负载摆角 $\gamma_1$、$\gamma_2$ 的仿真结果与无人机姿态角 $\varphi$ 很类似，并且它们的频率也非常接近，可以通过图 6.35 预测频率。随着飞行距离的增大，摆角 $\gamma_1$、$\gamma_2$ 的残余振幅和调节时间逐渐趋近到一个固定值，而摆角 $\beta_1$、$\beta_2$ 的残余振幅和调节时间缓慢地减小。然而，使用复合控制器时，摆角 $\beta_1$、$\beta_2$、$\gamma_1$、$\gamma_2$ 的振荡被抑制到很小。复合控制器对摆角 $\beta_1$ 的残余振幅和调节时间抑制率分别为 99.95%、100%，对摆角 $\beta_2$ 的残余振幅和调节时间抑制率分别为 99.96%、100%，对摆角 $\gamma_1$ 的残余振幅和调节时间抑制率分别为 98.14%、100%，对摆角 $\gamma_2$ 的残余振幅和调节时间抑制率分别为 98.13%、100%。

图 6.43（e）~（f）给出了负载扭转角与倾斜角的残余振幅、调节时间随飞行距离变化的曲线。负载倾斜角 $\delta$ 的动力学与无人机姿态角 $\varphi$、负载摆角 $\gamma_1$、$\gamma_2$ 很相似。当飞行距离增大时，负载扭转角 $\varepsilon$ 的残余振幅与调节时间缓慢减小。在复合控制器作用下，扭转角和倾斜角的残余振幅和调节时间都被抑制到很低的水平。负载扭转角 $\varepsilon$ 的残余振幅和调节时间的抑制率分别为 99.96%、100%，倾斜角 $\delta$ 的残余振幅与调节时间的抑制率分别为 98.14%、100%。

通过改变系统的结构参数，用数值仿真验证复合控制器对建模误差的鲁棒性。仿真时，无人机先绕 $D_z$ 转动 6°，然后沿 $D_y$ 轴飞行 60 m。负载长度从 2.5 m 连续变化到 5.5 m，由于负载的线密度恒定，负载质量也随之增加。复合控制器的设计点在负载的长度和质量分别为 4 m、20 kg 处，此时 3 个 HF 的设计频率和阻尼比分别为 1.488 0 rad/s、0.025，1.500 1 rad/s、0.021，1.666 7 rad/s、0.009。当改变系统的结构参数时，控制器的设计参数固定在设计点处，用以验证控制器的鲁棒性。

图 6.44 和图 6.45 给出了固定设计参数时，无人机姿态角的残余振幅和调节时间随负载长度变化的曲线。MFC 控制器作用下，随负载长度的增大，姿态角 $\varphi$ 的残余振幅逐渐增大，调节时间逐渐减小。这是因为当负载长度和质量增大时，无人机与负载之间的耦合不断变化。由图 6.36 知，子系统 2 的阻尼比快速增大，所以调节时间逐渐减小。同时，姿态角 $\psi$ 的残余振幅随负载长度的增大而缓慢增大。调节时间在 3.7 m 之前没有显著变化，在 3.7 m 之后随负载长度的增大而增大。这是因为当负载长度和质量逐渐增大时，负载绕 $B_z$ 轴的转动惯量逐渐增大，导致负载与无人机之间的耦合发生变化。由图 6.36 知，子系统 3 的阻尼

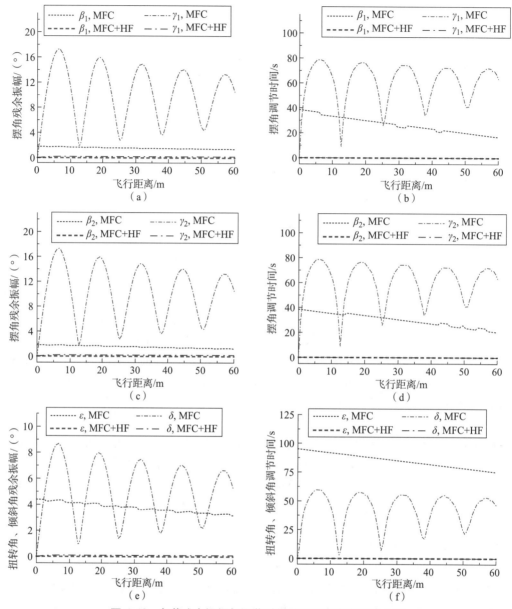

**图 6.43 负载残余振幅与调节时间随飞行距离变化的曲线**

(a) 摆角 $\beta_1$、$\gamma_1$ 的残余振幅；(b) 摆角 $\beta_1$、$\gamma_1$ 的调节时间；(c) 摆角 $\beta_2$、$\gamma_2$ 的残余振幅；
(d) 摆角 $\beta_2$、$\gamma_2$ 的调节时间；(e) 扭转角 $\varepsilon$、倾斜角 $\delta$ 的残余振幅；(f) 扭转角 $\varepsilon$、倾斜角 $\delta$ 的调节时间

比缓慢增大，阻尼比变化对调节时间的贡献小于残余振幅变化对调节时间的贡献，所以调节时间逐渐增大。在相同条件下，复合控制器将无人机姿态的振荡抑制到很低的水平，姿态角 $\varphi$ 的残余振幅和调节时间抑制率分别为 95.90%、99.36%，姿态角 $\psi$ 的残余振幅和调节时间抑制率分别为 99.11%、100%。

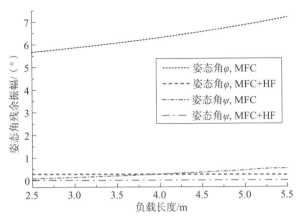

图 6.44　无人机姿态的残余振幅随负载长度变化的曲线

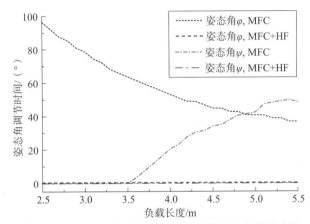

图 6.45　无人机姿态的调节时间随负载长度变化的曲线

图 6.46（a）~（d）给出了负载摆角的残余振幅和调节时间随负载长度变化的曲线。在 MFC 控制器作用下,当负载长度增大时,摆角 $\gamma_1$、$\gamma_2$ 的残余振幅和调节时间都逐渐减小。这是因为当负载长度和质量增大时,无人机和负载之间的耦合发生变化,所以摆角 $\gamma_1$、$\gamma_2$ 的残余振幅发生了变化。由图 6.36 知,子系统 2 的阻尼比快速增大,同时它们的残余振幅在逐渐减小,所以摆角 $\gamma_1$、$\gamma_2$ 的振荡会衰减得越来越快,调节时间逐渐减小。

摆角 $\beta_1$、$\beta_2$ 的残余振幅随负载长度的增大而缓慢增大。同时,$\beta_1$、$\beta_2$ 的调节时间在 3.5 m 之前保持为 0,之后缓慢增加。这是因为当负载长度和质量增大时,负载的转动惯量会发生变化。由图 6.36 知,子系统 3 的阻尼比缓慢增大,但是残余振幅变化的贡献大于阻尼比变化的贡献,所以摆角 $\beta_1$、$\beta_2$ 的调节时间逐渐增长。在复合控制器作用下,负载摆角的残余振幅和调节时间都被抑制到很小的值。摆角 $\beta_1$ 的残余振幅和调节时间的抑制率分别为 98.71%、100%。摆角 $\gamma_1$ 的残余振幅和调节时间的抑制率分别为 98.23%、100%。摆角 $\beta_2$ 的残余振幅和调节时间的抑制率分别为 98.66%、100%。摆角 $\gamma_2$ 的残余振幅和调节时间的抑制率分别为 98.23%、100%。

图 6.46（e）~（f）给出了负载扭转角与倾斜角的残余振幅与调节时间随负载长度变化

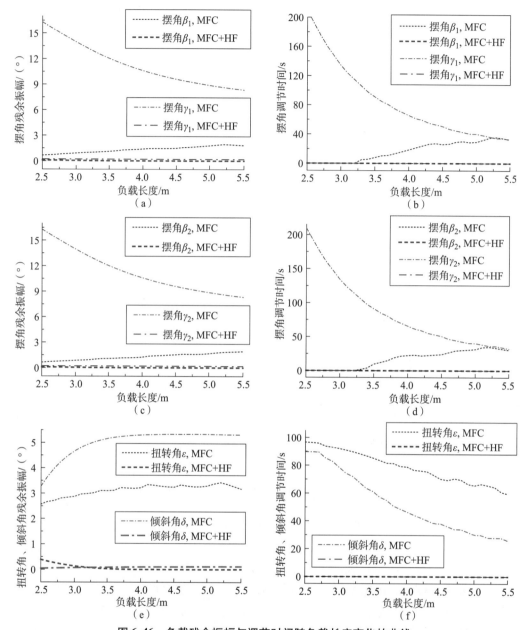

**图 6.46　负载残余振幅与调节时间随负载长度变化的曲线**

(a) 摆角 $\beta_1$、$\gamma_1$ 的残余振幅；(b) 摆角 $\beta_1$、$\gamma_1$ 的调节时间；(c) 摆角 $\beta_2$、$\gamma_2$ 的残余振幅；
(d) 摆角 $\beta_2$、$\gamma_2$ 的调节时间；(e) 扭转角 $\varepsilon$、倾斜角 $\delta$ 的残余振幅；(f) 扭转角 $\varepsilon$、倾斜角 $\delta$ 的调节时间

的曲线。只使用 MFC 控制器，扭转角 $\varepsilon$ 的残余振幅随负载长度的增大而缓慢变化，调节时间则逐渐减小。这是因为当负载长度和质量增大时，负载的转动惯量发生了变化。由图 6.36 知，子系统 3 的阻尼比缓慢增大，但是阻尼比变化的贡献比残余振幅变化的贡献大，所以调节时间逐渐变小。负载倾斜角 $\delta$ 的残余振幅先快速增加而后缓慢变化，调节时间随负载长度的增加而减小。这是因为当负载长度 $l_L$ 等于两吊挂点间的距离时，倾斜角 $\delta$ 一直为

0。当负载长度逐渐增大时，倾斜角会逐渐增大，同时无人机与负载之间的耦合也不断变化。由图 6.36 知，子系统 2 的阻尼比逐渐增大，阻尼比变化的贡献大于残余振幅变化的贡献，所以调节时间逐渐减小。使用复合控制器时，扭转角和倾斜角的残余振幅和调节时间被明显减小。扭转角 $\varepsilon$ 的残余振幅、调节时间的抑制率分别为 98.07%、100%。倾斜角 $\delta$ 的残余振幅、调节时间的抑制率分别为 98.14%、100%。

图 6.40~图 6.46 说明了复合控制器有助于抑制无人机姿态角、负载摆角、负载扭转角和负载倾斜角的振荡。因此，复合控制器为无人机吊运负载提供了安全保障，可以让无人机高效率地运送负载到目标位置。

# 第 7 章
# 充液容器绳索吊挂运载

本章研究二维绳索吊挂充液容器系统的问题，将工业起重机吊挂铁水包浇筑铁水等作业情况抽象成一个数学模型，分析刚性运载工具、柔性结构和液体晃动之间的运动耦合动力学。提升负载的绳索是柔性结构，运载工具为刚性容器。在绳索的摆动作用下，容器内液体受到激励，液体产生晃动。同时，液体作用在容器壁的力又会影响绳索的摆动。

本章针对二维的摆动与晃动的耦合问题，采用理想流体的势流理论描述液体运动。采用集中质量方法，建立摆动部分模型。耦合后的非线性模型比等效机械模型更能准确地反映真实物理情况。接着，提出一种新型的光滑器控制器。该控制器具有抑制系统高频振动的效果，并且仿真验证了控制器的有效性和参数不敏感性。最后，试验验证了二维系统动力学模型是正确的。光滑器控制器能有效地抑制系统的振动，同时具有频率不敏感性。

## 7.1 二维运动动力学建模与控制

### 7.1.1 动力学建模

如图 7.1 所示，在牛顿坐标系（$OXY$）下，将吊挂运载充液容器的作业情况抽象出来，建立一个吊运部分充液的刚性容器负载的物理模型图。将真实作业的飞行器、工业吊车等悬挂点上的动力输入装置简化成小车，小车的质心处为绳索的悬挂点。系统的输入为小车 $OX$ 方向的驱动加速度 $a$。悬挂点上有两根等长的绳索，分别连接刚性容器的左上角和右上角，绳索长度为 $l$。绳索始终处于绷直状态。当绳索摆动时，铅垂方向与负载的中心摆线（即悬挂点和容器质心所在的直线）的夹角为 $\theta$。刚性容器的质量为 $m$，容器长度为 $2r$，容器高度为 $H$。牛顿坐标系 $OXY$ 通过旋转摆动角 $\theta$ 得到动坐标系 $oxy$。规定摆动角度和摆动速度为 0，且液体无晃动的情形为初始静液状态。此时，液体自由液面的中心处为动坐标系 $oxy$ 的原点。液体的质量为 $m_L$，液体的面密度为 $\rho$，液体初始静液状态下的高度为 $h$。当系统有运动输入时，自由液面上的点到 $x$ 轴的距离定义为波高 $\eta$。因此，整个绳索吊挂充液容器系统的输入为加速度 $a$，输出为摆动角 $\theta$ 和液体自由表面波高 $\eta$。

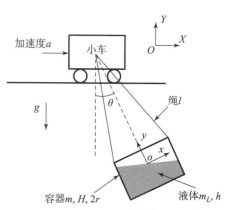

图 7.1 绳索吊挂充液容器二维模型图

假设绳索的摆动为小幅摆动，液体的晃动为微幅晃动。吊挂负载过程中，小车的驱动传动比大,并且通常小车的质量远比负载大。因此,假设摆动和晃动对小车的运动没有影响。运动过程中,绳索长度不变,且始终保持绷直状态。液体晃动建模部分还将使用以下假设:①刚性容器内的液体为理想流体,即液体黏度为零,液体不可压缩,液体的密度保持不变;②假定液体运动过程中旋度非常小,近似为0,按无旋情况讨论液体的晃动;③液体自由表面的波高位移和速度较小。

#### 7.1.1.1 晃动动力学

液体内部的绝对速度 $v_a$ 等于牵连速度 $v_e$ 与相对速度 $v_r$ 的矢量和,即

$$v_a = v_e + v_r \tag{7.1}$$

由于液体无旋,所以存在描述液体运动的速度势函数。设 $\varphi$ 是液体在动坐标系 $oxy$ 中的相对速度势函数。液体速度势函数满足拉普拉斯方程:

$$\frac{\partial^2 \varphi}{\partial x^2} + \frac{\partial^2 \varphi}{\partial y^2} = 0 \tag{7.2}$$

因此,相对速度 $v_r$ 表达式为

$$v_r = \frac{\partial \varphi}{\partial x} x + \frac{\partial \varphi}{\partial y} y \tag{7.3}$$

容器壁是刚性的,不发生变形,且容器壁不发生渗透作用。所以液体与容器壁交界面的法线方向上,液体的相对速度为零。因此,液体运动的边界条件为

$$\left.\frac{\partial \varphi}{\partial x}\right|_{x = \pm r} = 0 \tag{7.4}$$

$$\left.\frac{\partial \varphi}{\partial y}\right|_{y = -h} = 0 \tag{7.5}$$

在液体表面,即 $y = \eta$ 时,液体在 $oy$ 方向的相对速度可以表述为波高对时间的导数。因此,液体表面的方程为

$$\left.\frac{\partial \varphi}{\partial y}\right|_{y = \eta} = \frac{\mathrm{d}\eta}{\mathrm{d}t} \tag{7.6}$$

在液体表面,液体的表面压力为一个标准大气压。设自由表面的压力为零。根据伯努利(Bernoulli)方程,忽略高阶项可得

$$\left.\frac{\partial \varphi}{\partial t}\right|_{y = \eta} + \eta(g\cos\theta - a\sin\theta) + x[g\sin\theta - a\cos\theta + \ddot{\theta}(\sqrt{l^2 - r^2} + H - 0.5h)] = 0 \tag{7.7}$$

式中,$g$ 是重力加速度。速度势函数 $\varphi$ 和波高函数 $\eta$ 可根据多模态理论,表示为

$$\varphi(x,y,t) = \sum_k \phi_k(x,y) \cdot \dot{q}_k(t) \tag{7.8}$$

$$\eta(x,y,t) = \sum_k \sigma_k(x,y) \cdot q_k(t) \tag{7.9}$$

式中,$k$ 是正整数;$\phi_k$ 和 $\sigma_k$ 是第 $k$ 模态的振型函数;$q_k$ 是第 $k$ 模态时间函数。则将式(7.8)代入方程(7.2)、方程(7.4)、方程(7.5)得

$$\frac{\partial^2 \phi_k}{\partial x^2} + \frac{\partial^2 \phi_k}{\partial y^2} = 0 \tag{7.10}$$

$$\left.\frac{\partial \phi_k}{\partial x}\right|_{x = \pm r} = 0 \tag{7.11}$$

$$\left.\frac{\partial \phi_k}{\partial y}\right|_{y=-h} = 0 \tag{7.12}$$

联立式（7.10）~式（7.12），解得 $\phi_k$ 振型函数为

$$\phi_k = \cos\left(\frac{k\pi x}{2r} + \frac{k\pi}{2}\right) \cdot \cosh\left[\frac{k\pi}{2r}(y+h)\right] \tag{7.13}$$

将式（7.13）和式（7.9）代入方程（7.6）和方程（7.7），整理得

$$\left.\frac{\partial \phi_k}{\partial y}\right|_{y=\eta} = \sigma_k = \frac{\omega_k^2 \phi_k}{g\cos\theta - a\sin\theta} \tag{7.14}$$

式中，$\omega_k$ 为液体晃动频率，表达为

$$\omega_k^2 = (g\cos\theta - a\sin\theta) \cdot \frac{k\pi}{2r}\tanh\frac{k\pi h}{2r} \tag{7.15}$$

晃动频率［式（7.15）］取决于液体深度 $h$、容器长度 $2r$、摆动角 $\theta$ 和小车加速度 $a$。容器的运动姿态和系统输入对晃动频率有影响。因此，晃动频率表现出复杂非线性行为。

将式（7.13）和式（7.9）代入方程（7.7），然后两边同时乘 $\phi_k$ 并在自由液面上积分（$-r \leq x \leq r$）得

$$\ddot{q}_k(t) + \omega_k^2 q_k(t) + \gamma_k\left[-a\cos\theta + g\sin\theta + \ddot{\theta}(\sqrt{l^2-r^2} + H - 0.5h)\right] = 0 \tag{7.16}$$

式中，$\gamma_k$ 为系数。计算公式如下：

$$\gamma_k = \frac{\int_{-r}^{r} x \cdot \phi_k \cdot \mathrm{d}x}{\int_{-r}^{r} \phi_k^2 \cdot \mathrm{d}x} = \frac{4r[\cos(k\pi) - 1]}{k^2\pi^2 \cosh\frac{k\pi h}{2r}} \tag{7.17}$$

当 $k$ 取偶数时，式（7.17）中系数 $\gamma_k$ 为 0。因此，小车的加速度激励不能激发出液体晃动的偶数模态。至此，二维晃动动力学模型已经建立。速度势 $\varphi$ 和波高 $\eta$ 都是无穷模态晃动响应的累加，相关时间函数可以通过计算得到。

#### 7.1.1.2 摆动动力学

摆动引起的容器质心处加速度沿着 $ox$ 方向的分量是 $(\sqrt{l^2-r^2} + 0.5H)\ddot{\theta}$。小车加速度引起的容器质心处加速度沿着 $ox$ 方向的分量是 $a\cos\theta$。重力加速度引的起容器质心处加速度沿着 $ox$ 方向的分量是 $g\sin\theta$。使用牛顿第二定理，摆动动力学方程为

$$m(\sqrt{l^2-r^2} + 0.5H)\ddot{\theta} + mg\sin\theta - \Delta - ma\cos\theta = 0 \tag{7.18}$$

式中，$\Delta$ 是作用在容器侧壁上的液动力。根据线性化的伯努利方程，液动力可以写为

$$\Delta = \int_{-h}^{\eta(r,t)} p(r,y)\mathrm{d}y - \int_{-h}^{\eta(-r,t)} p(-r,y)\mathrm{d}y \tag{7.19}$$

式中，液体的压力 $p$ 计算公式如下：

$$p(x,y) = -\rho\frac{\partial \varphi}{\partial t} - \rho y(g\cos\theta - a\sin\theta) -$$

$$\rho x[g\sin\theta - a\cos\theta + \ddot{\theta}(\sqrt{l^2-r^2} + H - 0.5h)] \tag{7.20}$$

式中，$\rho$ 是液体面密度。液体质量 $m_L$ 的计算公式如下：

$$m_L = 2rh\rho \tag{7.21}$$

将式 (7.20) 代入式 (7.19) 产生作用在容器侧壁上的液动力：

$$\Delta = -\frac{\rho}{2}(g\cos\theta - a\sin\theta)[\eta(r,t)^2 - \eta(-r,t)^2] -$$
$$m_L[g\sin\theta - a\cos\theta + \ddot{\theta}(\sqrt{l^2 - r^2} + H - 0.5h)] -$$
$$\sum_k [\cos(k\pi) - 1]\frac{2\rho r}{k\pi}\sinh\frac{k\pi h}{2r}\ddot{q}_k(t) \quad (7.22)$$

将式 (7.22) 代入式 (7.18) 得

$$[m_L(\sqrt{l^2 - r^2} + H - 0.5h) + m(\sqrt{l^2 - r^2} + 0.5H)]\ddot{\theta} +$$
$$(m_L + m)g\sin\theta - (m_L + m)a\cos\theta +$$
$$\frac{\rho}{2}(g\cos\theta - a\sin\theta)[\eta(r,t)^2 - \eta(-r,t)^2] +$$
$$\sum_k [\cos(k\pi) - 1]\frac{2\rho r}{k\pi}\sinh\frac{k\pi h}{2r}\ddot{q}_k(t) = 0 \quad (7.23)$$

式 (7.23) 即摆动动力学方程。至此，整个绳索吊挂充液容器系统的非线性模型即式 (7.16) 和式 (7.23) 完整建立。下面将对系统进行动力学分析。

### 7.1.2 动力学分析

#### 7.1.2.1 系统频率估计

上述耦合非线性动力学模型太复杂，很难进行动力学分析。建立两个假设，获得简化动力学模型，对系统进行线性频率估计：①摆动角小角度假设：三角函数泰勒展开后，只取第一项；②小车在较低加速度驱动下，可以假设 $a\theta$ 相对 $g$ 忽略不计。根据动力学模型，摆动角和晃动波高的平衡点都为 0。通过假设在平衡点附近小幅振动可得一个线性化模型。

简化后的线性动力学模型为

$$\ddot{q}_k(t) + \omega_k^2 q_k(t) + \gamma_k \cdot [\ddot{\theta}(\sqrt{l^2 - r^2} + H - 0.5h) + g\theta - a] = 0 \quad (7.24)$$

$$[m(\sqrt{l^2 - r^2} + 0.5H) + m_L(\sqrt{l^2 - r^2} + H - 0.5h)]\ddot{\theta} + (m + m_L)g\theta - \sum_k \frac{4\rho r}{k\pi}\sinh\left(\frac{k\pi h}{2r}\right)\ddot{q}_k(t) - (m + m_L)a = 0 \quad (7.25)$$

式中，$\omega_k$ 为忽略摆动对晃动影响时，线性化计算晃动的公式：

$$\omega_k^2 = g \cdot \frac{k\pi}{2r}\tanh\left(\frac{k\pi}{2r}h\right) \quad (7.26)$$

$$\gamma_k = \frac{-8r}{k^2\pi^2\cosh\left(\frac{k\pi h}{2r}\right)}, \quad k = 1,3,5,\cdots \quad (7.27)$$

不考虑晃动对摆动的影响时，线性化计算摆动的频率估计公式为

$$\omega_C^2 = \frac{g(m + m_L)}{m(\sqrt{l^2 - r^2} + 0.5H) + m_L(\sqrt{l^2 - r^2} + H - 0.5h)} \quad (7.28)$$

式 (7.28) 与集中质量单摆运动的频率公式略有差异，这主要是由液体的质心与容器的质心不重合引起的。

使用实模态分析方法估计自然频率。由于液体晃动时，不能激发液体的偶数模态，并且

奇数模态数越大，对液体晃动的贡献越少，因此令 $k=1$ 和 3。当系统无任何输入时，根据线性化方程（7.23）和方程（7.24），该系统的线性自由振动微分方程可以写为

$$M\begin{bmatrix}\ddot{\theta}\\ \ddot{q}_1\\ \ddot{q}_3\end{bmatrix}+K\begin{bmatrix}\theta\\ q_1\\ q_3\end{bmatrix}=\mathbf{0} \tag{7.29}$$

式中，$M$ 为系统质量矩阵，$K$ 为系统的刚性矩阵，$M$ 和 $K$ 的计算公式如下：

$$M=\begin{bmatrix} m(\sqrt{l^2-r^2}+0.5H)+m_L(\sqrt{l^2-r^2}+H-0.5h) & -\dfrac{4\rho r}{\pi}\sinh\dfrac{\pi h}{2r} & -\dfrac{4\rho r}{3\pi}\sinh\dfrac{3\pi h}{2r} \\ \gamma_1(\sqrt{l^2-r^2}+H-0.5h) & 1 & 0 \\ \gamma_3(\sqrt{l^2-r^2}+H-0.5h) & 0 & 1 \end{bmatrix} \tag{7.30}$$

$$K=\begin{bmatrix}(m+m_L)g & 0 & 0\\ \gamma_1 g & \omega_1^2 & 0\\ \gamma_3 g & 0 & \omega_3^2\end{bmatrix} \tag{7.31}$$

则根据二阶齐次方程求解方法，令 $|K-\Omega^2 M|=0$。计算摆动与晃动耦合后的系统频率 $\Omega$。求解本征方程，得到系统自然频率的计算公式为

$$R_1\Omega^6+R_2\Omega^4+R_3\Omega^2+R_4=0 \tag{7.32}$$

式中，系数 $R_1$、$R_2$、$R_3$、$R_4$ 的表达式为

$$\begin{aligned}R_1=&-(\sqrt{l^2-r^2}+H-0.5h)\left(\gamma_1\dfrac{4\rho r}{\pi}\sinh\dfrac{\pi h}{2r}+\gamma_3\dfrac{4\rho r}{3\pi}\sinh\dfrac{3\pi h}{2r}\right)-\\ &m(\sqrt{l^2-r^2}+0.5H)-m_L(\sqrt{l^2-r^2}+H-0.5h)\end{aligned} \tag{7.33}$$

$$\begin{aligned}R_2=&(m+m_L)g+\gamma_1\dfrac{4\rho r}{\pi}\sinh\dfrac{\pi h}{2r}+\gamma_3 g\dfrac{4\rho r}{3\pi}\sinh\dfrac{3\pi h}{2r}+\\ &(\omega_1^2+\omega_3^2)[m(\sqrt{l^2-r^2}+0.5H)+m_L(\sqrt{l^2-r^2}+H-0.5h)]+\\ &\omega_1^2\gamma_3 g\dfrac{4\rho r}{3\pi}\sinh\dfrac{3\pi h}{2r}+\omega_3^2\gamma_1\dfrac{4\rho r}{\pi}\sinh\dfrac{\pi h}{2r}\end{aligned} \tag{7.34}$$

$$\begin{aligned}R_3=&-\gamma_1 g\omega_3^2\dfrac{4\rho r}{\pi}\sinh\dfrac{\pi h}{2r}-\omega_1^2\gamma_3 g\dfrac{4\rho r}{3\pi}\sinh\dfrac{3\pi h}{2r}-(\omega_1^2+\omega_3^2)(m+m_L)g-\\ &\omega_1^2\omega_3^2[m(\sqrt{l^2-r^2}+0.5H)+m_L(\sqrt{l^2-r^2}+H-0.5h)]\end{aligned} \tag{7.35}$$

$$R_4=(m+m_L)g\omega_1^2\omega_3^2 \tag{7.36}$$

式（7.32）结合系数公式（7.33）~式（7.36），通过一般形式的一元三次方程的求根公式，可以计算出 $\Omega$ 解析解。但是由于系数公式（7.33）~式（7.36）和一元三次方程的求根公式太复杂，很难直接从解析解的形式上，分析各个参数对系统自然频率 $\Omega$ 的影响，因此，通过改变系统参数，计算摆动晃动耦合系统的自然频率 $\Omega$ 的数值解，分析各系统参数对系统频率的影响。

图 7.2 反映系统的前三个频率与容器长度 $2r$ 的关系。在计算频率的数值解过程中，容器质量 $m$、容器高度 $H$、液体深度 $h$、液体面密度 $\rho$ 和绳索长度 $l$ 分别设置为 1.395 kg、28 cm、14.5 cm、85 kg/m$^2$、74 cm。液体质量 $m_L$ 将随着容器长度增加而增加。在 76 cm 前，

随着容器长度 $2r$ 增大，系统第一频率 $\Omega_1$ 表现出缓慢增加的趋势，系统的第二频率 $\Omega_2$ 和第三频率 $\Omega_3$ 逐渐减小，并且减小的速率越来越慢。在 76 cm 前，摆动对系统第一频率贡献最大。液体晃动的第一模态和第三模态分别对系统的第二频率 $\Omega_2$ 和第三频率 $\Omega_3$ 贡献最大。在 76 cm 和 84 cm 之间，第一频率和第二频率基本重合，在这一段中，系统可能存在内共振现象。摆动的频率和晃动第一阶的频率非常接近，两个运动形式之间存在着复杂的相互作用。84 cm 以后，系统的第一频率 $\Omega_1$ 开始下降，系统的第二频率 $\Omega_2$ 小幅增大，系统的第三频率 $\Omega_3$ 继续减小。此时，系统第一频率 $\Omega_1$ 和第三频率 $\Omega_3$ 分别与晃动第一模态和第三模态频率最相关，系统的第二频率 $\Omega_2$ 与晃动的频率最相关。晃动和摆动对系统第一频率和第二频率的主要贡献发生了交换。140 cm 以后，随着容器长度增大，系统第二频率和第三频率会基本重合，另外一个内共振可能发生。

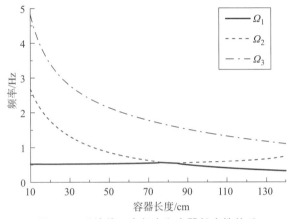

图 7.2　系统前三个频率和容器长度的关系

图 7.3 反映系统前三个频率与绳索长度 $l$ 的关系。在计算频率的数值解过程中，容器质量 $m$、容器高度 $H$、液体深度 $h$、液体面密度 $\rho$ 和容器长度 $2r$ 分别设置为 1.395 kg、28 cm、14.5 cm、85 kg/m$^2$、8.5 cm。随着绳索长度的增加，系统第一频率 $\Omega_1$ 降低，第二频率 $\Omega_2$ 和第三频率 $\Omega_3$ 几乎保持不变。在该仿真参数设置条件下，系统第一频率 $\Omega_1$ 对摆动的贡献最

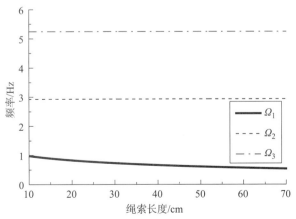

图 7.3　系统前三个频率与绳索长度的关系

大，第二频率 $\Omega_2$ 和第三频率 $\Omega_3$ 分别与液体晃动的第一模态和第三模态最相关。因此当绳索长度 $l$ 改变时，系统第二频率 $\Omega_2$ 和第三频率 $\Omega_3$ 几乎没有变化。虽然绳索长度 $l$ 对系统高频影响非常小，但是对第一频率 $\Omega_1$ 有影响。往往在控制器设计中系统的第一频率比较重要。所以在实际应用中，要准确测量绳索长度。

#### 7.1.2.2 受迫响应分析

假定小车从零速度开始先匀加速运动，接着匀速运动，最后减速运动，直至速度为 0。小车的速度为梯形速度。系统的输出为绳索摆动的偏移量和晃动波高。摆动偏移量是容器在 $OX$ 方向上相对小车的偏移距离。液体晃动波高取右侧容器壁与液面交界处，下文同。小车的加速度设置为 $2 \text{ m/s}^2$，最大驱动速度为 20 cm/s，仿真时长为 15 s。当系统有小车速度输入时，波高和绳索摆动的峰峰振幅定义为瞬态振幅。当系统没有小车的速度输入时，波高和绳索摆动的峰峰振幅定义为残余振幅。容器质量 $m$、容器高度 $H$、液体深度 $h$、液体面密度 $\rho$、容器长度 $2r$ 和绳索长度 $l$ 分别设置为 5 kg、50 cm、15 cm、100 kg/m$^2$、10 cm、80 cm。采用非线性模型［式（7.16）、式（7.23）］进行仿真。

图 7.4 和图 7.5 反映出在连续驱动距离下的绳索吊挂充液容器系统的动力学行为。在最开始时，随着驱动距离的增加，瞬态振幅逐渐增大，然后瞬态振幅整体在一固定范围波动。小车的加速和减速引起系统的振动相互作用，于是产生波峰和波谷现象。残余振幅出现波峰时，说明两个振动的相位正好相同，产生叠加效应。残余振幅出现波谷时，说明相位正好反相，相互抵消。系统频率决定波峰波谷的周期，可以由式（7.32）估计。在液体晃动部分，除液体晃动的频率外，摆动部分的频率也在影响着晃动的波峰波谷，说明晃动与摆动之间存在着相互作用。但是由于晃动是微幅晃动，晃动部分的峰峰幅值小，作用在刚性容器壁左右的合力小，因此，图 7.4 中没有看出晃动对摆动的频率有所影响。

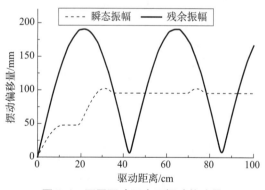

图 7.4 不同驱动距离下摆动偏移量

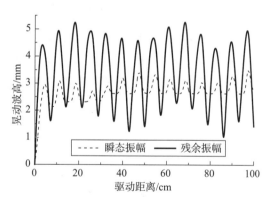

图 7.5 不同驱动距离下晃动波高

### 7.1.3 振荡控制

#### 7.1.3.1 光滑器设计

绳索吊挂充液容器系统的动力学模型太过复杂。液体晃动本身就具有无穷模态。晃动与摆动耦合后的系统也具有无穷频率的振动。因此，很难直接设计出非线性控制器。当系统在平衡点附近范围内时，系统振动可被近似认为是无穷维二阶线性系统。因此，对操作指令进行光滑处理，消减摆动和晃动耦合系统的振动。图 7.6 给出振动控制方法。光滑器控制器是分段连续函数，内置于驱动小车指令中，对摆动和晃动振动进行控制。操作命令经过光滑器整形后，驱动小车运动到目的地。绳索吊挂充液容器系统的参数被用来估计系统频率。部分参数下的前三个频率数值解在图 7.2 和图 7.3 中给出。系统频率和零阻尼比被用来设计光滑器。

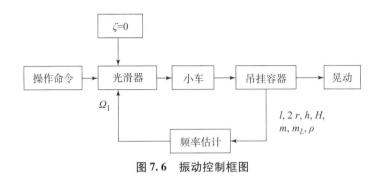

**图 7.6　振动控制框图**

一个线性二阶系统对分段连续函数 $u$ 的响应是：

$$f(t) = \int_{\tau=0}^{\tau_n} u \cdot \frac{\Omega_i \cdot \mathrm{e}^{-\zeta \Omega_i (t-\tau)}}{\sqrt{1-\zeta^2}} \sin\left[\Omega_i \sqrt{1-\zeta^2} \cdot (t-\tau)\right] \mathrm{d}\tau \tag{7.37}$$

式中，$\tau_n$ 是控制器的上升时间，该响应的振幅 $A$ 是：

$$A(t) = \frac{\Omega_i \cdot \mathrm{e}^{-\zeta \Omega_i t}}{\sqrt{1-\zeta^2}} \cdot \sqrt{S^2(\Omega_i,\zeta)^2 + C^2(\Omega_i,\zeta)} \tag{7.38}$$

式中，$S$ 和 $C$ 为振幅系数，计算公式如下：

$$S(\Omega_i,\zeta) = \int_{\tau=0}^{\tau_n} u \cdot \mathrm{e}^{\zeta \Omega_i \tau} \sin(\Omega_i \sqrt{1-\zeta^2} \cdot \tau) \mathrm{d}\tau \tag{7.39}$$

$$C(\Omega_i,\zeta) = \int_{\tau=0}^{\tau_n} u \cdot \mathrm{e}^{\zeta \Omega_i \tau} \cos(\Omega_i \sqrt{1-\zeta^2} \cdot \tau) \mathrm{d}\tau \tag{7.40}$$

若系统振动的幅值抑制为 0，则式（7.39）和式（7.40）中 $S$ 和 $C$ 系数为 0。该约束为 0，对应系统产生零残余振动。为了增加设计频率的鲁棒性，振幅对频率的偏导数也应该被约束为 0。

$$\int_{\tau=0}^{\tau_n} \tau \cdot u \cdot \mathrm{e}^{\zeta \Omega_i \tau} \sin(\Omega_i \sqrt{1-\zeta^2} \cdot \tau) \mathrm{d}\tau = 0 \tag{7.41}$$

$$\int_{\tau=0}^{\tau_n} \tau \cdot u \cdot \mathrm{e}^{\zeta \Omega_i \tau} \cos(\Omega_i \sqrt{1-\zeta^2} \cdot \tau) \mathrm{d}\tau = 0 \tag{7.42}$$

为了抑制系统第二频率到无穷高频率的振动，光滑器控制器应该具有低通滤波特性。因此，在两倍设计频率处的振幅应该被约束为 0，而且在该频率点处对频率的偏导数也应该具有零约束。

$$\int_{\tau=0}^{\tau_n} u \cdot \mathrm{e}^{2\zeta \Omega_i \tau} \sin(2\Omega_i \sqrt{1-\zeta^2} \cdot \tau) \mathrm{d}\tau = 0 \tag{7.43}$$

$$\int_{\tau=0}^{\tau_n} u \cdot e^{2\zeta\Omega_i\tau} \cos(2\Omega_i \sqrt{1-\zeta^2} \cdot \tau) d\tau = 0 \tag{7.44}$$

$$\int_{\tau=0}^{\tau_n} \tau \cdot u \cdot e^{2\zeta\Omega_i\tau} \sin(2\Omega_i \sqrt{1-\zeta^2} \cdot \tau) d\tau = 0 \tag{7.45}$$

$$\int_{\tau=0}^{\tau_n} \tau \cdot u \cdot e^{2\zeta\Omega_i\tau} \cos(2\Omega_i \sqrt{1-\zeta^2} \cdot \tau) d\tau = 0 \tag{7.46}$$

在不同的应用作业场景中，瞬态振动控制也很重要。因此，需要设计约束对瞬态振动进行抑制。瞬态振动最大振幅应该被限制在一个可接受范围内：

$$\max\left(e^{-\zeta\Omega_i\tau_n} \cdot \sqrt{\left[\int_{\tau=0}^{w} u \cdot e^{\zeta\Omega_i\tau}\sin(\Omega_i\sqrt{1-\zeta^2}\cdot\tau)d\tau\right]^2 + \left[\int_{\tau=0}^{w} u \cdot e^{\zeta\Omega_i\tau}\cos(\Omega_i\sqrt{1-\zeta^2}\cdot\tau)d\tau\right]^2}\right) \leqslant V_{\text{tol}} \tag{7.47}$$

式中，$w$ 是瞬态过程中任意时刻；$V_{\text{tol}}$ 是瞬态振动的最大允许振幅。为了满足单位增益约束要求，对控制器求积分应该被约束为1。

$$\int_{\tau=0}^{\tau_n} u d\tau = 1 \tag{7.48}$$

将瞬态振幅最大值 $V_{\text{tol}}$ 设置为 16%。然后，将式（7.39）、式（7.40）约束为 0。解约束式（7.41）~式（7.48），求时间的最优解，得到四段分段函数：

$$u(\tau) = \begin{cases} \tau \cdot M_u e^{-2\zeta\Omega_i\tau}, & 0 \leqslant \tau \leqslant 0.5T \\ (T - K_u^{-1}T - \tau + 2K_u^{-1}\tau) \cdot M_u e^{-2\zeta\Omega_i\tau}, & 0.5T \leqslant \tau \leqslant T \\ (3K_u^{-1}T - K_u^{-2}T - 2K_u^{-1}\tau + K_u^{-2}\tau) \cdot M_u e^{-2\zeta\Omega_i\tau}, & T \leqslant \tau \leqslant 1.5T \\ (2K_u^{-2}T - K_u^{-2}\tau) \cdot M_u e^{-2\zeta\Omega_i\tau}, & 1.5T < \tau \leqslant 2T \end{cases} \tag{7.49}$$

式中，$K_u$、$M_u$、$T$ 的计算公式如下：

$$K_u = e^{(-\pi\zeta/\sqrt{1-\zeta^2})} \tag{7.50}$$

$$M_u = 4\zeta^2\Omega_i^2/(1 + K_u - K_u^2 - K_u^3)^2 \tag{7.51}$$

$$T = 2\pi/(\Omega_i\sqrt{1-\zeta^2}) \tag{7.52}$$

光滑器控制器是陷波和低通滤波器的复合体。陷波特性是为了抑制第一频率的振动，低通特性是为了抑制高频振动。因此，光滑器控制器的设计使用第一频率 $\Omega_1$ 的信息，而不需要使用高频率 $\Omega_i$（$i>1$）的信息。这个结论有助于工程实现，原因是系统的第一频率比高频率更容易准确检测或者估计。

图 7.7 给出光滑器控制器频率敏感曲线，反映了归一化频率与控制振幅百分比的关系。归一化频率被定义为实际频率与设计频率比值。假定振幅被抑制到 5% 以内为可接受控制效果。首先观察 $\zeta=0$ 的曲线。在归一化频率由 0 到 1 的过程中，百分比振幅快速减小，最终百分比振幅进入 5% 不敏感范围。在归一化频率为 1 处，残余振幅被抑制为 0，并且具有零斜率。同时，振幅和对应的斜率在归一化频率为 2 处也都是 0。随着归一化频率从 1 开始增加，虽然百分比振幅存起伏过程，但仍在 5% 以内，且波峰逐渐降低。说明控制器的百分比振幅有向 0 靠近的趋势。因此，光滑器控制器具有良好的抑制高频率振动的效果。

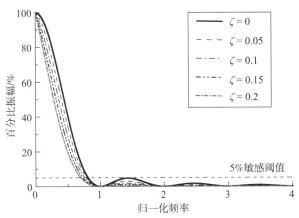

图 7.7 光滑器控制器频率敏感曲线

因为真实系统中存在阻尼效应,所以必须验证光滑器控制器有阻尼情况下的控制效果。在图 7.7 中,纵向对比阻尼比 $\zeta$ 由 0 增加到 0.20 对控制效果的影响。归一化频率从 0 到 1 时,阻尼比 $\zeta$ 越大,曲线越先进入 5% 以内。随着归一化频率从 1 开始增加,阻尼比 $\zeta$ 的增大使曲线的起伏程度逐渐减弱。说明高阻尼的曲线收敛到零的速度更快。通过仿真试验数据得,当 $\zeta=0$ 时,5% 不敏感范围是从 0.807 8 到无穷大。当 $\zeta=0.2$ 时,5% 不敏感范围是从 0.697 6 到无穷大。因此,阻尼的存在使得控制器的控制效果更稳健。随着阻尼比增大,控制器不敏感范围将变宽,控制效果变好。

#### 7.1.3.2 仿真验证

本小节对光滑器控制器的有效性和频率不敏感性进行大量的仿真验证。通过给定系统结构参数,利用式 (7.32) 估计系统的第一频率 $\Omega_1$,然后第一频率 $\Omega_1$ 作为光滑器控制器的设计频率,验证对摆动和晃动的抑制情况。控制流程如图 7.6,整个仿真模型采用非线性模型 [式 (7.16) 和式 (7.23)]。小车最大驱动速度、最大加速度和驱动距离分别是 20 cm/s、2 m/s²、100 cm。容器质量 $m$、容器高度 $H$、液体深度 $h$、液体面密度 $\rho$、容器长度 $2r$ 和绳索长度 $l$ 分别设置为 5 kg、50 cm、15 cm、100 kg/m²、10 cm、80 cm。根据式 (7.32),控制器的设计频率和设计阻尼比分别为 0.477 Hz 和 0。小车的驱动速度见图 7.8,非线性系统的摆动和晃动响应结果分别见图 7.9 和图 7.10。

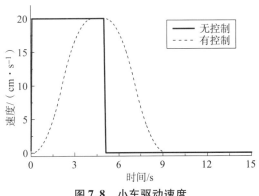

图 7.8 小车驱动速度

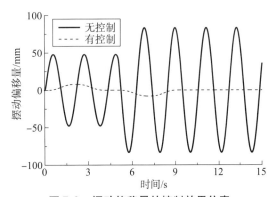

图 7.9 摆动偏移量的控制效果仿真

由图 7.9 和图 7.10 可知，虽然光滑器控制器设计过程中只采用了第一频率 $\Omega_1$，但是光滑器控制器对整个系统的摆动和晃动均具有良好的控制效果。为了详细说明光滑器的控制器对高阶模态的控制，利用式（7.9），将波高按照液体晃动的模态进行拆分（$\eta = \eta_1 + \eta_2 + \cdots + \eta_6$），取液体晃动前六阶模态和摆动角偏移量，分析光滑器控制器对系统瞬态振幅和残余振幅的控制效果。

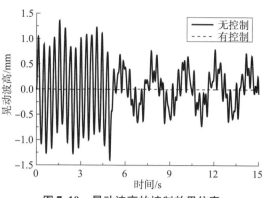

图 7.10 晃动波高的控制效果仿真

由表 7.1 可知，在晃动部分，不激发偶数模态的晃动。这与式（7.17）的结论相同。在无控制状态下，$k$ 取奇数时，随着 $k$ 增大，液体的瞬态振幅和残余振幅呈现减小趋势。说明第一阶模态对晃动有主要贡献。对比无控制和光滑器控制两个状态，虽然控制器的设计上只采用一个频率，但是光滑器控制器确实基本消除了高频率的振动。需要强调说明的是，控制器在高频部分的控制效果并不是一致的。控制效果轻微地波动，波动幅度越来越低，但抑制率在 5% 以内。

表 7.1 系统各个输出的控制结果

| 振动形式 | 无控制状态振幅/mm | | 光滑器状态振幅/mm | |
| --- | --- | --- | --- | --- |
| | 瞬态 | 残余 | 瞬态 | 残余 |
| 摆动偏移量 | 95.5 | 167 | 15.9 | 0.072 8 |
| $\eta_1$ | 2.39 | 1.12 | 0.012 4 | $5.22 \times 10^{-4}$ |
| $\eta_2$ | 0 | 0 | 0 | 0 |
| $\eta_3$ | 0.327 | 0.388 | 0.001 23 | $8.57 \times 10^{-5}$ |
| $\eta_4$ | 0 | 0 | 0 | 0 |
| $\eta_5$ | 0.114 | 0.148 | $4.19 \cdot 10^{-4}$ | $1.64 \times 10^{-5}$ |
| $\eta_6$ | 0 | 0 | 0 | 0 |

图 7.11 反映了不同时刻下有无控制的表面波高 $\eta$ 和速度势 $\varphi$ 对比情况。仿真参数同图 7.10，坐标系选用相对坐标系 $oxy$。作图时，$x$ 轴方向对容器长度的 $1/2r$ 进行归一化。为了清楚地表现波高 $\eta$，$y$ 轴方向在静液面 2 mm 左右进行绘制。在系统没有控制时，表面波高 $\eta$ 和速度势 $\varphi$ 整体呈现关于 $y$ 轴反对称的性质。因为小车的运动和绳索的摆动只激发了 $k$ 为奇数模态的晃动形式。$k$ 取奇数时，对应反对称振型；$k$ 取偶数时，对应对称振型。速度势 $\varphi$ 反映了液体内部的能量情况。在液体无控制时，速度势 $\varphi$ 的最大值有时出现在左侧，有时出现在右侧。说明液体内部的能量不一致，液体内部存在着能量的交互。当系统受光滑器控制时，液体晃动的表面波高 $\eta$ 几乎在 0 附近呈现一条直线，速度势 $\varphi$ 也几乎全部是 0。说明光滑器控制器降低了整个液体内部的能量，对整个流场都有抑制作用，因此，液体的不稳定性下降，对外表现为液体晃动的波高明显下降。

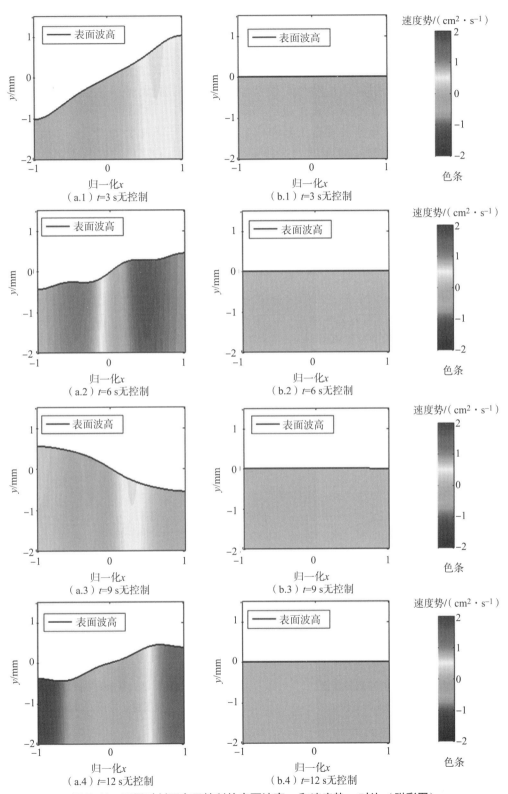

图 7.11 不同时刻下有无控制的表面波高 $\eta$ 和速度势 $\varphi$ 对比（附彩图）

综上所述，通过分析图 7.9、图 7.10、图 7.11 以及表 7.1 发现，光滑器控制器是有效的，并且具有良好的低通性。光滑器控制器通过抑制液体内部的能量从而降低液体波高。

光滑器控制器通过系统参数来估计第一频率 $\Omega_1$。但是任何的测量方法必然产生系统误差和随机误差，通常很难非常精准地得到系统参数，因此，研究系统参数的鲁棒性很重要。鲁棒性的数值验证将使用非线性动力学模型。小车位移、最大驱动速度和加速度分别是 60 cm、20 cm/s、2 m/s$^2$。最大仿真时间是 15s。

图 7.12 给出摆动偏移量的瞬态振幅和残余振幅随着容器长度 $2r$ 变化的控制效果。图 7.13 给出晃动波高的瞬态振幅和残余振幅随着容器长度 $2r$ 变化的控制效果。容器质量 $m$、容器高度 $H$、液体深度 $h$、液体面密度 $\rho$、绳索长度 $l$ 分别设置为 1.395 kg、28 cm、14.5 cm、85 kg/m$^2$、74 cm。设计控制器时，容器长度 $2r$ 固定在 75 cm。

对图 7.12 进行分析。无控制情况下，摆动偏移量的瞬态振幅随着容器长度 $2r$ 变化缓慢增加。摆动偏移量的残余振幅在容器长度 80 cm 前缓慢降低，因为系统第一频率 $\Omega_1$ 变化很慢。在容器长度 130cm 处，摆动偏移量的残余振幅接近零。这是因为小车加速和减速引起的振动反相。当小车受光滑器控制时，瞬态振幅低于 25 mm，残余振幅接近 0 mm。容器长度 $2r$ 从 10 cm 到 140 cm 时，瞬态和残余振幅几乎是一条直线。说明容器长度 $2r$ 的变化对摆动的控制效果影响较小。在容器长度 $2r$ 为 75 cm 处，光滑器控制器消减了摆动偏移量的瞬态振幅和残余振幅的 84.3% 和 99.6%。

对图 7.13 进行分析。无控制情况下，晃动波高的瞬态振幅随着容器长度 $2r$ 变化而缓慢变化。晃动波高的残余振幅包含有波峰和波谷。随着容器长度增加，波峰波谷周期逐步增大。这个现象解释为，随着容器长度增加，晃动频率逐步减小。当系统受光滑器控制时，晃动的瞬态和残余振幅在 0 附近呈现一条直线。说明容器长度 $2r$ 的变化对晃动的影响较小。在容器长度 $2r$ 为 75cm 处，光滑器控制器消减了晃动波高的瞬态振幅和残余振幅的 97.7% 和 99.2%。

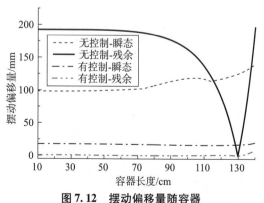

图 7.12　摆动偏移量随容器
长度变化的控制效果

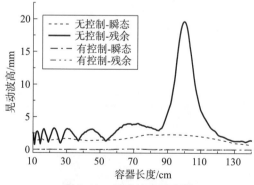

图 7.13　晃动波高随容器
长度变化的控制效果

图 7.14 给出摆动偏移量的瞬态振幅和残余振幅随着绳索长度 $l$ 的变化结果。图 7.13 给出晃动波高的瞬态振幅和残余振幅随着绳索长度 $l$ 的变化结果。容器质量 $m$、容器高度 $H$、液体深度 $h$、液体面密度 $\rho$、容器长度 $2r$、小车驱动距离分别设置为 1.395 kg、28 cm、14.5 cm、85 kg/m$^2$、80 cm、60 cm。设计控制器时，绳索长度 $l$ 固定在 74 cm。

对图 7.14 进行分析。无控制情况下，摆动偏移量的瞬态振幅随着绳索长度变化缓慢增加。摆动偏移量的残余振幅包含有波峰波谷。绳索长度在 45 cm 到 105 cm 之间变化时，经光滑器控制后，瞬态振幅整体在 25 cm，残余振幅接近 0。说明绳索长度 $l$ 的变化对摆动的控制效果影响较小。在绳索长度 $l$ 为 74 cm 处，光滑器控制器削减了摆动偏移量的瞬态振幅和残余振幅的 83.0% 和 98.6%。

对图 7.15 进行分析。无控制情况下，晃动波高的瞬态振幅随着容器长度增加而减小。一个局部最大值出现在绳索长度 48 cm 处。受光滑器控制后，晃动的瞬态振幅和残余振幅几乎为 0。因此，绳索长度 $l$ 对晃动控制影响较小。在绳索长度 $l$ 为 74 cm 处，光滑器控制器削减了晃动波高的瞬态振幅和残余振幅的 96.1% 和 96.6%。

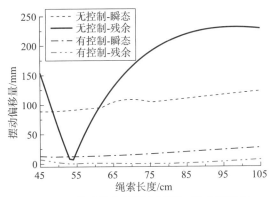

图 7.14　摆动偏移量瞬态振幅、残余振幅与绳索长度的关系

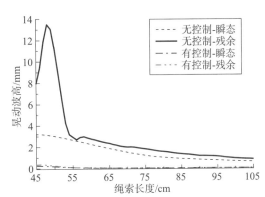

图 7.15　晃动波高瞬态振幅、残余振幅与绳索长度的关系

综上所述，通过对图 7.12～图 7.15 的分析发现，光滑器控制器具备良好的参数不敏感性。光滑器控制器控制效果好、鲁棒性强。当设计点处的参数估计不准确时，也能起到良好的抑制作用。

### 7.1.4　试验验证

本研究的试验是在直线二级倒立摆实验台改装完成的。该平台由固高科技有限公司研发，型号为 GLIP2002。整个实验台分为三大系统，见图 7.16，分别是运动控制系统、机械吊运系统和图像检测系统。运动控制系统由计算机、DSP 运动控制卡、放大器和伺服电机组成。运动控制卡型号为 GT400-SV。机械吊运系统由电机齿轮、同步带、导轨、小车、同步轮、绳索和刚性充液容器等组成。图像识别系统由两台 CMOS 摄像头和两台计算机等组成。

首先，操作员在计算机上输入指令。指令传到 DSP 运动控制卡进行信号处理，再由放大器将信号放大。放大后的信号驱动电机运转。小车固定在光滑的导轨和同步带上。电机旋转运动经同步带转换成小车的直线运动。绳索连接小车与充液玻璃容器。小车运动时，会激发下面绳索和容器的摆动、液体的晃动。这两种运动形式分别由两台摄像头进行记录。计算机与摄像头连接，处理图片信息，获得液体晃动波高和摆动偏移量。

实验台搭建如图 7.17（a）所示。小车最大位移、最大驱动速度和加速度分别设置为 60 cm、20 cm/s 和 2 m/s²，最大负载 3 kg。在小车的中间位置设置悬挂点，4 根等长绳索吊

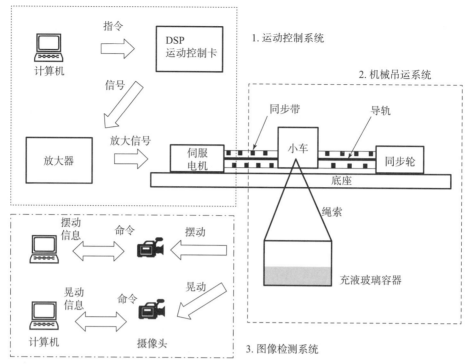

图 7.16 实验原理图

挂一个充液玻璃容器。绳索为大力马鱼线,质量忽略不计。一台摄像机安装在小车上,记录容器摆动偏移量,另一台摄像机安装在容器上,记录晃动波高变化。图 2.17(b)为矩形充液容器。为了检测液体,在试验水中加入一定量的墨水,方便区分空气和液体。玻璃容器的长度($2r$)、宽度、高度 $H$ 分别为 8.5 cm、8.5 cm、28 cm。因此,液体面密度 $\rho$ 为 85 kg/m$^2$。容器的质量 $m$、液体的质量 $m_L$、液体深度 $h$、绳索长度 $l$ 测量结果分别是 1.395 kg、1.048 kg、14.5 cm、74 cm。

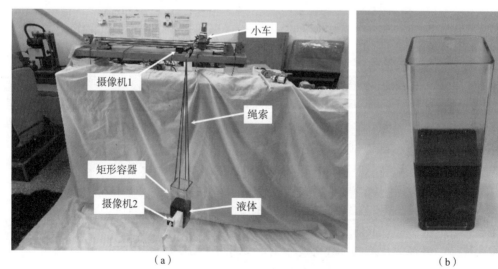

图 7.17 实验台图片
(a)直线运动实验台;(b)矩形充液容器

#### 7.1.4.1 模型的试验验证

为了验证动力学模型的正确性，进行非零初始状态下的自由响应试验。试验结果见图 7.18 和图 7.19。试验结果基本吻合仿真响应结果。试验和仿真的唯一差异是晃动波高的仿真结果比试验结果大很多。这是因为晃动模型中是无阻尼的，而实际的晃动存在阻尼。根据图 7.18 的摆动试验，摆动频率计算为 0.521 Hz，由式（7.32）计算的系统耦合第一频率为 0.523 Hz。这是因为这种情况下系统的第一频率在摆动过程中贡献非常大。同理，图 7.19 中晃动频率计算为 3.000 Hz，由公式计算的系统耦合第二频率为 2.933 Hz。因为液体晃动过程中，晃动第一模态的频率对系统的第二频率的影响非常大。

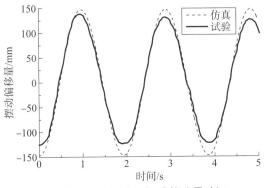

图 7.18 自由响应下摆动偏移量验证

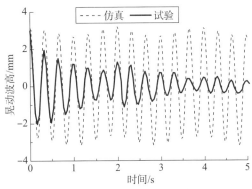

图 7.19 自由响应下晃动波高验证

为了验证有激励的非线性耦合模型的动力学行为，小车的加速度设置为 2 m/s$^2$，最大驱动速度为 20 cm/s。使用无控制的梯形速度作为系统的输入。小车的前进距离从 1 cm 开始，每次增加 2 cm，在 49 cm 结束。一共 25 组不同驱动距离下的摆动偏移量和晃动波高的残余振幅结果分别见图 7.20 和图 7.21。无控制情况下，摆动和晃动残余振幅中包含有波峰和波谷变化，这在前面动力学分析中，已经分析过，是由于小车加速度和减速度时而同相、时而反相。晃动残余振幅的试验结果要比仿真结果小是因为仿真使用无阻尼的模型，并且液体存在表面张力。另外，摆动和晃动的试验频率大致符合仿真结果的频率。

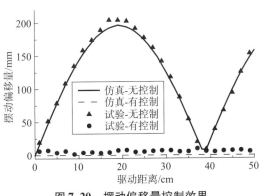

图 7.20 摆动偏移量控制效果
随驱动距离的变化

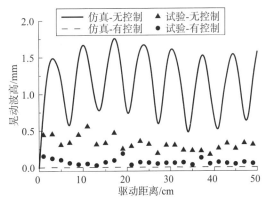

图 7.21 晃动波高控制效果
随驱动距离的变化

综合图 7.18～图 7.21 的结论,二维绳索吊挂充液容器系统的动力学模型是正确的,是可以通过试验验证的。

#### 7.1.4.2 控制器的试验验证

为了验证控制器的有效性,对小车分别输入无控制和光滑器控制后的速度,见图 7.22。光滑器控制器的设计频率为 0.523 Hz,设计阻尼比为 0。系统的摆动和晃动随时间变化的结果分别见图 7.23 和图 7.24。无控制情况下,摆动偏移量的瞬态振幅和残余振幅分别是 51.3 mm 和 158.6 mm,晃动波高的瞬态振幅和残余振幅分别是 0.42 mm 和 0.56 mm。光滑器控制器消减了摆动和晃动残余振幅的 97.6% 和 91.0%。

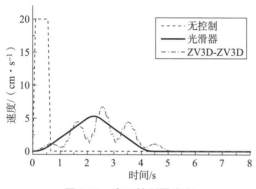

图 7.22 有无控制器速度随时间的变化

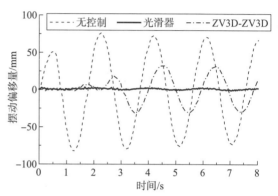

图 7.23 有无控制器摆动偏移量随时间的变化

图 7.20 和图 7.21 也反映了不同驱动距离下有无控制器的残余振幅对比。控制器的设计频率和设计阻尼比分别为 0.523 Hz 和 0。在系统受控制后,系统的残余振幅没有出现波峰波谷,一直处于 0 附近。说明光滑器控制器不受驱动距离影响。有控制试验结果比仿真结果大,这是由于控制器中的设计频率存在一个较小的模型误差。光滑器控制器能削减大部分的摆动和晃动振幅。综合图 7.20～图 7.24 的结论,光滑器控制器对绳索吊挂充液容器系统有良好的抑制效果。

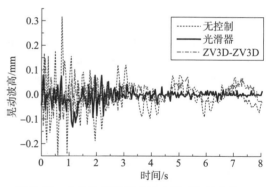

图 7.24 有无控制器晃动波高随时间的变化

为了验证控制器的鲁棒性,给小车输入控制器有误差的速度,见图 7.25。摆动和晃动的试验结果见图 7.26 和图 7.27。3 种情况下设计阻尼比都为 0,设计频率不同。在小误差情况下,设计频率是 0.523 Hz。在负误差情况下,设计频率是 0.366 Hz(0.523 Hz×70%)。正误差情况下,设计频率 0.680 Hz(0.523 Hz×130%)。由图 2.25 可以看出,控制器的设计频率越大,运动相同的距离所需的时间越短。在图 7.26 中,负误差、小误差和正误差的摆动瞬态振幅分别为 6.1 mm、4.2 mm、6.5 mm。摆动的残余振幅分别为 4.9 mm、3.9 mm、5.4 mm。在图 7.27 中,晃动的瞬态振幅分别为 0.16 mm、0.21 mm、0.13 mm。晃动的残余振幅分别为 0.075 mm、0.05 mm、0.078 mm。所以设计频率模型误差的增加将导致摆动和晃动振幅增大,但是光滑器控制器具有很强的鲁棒性,因此,在图 7.26 和图 7.27 中,光滑器控制器控制后,摆动和晃动不同设计频率下的控制曲线非常接近。综合图 7.25~图 7.27 的结论,光滑器控制器具备良好的频率不敏感性。当频率估计产生较大的误差时,光滑器控制器仍具备良好的控制效果。

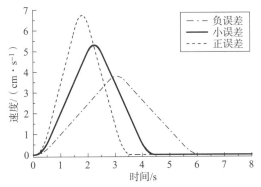

图 7.25 控制器有误差时的速度

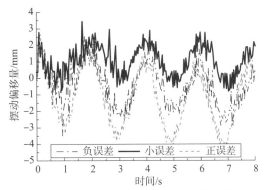

图 7.26 控制器有误差时的摆动偏移量

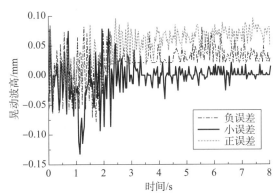

图 7.27 控制器有误差时的晃动波高

#### 7.1.4.3 光滑器与 ZV3D – ZV3D 试验对比

图 7.22~图 7.24 显示了两种不同控制方法下的比较。一种是两个传统的输入整形器控制器的串联,即 ZV3D – ZV3D 组合控制器;另一种是本文提出的光滑器控制器。在 ZV3D – ZV3D 设计过程中,系统第一频率(0.523 Hz)为第一个 ZV3D 控制器的设计频率。系统第二频率(2.933 Hz)为第二个 ZV3D 控制器的设计频率。

在图 2.22 中,ZV3D – ZV3D 组合控制器的上升时间(含无控制时间)为 4.50 s,而光滑器控制器的上升时间(含无控制时间)为 3.82 s。在无控制的情况下,摆动偏移量的瞬态振幅和残余振幅分别为 51.3 mm 和 158.6 mm。同时,液体晃动波高的瞬态振幅和残余振幅分别为 0.42 mm 和 0.56 mm。ZV3D – ZV3D 组合控制器使摆动偏移量和晃动波高的残余振幅分别降低了 60.9% 和 79.5%,摆动偏移量和晃动波高的残余振幅分别抑制了 97.6% 和 91.0%。与 ZV3D – ZV3D 组合控制器相比,光滑器对振动的抑制更强,控制效果更好,因为 ZV3D – ZV3D 组合控制器并不能很好地抑制系统高频率振动。当 ZV3D – ZV3D 组合控制器的设计频率过高时，在工程实现上容易出现结果不如预期的情况。但 ZV 系列控制器设计简单，研究比较成熟，在许多工程上已经得到广泛的应用。

## 7.2 三维运动动力学建模与控制

本节研究了三维绳索吊挂充液容器系统的动力学行为，以及针对系统的特性给出一种新型控制方案。在很多工作场合中，充液容器的形状近似为圆柱体。本节创建了三维动力学模型，与二维模型不同的是小车有两个方向的加速度输入，摆动有两个摆角，充液容器为圆柱体，晃动波高为空间曲面。接着，利用实模态估计系统频率。采用脉冲和连续函数混合的方法，发明了一种新的开环控制器 HF（Hybrid Filter，混合滤波器）。HF 控制器具备上升时间调节灵活的特点，为后人设计控制器提供了一个新的思路。针对绳索吊挂充液容器系统具有无穷个自由度的特点，提出 HF + 光滑器组合的控制方案。同时，分析了 HF + 光滑器的有效性和参数不敏感性。最后，试验验证模型的正确性，HF + 光滑器控制器的有效性和参数不敏感性。本节的主要贡献在建模和控制器设计上。在绳索吊挂充液容器动力学模型中，提出双输入双摆角的三维模型。在控制器设计上，发明了一种 HF 控制器。

### 7.2.1 动力学建模

图 7.28 为三维绳索吊挂充液容器模型。$N$ 系为牛顿坐标系。在 $N$ 系下，建立吊运一个部分充液容器负载的三维物理模型。小车固定在滑道和桥组成的结构上，初始时位置为 $N$ 系的原点 $N_0$。$N$ 系先绕 $N_y$ 轴旋转 $\beta_y$，再绕 $N_x$ 轴旋转 $\beta_x$，得到 $R$ 坐标系。规定摆动角度和速度为 0，且液体无晃动的状态为初始静液状态，此时液体自由液面的中心处为 $R$ 系的原点。$R$ 系还可以用圆柱坐标表示。转换关系为 $R_x = r\cos\theta$，$R_y = r\sin\theta$。

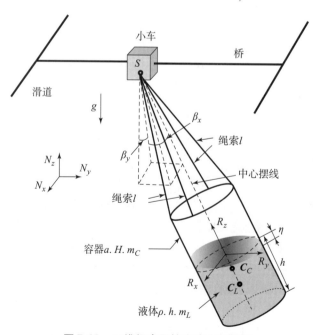

图 7.28　三维绳索吊挂充液容器模型

小车可向 $N_x$、$N_y$ 两个方向运动，位移分别记作 $u_x$，$u_y$。小车质心处悬挂多根绳索，每根绳索长度均为 $l$。绳索另一端连接圆柱容器壁沿，绳索始终处于绷直状态。悬挂点 $S$ 和容器质心 $C_C$ 所在的直线构成中心摆线。中心摆线先绕 $N_y$ 轴旋转 $\beta_y$，再绕 $N_x$ 轴旋转 $\beta_x$。刚性圆柱容器的质量为 $m_C$，容器半径为 $a$，高度为 $H$。液体的质量为 $m_L$，液体的面密度为 $\rho$，液体初始静液状态下的高度为 $h$。当系统有运动输入时，自由液面上的点到 $R_{xy}$ 面的距离被定义为波高 $\eta$。综上所述，系统的输入加速度为 $\ddot{u}_x$、$\ddot{u}_y$，输出为摆动角为 $\beta_y$、$\beta_x$，液体自由表面波高为 $\eta$。

假设绳索摆动为小幅摆动。液体为理想流体。晃动为无旋微幅的波动，波高位移和速度较小。晃动和摆动对小车的运动没有影响。

$R$ 系到 $N$ 系的旋转矩阵为

$$\begin{bmatrix} \boldsymbol{N}_x \\ \boldsymbol{N}_y \\ \boldsymbol{N}_z \end{bmatrix} = \begin{bmatrix} \cos\beta_y & 0 & \sin\beta_y \\ 0 & 1 & 0 \\ -\sin\beta_y & 0 & \cos\beta_y \end{bmatrix} \begin{bmatrix} 1 & 0 & 0 \\ 0 & \cos\beta_x & -\sin\beta_x \\ 0 & \sin\beta_x & \cos\beta_x \end{bmatrix} \begin{bmatrix} \boldsymbol{R}_x \\ \boldsymbol{R}_y \\ \boldsymbol{R}_z \end{bmatrix} \tag{7.53}$$

$N$ 系的原点 $N_0$ 到吊挂点 $S$ 的向量为

$$\overrightarrow{N_0 S} = u_x \boldsymbol{N}_x + u_y \boldsymbol{N}_y \tag{7.54}$$

容器中心 $C_C$ 在 $R$ 系中的坐标为 $(0, 0, -h+0.5H)$，$N_0$ 到容器中心 $C_C$ 的向量为

$$\overrightarrow{N_0 C_C} = \overrightarrow{N_0 S} + \overrightarrow{SR_0} + \overrightarrow{R_0 C_C} = u_x \boldsymbol{N}_x + u_y \boldsymbol{N}_y - L_C \boldsymbol{R}_z \tag{7.55}$$

式中，$L_C$ 为悬挂点 $S$ 到容器质心 $C_C$ 的距离：

$$L_C = \sqrt{l^2 - a^2} + 0.5H \tag{7.56}$$

对 $\overrightarrow{N_0 C_C}$ 求时间上的导数，得到容器中心 $C_C$ 相对于 $N$ 系的速度：

$$\boldsymbol{v}_C = \frac{{}^N\mathrm{d}(\overrightarrow{N_0 C_C})}{\mathrm{d}t} = \dot{u}_x \boldsymbol{N}_x + \dot{u}_y \boldsymbol{N}_y - {}^N\boldsymbol{\omega}^R \times L_C \boldsymbol{R}_z \tag{7.57}$$

式中，${}^N\boldsymbol{\omega}^R$ 为 $R$ 系相对 $N$ 系的角速度，计算公式如下：

$${}^N\boldsymbol{\omega}^R = \dot{\beta}_x \boldsymbol{R}_x + \dot{\beta}_y \cos\beta_x \boldsymbol{R}_y - \dot{\beta}_y \sin\beta_x \boldsymbol{R}_z \tag{7.58}$$

将角速度式（7.58）代入式（7.57），得到容器中心 $C_C$ 相对于 $N$ 系的速度表达式：

$$\begin{aligned} \boldsymbol{v}_C = & [\dot{u}_x \cos\beta_y + r\sin\theta \cdot \dot{\beta}_y \sin\beta_x - \dot{\beta}_y \cos\beta_x L_C] \boldsymbol{R}_x + \\ & [\dot{u}_y \cos\beta_x + \dot{u}_x \sin\beta_x \sin\beta_y - r\cos\theta \cdot \dot{\beta}_y \sin\beta_x + \dot{\beta}_x L_C] \boldsymbol{R}_y + \\ & [\dot{u}_x \cos\beta_x \sin\beta_y - \dot{u}_y \sin\beta_x + r\sin\theta \cdot \dot{\beta}_x - r\cos\theta \cdot \dot{\beta}_y \cos\beta_x] \boldsymbol{R}_z \end{aligned} \tag{7.59}$$

对速度函数式（7.59）求时间上的导数，得到容器中心 $C_C$ 相对于 $N$ 系的加速度表达式：

$$\begin{aligned} \boldsymbol{a}_C = & [\ddot{u}_x \cos\beta_y + 2\dot{\beta}_y \dot{\beta}_x \sin\beta_x L_C - \ddot{\beta}_y \cos\beta_x L_C] \boldsymbol{R}_x + \\ & [\ddot{u}_y \cos\beta_x + \ddot{u}_x \sin\beta_x \sin\beta_y + \ddot{\beta}_x L_C + \dot{\beta}_y^2 \sin\beta_x \cos\beta_x L_C] \boldsymbol{R}_y + \\ & [\ddot{u}_x \cos\beta_x \sin\beta_y - \ddot{u}_y \sin\beta_x + \dot{\beta}_y^2 \cos^2\beta_x L_C + \dot{\beta}_x^2 L_C] \boldsymbol{R}_z \end{aligned} \tag{7.60}$$

液体质心处 $C_L$ 在 $R$ 系中的坐标为 $(0, 0, -0.5h)$。同理，液体质心处 $C_L$ 相对于 $N$ 系的速度和加速度分别为

$$\begin{aligned} \boldsymbol{v}_L = & [\dot{u}_x \cos\beta_y + r\sin\theta \cdot \dot{\beta}_y \sin\beta_x - \dot{\beta}_y \cos\beta_x L_L] \boldsymbol{R}_x + \\ & [\dot{u}_y \cos\beta_x + \dot{u}_x \sin\beta_x \sin\beta_y - r\cos\theta \cdot \dot{\beta}_y \sin\beta_x + \dot{\beta}_x L_L] \boldsymbol{R}_y + \\ & [\dot{u}_x \cos\beta_x \sin\beta_y - \dot{u}_y \sin\beta_x + r\sin\theta \cdot \dot{\beta}_x - r\cos\theta \cdot \dot{\beta}_y \cos\beta_x] \boldsymbol{R}_z \end{aligned} \tag{7.61}$$

$$\begin{aligned}\boldsymbol{a}_L &= a_{ex}\boldsymbol{R}_x + a_{ey}\boldsymbol{R}_y + a_{ez}\boldsymbol{R}_z \\ &= [\ddot{u}_x\cos\beta_y + 2\dot{\beta}_y\dot{\beta}_x\sin\beta_x L_L - \ddot{\beta}_y\cos\beta_x L_L]\boldsymbol{R}_x + \\ &\quad [\ddot{u}_y\cos\beta_x + \ddot{u}_x\sin\beta_x\sin\beta_y + \ddot{\beta}_x L_L + \dot{\beta}_y^2\sin\beta_x\cos\beta_x L_L]\boldsymbol{R}_y + \\ &\quad [\ddot{u}_x\cos\beta_x\sin\beta_y - \ddot{u}_y\sin\beta_x + \dot{\beta}_y^2\cos^2\beta_x L_L + \dot{\beta}_x^2 L_L]\boldsymbol{R}_z \end{aligned} \quad (7.62)$$

式中，$L_L$ 为悬挂点 $S$ 到液体质心 $C_L$ 的距离，计算公式如下：

$$L_L = \sqrt{l^2 - a^2} + H - 0.5h \tag{7.63}$$

### 7.2.1.1 晃动动力学

$v_a$ 为液体相对 $N$ 系的绝对速度。$v_a$ 由液体质心 $C_L$ 的牵连速度 $v_L$ 和相对速度 $v_r$ 两部分矢量相加而成。

$$\boldsymbol{v}_a = \boldsymbol{v}_L + \boldsymbol{v}_r \tag{7.64}$$

设 $\varphi$ 是液体在 $R$ 坐标系中的相对速度势函数。液体速度势函数 $\varphi$ 满足拉普拉斯方程：

$$\nabla^2\varphi = 0 \tag{7.65}$$

式中，$\nabla$ 为哈密顿（Hamilton）算子。相对速度 $v_r$ 的表达式为

$$\boldsymbol{v}_r = \nabla\varphi = \frac{\partial\varphi}{\partial x}\boldsymbol{R}_x + \frac{\partial\varphi}{\partial y}\boldsymbol{R}_y + \frac{\partial\varphi}{\partial z}\boldsymbol{R}_z = \frac{\partial\varphi}{\partial r}\boldsymbol{R}_r + \frac{1}{r}\frac{\partial\varphi}{\partial\theta}\boldsymbol{R}_\theta + \frac{\partial\varphi}{\partial z}\boldsymbol{R}_z \tag{7.66}$$

液体运动的边界条件为

$$\left.\frac{\partial\varphi}{\partial z}\right|_{z=-h} = 0 \tag{7.67}$$

$$\left.\frac{\partial\varphi}{\partial r}\right|_{r=a} = 0 \tag{7.68}$$

$$\left.\frac{\partial\varphi}{\partial z}\right|_{z=\eta} = \frac{d\eta}{dt} \tag{7.69}$$

小车速度投影到 $R$ 系中，$R_x$ 轴的速度大小为 $\dot{u}_x\cos\beta_y$，$R_y$ 轴的速度大小为 $\dot{u}_y\cos\beta_x + \dot{u}_x\sin\beta_x\sin\beta_y$。令：

$$\alpha = \arctan\frac{\dot{u}_y\cos\beta_x + \dot{u}_x\sin\beta_x\sin\beta_y}{\dot{u}_x\cos\beta_y} \quad (0 \leqslant \alpha < \pi) \tag{7.70}$$

因为正切函数周期为 $\pi$，$\theta$ 的周期为 $2\pi$，所以还存在另一个解 $\alpha + \pi$。因为整个结构在 $\theta = \alpha$，$\alpha + \pi$ 平面左右两侧对称，所以此时液体速度为 0。

$$\left.\frac{1}{r}\frac{\partial\varphi}{\partial\theta}\right|_{\theta=\alpha,\alpha+\pi} = 0 \tag{7.71}$$

根据液体晃动多模态理论，假设速度势函数 $\varphi$ 和波高函数 $\eta$ 具有以下形式：

$$\varphi(r,\theta,z,t) = \sum_{m,k}\phi_{mk}(r,\theta,z)\cdot\dot{q}_{mk}(t) \tag{7.72}$$

$$\eta(r,\theta,t) = \sum_{m,k}\sigma_{mk}(r,\theta)\cdot q_{mk}(t) \tag{7.73}$$

将式（7.72）代入式（7.65）、式（7.67）、式（7.68）和式（7.71）中，得

$$\frac{\partial^2\phi_{mk}}{\partial r^2} + \frac{1}{r}\frac{\partial\phi_{mk}}{\partial r} + \frac{1}{r^2}\frac{\partial^2\phi_{mk}}{\partial\theta^2} + \frac{\partial^2\phi_{mk}}{\partial z^2} = 0 \tag{7.74}$$

$$\left.\frac{\partial\phi_{mk}}{\partial z}\right|_{z=-h} = 0 \tag{7.75}$$

$$\left.\frac{\partial \phi_{mk}}{\partial r}\right|_{r=a} = 0 \tag{7.76}$$

$$\left.\frac{\partial \phi_{mk}}{\partial \theta}\right|_{\theta=\alpha,\alpha+\pi} = 0 \tag{7.77}$$

采用分离变量法，令

$$\phi_{mk} = F(r,\theta) \cdot Z(z) \tag{7.78}$$

将上式代入式（7.74）中，得

$$-\frac{\frac{\partial^2 F}{\partial r^2} + \frac{1}{r}\frac{\partial F}{\partial r} + \frac{1}{r^2}\frac{\partial^2 F}{\partial \theta^2}}{F(r,\theta)} = \frac{Z''}{Z} = \lambda^2 \tag{7.79}$$

上式中第一项为关于 $r$，$\theta$ 的二元函数，第二项为关于 $z$ 的一元函数。等式成立的条件如下：

$$Z'' - \lambda^2 Z = 0 \tag{7.80}$$

$$\frac{\partial^2 F}{\partial r^2} + \frac{1}{r}\frac{\partial F}{\partial r} + \frac{1}{r^2}\frac{\partial^2 F}{\partial \theta^2} + \lambda^2 F = 0 \tag{7.81}$$

根据边界条件公式（7.75），可得式（7.80）的解为

$$Z(z) = B_1 \cosh[\lambda(z+h)] \tag{7.82}$$

式中，$B_1$ 为常数，对于式（7.81），再令

$$F(r,\theta) = R(r) \cdot \Theta(\theta) \tag{7.83}$$

将上式代入式（7.81），得

$$\frac{r^2 R'' + r R' + \lambda^2 r^2 R}{R} = -\frac{\Theta''}{\Theta} = m^2 \tag{7.84}$$

上式的成立条件如下：

$$\Theta'' + m^2 \Theta = 0 \tag{7.85}$$

$$r^2 R'' + r R' + (\lambda^2 r^2 - m^2) R = 0 \tag{7.86}$$

式中，$m = 1, 2, 3, \cdots$。$\Theta$ 函数是一个周期为 $2\pi$ 的周期函数，由边界条件公式（7.77），得到式（7.85）的解为

$$\Theta(\theta) = B_2 \cos(m\theta - m\alpha) \tag{7.87}$$

式中，$B_2$ 为常数。式（7.86）为贝塞尔（Bessel）方程，其解可以用第一类贝塞尔函数表达：

$$R(r) = J_m(\lambda r) = \sum_{i=0}^{\infty} \frac{(-1)^i}{i!\,\Gamma(m+i+1)} \left(\frac{\lambda r}{2}\right)^{m+2i} \tag{7.88}$$

根据边界条件公式（7.76），得

$$\left.\frac{\partial J_m(\lambda r)}{\partial r}\right|_{r=a} = 0 \tag{7.89}$$

求解上式的特征方程有

$$J'_m(\xi_{mk}) = 0 \tag{7.90}$$

式中，$\xi_{mk} = \lambda_{mk} a$，且 $\xi_{mk}$ 为量纲为 1 的特征根。当 $m=1$ 时，$\xi_{1k} = 1.841, 5.335, 8.535, \cdots$。

综合式（7.82）、式（7.87）和式（7.88），速度势 $\varphi$ 的振型函数可以写成

$$\phi_{mk} = \cos(m\theta - m\alpha) J_m\left(\frac{\xi_{mk} r}{a}\right) \frac{\cosh[\xi_{mk}(z+h)/a]}{\cosh(\xi_{mk} h/a)} \tag{7.91}$$

将上式和式（7.73）代入式（7.69），对波高进行近似处理。同时，去掉非线性项，得到波高 $\eta$ 的振型函数的表达式：

$$\sigma_{mk} = \frac{\partial \varphi}{\partial z}\bigg|_{z=0} = \frac{\xi_{mk}}{a}\cos(m\theta - m\alpha) J_m\left(\frac{\xi_{mk} r}{a}\right)\tanh\frac{\xi_{mk} h}{a} \tag{7.92}$$

对相对速度 $v_r$ 求时间上的导数，得到相对加速度 $a_r$ 的表达式：

$$a_r = \frac{dv_r}{dt} = \frac{\partial v_r}{\partial t} + \frac{1}{2}\nabla(v_r \cdot v_r) - v_r \times (\nabla \times v_r) = \nabla\frac{\partial \varphi}{\partial t} + \frac{1}{2}\nabla(v_r \cdot v_r) \tag{7.93}$$

因为液体的旋度为 0，所以上式中 $\nabla \times v_r = 0$。为了简化计算，去掉高阶项 $\frac{1}{2}\nabla(v_r \cdot v_r)$，$a_r$ 的简化公式为

$$a_r = \frac{\partial}{\partial t}\left(\frac{\partial \varphi}{\partial x}\right)R_x + \frac{\partial}{\partial t}\left(\frac{\partial \varphi}{\partial y}\right)R_y + \frac{\partial}{\partial t}\left(\frac{\partial \varphi}{\partial z}\right)R_z \tag{7.94}$$

$\frac{\partial \varphi}{\partial x}$、$\frac{\partial \varphi}{\partial y}$ 计算公式如下：

$$\frac{\partial \phi_{mk}}{\partial x} = \frac{\partial \phi_{mk}}{\partial r}\cos\theta - \frac{1}{r}\frac{\partial \phi_{mk}}{\partial \theta}\sin\theta \tag{7.95}$$

$$\frac{\partial \phi_{mk}}{\partial y} = \frac{\partial \phi_{mk}}{\partial r}\sin\theta + \frac{1}{r}\frac{\partial \phi_{mk}}{\partial \theta}\cos\theta \tag{7.96}$$

忽略科氏加速度，将式（7.62）和式（7.94）代入非惯性系中的液体运动欧拉（Euler）方程：

$$\frac{1}{\rho}\nabla p + a_r + a_L = g\sin\beta_y R_x - g\cos\beta_y\sin\beta_x R_y - g\cos\beta_y\cos\beta_x R_z \tag{7.97}$$

式中，$g$ 为重力加速度。

将式（7.97）写成分量形式：

$$\begin{cases} \dfrac{1}{\rho}\dfrac{\partial p}{\partial x} + \dfrac{\partial}{\partial t}\left(\dfrac{\partial \varphi}{\partial x}\right) + a_{ex} = g\sin\beta_y \\ \dfrac{1}{\rho}\dfrac{\partial p}{\partial y} + \dfrac{\partial}{\partial t}\left(\dfrac{\partial \varphi}{\partial y}\right) + a_{ey} = -g\cos\beta_y\sin\beta_x \\ \dfrac{1}{\rho}\dfrac{\partial p}{\partial z} + \dfrac{\partial}{\partial t}\left(\dfrac{\partial \varphi}{\partial z}\right) + a_{ez} = -g\cos\beta_y\cos\beta_x \end{cases} \tag{7.98}$$

上式可以整理成

$$\nabla\left[\frac{p}{\rho} + \frac{\partial \varphi}{\partial t} + r\cos\theta \cdot a_{ex} + r\sin\theta \cdot a_{ey} + z \cdot a_{ez} - r\cos\theta \cdot \right.$$
$$\left. g\sin\beta_y + r\sin\theta \cdot g\cos\beta_y\sin\beta_x + zg\cos\beta_y\cos\beta_x\right] = 0 \tag{7.99}$$

对上式积分，由于 $R$ 系坐标的原点选在静液面上，所以没有积分的常数项。于是得到非惯性系下的线性伯努利（Bernoulli）方程为

$$\frac{p}{\rho} + \frac{\partial \varphi}{\partial t} + r\cos\theta \cdot (-g\sin\beta_y + a_{ex}) + \\ r\sin\theta \cdot (g\cos\beta_y\sin\beta_x + a_{ey}) + z \cdot (g\cos\beta_y\cos\beta_x + a_{ez}) = 0 \tag{7.100}$$

当 $z = \eta$，即在液体自由表面上，液体表面压力 $p$ 为 0。此时，液体运动动力学方程为

$$\frac{\partial \varphi}{\partial t}\Big|_{z=\eta} + r\cos\theta \cdot (-g\sin\beta_y + a_{ex}) + \\ r\sin\theta \cdot (g\cos\beta_y\sin\beta_x + a_{ey}) + \eta \cdot (g\cos\beta_y\cos\beta_x + a_{ez}) = 0 \tag{7.101}$$

将式（7.72）和式（7.73）代入上式。等式左右两边各乘以振型函数 $\phi_{mk}$。同时，对 $\theta$（$0 \leqslant \theta \leqslant 2\pi$）、$r$（$0 \leqslant r \leqslant a$）积分，于是整理成

$$\ddot{q}_{mk} + \omega_{mk}^2 \cdot q_{mk} = -(-g\sin\beta_y + a_{ex})C_{mk} - (g\cos\beta_y\sin\beta_x + a_{ey})S_{mk} \tag{7.102}$$

式中，$\omega_{mk}$ 为液体晃动的频率，$S_{mk}$ 和 $C_{mk}$ 为系数。计算公式如下：

$$\omega_{mk}^2 = (g\cos\beta_y\cos\beta_x + a_{ez})\frac{\xi_{mk}}{a}\tanh\left(\frac{\xi_{mk}h}{a}\right) \tag{7.103}$$

$$C_{mk} = \frac{\int_0^a \int_0^{2\pi} r\cos\theta \phi_{mk}|_{z=0} \mathrm{d}\theta \mathrm{d}r}{\int_0^a \int_0^{2\pi} \phi_{mk}\phi_{mk}|_{z=0} \mathrm{d}\theta \mathrm{d}r} = \begin{cases} \dfrac{2\cos\alpha}{\lambda_{1k}} \dfrac{{}_2F_1\left(\dfrac{3}{2};2,\dfrac{5}{2};\dfrac{-\xi_{1k}^2}{4}\right)}{{}_2F_1\left(\dfrac{3}{2},\dfrac{3}{2};2,\dfrac{5}{2},3;-\xi_{1k}^2\right)}, & m = 1 \\ 0, & m \geqslant 2 \end{cases} \tag{7.104}$$

$$S_{mk} = \frac{\int_0^a \int_0^{2\pi} r\sin\theta \phi_{mk}|_{z=0} \mathrm{d}\theta \mathrm{d}r}{\int_0^a \int_0^{2\pi} \phi_{mk}\phi_{mk}|_{z=0} \mathrm{d}\theta \mathrm{d}r} = \begin{cases} \dfrac{2\sin\alpha}{\lambda_{1k}} \dfrac{{}_2F_1\left(\dfrac{3}{2};2,\dfrac{5}{2};\dfrac{-\xi_{1k}^2}{4}\right)}{{}_2F_1\left(\dfrac{3}{2},\dfrac{3}{2};2,\dfrac{5}{2},3;-\xi_{1k}^2\right)}, & m = 1 \\ 0, & m \geqslant 2 \end{cases} \tag{7.105}$$

式中，${}_2F_1$ 为超几何函数。根据式（7.104）和式（7.105）可知，小车的加速度激励只能激发出 $m = 1$ 的液体晃动模态。因此，在后文中 $m$ 统一取 1。

对容器半径和晃动波高函数的极值进行归一化处理，$R_x$、$R_y$ 和 $R_z$ 轴上量纲为 1。画出当 $m = 1$，$k = 1$、2、3 时，液体晃动波高 $\eta$ 的空间曲面，见图 7.29。曲面中不同的颜色代表不同波高 $\eta$，具体对应情况见色条。通过观察曲面，发现波高曲面在空间上具有对称性。并且，随着 $k$ 的增大，波高曲面越来越复杂。至此，晃动部分的动力学建模已经完成。与二维晃动不同的是三维晃动的充液容器为圆柱容器，晃动波高 $\eta$ 为曲面。在推导过程中，用到贝塞尔和超几何函数等特殊函数，整个模型复杂很多。

#### 7.2.1.2 摆动动力学

将液体看成一个整体进行受力分析。液体只受重力 $\boldsymbol{G}_L$ 和容器给液体的作用力 $\boldsymbol{F}_C$。重力 $\boldsymbol{G}_L$ 的表达为

$$\boldsymbol{G}_L = m_L g\sin\beta_y \boldsymbol{R}_x - m_L g\cos\beta_y\sin\beta_x \boldsymbol{R}_y - m_L g\cos\beta_y\cos\beta_x \boldsymbol{R}_z \tag{7.106}$$

式中，$m_L$ 为液体的质量，计算公式如下：

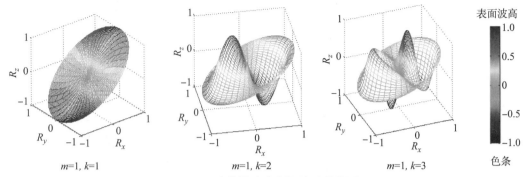

图 7.29 液体晃动波高振型（附彩图）

$$m_L = \pi a^2 h \rho \tag{7.107}$$

设容器给液体的作用力 $\boldsymbol{F}_C$ 的表达式为

$$\boldsymbol{F}_C = f_{Cx}\boldsymbol{R}_x + f_{Cy}\boldsymbol{R}_y + f_{Cz}\boldsymbol{R}_z \tag{7.108}$$

由牛顿第二定律得：

$$\int_0^a \int_0^{2\pi} \int_{-h}^{\eta} (\boldsymbol{a}_L + \boldsymbol{a}_r) \cdot \rho r \mathrm{d}z\mathrm{d}\theta\mathrm{d}r = \boldsymbol{G}_L + \boldsymbol{F}_C \tag{7.109}$$

液体质心处的牵连加速度 $\boldsymbol{a}_L$ 和相对加速度 $\boldsymbol{a}_r$ 分别为式（7.62）和式（7.94）。上式在 $R_x$，$R_y$ 方向的方程为

$$\int_0^a \int_0^{2\pi} \int_{-h}^{\eta} \left[ a_{ex} + \frac{\mathrm{d}}{\mathrm{d}t}\left(\frac{\partial \varphi}{\partial x}\right) \right] \cdot \rho r \mathrm{d}z\mathrm{d}\theta\mathrm{d}r = m_L g \sin\beta_y + f_{Cx} \tag{7.110}$$

$$\int_0^a \int_0^{2\pi} \int_{-h}^{\eta} \left[ a_{ey} + \frac{\mathrm{d}}{\mathrm{d}t}\left(\frac{\partial \varphi}{\partial y}\right) \right] \cdot \rho r \mathrm{d}z\mathrm{d}\theta\mathrm{d}r = - m_L g \cos\beta_y \sin\beta_x + f_{Cy} \tag{7.111}$$

结合前面对液体加速度的分析。同时，对波高数值近似处理，整理得：

$$f_{Cx} = \sum_{1,k} \frac{\pi a \rho}{\lambda_{1k}} \cos\alpha \tanh(\lambda_{1k}h) \mathrm{J}_1(\xi_{1k}) \cdot \ddot{q}_{1k} + \\ m_L(\ddot{u}_x \cos\beta_y - \ddot{\beta}_y \cos\beta_x L_L + 2\dot{\beta}_y \dot{\beta}_x \sin\beta_x L_L - g\sin\beta_y) \tag{7.112}$$

$$f_{Cy} = \sum_{1,k} \frac{\pi a \rho}{\lambda_{1k}} \sin\alpha \tanh(\lambda_{1k}h) \mathrm{J}_1(\xi_{1k}) \cdot \ddot{q}_{1k} + \\ m_L(\ddot{\beta}_x L_L + \dot{\beta}_y^2 \sin\beta_x \cos\beta_x L_L + g\cos\beta_y \sin\beta_x + \ddot{u}_x \sin\beta_x \sin\beta_y + \ddot{u}_y \cos\beta_x) \tag{7.113}$$

对容器进行受力分析。容器质心处 $C_C$ 的加速度为式（7.60）。容器的重力 $\boldsymbol{G}_C$ 在 $R$ 系中的投影为

$$\boldsymbol{G}_C = m_C g \sin\beta_y \boldsymbol{R}_x - m_C g \cos\beta_y \sin\beta_x \boldsymbol{R}_y - m_C g \cos\beta_y \cos\beta_x \boldsymbol{R}_z \tag{7.114}$$

设液体对容器的作用力 $\boldsymbol{F}_L$ 为

$$\boldsymbol{F}_L = f_{Lx}\boldsymbol{R}_x + f_{Ly}\boldsymbol{R}_y + f_{Lz}\boldsymbol{R}_z \tag{7.115}$$

因为 $\boldsymbol{F}_C$、$\boldsymbol{F}_L$ 是一对相互作用力。即：

$$\begin{cases} f_{Cx} = -f_{Lx} \\ f_{Cy} = -f_{Ly} \end{cases} \tag{7.116}$$

容器在 $R_x$ 方向受水的作用力 $f_L$，小车加速度的惯性力 $m_C \ddot{u}_x \cos\beta_y$，重力的分力

$-m_C g\sin\beta_y$,摆动过程中的惯性力 $m_C(-\ddot{\beta}_y\cos\beta_x L_C + 2\dot{\beta}_y\dot{\beta}_x\sin\beta_x L_C)$。因为液体质心 $C_L$ 到悬挂点 $S$ 的距离为 $L_L$,容器质心到悬挂点 $S$ 的距离为 $L_C$。对吊挂点 $S$ 取矩,$R_x$ 方向的摆动方程为

$$m_C L_C(-g\sin\beta_y + \ddot{u}_x\cos\beta_y - \ddot{\beta}_y\cos\beta_x L_C + 2\dot{\beta}_y\dot{\beta}_x\sin\beta_x L_C) - f_{Lx}L_L = 0 \quad (7.117)$$

同理,$R_y$ 方向的摆动方程为

$$m_C L_C(g\cos\beta_y\sin\beta_x + \ddot{u}_x\sin\beta_x\sin\beta_y + \ddot{u}_y\cos\beta_x + \ddot{\beta}_x L_C + \dot{\beta}_y^2\sin\beta_x\cos\beta_x L_C) - f_{Ly}L_L = 0 \quad (7.118)$$

将式 (7.112)、式 (7.113)、式 (7.116) 代入式 (7.117) 和式 (7.118),得到

$$\begin{aligned}&m_C L_C(-g\sin\beta_y + \ddot{u}_x\cos\beta_y - \ddot{\beta}_y\cos\beta_x L_C + 2\dot{\beta}_y\dot{\beta}_x\sin\beta_x L_C) + \\ &m_L L_L(-g\sin\beta_y + \ddot{u}_x\cos\beta_y - \ddot{\beta}_y\cos\beta_x L_L + 2\dot{\beta}_y\dot{\beta}_x\sin\beta_x L_L) + \\ &\sum_{1,k}\frac{\pi a\rho L_L}{\lambda_{1k}}\cos\alpha\tanh(\lambda_{1k}h)\mathrm{J}_1(\xi_{1k})\cdot\ddot{q}_{1k} = 0\end{aligned} \quad (7.119)$$

$$\begin{aligned}&m_C L_C(g\cos\beta_y\sin\beta_x + \ddot{u}_x\sin\beta_x\sin\beta_y + \ddot{u}_y\cos\beta_x + \ddot{\beta}_x L_C + \dot{\beta}_y^2\sin\beta_x\cos\beta_x L_C) + \\ &m_L L_L(g\cos\beta_y\sin\beta_x + \ddot{u}_y\cos\beta_x + \ddot{u}_x\sin\beta_x\sin\beta_y + \ddot{\beta}_x L_L + \dot{\beta}_y^2\sin\beta_x\cos\beta_x L_L) + \\ &\sum_{1,k}\frac{\pi a\rho L_L}{\lambda_{1k}}\sin\alpha\tanh(\lambda_{1k}h)\mathrm{J}_1(\xi_{1k})\cdot\ddot{q}_{1k} = 0\end{aligned} \quad (7.120)$$

至此,摆动动力学建模完成。与二维的动力学模型不同的是,三维模型中摆角增加为两个,小车有两个方向的输入。结合晃动部分的动力学,整个绳索吊挂充液容器系统的动力学模型已完整建立。

### 7.2.2 动力学分析

#### 7.2.2.1 系统频率估计

三维的非线性动力学模型非常复杂,频率估算非常困难。假设小车的两个方向的加速度较小,三角函数泰勒展开取第一项,对式 (7.119)、式 (7.120) 和式 (7.102) 进行线性化,获得在平衡点的线性化模型。简化后的模型为

$$\begin{aligned}&-\ddot{\beta}_y(m_C L_C^2 + m_L L_L^2) - \beta_y g(m_C L_C + m_L L_L) + \ddot{u}_x(m_C L_C + m_L L_L) + \\ &\sum_{1,k}\frac{\pi a\rho L_L}{\lambda_{1k}}\cos\alpha\tanh(\lambda_{1k}h)\mathrm{J}_1(\xi_{1k})\cdot\ddot{q}_{1k} = 0\end{aligned} \quad (7.121)$$

$$\begin{aligned}&\ddot{\beta}_x(m_C L_C^2 + m_L L_L^2) + \beta_x g(m_C L_C + m_L L_L) + \ddot{u}_y(m_C L_C + m_L L_L) + \\ &\sum_{1,k}\frac{\pi a\rho L_L}{\lambda_{1k}}\sin\alpha\tanh(\lambda_{1k}h)\mathrm{J}_1(\xi_{1k})\cdot\ddot{q}_{1k} = 0\end{aligned} \quad (7.122)$$

$$\ddot{q}_{1k} + \omega_{1k}^2\cdot q_{1k} + (-\ddot{\beta}_y L_L - g\beta_y + \ddot{u}_x)C_{1k} + (\ddot{\beta}_x L_L + g\beta_x + \ddot{u}_y)S_{1k} = 0 \quad (7.123)$$

式中,$\omega_{1k}$ 的计算公式如下:

$$\omega_{1k}^2 = g\frac{\xi_{mk}}{a}\tanh\left(\frac{\xi_{mk}h}{a}\right) \quad (7.124)$$

使用实模态分析方法,估计自然频率 $\Omega$。由于液体晃动时,$m=1$ 和 $k=1$ 的模态起主要贡献。所以实模态分析中,只取 $m=1$ 和 $k=1$ 的模态。当系统无输入时,系统的线性自由振动微分方程 (7.121) ~ 方程 (7.123) 可以写为

$$M\begin{bmatrix}\ddot{\beta}_y\\ \ddot{\beta}_x\\ \ddot{q}_{11}\end{bmatrix}+K\begin{bmatrix}\beta_y\\ \beta_x\\ q_{11}\end{bmatrix}=\mathbf{0} \tag{7.125}$$

$M$ 为质量矩阵，$K$ 为刚度矩阵。$M$ 和 $K$ 的表达式为

$$M=\begin{bmatrix}-(m_CL_C^2+m_LL_L^2) & 0 & \dfrac{\pi a\rho L_L}{\lambda_{11}}\cos\alpha\tanh(\lambda_{11}h)\mathrm{J}_1(\xi_{11})\\ 0 & m_CL_C^2+m_LL_L^2 & \dfrac{\pi a\rho L_L}{\lambda_{11}}\sin\alpha\tanh(\lambda_{11}h)\mathrm{J}_1(\xi_{11})\\ -L_LC_{11} & L_LS_{11} & 1\end{bmatrix} \tag{7.126}$$

$$K=\begin{bmatrix}-g(m_CL_C+m_LL_L) & 0 & 0\\ 0 & g(m_CL_C+m_LL_L) & 0\\ -gC_{11} & gS_{11} & \omega_{11}^2\end{bmatrix} \tag{7.127}$$

令 $|K-\Omega^2 M|=0$，求解本征方程，得到计算系统耦合频率的公式：

$$R_1\Omega^6+R_2\Omega^4+R_3\Omega^2+R_4=0 \tag{7.128}$$

式中，系数 $R_1$、$R_2$、$R_3$、$R_4$ 的表达式如下：

$$R_1=+(m_CL_C^2+m_LL_L^2)^2-\\ (m_CL_C^2+m_LL_L^2)\dfrac{2\pi a\rho}{\lambda_{11}^2}\tanh(\lambda_{11}h)\mathrm{J}_1(\xi_{11})L_L\dfrac{{}_2\mathrm{F}_1\left(\dfrac{3}{2};2,\dfrac{5}{2};\dfrac{-\xi_{11}^2}{4}\right)}{{}_2\mathrm{F}_1\left(\dfrac{3}{2},\dfrac{3}{2};2,\dfrac{5}{2},3;-\xi_{11}^2\right)} \tag{7.129}$$

$$R_2=-\omega_{11}^2(m_CL_C^2+m_LL_L^2)^2-2g(m_CL_C+m_LL_L)(m_CL_C^2+m_LL_L^2)+\\ g(m_CL_C^2+m_LL_L^2)\dfrac{2\pi a\rho}{\lambda_{11}^2}\tanh(\lambda_{11}h)\mathrm{J}_1(\xi_{11})\dfrac{{}_2\mathrm{F}_1\left(\dfrac{3}{2};2,\dfrac{5}{2};\dfrac{-\xi_{11}^2}{4}\right)}{{}_2\mathrm{F}_1\left(\dfrac{3}{2},\dfrac{3}{2};2,\dfrac{5}{2},3;-\xi_{11}^2\right)}+\\ g(m_CL_C+m_LL_L)\dfrac{2\pi a\rho}{\lambda_{11}^2}\tanh(\lambda_{11}h)\mathrm{J}_1(\xi_{11})\dfrac{{}_2\mathrm{F}_1\left(\dfrac{3}{2};2,\dfrac{5}{2};\dfrac{-\xi_{11}^2}{4}\right)}{{}_2\mathrm{F}_1\left(\dfrac{3}{2},\dfrac{3}{2};2,\dfrac{5}{2},3;-\xi_{11}^2\right)} \tag{7.130}$$

$$R_3=g^2(m_CL_C+m_LL_L)^2+2g\omega_{11}^2(m_CL_C+m_LL_L)(m_CL_C^2+m_LL_L^2)-\\ g^2(m_CL_C+m_LL_L)\dfrac{2\pi a\rho}{\lambda_{11}^2}\tanh(\lambda_{11}h)\mathrm{J}_1(\xi_{11})\dfrac{{}_2\mathrm{F}_1\left(\dfrac{3}{2};2,\dfrac{5}{2};\dfrac{-\xi_{11}^2}{4}\right)}{{}_2\mathrm{F}_1\left(\dfrac{3}{2},\dfrac{3}{2};2,\dfrac{5}{2},3;-\xi_{11}^2\right)} \tag{7.131}$$

$$R_4=-g^2(m_CL_C+m_LL_L)^2\omega_{11}^2 \tag{7.132}$$

因为系数 $R_1\sim R_4$ 不含 $\alpha$，所以系统的自然频率与 $\alpha$ 无关，说明系统的自然频率与前进方向无关。由于式（7.128）过于复杂，因此，很难求出耦合后频率的解析解，但是可以利用频率的数值解来分析系统频率特性。

图 7.30 反映了容器半径 $a$ 对系统频率的影响。在计算过程中，容器质量 $m_C$、容器高度 $H$、液体深度 $h$、液体密度 $\rho$ 和绳索长度 $l$ 分别设置为 20 kg、300 cm、150 cm、1 000 kg/m³、

1 200 cm。因为整个绳索吊挂充液关于 $N_z$ 轴对称，所以理论上与摆动最相关的两个系统频率相等。因此，式（7.128）理论上只能计算出系统前两个自然频率 $\Omega_1$ 和 $\Omega_2$ 的数值解。随着容器半径 $a$ 的增大，系统的第一频率 $\Omega_1$ 缓慢增大，系统的第二频率 $\Omega_2$ 逐渐降低。在第一频率 $\Omega_1$ 中，摆动起主要作用。当容器半径 $a$ 增大时，绳索长度 $l$ 不变，中心摆线的有效长度变短，所以第一频率 $\Omega_1$ 缓慢增大。在第二频率 $\Omega_2$ 中，晃动起主要作用。

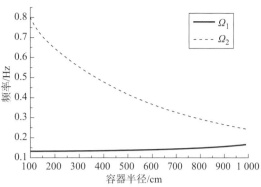

图 7.30 容器半径和系统频率的关系

图 7.31 反映了液体深度 $h$ 对系统频率的影响。在计算过程中，容器质量 $m_C$、容器高度 $H$、容器半径 $a$、液体密度 $\rho$ 和绳索长度 $l$ 分别设置为 20 kg、300 cm、1 000 cm、1 000 kg/m³、1 200 cm。随着液体深度 $h$ 的增大，系统第一频率 $\Omega_1$ 几乎保持不变，系统第二频率 $\Omega_2$ 逐渐上升。说明在系统第一频率 $\Omega_1$ 中，摆动起主要作用。当液体深度 $h$ 增大时，摆动的有效绳长影响非常小，所以无明显变化。在第二频率 $\Omega_2$ 中，晃动起主要作用。

#### 7.2.2.2 受迫响应分析

图 7.32 和图 7.33 反映了随着驱动距离增加，系统输出的瞬态和残余振幅的情况。模型采用非线性模型公式（7.103）、式（7.119）和式（7.120）。残余和瞬态振幅的计算采用峰峰幅值的方式。液体晃动波高采用 $r=a$，$\theta=\pi/2$ 处的值，下文同。在仿真过程中，$N_x$ 方向小车的加速度设置为 1 m/s²，最大驱动速度为 10 cm/s。$N_y$ 方向小车的加速度设置为 2 m/s²，最大驱动速度为 20 cm/s。$N_x$ 和 $N_y$ 两个方向位移矢量之和为总驱动距离。仿真时长 50 s。容器质量 $m_C$、容器高度 $H$、容器半径 $a$、液体深度 $h$、液体密度 $\rho$ 和绳索长度 $l$ 分别设置为 1 000 kg、300 cm、150 cm、150 cm、1 000 kg/m³、500 cm。

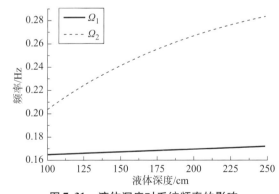

图 7.31 液体深度对系统频率的影响

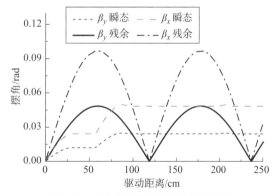

图 7.32 不同驱动距离下的摆角振幅

图 7.32 中，随着驱动距离的增加，$\beta_x$ 和 $\beta_y$ 的瞬态振幅呈现先增加后趋平的现象。$\beta_x$ 和 $\beta_y$ 的残余振幅呈现波峰波谷起伏的现象。并且，$\beta_x$ 和 $\beta_y$ 的曲线变化趋势相同。小车的加速过程和减速过程引起的振动同向时，出现波峰；反向时，出现波谷。$\beta_x$ 和 $\beta_y$ 的频率相同，所以曲线趋势相同。这符合前面实模态分析的结论。图 7.33 中，随着驱动距离的增加，液体的

晃动波高瞬态振幅先增加，后趋平。残余振幅呈现不光滑的周期性波动，这是因为液体晃动由多个模态叠加而成，所以曲线不光滑。

### 7.2.3 振荡控制

#### 7.2.3.1 HF 控制器设计

前人在设计开环控制时，采用的是单一的脉冲或者连续函数。脉冲函数输入线性二阶系统中的响应函数为离散的形式。连续函数输入线性二阶系统中的响应函数为连续函数。

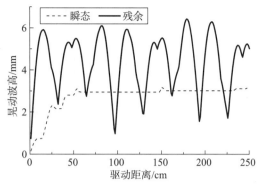

图 7.33　不同驱动距离下的波高振幅

常见的脉冲函数控制器有 MEI、SMD 等。这种类型的控制器通常具有设计简单，速度上升阶段时间短。常见的连续函数控制器有光滑器、MMD、Continuous Function 等。这种类型控制器通常具有频率不敏感性强的优势。本节中将脉冲函数和连续函数的混合，提出一种新型控制器的设计思路。新的控制器是 HF 控制器。HF 控制器为后人提供了一种新的控制器设计思路。

一段脉冲和一段连续函数输入线性二阶系统的响应为

$$f(t) = A \frac{\Omega_i}{\sqrt{1-\zeta_i^2}} e^{-\zeta_i \Omega_i t} \sin(\Omega_i \sqrt{1-\zeta_i^2} t) + \int_{\tau=0}^{\tau_n} c \frac{\Omega_i}{\sqrt{1-\zeta_i^2}} e^{-\zeta_i \Omega_i (t-\tau)} \sin[\Omega_i \sqrt{1-\zeta_i^2}(t-\tau)] d\tau \quad (7.133)$$

式中，$\tau_n$ 是控制器的上升时间；$\Omega_i$、$\zeta_i$ 为控制器的设计频率和阻尼；$A$ 为脉冲幅值。综合考虑脉冲和连续函数两部分，式（7.133）的幅值表达式如下：

$$D(t) = \frac{\Omega_i}{\sqrt{1-\zeta_i^2}} e^{-\zeta_i \Omega_i t} \sqrt{S^2(\Omega_i,\zeta_i) + C^2(\Omega_i,\zeta_i)} \quad (7.134)$$

式中，$S$ 和 $C$ 的计算公式如下：

$$S(\Omega_i,\zeta_i) = \int_{\tau=0}^{\tau_n} c e^{\zeta_i \Omega_i \tau} \sin(\Omega_i \sqrt{1-\zeta_i^2} \tau) d\tau \quad (7.135)$$

$$C(\Omega_i,\zeta_i) = A + \int_{\tau=0}^{\tau_n} c e^{\zeta_i \Omega_i \tau} \cos(\Omega_i \sqrt{1-\zeta_i^2} \tau) d\tau \quad (7.136)$$

设计控制器时，系统的残余振幅为 0，则要求式（7.135）和式（7.136）的系数为 0。为保证速度受控制后的驱动距离与未受控距离能最终保持一致，单位增益被约束为 1。

$$A + \int_{\tau=0}^{\tau_n} c d\tau = 1 \quad (7.137)$$

此外，还应该要求脉冲函数和连续函数保持正值，因为在工程中负值会给操作人员带来指令上的混乱，甚至引起安全问题。将式（7.135）和式（7.136）设置为零，并在时间最优解中求解式（7.137）中的单位增益约束，得到脉冲幅度和连续函数。结果如下：

$$A = \frac{2B}{\sqrt{1-\zeta_i^2}} \sin(\varepsilon \pi) \quad (7.138)$$

$$c(\tau) = \begin{cases} 0, & 0 < \tau < \tau_1 \\ B\Omega_i \cdot e^{-\zeta_i \Omega_i \tau}, & \tau_1 \leq \tau \leq \tau_2 \end{cases} \quad (7.139)$$

$\tau_1$ 和 $\tau_2$ 的计算公式分别为

$$\tau_1 = \frac{(1-\varepsilon)\pi}{\Omega_i \sqrt{1-\zeta_i^2}} \quad (7.140)$$

$$\tau_2 = \frac{(1+\varepsilon)\pi}{\Omega_i \sqrt{1-\zeta_i^2}} \quad (7.141)$$

式中，$\varepsilon$ 是时间调节因子，取值范围 0~1。系数 $B$ 见下面公式：

$$B = \frac{1}{\frac{2}{\sqrt{1-\zeta_i^2}}\sin(\varepsilon\pi) + \frac{e^{-\pi\zeta_i/\sqrt{1-\zeta_i^2}}}{\zeta_i}(e^{\varepsilon\pi\zeta_i/\sqrt{1-\zeta_i^2}} - e^{-\varepsilon\pi\zeta_i/\sqrt{1-\zeta_i^2}})} \quad (7.142)$$

组合脉冲公式（7.138）和连续函数式（7.139）导出 HF 控制器的数学表达形式：

$$u_{\text{HF}}(\tau) = \begin{cases} A, & \tau = 0 \\ 0, & 0 < \tau < \tau_1 \\ B\Omega_i \cdot e^{-\zeta_i \Omega_i \tau}, & \tau_1 \leq \tau \leq \tau_2 \end{cases} \quad (7.143)$$

HF 控制器数学表达式（7.143）的上升时间为

$$\tau_n = \frac{(1+\varepsilon)\pi}{\Omega_i \sqrt{1-\zeta_i^2}} \quad (7.144)$$

对式（7.143）进行拉氏变换，得到的传递函数为

$$\text{HF}(s) = \frac{2B}{\sqrt{1-\zeta_i^2}}\sin(\varepsilon\pi) + \frac{B\Omega_i \left[e^{\frac{-(1-\varepsilon)\pi\zeta_i}{\sqrt{1-\zeta_i^2}}} \cdot e^{\Omega_i \frac{-(1-\varepsilon)\pi}{\sqrt{1-\zeta_i^2}}} - e^{\frac{-(1+\varepsilon)\pi\zeta_i}{\sqrt{1-\zeta_i^2}}} \cdot e^{\Omega_i \frac{-(1+\varepsilon)\pi}{\sqrt{1-\zeta_i^2}}}\right]}{(s + \zeta_i \Omega_i)} \quad (7.145)$$

式中，$s$ 是拉普拉斯变换的复变量。

当式（7.143）中阻尼比 $\zeta_i$ 为 0 时，可以得到无阻尼系统的 HF 控制器。

$$u_{\text{HF}}(\tau) = \begin{cases} \sin(\varepsilon\pi)/[\sin(\varepsilon\pi) + \varepsilon\pi], & \tau = 0 \\ 0, & 0 < \tau < (1-\varepsilon)\pi/\Omega_i \\ \Omega_i/[2\sin(\varepsilon\pi) + 2\varepsilon\pi], & (1-\varepsilon)\pi/\Omega_i \leq \tau \leq (1+\varepsilon)\pi/\Omega_i \end{cases}$$

$$(7.146)$$

同理，对无阻尼系统（7.146）进行拉氏变换，得到传递函数为

$$\text{HF}(s) = \frac{\sin(\varepsilon\pi)}{\sin(\varepsilon\pi) + r\pi} + \frac{\Omega_i}{2\sin(\varepsilon\pi) + 2\varepsilon\pi} \frac{\left[e^{\frac{-(1-\varepsilon)\pi}{\Omega_i}s} - e^{\frac{-(1+\varepsilon)\pi}{\Omega_i}s}\right]}{s} \quad (7.147)$$

从式（7.143）可以看出，HF 控制器是输入整形器和命令光滑器的组合，包括一个脉冲和一个指数函数。然而，HF 控制器［式（7.143）］不同于输入整形器（一系列脉冲）和命令光滑器（连续函数）。输入整形器（一系列脉冲）和命令光滑器的上升时间固定，通常为半个周期的整数倍。HF 控制器的上升时间 $\tau_n$（7.144）可以通过时间调节因子 $\varepsilon$ 改变。此外，时间调节因子 $\varepsilon$ 对 HF 控制器的频率不敏感度有影响。增加调节因子 $\varepsilon$，会增加 HF 控制器的频率不敏感度。

图 7.34 反映了时间调节因子 $\varepsilon$ 分别为 0.1、0.3 和 0.5 时控制器的频率敏感特性。其

中，控制器的设计阻尼比 $\zeta_i$ 为 0。控制器的控制效果在归一化频率为 1 附近呈现"V"字形。当归一化频率在 0.6 附近时，百分比振幅为 100% 左右。随着归一化频率增加，百分比振幅迅速下降。当归一化频率为 1 时，百分比振幅为 0。归一化频率进一步增加时，百分比振幅开始上升，且随着时间调节因子 $\varepsilon$ 的增大，上升的斜率越来越小。说明时间调节因子 $\varepsilon$ 增大，"V"字变宽。结合 5% 敏感阈值线，时间调节因子 $\varepsilon$ 增大，不敏感度也增大。当时间调节因子 $\varepsilon$ 设置为 0.1 时，HF 控制器的 5% 频率不敏感度在 0.968~1.032；当时间调节因子 $\varepsilon$ 设置为 0.5 时，5% 频率不敏感度在 0.962~1.039。控制器呈现陷波滤波的特性，并且时间调节因子 $\varepsilon$ 越大，陷波特性越强。

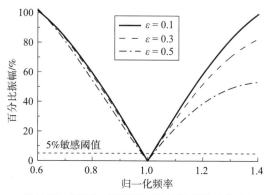

图 7.34　不同时间调节因子的频率敏感曲线

图 7.35 反映了设计阻尼比 $\zeta_i$ 分别为 0、0.1 和 0.2 时控制器的频率敏感特性。其中，控制器的调节因子 $\varepsilon$ 设置为 0.5。在归一化频率 1 附近，控制器的控制效果也呈"V"字形。阻尼存在的情况与无阻尼的情况相似。但是随着阻尼比的从无到有，从小到大，"V"字形逐渐增宽。结合 5% 敏感阈值线，阻尼比 $\zeta_i$ 增大，不敏感度也增大。当设计阻尼比 $\zeta_i$ 设置为 0 时，HF 控制器的 5% 频率不敏感度在 0.962~1.039；当设计阻尼比 $\zeta_i$ 设置为 0.2 时，5% 频率不敏感度在 0.933~1.078。因此，阻尼的存在会使控制器的控制效果变好。

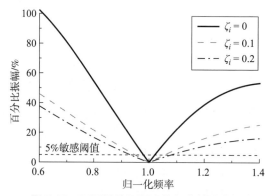

图 7.35　不同设计阻尼比的频率敏感曲线

图 7.36 反映了时间调节因子 $\varepsilon$ 分别为 0.1、0.3 和 0.5 时控制器的阻尼敏感特性。其中，控制器的设计阻尼比 $\zeta_i$ 为 0.01。当实际阻尼比与设计阻尼比相等时，控制效果最好，百分比振幅为 0。实际阻尼比与设计阻尼比的差值越大，则控制效果越弱。时间调节因子 $\varepsilon$

变大，阻尼的敏感特性增强。结合5%敏感阈值线。当时间调节因子 $\varepsilon$ 设置为 0.1 时，阻尼比的不敏感值从 0.064~0.142；当时间调节因子 $\varepsilon$ 设置为 0.5 时，阻尼比的不敏感值从 0.055~0.162。

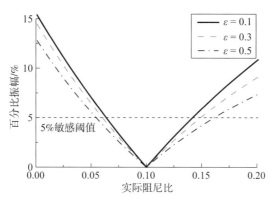

图 7.36　不同时间调节因子的阻尼比敏感曲线

由图 7.35、图 7.36 可知 HF 控制器具有陷波特性。因为绳索吊挂充液容器具有无穷自由度，所以仅使用一个 HF 控制器不能很好地抑制系统振动。结合前文对系统动力学特性的分析，提出 HF 控制器和光滑器控制器组合的方案，简称 HF + 光滑器。

图 7.37 反映了 HF + 光滑器的控制框架。系统第一频率 $\Omega_1$ 作为 HF 的设计频率，系统的第二频率 $\Omega_2$ 作为光滑器控制器的设计频率。该方案效率高，对系统的高频率的振动也具有抑制作用。当系统的第一频率 $\Omega_1$ 为 0.189 Hz，第二频率 $\Omega_2$ 为 0.688 Hz，驱动距离为 160 cm 时，图 7.38（a）给出了梯形速度和 HF + 光滑器控制后的速度比。

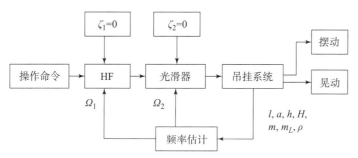

图 7.37　HF + 光滑器控制框架

### 7.2.3.2　仿真验证

为了验证 HF + 光滑器控制方案的特性，本小节对控制方案进行了大量的仿真验证。在仿真过程中，在 $N_x$ 方向小车无输入，$N_y$ 方向小车的加速度设置为 2 m/s²，最大驱动速度为 20 cm/s，驱动距离为 160 cm，仿真时长为 25 s。HF 时间调节因子 $\varepsilon$ 为 0.5，HF 和光滑器的设计阻尼比都为 0。容器质量 $m_C$、容器高度 $H$、容器半径 $a$、液体深度 $h$、液体密度 $\rho$、绳索长度 $l$ 仿真参数分别设置为 1 000 kg、300 cm、150 cm、150 cm、1 000 kg/m³、500 cm。经式（7.128）计算得，第一频率 $\Omega_1$ 为 0.189 Hz，第二频率 $\Omega_2$ 为 0.688 Hz。其中，摆动偏移量为容器液面的中心位置到铅垂线的距离，后文同。

图 7.38（a）为无控制梯形速度和有控制 HF + 光滑器整形速度对比。有 HF + 光滑器控制的速度相较无控制的梯形速度更光滑。

由图 7.38（b）可知，摆动无控制时，摆动偏移量的瞬态振幅和残余振幅分别在 300 mm 和 600 mm 左右。从图 7.38（c）可知，晃动无控制时，晃动波高的瞬态振幅和残余振幅分别在 3 mm 和 6 mm 左右。分析晃动波高变化，发现晃动明显存在 2 个频率。结合图 7.38（b），摆动与晃动的最低频率有着明显的关系。因此，绳索的摆动影响液体的晃动，二者存在耦合关系。由于晃动对摆动的影响较小，所以图 7.38（b）并未明显看出两个频率。在有 HF + 光滑器控制下，摆动偏移量和液体晃动波高在 0 附近波动。在小车停止运动时，摆动和晃动的振动几乎为 0。因此，HF + 光滑器的控制方案是有效的。其中，摆动偏移量瞬态和残余的抑制率分别为 67.13%、99.79%，晃动瞬态和残余的抑制率分别为 95.73%、99.63%。

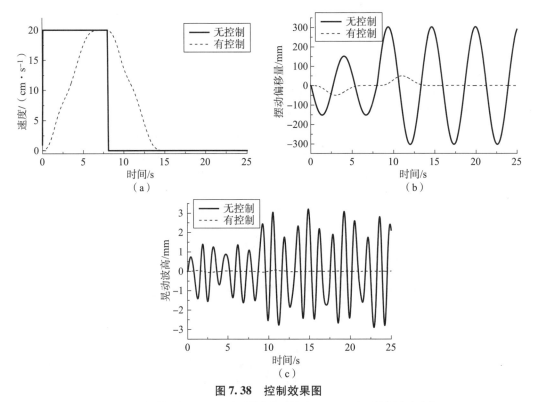

图 7.38　控制效果图

（a）有无控制速度图；（b）有无控制摆动偏移量；（c）有无控制晃动波高

因为容器是圆柱体，所以表面波高函数 $\eta$ 是一个三维的函数。为了更好地说明 HF + 光滑器对表面波高的控制效果，绘制图 7.38（c）中时间 $t$ 为 5 s、10 s、15 s、20 s 的有无控制的表面波高，结果见图 7.39。对容器半径进行归一化处理。在小车无控制时，表面波高函数呈现极值在边缘，中间有起伏的形状。结合图 7.39 分析，$m = 1$，$k = 1$ 的模态贡献相对最大，$k > 1$ 时的模态在表面波高中也有表现。当小车受 HF + 光滑器控制时，液体表面波高在零附近呈现接近平面的状态。说明 HF + 光滑器对整个表面波高的控制有效，并且能抑制 $k > 1$ 时的模态的晃动波高。

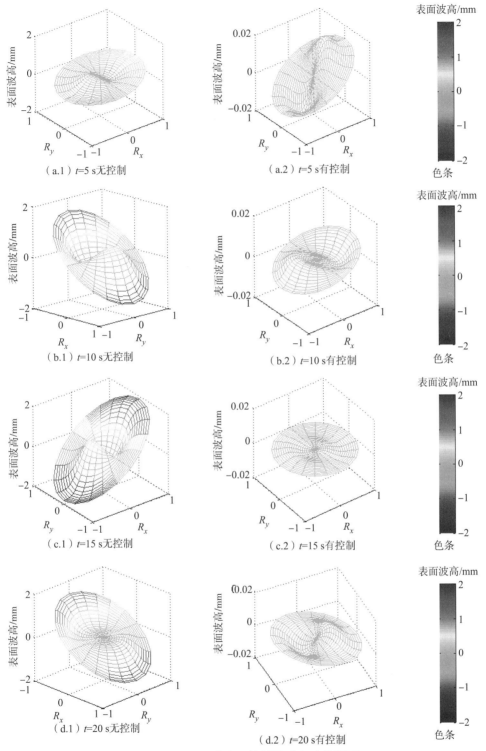

图 7.39 表面波高有无控制的对比（附彩图）

图 7.40 反映了当 HF 控制器时间调节因子 $\varepsilon$ 在 0~1 范围内变化时，摆动偏移量的瞬态振幅和残余振幅。除时间调节因子 $\varepsilon$ 外，其他仿真参数同图 7.42。当小车没有控制时，摆动偏移量瞬态振幅和残余振幅分别为 303.3 mm、607.1 mm。在 HF + 光滑器控制下，摆动偏移量瞬态振幅最高在 120 mm 左右，整体抑制率在 60% 以上。并且，随着时间调节因子 $\varepsilon$ 的增大，瞬态振幅控制效果增强。摆动偏移量残余振幅最高在 13 mm 左右，整体抑制率在 96% 以上。并且，随着时间调节因子 $\varepsilon$ 的增大，残余振幅控制效果趋近于 0。

图 7.41 反映了当 HF 控制器时间调节因子 $\varepsilon$ 在 0~1 范围内变化时，晃动波高的瞬态和残余振幅。除时间调节因子 $\varepsilon$ 外，其他仿真参数同图 7.43。当小车没有控制时，晃动波高瞬态和残余振幅分别为 3.02 mm、6.11 mm。有控制时，晃动波高瞬态振幅最高在 0.22 mm 左右，整体抑制率在 90% 以上。并且，随着时间调节因子 $\varepsilon$ 的增大，瞬态振幅的抑制作用增强。晃动波高的残余振幅呈现先下降，后上升，再缓慢下降的趋势，这是因为受控系统太过复杂。波高残余振幅最大为 0.5 mm 左右，因此控制率在 90% 以上。需要特殊说明的是，图 7.40 和图 7.41 的残余振幅都不为零。这是因为在仿真过程中，系统采用的是非线性模型，而控制器的设计频率估计是线性的，所以，会出现微小的偏差，但对最终的控制效果而言，这种偏差是可以接受的。综合图 7.39~图 7.41 的结论，HF + 光滑器的控制方案对绳索吊挂充液容器是有效的，能明显地抑制摆动和晃动。

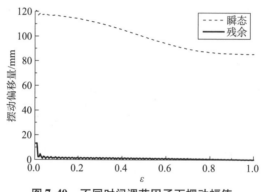

图 7.40 不同时间调节因子下摆动幅值

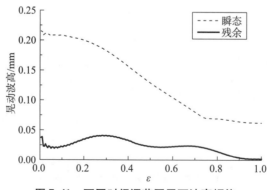

图 7.41 不同时间调节因子下波高幅值

有意义的控制器方案应当具备良好的参数不敏感性。图 7.42、图 7.43 反映了 HF + 光滑器控制方案对容器半径 $a$ 不敏感性的控制结果。在 $N_x$ 方向小车无输入，$N_y$ 方向小车的最大加速度设置为 2 m/s²，最大驱动速度为 20 cm/s，驱动距离为 160 cm，仿真时长为 25 s。容器质量 $m_C$、容器高度 $H$、液体深度 $h$、液体密度 $\rho$ 和绳索长度 $l$ 分别设置为 20 kg、50 cm、30 cm、1 000 kg/m³、100 cm。控制器设计时，容器半径 $a$ 值为 25 cm。利用式（7.128）计算得控制器的设计频率，第一频率 $\Omega_1$ 和第二频率 $\Omega_2$ 分别为 0.438 Hz、1.571 Hz。HF 和光滑器的设计阻尼比都为 0，HF 的时间调节因子 $\varepsilon$ 为 1。

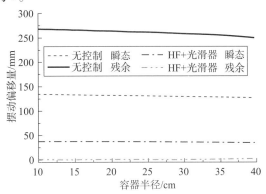

在图 7.42 中，当系统无控制时，随着容器半径 $a$ 的增加，摆动偏移量的瞬态和残余振幅有较小幅度下降。瞬态振幅在 125 mm 以上，残余振幅在 250 mm 以上。当系统受 HF + 光滑器控制时，瞬态振幅在 30 mm 左右，残余振幅在 0 mm 附近。较无控制时的曲线，受控曲线的瞬态振幅和残余振幅更水平。说明在 HF + 光滑器控制摆动时，对容器半径 $a$ 不敏感。在控制器设计点，容器半径 $a$ 为 25 cm，摆动偏移量的瞬态振幅和残余振幅的抑制率分别为 71.92%、99.86%。

图 7.42 摆动随容器半径变化的控制效果

在图 7.43 中，随容器半径 $a$ 增加，无控制的瞬态振幅呈现下降的趋势。无控制的残余振幅呈现较大幅度的波动，并且波形越来越宽。这是因为容器半径 $a$ 增加改变了液体晃动的频率，液体晃动由多模态叠加而成。随着容器半径 $a$ 的增加，液体的频率越来越低，小车加速和减速引起的振动叠加形成波峰，相抵形成波谷。但是，在系统受 HF + 光滑器控制后，晃动波高瞬态和残余的两条曲线近零，几乎不随容器半径改变而改变。说明在 HF + 光滑器控制晃动时，对容器半径 $a$ 不敏感。在控制器设计点，容器半径 $a$ 为 25 cm，液体晃动的瞬态振幅和残余振幅的抑制率分别为 97.79%、99.95%。

图 7.44、图 7.45 反映了 HF + 光滑器控制方案对液体深度 $h$ 不敏感性的控制结果。容器半径 $a$ 为 25 cm，设计控制器时采用 30 cm，液体深度为 $h$。除容器半径 $a$ 和液体深度 $h$ 外，其他所有仿真参数同图 7.42 和图 7.43。

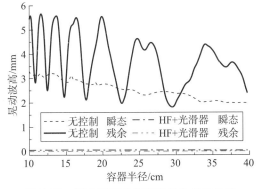

图 7.43 晃动随容器半径变化的控制效果

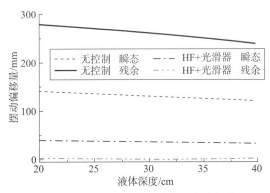

图 7.44 摆动偏移量随液体深度变化的控制效果

图 7.44 反映摆动偏移量随液体深度 $h$ 变化的控制效果。当系统无控制时,随着液体深度 $h$ 的增加,无控制瞬态振幅和残余振幅都呈现下降的趋势。无控制瞬态曲线接近 150 mm,残余曲线在 250 mm 以上。当系统受 HF + 光滑器控制时,瞬态曲线低于 50 mm,残余曲线接近 0 mm。因此,摆动控制效果不会因为液体深度 $h$ 而有大的改变。在控制器设计点,液体深度 $h$ 为 30 cm,摆动偏移量的瞬态振幅和残余振幅的抑制率分别为 71.92%、99.86%。

图 7.45 反映晃动波高随液体深度 $h$ 变化的控制效果。随着液体深度 $h$ 的增加,无控制瞬态振幅和残余振幅都呈现下降趋势。瞬态振幅和残余振幅的最低点在 2 mm 左右。当系统受 HF + 光滑器控制时,瞬态振幅和残余振幅接近 0 mm,曲线几乎保持不变。因此,晃动控制效果不会因为液体深度 $h$ 的改变而有大的改变。在控制器设计点,液体深度 $h$ 为 30 cm,液体晃动的瞬态振幅和残余振幅的抑制率分别为 97.79%、99.95%。

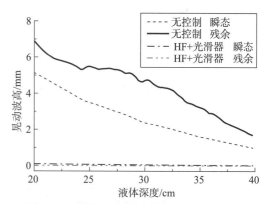

图 7.45 晃动随液体深度变化的控制效果

综合图 7.44 及图 7.45 的结论,HF + 光滑器控制方案具有良好的参数不敏感性,具备良好的工程推广意义。

本节提出了光滑器控制方案。下面比较光滑器和 HF + 光滑器两个控制方案。

当采用第一频率 $\Omega_1$ 为设计频率时,光滑器需要上升时间为

$$T_{光滑器} = \frac{4\pi}{\Omega_1 \sqrt{1-\zeta_1^2}} \tag{7.148}$$

当采用第一频率 $\Omega_1$ 和第二频率 $\Omega_2$ 为设计频率时,HF + 光滑器需要上升时间为

$$T_{光滑器} = \frac{(1+\varepsilon)\pi}{\Omega_1 \sqrt{1-\zeta_1^2}} + \frac{4\pi}{\Omega_2 \sqrt{1-\zeta_2^2}} \tag{7.149}$$

令 $T_{HF+光滑器}$ 和 $T_{光滑器}$ 作差,得到差值 $\Delta T$:

$$\Delta T = T_{HF+光滑器} - T_{光滑器} = \frac{4(\Omega_1 \sqrt{1-\zeta_1^2}) - (3-\varepsilon)(\Omega_2 \sqrt{1-\zeta_2^2})}{(\Omega_1 \sqrt{1-\zeta_1^2})(\Omega_2 \sqrt{1-\zeta_2^2})} \pi \tag{7.150}$$

当 $\Delta T < 0$ 时,采用 HF + 光滑器的上升时间比光滑器的上升时间短。此时,HF + 光滑器组合方案才有效率。$\Delta T < 0$ 的必要条件为

$$4(\Omega_1 \sqrt{1-\zeta_1^2}) \leqslant (3-\varepsilon)(\Omega_2 \sqrt{1-\zeta_2^2}) \tag{7.151}$$

又因为时间调节因子 $\varepsilon$ 取值为 0~1,所以 $\Omega_1 \sqrt{1-\zeta_1^2} \leqslant 2\Omega_2 \sqrt{1-\zeta_2^2}$。当系统第二频率 $\Omega_2$ 大约超过第一频率 $\Omega_1$ 的 2 倍时,采用 HF + 光滑器组合控制方案更节省时间。并且,二者的差值越大,时间节省得越多。

图 7.46 和图 7.47 反映了 HF + 光滑器和光滑器两个控制方案对容器半径 $a$ 的不敏感特性。仿真参数同图 7.42 和图 7.43,设计控制器时,容器半径 $a$ 为 25 cm。此时,系统第一频率 $\Omega_1$ 和第二频率 $\Omega_2$ 分别为 0.438 Hz、1.571 Hz。HF 和光滑器的设计阻尼比都为 0,HF 控制器的时间调节因子 $\varepsilon$ 为 1。代入式(7.148)和式(7.149)得:$T_{光滑器} = 4.568$ s,$T_{HF+光滑器} = 3.557$ s。因此,采用 HF + 光滑器更快。

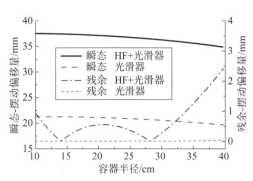

图 7.46 容器半径改变时两个控制方案的摆动结果

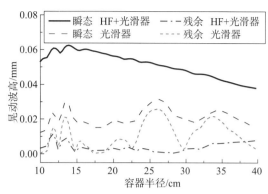

图 7.47 容器半径改变时两个控制方案的晃动结果

图 7.46 反映了在控制摆动时，两个控制方案对容器半径 $a$ 的鲁棒性。在容器半径 $a$ 为 25 cm 处，HF + 光滑器的瞬态振幅和残余振幅分别为 36.74 mm、0.36 mm；光滑器的瞬态振幅和残余振幅分别为 20.88 mm、0.004 mm。随容器半径 $a$ 增大，HF + 光滑器和光滑器的瞬态振幅有小幅减小。光滑器残余振幅一致保持在 0 附近。HF + 光滑器的残余振幅随容器半径 $a$ 增加而出现波动。因此，在容器半径 $a$ 不敏感性比较中，理论上光滑器的摆动控制效果比 HF + 光滑器效果更好。

图 7.47 反映了在控制晃动时，两个控制方案对容器半径 $a$ 的鲁棒性。在容器半径 $a$ 为 25 cm 处，HF + 光滑器的瞬态振幅和残余振幅分别为 0.053 mm、0.002 mm；光滑器的瞬态振幅和残余振幅分别为 0.029 mm、0.024 mm。在晃动波高的瞬态曲线对比中，光滑器始终处于较低的位置；在晃动波高的残余曲线对比中，HF + 光滑器相对处于较低位置。因此，在容器半径 $a$ 不敏感性比较中，理论上光滑器的晃动控制效果和 HF + 光滑器效果不相上下。

图 7.48 和图 7.49 反映了 HF + 光滑器和光滑器两个控制方案对液体深度 $h$ 的不敏感性。仿真参数同图 7.46 和图 7.47，设计控制器时，液体深度 $h$ 为 30 cm。此时，$T_{光滑器} = 4.568$ s，$T_{HF+光滑器} = 3.557$ s。

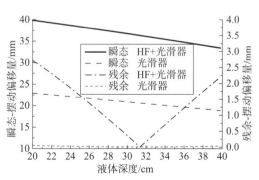

图 7.48 液体深度改变时两个控制方案的摆动结果

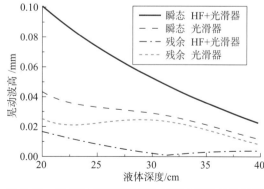

图 7.49 液体深度改变时两个控制方案的晃动结果

在图 7.48 中，HF + 光滑器的瞬态振幅在 35 mm 以上，光滑器的瞬态振幅在 20 mm 左右。并且，光滑器的残余振幅一直在 0 mm 附近。HF + 光滑器的残余振幅呈现先下降，后上升的规律,最高处约在 3 mm。HF + 光滑器残余振幅抑制的最低点不是在液体深度 $h$ 为 30 cm 处,这是因为频率估计采用线性化的实模态方案,而仿真系统采用的是非线性方程,所以存在偏差,但从结果来看,偏差可以接受。在摆动控制中,光滑器比 HF + 光滑器对液体深度 $h$ 的鲁棒性好。

在图 7.49 中,HF + 光滑器瞬态曲线比光滑器曲线高,说明在晃动瞬态振幅的控制上,光滑器控制效果更好。在晃动残余振幅控制结果对比中,HF + 光滑器残余曲线比光滑器曲线低,说明在晃动残余振幅的控制上,HF + 光滑器控制效果更好。因此,在摆动控制中,光滑器和 HF + 光滑器对液体深度 $h$ 的敏感性差不多。

### 7.2.4 试验验证

#### 7.2.4.1 模型试验验证

图 7.50 反映了三维实验台的情况。刚性容器采用无封顶的玻璃容器,见图 7.50(b)。小车的运动沿 $N_y$ 方向,小车的最大加速设置为 2 m/s$^2$,最大驱动速度为 20 cm/s。$N_x$ 方向无输入。容器质量 $m_C$、容器高度 $H$、容器直径 $2a$、液体深度 $h$、绳索长度 $l$ 的测量结果分别为 0.612 kg、30 cm、9.5 cm、14.5 m、75 cm,液体密度 $\rho$ 为 1 000 kg/m$^3$。

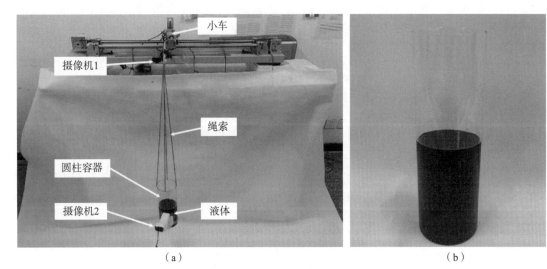

图 7.50 三维实验台的情况
(a) 三维试验台;(b) 圆柱体充液容器

图 7.51、图 7.52 反映了在非零初始状态下,仿真和试验自由响应的对比结果。从图 7.51 的结果可以看出,摆动的试验和仿真结果基本重合。试验计算的摆动频率为 0.526 Hz。利用式(7.128)估计系统第一频率 $\Omega_1$ 为 0.512 Hz,二者相差不到 1%。摆动对系统第一频率 $\Omega_1$ 贡献非常大。图 7.52 反映了液体晃动的仿真和试验结果对比。在 0.5 s 内,液体晃动的频率和幅值吻合得非常好。随着时间的增加,试验的幅值越来越低。由于真实系统中存在着阻尼,晃动频率较高,因此,晃动振幅衰减得非常快。5 s 试验中晃动存在 16.5 个周期。试验中晃动的频率约为 3.300 Hz。式(7.128)估计系统第二频率 $\Omega_2$ 为 3.262 Hz。在系统第二频率 $\Omega_2$ 中,晃动起主要作用。并且,在液体晃动振幅贡献中,$m=1$,$k=1$ 的模态占主要部分。

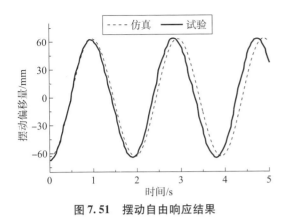

图 7.51 摆动自由响应结果

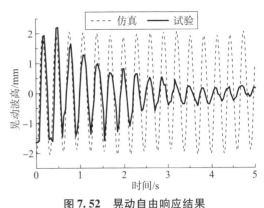

图 7.52 晃动自由响应结果

图 7.53 和图 7.54 反映了在改变小车驱动距离时，无控制和有 HF + 光滑器控制的结果。驱动距离从 2 cm 开始，每次增加 2 cm，一直到 44 cm，共 22 组。在图 7.53 中，当小车没有控制时，摆动的残余振幅试验和仿真结果趋势基本保持一致。因为系统存在阻尼，所以试验幅值比仿真的低。在无控制状态下，当驱动距离接近 20 cm 时，摆动出现波峰；当驱动距离接近 40 cm 时，摆动出现波谷。在图 7.54 中，在无控制状态下，试验的晃动残余振幅比仿真的结果偏低，这是因为液体中存在阻尼和表面张力。

综合图 7.51 到图 7.54 的结论，三维绳索吊挂充液容器系统的动力学模型是正确的，与试验情况相符。

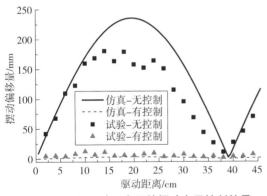

图 7.53 不同驱动距离下的摆动有无控制结果

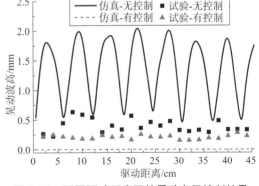

图 7.54 不同驱动距离下的晃动有无控制结果

#### 7.2.4.2 控制器试验验证

在图 7.55 和图 7.56 中，有控制指系统受 HF + 光滑器控制。设计控制器时，第一频率 $\Omega_1$ 设置为 0.512 Hz，第二频率 $\Omega_2$ 设置为 3.262 Hz，阻尼比为 0。HF 控制器的时间调节因子 $\varepsilon$ 设置为 1.0。系统有控制后，摆动和晃动的残余振幅普遍低于无控制时的。并且，随着驱动距离增加，控制后的残余振幅没有出现波峰波谷的现象，基本靠近 0。说明 HF + 光滑器的控制方案不受驱动距离的影响。

图 7.55 反映了改变 HF 控制器时间调节因子 $\varepsilon$ 的试验结果。小车的驱动距离为 20 cm。HF + 光滑器控制方案设计中，第一频率 $\Omega_1$ 设置为 0.512 Hz，第二频率 $\Omega_2$ 设置为 3.262 Hz，

阻尼比为0。时间调节因子$\varepsilon$分别设置为1.00、0.75、0.50、0.25。

在图7.55（a）中，随着时间调节因子$\varepsilon$的减小，小车运行20cm的距离所需的时间减少。图7.55（b）反映了不同时间调节因子$\varepsilon$的摆动控制结果。当系统没有控制时，摆动瞬态振幅为81.3 mm，残余振幅为157.9 mm。当时间调节因子$\varepsilon$分别为1.00、0.75、0.50、0.25时，摆动的瞬态振幅分别为36.5 mm、32.4 mm、41.0 mm、44.7 mm。残余振幅分别为5.6mm、9.3mm、12.4 mm、15.8 mm。随着时间调节因子的减小，摆动的瞬态振幅和残余振幅基本上都呈现增加的趋势。这与仿真中图7.40的结论基本一致。当调节因子$\varepsilon$为1.00时，瞬态振幅和残余振幅抑制率分别为55.14%、96.46%。当时间调节因子$\varepsilon$为0.25时，瞬态振幅和残余振幅抑制率分别为45.10%、89.98%。

图7.55（c）反映了不同时间调节因子$\varepsilon$的晃动控制结果。当系统没有控制时，晃动的瞬态振幅为0.74 mm，残余振幅为0.57 mm。当调节因子$\varepsilon$分别为1.00、0.75、0.50、0.25时，晃动的瞬态振幅分别为0.28 mm、0.34 mm、0.40 mm、0.29 mm。残余振幅分别为0.16 mm、0.19 mm、0.21 mm、0.22 mm。在晃动的控制中，时间调节因子$\varepsilon$变大，控制效果增强。

综合图7.55的结论，HF+光滑器控制方案对绳索吊挂充液容器系统的振动有良好的抑制作用。

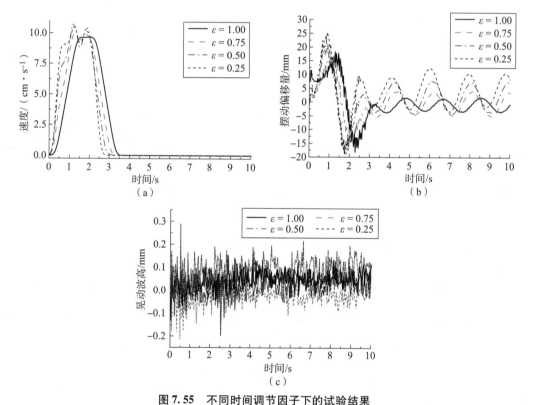

图7.55　不同时间调节因子下的试验结果

（a）不同时间调节因子下的速度；（b）不同时间调节因子下的摆动结果；
（c）不同时间调节因子下的晃动结果

图7.56反映了HF+光滑器对系统参数的频率敏感特性。基准是指在控制器设计时采用

的参数基于实际测量参数的情况。试验测量参数同图 7.50。0.7H 指在设计控制器时，容器高度 H 为 21 cm（30 cm · 0.7），重新计算设计频率。其他频率设计参数同理。试验结果见图 7.56 和表 7.1。

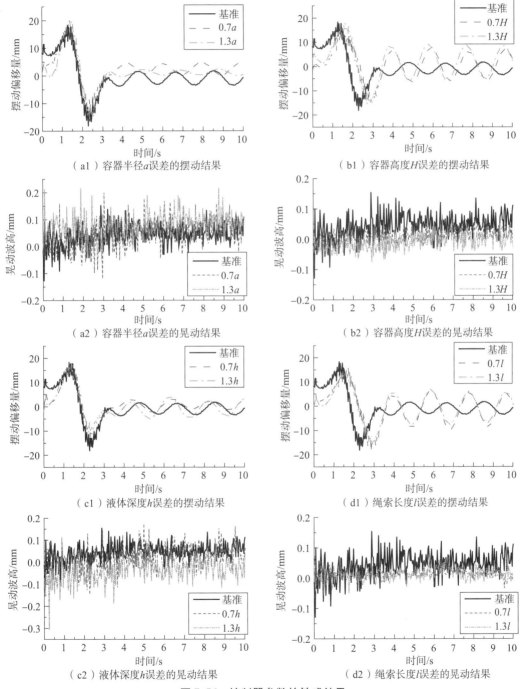

图 7.56　控制器参数的敏感结果

分析图 7.56 中的（a1）和（a2）及表 7.1 中 0.7$a$ 和 1.3$a$ 部分数据，当改变容器半径 $a$ 时，与基准相比，摆动抑制结果基本持平，晃动残余抑制结果略差。分析图 7.56 中的（b1）和（b2）及表 7.1 中 0.7$H$ 和 1.3$H$ 部分数据，当改变容器高度 $H$ 时，与基准相比，摆动残余抑制结果略差，晃动抑制结果略好。分析图 7.56 中的（c1）和（c2）及表 7.1 中 0.7$h$ 和 1.3$h$ 部分数据，当改变液体深度 $h$ 时，与基准相比，摆动抑制结果基本持平，晃动残余抑制略差。分析图 7.56 中的（d1）和（d2）及表 7.1 中 0.7$l$ 和 1.3$l$ 部分数据，当改变绳索长度 $l$ 时，与基准相比，摆动残余抑制结果略差，晃动抑制结果略好。摆动对系统第一频率 $\Omega_1$ 起主要贡献，晃动对系统第二频率 $\Omega_2$ 起主要贡献。容器半径 $a$ 和液体深度 $h$ 两参数对第一频率 $\Omega_1$ 影响小，对第二频率 $\Omega_2$ 影响大。容器高度 $H$ 和绳索长度 $l$ 对第一频率 $\Omega_1$ 影响大，对第二频率 $\Omega_2$ 影响小。因此，当控制器设计点处的频率估计不准确时，会出现摆动或晃动的抑制结果变差的现象。因为试验中阻尼使晃动振幅衰减过快，未控制的晃动振幅偏低，所以晃动的抑制率没有达到 90% 以上。但是有控制后，晃动振幅降低了 55% 以上，说明控制器有抑制晃动的效果。总体而言，当系统参数改变时，摆动残余振幅的抑制率普遍在 90% 以上，晃动的残余振幅抑制率在 55% 以上，说明 HF + 光滑器控制方案具有良好的参数不敏感性。

表 7.1 不同参数下的控制器鲁棒性试验

| 频率设计参数 | 摆动瞬态抑制率/% | 摆动残余抑制率/% | 晃动瞬态抑制率/% | 晃动残余抑制率/% |
| --- | --- | --- | --- | --- |
| 基准 | 55.14 | 96.46 | 61.63 | 71.02 |
| 0.7$a$ | 61.89 | 97.00 | 56.48 | 59.32 |
| 1.3$a$ | 54.42 | 98.16 | 62.92 | 59.04 |
| 0.7$H$ | 63.39 | 90.99 | 90.67 | 82.71 |
| 1.3$H$ | 58.97 | 90.35 | 84.13 | 76.03 |
| 0.7$h$ | 60.01 | 96.60 | 60.23 | 56.54 |
| 1.3$h$ | 64.47 | 94.19 | 42.12 | 64.05 |
| 0.7$l$ | 57.51 | 89.77 | 85.95 | 83.42 |
| 1.3$l$ | 62.14 | 90.77 | 87.24 | 78.39 |

图 7.57 和图 7.58 反映了 HF + 光滑器的频率不敏感性。将控制器第一频率 $\Omega_1$ 设置为 0.512 Hz，第二频率 $\Omega_2$ 设置为 3.262 Hz，规定为频率倍数 1.0。频率倍数为 0.7 时，控制器的第一频率 $\Omega_1$ 为 0.358 Hz（0.512 Hz × 0.7），控制器的第二频率 $\Omega_2$ 为 2.283 Hz（3.262 Hz × 0.7）。其他频率倍数同理。在图 7.57 中，摆动的试验结果大部分能与仿真对应。在摆动结果中，部分试验结果比仿真结果低，这可能是由于真实系统中存在阻尼效应，所以鲁棒性有所提升。在图 7.58 中，仿真和试验结果的对比不太理想。在受控制后，晃动的瞬态振幅和残余振幅过低，所以试验结果一直大于仿真结果。当系统没有控制时，晃动的瞬态振幅为 0.74 mm，残余振幅为 0.57 mm。因此，HF + 光滑器对晃动控制是有效的，且具有频率不敏感性。

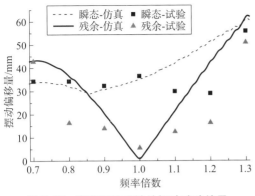

图 7.57 频率不敏感性的摆动试验结果

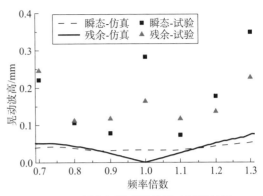

图 7.58 频率不敏感性的晃动试验结果

图 7.59 反映了 HF + 光滑器和光滑器两个控制方案的对比结果。设计控制器时，第一频率 $\Omega_1$ 为 0.512 Hz，第二频率 $\Omega_2$ 为 3.262 Hz，阻尼比为 0。HF 的时间调节因子 $\varepsilon$ 为 1.00。小车驱动距离为 20 cm。无控制、HF + 光滑器、光滑器的上升时间（含无控制时间）分别是 1.1 s、3.668 s、5.001 s。从图 7.59（a）中也能明显看出，在相同的驱动距离下，光滑器比 HF + 光滑器需要的时间长。图 7.59（b）反映了三种状态下摆动偏移量的结果。无控制、HF + 光滑器、光滑器的摆动瞬态振幅分别是 81.3 mm、36.5 mm、16.7 mm，摆动残余振幅分别为 157.9 mm、5.6 mm、2.3 mm。因此，光滑器对摆动的抑制效果略优于 HF + 光滑器。

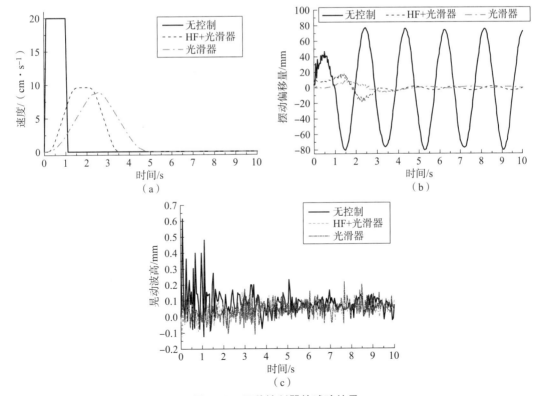

图 7.59 两种控制器的试验结果

（a）无控制和两种控制方案的速度对比；（b）无控制和两种控制方案的摆动对比；（c）无控制和两种控制方案的晃动对比

图7.59(c)反映了三种状态下晃动波高的结果。无控制、HF+光滑器、光滑器的晃动瞬态振幅分别是0.74 mm、0.28 mm、0.29 mm,晃动残余振幅分别为0.57 mm、0.16 mm、0.27 mm。因此,HF+光滑器对晃动的抑制效果略优于光滑器。

图7.60和表7.2反映了HF+光滑器和光滑器鲁棒性对比的试验结果。图7.60中的0.7和1.3分别代表频率倍数为0.7和1.3。当频率倍数为0.7时,控制器设计的系统第一频率$\Omega_1$为0.358 Hz(0.512 Hz×0.7),第二频率$\Omega_2$为2.283 Hz(3.262 Hz×0.7)。当频率倍数为1.3时,控制器设计的第一频率$\Omega_1$为0.646 Hz(0.512 Hz×1.3),第二频率$\Omega_2$为4.240 Hz(3.262 Hz×1.3)。时间调节因子$\varepsilon$为1.00。

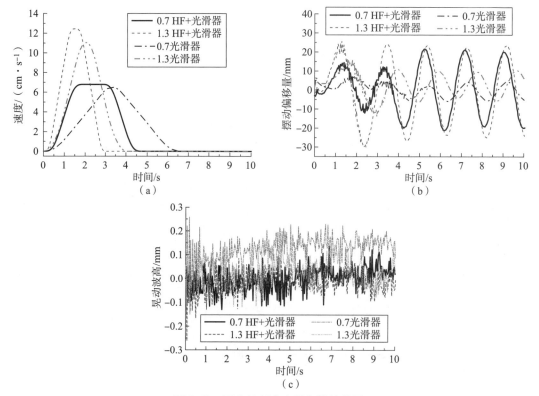

**图7.60 两个控制方案的鲁棒性结果**

(a)频率估计误差下两个控制方案的速度对比;(b)频率估计误差下两个控制方案的摆动结果对比;
(c)频率估计误差下两个控制方案的晃动结果对比

表7.2 两种控制方案的鲁棒性对比

| 控制方案 | 频率倍数 | 摆动瞬态抑制率/% | 摆动残余抑制率/% | 晃动瞬态抑制率/% | 晃动残余抑制率/% |
| --- | --- | --- | --- | --- | --- |
| 光滑器 | 0.7 | 83.45 | 93.58 | 44.70 | 66.70 |
|  | 1.3 | 62.76 | 89.33 | 65.16 | 59.87 |
| HF+光滑器 | 0.7 | 57.74 | 72.90 | 69.99 | 56.68 |
|  | 1.3 | 31.32 | 67.72 | 52.63 | 59.87 |

综合分析图 7.60 和表 7.2。图 7.60（a）中，当设计频率相同时，HF + 光滑器的上升时间明显比光滑器的短。当控制器设计频率有 30% 的偏差时，光滑器摆动残余抑制率在 90% 左右，晃动残余抑制率在 60% 左右。HF + 光滑器摆动残余振幅抑制率在 70% 左右，晃动残余振幅抑制率略低于 60%。因此，HF + 光滑器的上升时间比光滑器短，光滑器的频率鲁棒性比 HF + 光滑器强。

综合图 7.59、图 7.60 和表 7.2 的结论。当系统频率估计精准时，HF + 光滑器和光滑器的效果差不太多，但 HF + 光滑器上升时间短，设计上升时间更为灵活。当系统频率估计有较大误差时，光滑器的抑制效果更好，鲁棒性更强。因此，当系统频率估计精准，要求高效率时，建议采用 HF + 光滑器方案。当系统频率估计有较大误差，要求振动抑制率高时，建议采用光滑器。

# 参 考 文 献

［1］ 胡海岩. 机械振动基础［M］. 北京：北京航空航天大学出版社，2005.
［2］ 蔡自兴. 智能控制原理与应用［M］. 北京：清华大学出版社，2019.
［3］ 黄杰. 新减振技术［M］. 北京：北京理工大学出版社，2020.
［4］ 黄杰，刘莹. 非线性系统与智能控制［M］. 北京：北京理工大学出版社，2020.
［5］ Huang Jie. Nonlinear dynamics and vibration control of flexible systems ［M］. CRC Press/Taylor & Francis Group，2023.
［6］ Wagg D J, Neild S A. Nonlinear vibration with control ［M］. Springer-Verlag，2009.
［7］ Kovacic I, Brennan M J. The Duffing equation：Nonlinear oscillators and their behaviour ［M］. John Wiley & Sons，2011.
［8］ Rand R H. Lecture notes on nonlinear vibrations ［M］. Cornell University，2012.
［9］ Banerjee A K. Flexible multibody dynamics：Efficient formulations and applications ［M］. John Wiley & Sons，2016.
［10］ Khalil H K, Grizzle J W. Nonlinear systems ［M］. Prentice hall，2002.
［11］ Huang J, Maleki E, Singhose W. Dynamics and swing control of mobile boom cranes subject to wind disturbances ［J］. IET Control Theory and Applications，2013，7（9）：1187-1195.
［12］ Dang T LeV, Ko D, et al. Nonlinear controls of a rotating tower crane in conjunction with trolley motion ［J］. Proceedings of the Institution of Mechanical Engineers, Part I：Journal of Systems and Control Engineering，2013，227（5）：451-460.
［13］ Xie X, Huang J, Liang Z. Vibration reduction for flexible systems by command smoothing ［J］. Mechanical Systems and Signal Processing，2013，39：461-470.
［14］ Xie X, Huang J, Liang Z. Using continuous function to generate shaped command for vibration reduction ［J］. Proceedings of the Institution of Mechanical Engineers, Part I, Journal of Systems and Control Engineering，2013，227（6）：523-528.
［15］ Bock M, Kugi A. Real-time nonlinear model predictive path-following control of a laboratory tower crane ［J］. IEEE Transactions on Control Systems Technology，2014，22（4）：1461-1473.
［16］ Masoud Z, Alhazza K, Abu-Nada E, et al. A hybrid command-shaper for double-pendulum overhead cranes ［J］. Journal of Vibration and Control，2014，20（1）：24-37.
［17］ Rahimi H, Nazemizadeh M. Dynamic analysis and intelligent control techniques for flexible manipulators：a review ［J］. Advanced Robotics，2014，28（2）：63-76.

[18] Guglieri G, Marguerettaz P. Dynamic stability of a helicopter with an external suspended load [J]. Journal of the American Helicopter Society, 2014, 59 (4): 1 – 12.

[19] Zhang Q, Mills J K, Cleghorn W L, et al. Dynamic model and input shaping control of a flexible link parallel manipulator considering the exact boundary conditions [J]. Robotica, 2015, 33 (6): 1201 – 1230.

[20] Matuško J, Ileš Š, Kolonić F, et al. Control of 3D tower crane based on tensor product model transformation with neural friction compensation [J]. Asian Journal of Control, 2015, 17 (2): 443 – 458.

[21] Zang Q, Huang J. Dynamics and control of three – dimensional slosh in a moving rectangular liquid container undergoing planar excitations [J]. IEEE Transactions on Industrial Electronics, 2015, 62 (4): 2309 – 2318.

[22] Elbadawy A, Shehata M. Anti – sway control of marine cranes under the disturbance of a parallel manipulator [J]. Nonlinear Dynamics, 2015, 82 (1 – 2): 415 – 434.

[23] Huang J, Liang Z, Zang Q. Dynamics and swing control of double – pendulum bridge cranes with distributed – mass beams [J]. Mechanical Systems and Signal Processing, 2015, 54 – 55: 357 – 366.

[24] Huang J, Xie X, Liang Z. Control of bridge cranes with distributed – mass payload dynamics [J]. IEEE/ASME Transactions on Mechatronics, 2015, 20 (1): 481 – 486.

[25] Adams C, Potter J, Singhose W. Input – shaping and model – following control of a helicopter carrying a suspended load [J]. Journal of Guidance, Control, and Dynamics, 2015, 38 (1): 94 – 105.

[26] Krishnamurthi J, Horn J F. Helicopter slung load control using lagged cable angle feedback [J]. Journal of the American Helicopter Society, 2015, 60 (2): 1 – 12.

[27] Enciu K, Rosen A. Nonlinear dynamical characteristics of fin – stabilized underslung loads [J]. AIAA Journal, 2015, 53 (3): 723 – 738.

[28] Ivler C. Constrained state – space coupling numerator solution and helicopter external load control design application [J]. Journal of Guidance, Control, and Dynamics, 2015, 38 (10): 2004 – 2010.

[29] Zang Q, Huang J, Liang Z. Slosh suppression for infinite modes in a moving liquid container [J]. IEEE/ASME Transactions on Mechatronics, 2015, 20 (1): 217 – 225.

[30] Wang Y, Li F. Dynamical properties of Duffing – van der Pol oscillator subject to both external and parametric excitations with time delayed feedback control [J]. Journal of Vibration and Control, 2015, 21 (2): 371 – 387.

[31] Ghandchi – Tehrani M, Wilmshurst L, Elliott S. Bifurcation control of a Duffing oscillator using pole placement [J]. Journal of Vibration and Control, 2015, 21 (14): 2838 – 2851.

[32] Kiang C T, Spowage A, Yoong C K. Review of control and sensor system of flexible manipulator [J]. Journal of Intelligent & Robotic Systems, 2015, 77 (1): 187 – 213.

[33] Kim S M. Lumped element modeling of a flexible manipulator system [J]. IEEE/ASME

Transactions on Mechatronics, 2015, 20 (2): 967 - 974.

[34] Walsh A, Forbes J R. Modeling and control of flexible telescoping manipulators [J]. IEEE Transactions on Robotics, 2015, 31 (4): 936 - 947.

[35] Alipour K, Zarafshan P, Ebrahimi A. Dynamics modeling and attitude control of a flexible space system with active stabilizers [J]. Nonlinear Dynamics, 2016, 84 (4): 2535 - 2545.

[36] Mohamed Z, Khairudin M, Husain A R, et al. Linear matrix inequality - based robust proportional derivative control of a two - link flexible manipulator [J]. Journal of Vibration and Control, 2016, 22 (5): 1244 - 1256.

[37] Sayahkarajy M, Mohamed Z, Faudzi A. Review of modelling and control of flexible - link manipulators [J]. Proceedings of the Institution of Mechanical Engineers, Part I: Journal of Systems and Control Engineering, 2016, 230 (8): 861 - 873.

[38] Khadra F. Super - twisting control of the Duffing - Holmes chaotic system [J]. International Journal of Modern Nonlinear Theory and Application, 2016, 5 (4): 160 - 170.

[39] Cao Y, Wang Z. Equilibrium characteristics and stability analysis of helicopter slung - load system [J]. Proceedings of the Institution of Mechanical Engineers, Part G: Journal of Aerospace Engineering, 2016, 231 (6): 1056 - 1064.

[40] Wu T, Karkoub M, Yu W, et al. Anti - sway tracking control of tower cranes with delayed uncertainty using a robust adaptive fuzzy control [J]. Fuzzy Sets and Systems, 2016, 290 (1): 118 - 137.

[41] Tang R, Huang J. Control of bridge cranes with distributed - mass payloads under windy conditions [J]. Mechanical Systems and Signal Processing, 2016 (72 - 73): 409 - 419.

[42] Sun N, Fang Chen Y H, et al. Slew/translation positioning and swing suppression for 4 - DOF tower cranes with parametric uncertainties: Design and hardware experimentation [J]. IEEE Transactions on Industrial Electronics, 2016, 63 (10): 6407 - 6418.

[43] Carmona I, Collado J. Control of a two wired hammerhead tower crane [J]. Nonlinear Dynamics, 2016, 84 (4): 2137 - 2148.

[44] Tubaileh A. Working time optimal planning of construction site served by a single tower crane [J]. Journal of Mechanical Science and Technology, 2016, 30 (6): 2793 - 2804.

[45] Chen B, Huang J. Decreasing infinite - mode vibrations in single - link flexible manipulators by a continuous function [J]. Proceedings of the Institution of Mechanical Engineers, Part I, Journal of Systems and Control Engineering, 2017, 23 (6): 436 - 446.

[46] Le A, Lee S. 3D cooperative control of tower cranes using robust adaptive techniques [J]. Journal of the Franklin Institute, 2017, 354 (18): 8333 - 8357.

[47] Ramli L, Mohamed Z, Abdullahi A, et al. Control strategies for crane systems: A comprehensive review [J]. Mechanical Systems and Signal Processing, 2017, 95: 1 - 23.

[48] El - Ferik S, Syed A H, Omar H M, et al. Nonlinear forward path tracking controller for helicopter with slung load [J]. Aerospace Science and Technology, vol. 69, pp. 602 - 608, 2017.

[49] Huang J, Zhao X. Control of three-dimensional nonlinear slosh in moving rectangular containers [J]. The Transactions of the ASME-Journal of Dynamic Systems, Measurement, and Control, 2018, 140 (8): 081016-081018.

[50] Ileš Š, Matuško J, Kolonić F. Sequential distributed predictive control of a 3D tower crane [J]. Control Engineering Practice, 2018, 79: 22-35.

[51] Wilbanks J, Adams C, Leamy M. Two-scale command shaping for feedforward control of nonlinear systems [J]. Nonlinear Dynamics, 2018, 92 (3): 885-903.

[52] Peng J, Huang J, Singhose W. Payload twisting dynamics and oscillation suppression of tower cranes during slewing motions [J]. Nonlinear Dynamics, 2019, 98 (2): 1041-1048.

[53] Zhao X, Huang J. Distributed-mass payload dynamics and control of dual cranes undergoing planar motions [J]. Mechanical Systems and Signal Processing, 2019, 126: 636-648.

[54] Jaafar H, Mohamed Z, Shamsudin M, et al, Model reference command shaping for vibration control of multimode flexible systems with application to a double-pendulum overhead crane [J]. Mechanical Systems and Signal Processing, 2019, 115: 677-695.

[55] Ouyang H, Deng X, Xi H, et al. Novel robust controller design for load sway reduction in double-pendulum overhead cranes [J]. Proceedings of the Institution of Mechanical Engineers Part C Journal of Mechanical Engineering Science, 2019, 233 (12): 4359-4371.

[56] Chen B, Huan J g, Ji J C. Control of flexible single-link manipulators having Duffing oscillator dynamics [J]. Mechanical Systems and Signal Processing, 2019, 121: 44-57.

[57] Biagiotti L, Melchiorri C, Moriello L. Damped harmonic smoother for trajectory planning and vibration suppression [J]. IEEE Transactions on Control Systems Technology, 2020, 28 (2): 626-634.

[58] Xing B, Huang J. Control of pendulum-sloshing dynamics in suspended liquid containers [J]. IEEE Transactions on Industrial Electronics, 2020, 68 (6): 5146-5154.

[59] Ye J, Huang J. Analytical analysis and oscillation control of payload twisting dynamics in a tower crane carrying a slender payload [J]. Mechanical Systems and Signal Processing, 2021, 158: 107763.

[60] Huang J, Zhu K. Dynamics and control of three-dimensional dual cranes transporting a bulky payload [J]. Proceedings of the Institution of Mechanical Engineers, Part C: Journal of Mechanical Engineering Science, 2021, 235 (11): 1956-1965.

[61] Huang J, Ji J. Vibration Control of coupled duffing oscillators in flexible single-link manipulators [J]. Journal of Vibration and Control, 2021, 27 (17-18): 2058-2068.

[62] Zhu K, Huang J. Planar dual-hoist dynamics of quadcopters carrying slender loads [J]. Nonlinear Dynamics, 2021, 106 (4): 3101-3115.

[63] Zhu K, Huang J, Gnezdilov S. Attitude-pendulum-sloshing coupled dynamics of quadrotors slung liquid containers [J]. Proceedings of the Institution of Mechanical Engineers, Part G: Journal of Aerospace Engineering, 2022, 236 (13): 2655-2667.

[64] Xue H, Huang J. Dynamic modeling and vibration control of underwater soft – link manipulators undergoing planar motions [J]. Mechanical Systems and Signal Processing, 2022, 181: 109540.

[65] Gao T, Huang J, Singhose W. Eccentric – load dynamics and oscillation control of industrial cranes transporting heterogeneous loads [J]. Mechanism and Machine Theory, 2022, 172: 104800.

[66] Ye J, Huang J. Control of beam – pendulum dynamics in a tower crane with a slender jib transporting a distributed – mass load [J]. IEEE Transactions on Industrial Electronics, 2023, 70 (1): 888 – 897.

[67] Qi C, Huang J. Control of coupled interaction between the flexible cantilever link and airflow [J]. Mechatronics, 2023, 96: 103088.

[68] Li G, Huang J, Singhose W, et al. Cooperative – transportation dynamics of two helicopters transporting a rocket booster undergoing planar motions [J]. Aerospace Science and Technology, 2024, 145: 108873.

[69] Tian W, Huang J, Singhose W, Control of cooperative – transportation dynamics in twin – lift cranes suspending a liquid container [J]. IEEE Transactions on Industrial Electronics, 2024, 71 (4): 4016 – 4025.

[70] Xue H, Huang J. Dynamics and control of underwater manipulators considering interaction between soft – body link and fluid flow [J]. Journal of Sound and Vibration, 2024, 570: 118022.

## 彩 插

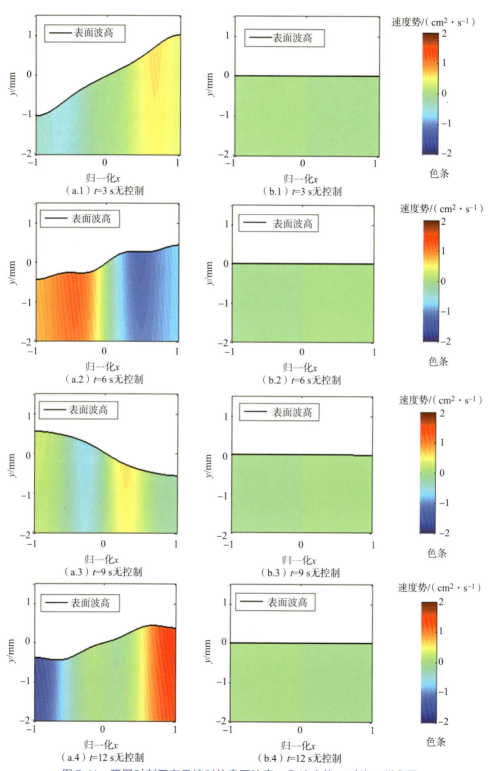

图 7.11 不同时刻下有无控制的表面波高 $\eta$ 和速度势 $\varphi$ 对比（附彩图）

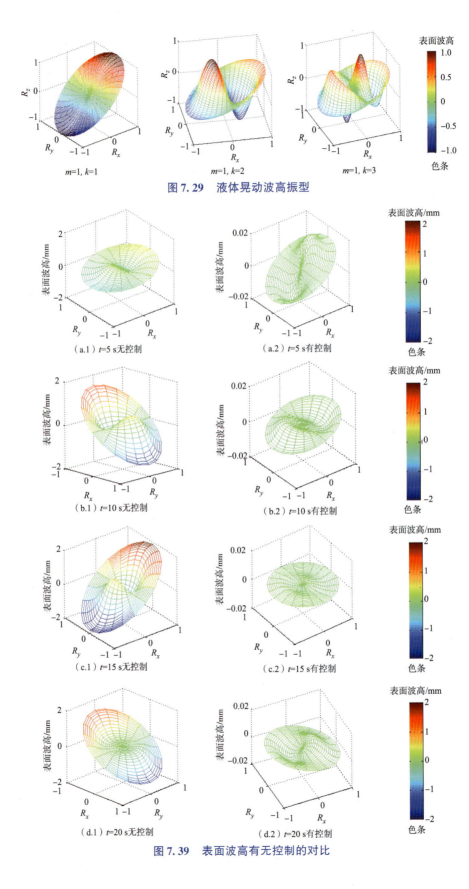

图 7.29 液体晃动波高振型

图 7.39 表面波高有无控制的对比